纺织服装高等教育“十二五”部委级规划教材

纺纱工艺学

Technology of Staple yarn Spinning

郁崇文 主编

東華大學出版社
·上海·

内 容 提 要

本书共十一章。以棉纺为主线，按其加工流程的工序编排各章，介绍各工序的基本作用原理和工艺参数的设置原则，并结合具体实例进行工艺的设计和计算；而且，特地设置一章对纺纱产品进行全面的工艺设计示例，力求使读者学习后具有实际应用能力；最后，对毛纺、麻纺和绢纺的加工做简要介绍。

本书是高等院校纺织工程专业核心课程教材，也可以作为有关工程技术人员和科研工作者的参考书。

图书在版编目(CIP)数据

纺纱工艺学/郁崇文主编.—上海：东华大学出版社，2015.8

ISBN 978-7-5669-0869-8

Ⅰ.①纺…　Ⅱ.①郁…　Ⅲ.①纺纱工艺—高等学校—教材　Ⅳ.①TS104.2

中国版本图书馆 CIP 数据核字(2015)第 179554 号

责任编辑：张　静
封面设计：魏依东

出　　版：东华大学出版社(上海市延安西路 1882 号，200051)
本 社 网 址：http://www.dhupress.net
天猫旗舰店：http://dhdx.tmall.com
营 销 中 心：021-62193056　62373056　62379558
印　　刷：上海龙腾印务有限公司
开　　本：787 mm×1 092 mm　1/16
印　　张：19
插　　页：1
字　　数：481 千字
版　　次：2015 年 8 月第 1 版
印　　次：2019 年 8 月第 2 次印刷
书　　号：ISBN 978-7-5669-0869-8
定　　价：46.00 元

前　言

本教材根据工程应用型技术人才的培养要求编写而成。结合现有“纺纱学”教材在教学中的使用情况，针对工程应用型技术人才的培养特点，并经多所高校的任课教师的反复讨论，充分吸取各高校的有益经验，形成了本教材的编写大纲。在教材的编写过程中，又多次对有关内容进行修改、补充和整合，力求完善。

全书共分十一章，主要以工艺技术相对成熟、设备相对先进的棉纺为主线，按照纺纱流程的加工工序进行编写。

为使内容精简、重点突出，符合工程应用型技术人才的培养要求，本书对纺纱各工序中的基本原理和作用做了详细介绍，摈弃了一些过于理论的内容，并在每章后面给出相应工序的工艺设计实例，以加深学生的理解和认识。

为加强学生对纺纱加工原理和应用的掌握，本书特地设置了“纺纱工艺设计”一章，通过几个典型的具体纺纱产品的工艺流程与设备的选择及各工序工艺的设计，对前面的纺纱知识进行案例分析及综合应用。

限于篇幅及教学时数的限制，兼顾对知识深度和广度的要求，本教材在以棉纺为主线进行介绍的基础上，对毛纺、麻纺、绢纺的纺纱系统进行简单的介绍，尤其是通过比较，以强调各类纺纱方法的异同点，力求对这些纺纱系统做出简洁明了的阐述，也便于学生和其他读者对各纺纱系统的认识和掌握。

本书编写人员的分工如下：

第一、四章：东华大学郁崇文；

第二章：湖南工程学院周衡书；

第三章：嘉兴学院敖利民；

第五章：中原工学院喻红芹；

第六章：河北科技大学高翼强；

第七章：东华大学劳继红；

第八章：青岛大学邢明杰；

第九章：苏州大学陈廷；

第十章：中原工学院朱正锋；

第十一章：大连工业大学郑来久，武汉纺织大学沈小林。

东华大学研究生关赛鹏、钟海、孔聪，上海工程技术大学尚珊珊等，参与了本书的部分文字和绘图工作。全书由郁崇文统稿并最后定稿。

限于编者的水平，书中难免存在不妥和错误之处，敬请读者批评指正。

编 者

2015年5月

目　录

第一章　绪　　论

纺纱作为一门工程技术，其加工对象是纤维集合体，还牵涉到纺纱的设备和工艺。它有很强的实践性，要掌握它，不仅要学习理论知识，还要在实践中加以应用、体会。“纺纱工艺学”包括纺纱原理和纺纱工艺设计的内容，以实现理论与应用的结合。

第一节　纺纱基本原理及过程

纺纱实质上是使纤维由杂乱无章的状态变为沿纵向有序排列的加工过程。纺纱之前，纤维原料中含有一定数量的杂质，纤维是杂乱无章地纠缠在一起的，所以纺纱必须经过开松、梳理、牵伸、加捻等基本过程，以实现纤维的有序排列。

一、纺纱基本原理

纺纱加工中，首先需要把纤维原料中原有的联系彻底破除，即松解旧集合体；再将纤维建立牢固的、首尾衔接的纵向集合，即形成有序排列的新集合体(纱或线)。松解是有序排列或集合的基础和前提。

在现代技术水平下，松解和集合还不能一次完成。纺纱的基本过程主要分为开松、梳理、牵伸、加捻四个步骤，如图 1-1 所示。

图 1-1　纺纱的基本过程

开松是把原料中纠缠的纤维团扯散成小束的过程。开松使纤维横向联系的规模缩小，大块(团)的纤维集合体变为小块(束)，为以后进一步松解成单纤维状态提供条件。

梳理是采用梳理机的机件上包覆的密集梳针对纤维进行梳理，把纤维小块(束)进一步分解成单纤维。此时各根纤维间的横向联系基本被破除，但纤维大多呈屈曲弯钩状，各纤维之间因相互缠结而仍具有一定的横向联系。梳理后，分解成单根状态的纤维被集合收拢成连续的纤维条，但条子中纤维的伸直平行程度仍远远不能满足纺纱要求。

牵伸是把梳理后形成的纤维条抽长拉细，使其中的纤维逐步伸直、弯钩逐步消除，这样纤维间残留的横向联系才有可能彻底解除，并沿轴向取向，为建立有序的首尾衔接关系创造条件。同时，牵伸还可使条子逐步变细。

加捻是利用回转运动，把牵伸后的须条(即纤维伸直平行排列的松散集合体)加以扭曲，使纤维紧密结合而成为一个真正的集合体的过程。须条绕自身轴向扭转一周，即加上一个捻回。须条加捻后，其性能发生了变化，具有一定的强度、刚度、弹性等，达到了一定的使用要求。

因此，在纺纱中，开松是对原有集合体的初步松解，梳理是松解的基本完成，牵伸是使纤维排列有序，加捻则是最后巩固所形成的纤维集合体(纱或线)。

除了以上四种对成纱有决定影响的步骤或作用外，纺纱还包括其他许多步骤或作用。其中：混合、除杂、精梳(去除不合要求的过短纤维和细小杂质)；并合可使产品更加均匀和洁净，从而提高纱线质量；卷绕则是使各道加工后的制品形成便于储存和运输的卷装。

要纺出质量优良的纱、线，以上各步骤是必不可少的。它们的作用体现在纺纱工程的各工序中，且在各工序中相互重叠、共同作用。

二、纺纱工程

把纺织纤维制成纱线的过程称为纺纱工程，它由若干子工程或工序组成，而上述的纺纱原理就是贯穿在这些工序之中的。纺纱的各工序及作用如下：

(一) 初加工工序

纺织原料特别是天然纺织原料，因为自然环境、生产条件、收集方式和原料本身特点，除可纺纤维外，还含有多类杂质，而这些杂质必须在纺纱前端加以去除。这个过程即为初步加工。各种纺织原料的初步加工工程随原料不同而异。

(1) 从棉田中采摘下来的棉铃，除了棉纤维外，还含有棉籽及其他杂质，在进行下道加工前，必须用轧棉机排除棉籽，制成无籽的皮棉，故棉的初步加工称为轧棉。轧棉在轧棉厂里完成，轧下来的皮棉(原棉)经检验打成紧包后，运输到棉纺厂进行后续加工。因此，棉的初加工专门由轧花厂完成，不包括在棉纺工序中。

(2) 毛纺工厂使用的原料是从羊毛身上剪下来的羊毛(原毛)。原毛含有油脂、汗液、粪尿以及草刺、沙土等杂质，必须在原毛初步加工(俗称开洗烘工程)中清除。除杂时，首先将压得很紧的纤维进行开松，去除原毛中易于除去的杂质，如砂土、羊粪等；然后用机械和化学相结合的方法，去除羊毛中的油脂、羊汗及黏附的杂质。有的羊毛，如散毛，含草杂较多时，还需经过炭化，即利用化学和机械方法除去净毛中所含的植物性杂质，得到的半制品分别为洗净毛、炭净毛。

(3) 从茎杆上剥下来的麻皮(又称原麻)中，除纤维素外，还含有一些胶质和杂质，它们大多包围在纤维表面，使纤维粘在一起。为了确保纺纱过程顺利和纱线质量，这些非纤维杂质必须在成纱前全部或部分除去。这部分初步加工在麻纺厂称为脱胶。苎麻原麻经过脱胶后得到的半制品叫作精干麻。

(4) 绢丝原料是养蚕、制丝中产生的疵茧和废丝，其中含有丝胶、油脂及其他杂质。这些杂质必须在纺纱前用化学、生物等方法去除。这种初步加工在绢纺中称为精练，制得的较为洁净疏松的半制品叫作精干绵。

(二) 梳理前准备工序

(1) 棉纺中的梳理前准备称为开清棉。首先是按配棉规定混合各原料成分，再由系列机台组成的开清棉联合机对纤维原料进行初步开松、除杂和混合，制成较为清洁、均匀的棉卷或无定型的纤维层，再进入后道的梳棉机加工。

(2) 羊毛经初加工所得的洗净毛或炭净毛，首先按照不同生产品种的要求进行选配(配毛)，然后再由和毛机进行开松、混合、加油、给湿。这些经过和毛机开松、混合的纤维即为梳毛机的原料。如有需要，还可以对纤维进行散毛染色。

(3) 苎麻脱胶后的精干麻，由于纤维上残留的胶质烘干后硬化，使纤维显得板结、手感粗硬。经过软麻机的机械软麻、给湿加油后，可改善纤维的柔软度，提高纤维的回潮率，减少静电，增大纤维延伸性和松散程度，再经开松机对纤维进行开松、扯断后，形成麻卷，供梳麻机继续加工。

(4) 在绢纺中，精练后的精干绵，要经过选别、给湿、配绵、开绵等工序的加工。即剔除精干绵中所混杂的毛发、残存的筋条、茧皮等，清除精干绵中部分蛹屑和其他杂质，增加纤维回潮率，减少静电，然后配制成调合球，最终由开绵机将原料制成一定规格且厚薄均匀的绵片，供后道工序使用。

(三) 梳理工序

梳理工序是利用表面带有钢针或锯齿的工作机件对纤维束进行梳理，使其成为单纤维状态，并进一步去除细小的杂质、疵点及部分短绒。梳理还能使纤维得到较充分的混合。梳理后的纤维被集合成均匀的条子，并有规律地圈放或卷绕成适当的卷装。棉纺使用的梳理机为盖板梳理机，毛、麻、绢纺使用的梳理机为罗拉梳理机。

(四) 精梳工序

棉纤维在纺制成细特纱或有特殊要求时，需经过精梳工程加工。它主要是利用精梳机的梳针对纤维的两端分别在被握持的状态下进行更为细致、充分的梳理。精梳中，先使纤维须丛的前端在后端被握持的状态下得到梳理，然后在纤维须丛的前端被拔取(握持)时，再梳理其尾端。这种特有的积极梳理能有效排除纤维丛中的短纤维、纤维结粒和杂质，并能显著地提高纤维的伸直平行度。而毛、麻、绢纤维，由于其纤维的长度长且长度整齐度差，都要经过精梳加工。为了适应精梳机工作的要求，在喂入精梳机前需进行一系列准备工序，即精梳前的准备工序，意在尽量除去梳理条(粗梳条)中的弯钩，提高纤维的平行伸直度，预先制成适应于精梳机加工的卷装。

(五) 并条(针梳)工序

并条(针梳)是运用牵伸、并合原理，使用并条(针梳)机将若干根条子并合在一起，并进行牵伸。并合能提高条子的均匀度，并使各种不同性质、色泽的纤维按一定比例均匀混合。牵伸则可将喂入的条子抽长拉细，并提高纤维的伸直平行度。

(六) 粗纱工序

粗纱是由粗纱机把均匀的条子牵伸到适当的细度，再采用加捻(真捻)或搓捻(假捻)方法来提高纱条的紧密度，赋予粗纱以必要的强力，并卷绕成一定的卷装，以满足运输、贮存和后道加工的需要。

(七) 细纱工序

细纱工序是对粗纱进行进一步的牵伸、加捻，从而获得达到最终产品所要求的线密度、强力和其他物理机械性能的连续细纱，然后卷绕成细纱管纱，供下道工序加工。

(八) 后加工工序

后加工包括络筒(或络纱)、并纱和捻线等。后加工是对纺成的细纱做最后的整理。络筒

(或络纱)是将单纱或股线接长，去除部分杂质、疵点，绕成大容量筒子。并纱则是捻线前的准备，它是使用并纱(线)机将两根或两根以上的细纱(或股线)并合在一起，绕成并纱(线)筒子。捻线机则是将两股或两股以上的单纱并在一起加捻，制成股线。

第二节　纺纱的工艺系统

纺纱用的纤维原料主要有天然纤维及化学纤维两大类，常用的有棉花、绵羊毛、特种动物纤维、蚕丝、苎麻、亚麻、黄麻纤维等天然纤维及棉型、毛型的常规和非常规化纤。它们各具特点，各有特性，纺纱性能也差别很大，因此，形成了棉纺、毛纺、麻纺、绢纺等专门的纺纱系统。

一、棉纺纺纱系统

棉纺生产所用的原料，除棉纤维外，还有棉型化纤等。根据原料的性能及对产品的要求，棉纺纱主要可分为普(粗)梳、精梳和废纺三种纺纱系统。

(一) 普(粗)梳系统

普梳系统在棉纺中应用广泛，用来纺中、粗特纱。其纺纱加工流程如下：

原棉→配棉→开清棉→梳棉→并条(2～3道)→粗纱→细纱→后加工→棉型纱或线

（配棉→清梳联→并条）

(二) 精梳系统

精梳棉纺系统用来生产对成纱质量要求较高的细特棉纱、特种用纱和细特棉混纺纱。因此，需要在普梳系统的梳棉工程后加上精梳工程，以去除一定长度以下的短绒及杂质疵点，进一步伸直平行纤维，提高细纱质量。其纺纱加工流程如下：

原棉→配棉→开清棉→梳棉→精梳准备→精梳→并条(1～2道)→粗纱→细纱

（配棉→清梳联→精梳准备；细纱→后加工纱或线）

(三) 废纺系统

为了充分利用原料、降低成本，常用纺纱生产中的废料在废纺系统上加工低档粗特纱。其纺纱加工流程如下：

下脚、回丝等→开清棉→梳棉→粗纱→细纱→副牌纱

二、毛纺纺纱系统

毛纺生产所用的原料，除绵羊毛外，还有毛型化纤及特种动物纤维。根据产品的质量要求及加工工艺的不同，可分为粗梳毛纺、精梳毛纺及半精梳毛纺三种系统。

(一) 粗梳毛纺系统

主要用于生产粗纺呢绒、毛毯、工业用织物的用纱。原料除一般洗净毛外，还可用毛纺织厂的各种回用原料。纺制的线密度较高，一般在 50 tex 以上。其纺纱加工流程如下：

原毛→初加工→选配毛→和毛→梳毛→细纱→后加工→毛粗纺纱

(二) 精梳毛纺系统

主要用于生产精纺呢绒、绒线、长毛绒等用的纱线。对原料的要求较高,一般不搭用回用原料,纺制的线密度较低,为 13.9～50 tex,且多用合股线。其纺纱加工流程如下:

原毛→初加工→制条→精梳成品条→前纺→后纺→毛精梳纱线

制条也叫作毛条制造,可以单独设厂,产品(精梳成品条)可作为商品销售,供无制条工序的精纺厂使用。毛条制造加工流程如下:

原毛→初加工→选配毛→和毛加油→梳毛→理条(2～3 道)→精梳→整条(2 道)→成品条

目前国内外大多数精梳毛纺织染厂用的毛条均不由本厂生产,而是从毛条厂购买成品毛条作为原料来生产毛精纺产品。其加工流程如下:

成品毛条→条染复精梳→前纺→后纺→毛精纺纱

条染是指对毛条进行染色,故还需在精梳毛纺系统的前纺前加上一系列前纺准备工程(条染复精梳)。条染复精梳加工流程如下:

成品毛条→松球→装筒→条染→脱水→复洗→针梳(3 道)→复精梳→针梳(3 道)→色条

(三) 半精梳毛纺系统

精梳毛纺系统工艺流程长,加工较粗的纱(25～50 tex)的成本较高,故生产厂一般用梳毛条替代精梳成品条,在部分精梳毛纺系统设备组成的纺纱系统(半精梳毛纺系统)上加工。传统半精纺的加工流程为:

洗净毛→和毛加油→梳毛→(2～3 道)针梳→粗纱→细纱→并纱→捻线→络筒

目前新出现的半精纺是采用棉纺设备对毛纤维进行纺纱加工。其加工流程为:

毛纺和毛机→梳棉机→棉并条机→棉粗纱机→棉细纱机→络筒机→并纱机→倍捻机

三、麻纺纺纱系统

麻纺生产的原料主要是各种麻类纤维(韧皮纤维和叶片纤维的统称),根据纤维种类及性能不同,可分为苎麻纺纱、亚麻(湿)纺纱及黄麻纺纱三种纺纱系统。

(一) 苎麻纺纱系统

苎麻纺一般借用精梳毛纺系统的成套设备进行纺纱,只是对设备做些局部改进,纺得的纯苎麻纱线密度一般在 21～130 tex。其纺纱系统(苎麻长麻纺纱系统)加工流程如下:

精干麻→梳前准备→梳麻→精梳前准备(2 道)→精梳→针梳(3～4 道)→粗纱→细纱→后加工→苎麻成品纱

精梳中的落麻一般与棉或化纤混纺,在棉纺普梳系统上加工。也可在粗梳毛纺系统上加工落麻与棉或其他纤维,生产混纺纱。

(二) 亚麻(湿)纺纱系统

亚麻长麻纺纱系统所用的原料为打成麻。其纺纱加工流程如下:

打成麻→梳前准备→梳麻(栉梳)→成条→并条(5 道)→粗纱→煮漂→湿纺细纱→后加工→亚麻长麻成品纱

长麻纺的落麻、回麻则用亚麻短麻纺纱加工成纱。其纺纱加工流程如下:

落麻→开清及梳前准备→梳麻→并条→精梳→并条(针梳)(3～4 道)→粗纱→煮漂→细纱→后加工→亚麻短麻成品纱

其中，亚麻短纺中的精梳落麻还可以采用前面所述的棉纺设备进行纺纱加工。

（三）黄麻纺纱系统

黄麻纺工艺流程较短，成纱主要供织麻袋用，要求不高。其纺纱加工流程如下：

原料→梳麻前准备→梳麻（2道）→并条（2～3道）→细纱→黄麻纱

四、绢纺纺纱系统

绢纺是利用不能缫丝的疵茧和疵丝来加工成绢丝和䌷丝。前者在绢丝纺系统上加工而成，而后者在䌷丝纺系统上加工制成。

（一）绢丝纺系统

绢丝较细匀，适用于织造绸绸。其纺纱加工流程为：

绢纺原料→初步加工（精练）→制绵→纺纱→绢丝

绢丝纺系统工艺流程很长，原料经过初加工（精练）后得到精干绵。精干绵经制绵得精绵。制绵有圆梳制绵和精梳制绵两种加工系统。圆梳制绵较适合绢丝纤维细、长、乱的特点，制成的精干绵粒少，但工艺流程长、劳动强度大、生产效率低。其工艺流程如下：

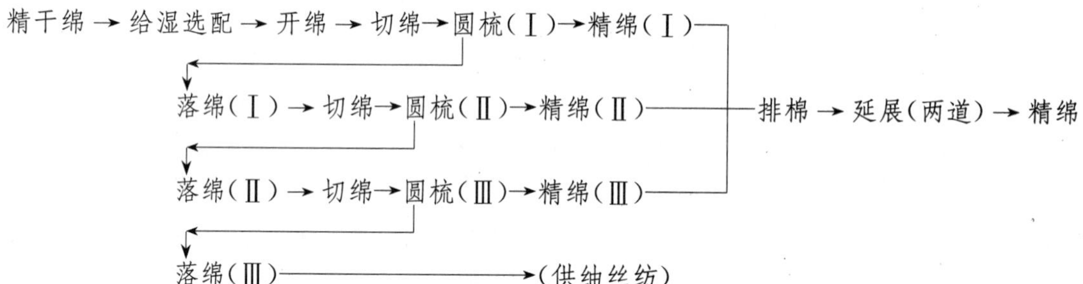

精梳制绵类似毛条制造系统，工艺流程较短，劳动强度较低，但质量不如前者。其工艺流程为：

精干绵→选别→给湿→配绵（调和）→开绵→罗拉梳绵→皮圈牵伸→针梳→直型精梳→精绵

（二）䌷丝纺系统

䌷丝纺系统使用制绵时的末道圆梳落绵（Ⅲ），可以运用前面所述的棉纺的环锭或转杯纺纱系统，或粗纺梳毛纺系统制成䌷丝纱。䌷丝纱的线密度高，手感蓬松，表面呈毛茸和绵结，用于织造绵绸。

第二章　配棉与混棉

第一节　概　　述

棉纺织厂原料很多，但主要原料为原棉和化学短纤维。原棉的品种主要有细绒棉和长绒棉，细绒棉手扯长度 25～33 mm，线密度（细度）为 0.222～0.154 tex（4 500～6 500 公支），一般适纺 10 tex 以上的棉纱，可以与棉型化纤混纺。长绒棉手扯长度为 33～45 mm，线密度（细度）为 0.143～0.118 tex（7 000～8 500 公支），适纺 10 tex 以下的棉纱或质量要求高的特种工业用纱，也可以与化纤混纺。我国种植的棉花主要以细绒棉为主。

纺纱厂用的化学短纤维通常由长丝切断而成，可以根据需要切成各种不同长度的纤维。根据切断长度的不同，可以将化学纤维分为棉型化纤、中长化纤和毛型化纤。切断长度与棉纤维大致相似的称为棉型化纤，长度为 33～38 mm，细度为 0.11～0.165 tex（1.0～1.5 den），适用于在棉纺设备上加工；中长化纤的长度为 51～76 mm，细度为 0.22～0.33 tex（2～3 den），可用专纺中长化纤的设备加工，也可用棉纺设备经适当改进后加工；在毛纺设备上加工的毛型化纤长度一般在 80～100 mm，细度为 0.33～0.55 tex（3～5 den）。

从棉田中采摘下来的棉蕾（籽棉）经过轧花厂的初步加工，使棉籽和纤维分离，得到的纤维就是棉纺厂的原料——原棉。原棉打包后，采用条码作为棉包标志，条码固定在棉布包装或塑料包装的棉包两头，称为唛头。对用棉布包装的棉包，棉包两头用黑色刷明以下内容：棉花产地（省、自治区、直辖市和县）、棉花加工单位、批号、包号、毛重、异性纤维含量代号、生产日期。对于用塑料包装的棉包，在棉包两头采用不干胶粘贴或其他方式固定标签，标签载明内容同上。

第二节　配　　棉

一、配棉的目的

棉纺厂一般不采用单一唛头的原棉纺纱，而是根据实际要求将几种唛头的原棉相互搭配后使用，这种搭配原棉的技术工作称为配棉。原棉的长度、细度（或线密度）、成熟度、强力、含杂、含水等指标，随着棉花的品种、产地、生长条件、轧工质量不同而存在差异，这些差异与纺纱工艺、成纱质量、生产成本有着十分密切的关系，因此，应通过合理配棉来实现以下目的：

（一）合理使用原棉、满足产品的实际需要

不同品种、不同用途的棉纱对原棉品质的要求不同，选用单一唛头的原棉纺纱，不可能满足纱线的各项要求。配棉工作要在有限的各批原棉中取长补短、合理安排，既要达到稳定混合原棉的质量要求，又要满足不同品种、不同用途纱线的实际需要。

（二）保持生产过程和成纱质量的相对稳定

原棉的长度、细度和成熟度直接影响成纱的强力，原棉的棉结杂质与短绒率直接影响成纱的棉结杂质和条干。各种原棉的这些性质是不同的，如果采用单一唛头的原棉纺纱，当一批原棉在几天内用完后必须调换另一批原棉来接替使用时，原料性能的差异会造成生产和成纱质量的波动。而采用多唛头的混合棉纺纱，每次调换的成分少，则可以保持混合棉性质的稳定，从而使生产和成纱质量相对稳定。

（三）降低成本、节约用棉

配棉时要根据不同产品的质量要求，采用不同质量的原料搭配使用。如在不影响成纱质量的条件下，在混合棉中混用一定数量的低级棉、回花、再用棉，既可节约用棉，又可降低成本。

二、传统的配棉方法

（一）配棉方法

传统配棉采用分类排队法。所谓分类就是把适纺某种产品或某种线密度的纱的原棉归为一类；所谓排队就是将每一类原棉中性质接近的唛头排队，以接替使用。分类时，必须具有原棉各批号的数量、原棉质量、产品品种和质量要求等资料；排队时，必须具有产品的生产计划、各种线密度的纱的用棉量定额等资料。

（二）原棉分类时的注意事项

在原棉分类时，先安排特细号纱和细号纱，后安排中、粗号纱；先安排重点产品，后安排一般和低档产品。

1. 原料供应

为了使混合棉的品质在较长时间内保持稳定，分类时要考虑原棉季节变动和到棉趋势。如某一唛头的原棉仓储虽少而到棉即将增多，选用时应尽量多用些；反之，仓储虽多而到棉量逐渐减少的原棉，应控制少用些。又如，采购新棉时要考虑市场变化，多唛搭配，瞻前顾后，保持合理库存。

2. 气候条件

气候的变化也会使成纱质量产生波动。如严冬季节气候干燥，易使成纱条干恶化；南方地区黄梅季节高温高湿，即使采用空调也不能控制成纱棉结杂质粒数增多的趋势时，就需要在配棉时适当混用一些成熟度好、棉结杂质少的原棉，以便使成纱质量稳定。

3. 加工机台的机械性能

机器型号、机件规格等不同时，即使相同的原棉，也会产生成纱质量的差异。如有的机器除杂效率高，有的牵伸装置牵伸性能好，有的梳棉机分梳元件好等，在配棉时都应掌握，以便充分发挥这些机器的特点。

4. 配棉中各成分的性质差异

为了保持混合棉质量的稳定，要掌握各种原棉间性质的差异。一般来讲，接批原棉间的差

异愈小愈好。而混合棉中允许一部分原棉的性质差异略大一些，对成纱质量并无影响。如有所谓的"短中加长，粗中有细"的经验，这对改善条干和提高成纱强力有一定的好处，但混入量不能过多。当在较短纤维中混入一定量的长纤维时，可提高纤维的平均长度，对条干无影响，而对强力有利。在较粗的纤维中混入一定量的较细纤维时，可增加纱线截面中纤维的根数，从而改善成纱的质量。

(三) 原棉排队时的注意事项

1. 主体成分

配棉时，一般在配棉成分中选择若干队性质基本接近的原棉作为主体成分。如以产地为主体，也可以长度、细度作为主体，一般主体成分占 70%左右。

2. 队数安排

配棉队数多少与配棉的百分比高低有关，队数多则混用百分比低，车间管理复杂；队数少则混用百分比高，原料性质变化大。一般用 5～8 队，每队原棉最大混用百分比不宜超过 20%。

3. 交叉抵补，勤调少调

勤，是指调换成分的次数要多。少，是指每次调换成分的百分比要少。勤调虽给管理工作带来麻烦，但会使混合棉的质量稳定。反之，如果减少调换次数，每次调换的成分多，会造成混合棉质量的突变。如果某一批号混用的百分率较大，可以采用逐步抽调的方法。如某一批原棉混用 25%，接近用完前，先将后批原棉用 15%左右；当前一批原棉用完后，再将后一批增到 25%。但同一天调换唛头不宜超过 2 个，调换比例不宜超过 20%。

(四) 原棉性质差异控制

配棉时，原料中各组分纤维的性能差异不能太大，否则，会影响纺纱过程和成纱质量。原棉性质差异控制范围见表 2-1。

表 2-1　原棉性质差异控制范围

控制内容		混合棉唛头性质差异	接批原棉性质差异	混合棉平均性质差异
产地		相同或接近	相同或接近	地区变动<25%；针织纱<15%
品质	级	1～2	1	0.3
长度	mm	2～4	2	0.2～0.3
含杂率	%	1～2	<1	0.5
细度	tex(公支)	2.00～1.25(500～800)	3.33～2.00(300～500)	20～6.66(50～150)
断裂长度	km	1～2	1	0.5

注：混合棉平均性质指标可按混合棉中各原棉性质指标和混用百分比以加权平均计算。

(五) 回花、再用棉的使用

生产过程中产生的废卷、废条、粗纱头、皮辊花等称为回花，一般都要经过处理，打包后回用，回用量不宜超过 5%。再用棉包括开清棉车肚落棉、梳棉抄斩花、梳棉车肚落棉以及精梳落棉等。开清棉落棉中，可纺纤维只占 20%～40%，纤维较短且含细小杂质较多，经处理后常混用于线密度较大的纱或副牌纱中；梳棉抄斩花中含可纺纤维 65%～85%，且含棉结杂质粒数较多、短绒率较高，一般经处理后降级使用；精梳落棉中，纤维长度短、棉结杂质多而小，可在一般用途的纱中混用3%～5%，线密度较大的纱中混用5%～10%。

三、配棉原则

配棉的原则讲究质量第一，全面安排，统筹兼顾，保证重点，瞻前顾后，细水长流，吃透两头，合理调配。

质量第一、统筹兼顾、全面安排、保证重点，就是要处理好质量与节约用棉的关系，在生产品种多的基础上，根据质量要求不同，既能保证重点品种的用棉，又能统筹安排。

瞻前顾后，就是要充分考虑库存原棉、车间半成品、原棉采购的各方面情况，保证供应。

细水长流，就是要尽量延长每批原棉的使用期，力求做到多唛头生产。

吃透两头、合理调配，就是要及时了解用棉趋势和原棉质量，随时掌握产品质量反馈信息，机动灵活、精打细算地调配原棉。

四、配棉实例

目前，许多棉纺厂由于每批订单量少、品种多，一个品种所纺时间不长，配棉要求变化较大，一般采用简易的配棉表。现以某公司A、B两车间的有关品种为例，列举几个品种的配棉情况如下(表2-2～表2-5)：

根据开清棉流程不同，每盘配棉包数不同，圆盘式抓棉机一台配20～25包，往复式抓棉机一台配30～36包(220 kg/包)。配棉平均品级不但要根据纱的质量要求来定，同时还要根据所接订单定价进行调整，订单定价较低时，在不影响成纱主要指标的情况下，适当地降低所配棉的平均品级，以降低原料成本，保证企业利润。平均品级变化一般控制在0.5级内。

五、化纤的选配

化学纤维原料的选配包括同一化纤品种纯纺、化纤之间混纺、化纤与棉纤混纺等。使用化纤，可以降低成本，改善产品的性能。

(一) 化纤品种的选配

1. 化学纤维纯纺与混纺

化学纤维纯纺是指用同一品种的化学纤维进行纺纱。同一品种的化学纤维，由于生产厂和批号等不同，染色性和可纺性也会有较大差异，因此，也应注意合理搭配。

不同工厂、不同批号的同种化学纤维搭配使用时，应逐步抽调成分，以保证混合原料的质量稳定，减少生产波动。要注意混合的均匀性，避免产品染色不均匀。在大面积投产前，常将不同批号、不同厂家的化学纤维在同一条件下进行染色对比，按色泽深浅程度排队，供混唛配料调换成分时参考。

不同品种的化学纤维也通常混合后进行纺纱。

2. 化学纤维与棉混纺

化学纤维与棉的混纺产品可兼有化学纤维和棉的特性，应用较广泛。选用化学短纤维长度一般为36～38 mm。由于化学短纤维的整齐度较好，单纤维强力较高，为确保成纱条干均匀，通常采用长度长、整齐度好、品级优、成熟度高、细度适中的原棉。生产超细特化学纤维与棉的混纺纱，常用长绒棉；生产细特化学纤维与棉的混纺纱，可选用细绒棉。

产地	等级	成分(%)	包数	用棉进度(以虚线表示)6月份 1日～21日
疆农一师十团	129A	21.3	186	--
疆农一师七团	129A		186	(21日)-
北故城同顺	229B	5.0	91	------------------------------(16日)
北故城同顺	229B		160	(15日)----------------
东夏津德鑫	229B	8.5	166	--
东武城华兴双益	229B		211	(2
东武城银兴	229A	7.7	155	--
东武城银海	229B		170	
新疆农八师二五团	129A	6.2	104	--------------------------------(17日)
新疆农一师一团	229A		182	(15日)----------------
新疆农一师十团	329A	11.3	520	--

项目			各项指标逐日平均																						
平均长度	上期	/	技术品级	2.99														2.99			2.99		2.99	
			技术长度(mm)	29.08														29.09			29.09		29.10	
			含杂率(%)	1.03														1.09			1.01		1.02	
	本期	29	百克粒数 未熟籽	/														/			/		/	
			百克粒数 破籽	/														/			/		/	
平均品级	上期	/	百克粒数 不孕籽	/																				
			百克粒数 带纤维籽屑	1 883														1 866			1 864		1 714	
	本期	1.74	百克粒数 合计粒数	/														/			/		/	
			成熟度	1.53														1.52			1.49		1.51	
			未熟棉率(%)	/														/			/		/	
混棉差价率(%)	上期	/	强力(cN)	/														/			/		/	
			细度(dtex/公支)	5 638														1.77/5 648			1.74/5 745		1.74/5 740	
			右半部平均长度(mm)	32.32														32.15			32.93		33.02	
	本期	/	主体长度(mm)	29.36														29.40			29.15		29.22	
			短绒率(%)	12.10														12.50			13.00		13.00	
			基数(%)	39.42														39.51			39.23		39.09	

注：圆盘式抓棉机一台配棉 20～25 包，往复式抓棉机一台配棉 30～39 包(200～240 kg/包)。

(50^{s})配棉排队表

22日	23日	24日	25日	26日	27日	28日	29日	30日	未熟籽	破籽	带纤维籽屑	总计粒数	技术品级	技术长度(mm)	含杂率(%)	物理特性 成熟度	未熟棉率(%)	强力(cN)	细度(dtex/公支)	右半部平均长度(mm)	主体长度(mm)	短绒率(%)	基(%
-----------(23日)									/	/	1 400	/	3.0	29.2	0.7	1.49	/	/	1.74/5 734	32.45	29.85	12.0	40
--									/	/	1 300	/	3.0	29.1	0.7	1.49	/	/	1.71/5 836	32.68	29.93	11.2	39
									/	/	2 000	/	3.00	29.2	1.4	1.56	/	/	1.81/5 534	32.61	29.89	12.2	38.
--									/	/	1 900	/	3.06	29.1	1.4	1.49	/	/	1.75/5 710	32.16	29.59	14.8	40.
----------------(24日)									/	/	2 200	/	3.00	29.0	1.2	1.60	/	/	1.87/5 348	32.11	29.22	13.4	37.
日)--									/	/	1 300	/	3.00	29.1	1.6	1.63	/	/	1.87/5 354	31.74	29.27	13.9	39.
------------------------(25日)									/	/	1 650	/	3.00	29.0	1.3	1.63	/	/	1.85/5 408	31.89	29.08	10.1	42.
(23日)--									/	/	1 300	/	3.00	29.0	1.2	1.58	/	/	1.83/5 455	32.27	29.49	11.7	39.
									/	/	2 350	/	2.91	29.0	0.7	1.38	/	/	1.70/5 871	32.06	29.41	11.5	40.
--									/	/	1 850	/	3.00	29.2	0.9	1.37	/	/	1.61/6 210	31.05	28.14	15.6	36.
--									/	/	1 700	/	3.0	29.1	0.9	1.49	/	/	1.69/5 934	31.78	28.73	13.6	37.

3.02		3.04						
29.09		29.10						
1.14		1.14						
/		/						
/		/						
1 700		1 571						
/		/						
1.53		1.53						
/		/						
/		/						
1.76/5 686		1.75/5 701						
32.92		32.94						
29.14		29.16						
13.20		12.90						
38.94		39.33						

说明：

1. 此次配棉的方式采用往复式抓棉机一台配 39 包棉包，混合棉的各项指标平均值均采用加权平均计算法。

2. 接批：

配棉中共有 6 队，各队间由双实线隔开。除第六队为一个成分外，其余各队均有两个成分，其中第一到第四队为主体部分，所选用的纤维强力较高，长度均匀，长度整齐度较高。

第一队原棉质量占总质量的 21.3%，每天使用 9 包。第一种棉可用到 20 日，21 日开始使用第二种棉接批。21 日两种棉的用棉包数分别为第一种棉 5 包、第二种棉 4 包，22 日第一种棉 4 包、第二种棉 5 包。从 23 日开始第一种棉全部用完，然后使用第二种棉，每天 9 包，直到 30 日。

第二队原棉质量占总质量的 15%，每天使用 6 包。第一种棉可用到 14 日，从 15 日开始用第二种棉接批。15—16 日两种棉的用棉包数分别为第一种棉 3 包、第二种棉 3 包。接批完成后，从 17 日开始用第二种棉，直到 30 日。

第三队原棉质量占总质量的 18.5%，每天使用 7 包。第一种棉可用到 21 日，从 22 日开始用第二种棉接批。22 日两种棉的用棉包数分别为第一种棉 4 包、第二种棉 3 包，23—24 日第一种棉 3 包、第二种棉 4 包。从 25 日开始用第二种棉，每天 7 包，直到 30 日。

第四队原棉质量占总质量的 17.7%，每天使用 7 包。第一种棉用到 22 日，23 日开始用第二种棉接批。23 日两种棉的用棉包数分别为第一种棉 4 包、第二种棉 3 包，24—25 日第一种棉 3 包、第二种棉 4 包。26 日开始用第二种棉，直到 30 日。

第五队原棉质量占总质量的 16.2%，每天使用 6 包。第一种棉用到 14 日，15 日开始用第二种棉接批。15 日第一种棉用 4 包、第二种棉用 2 包，16—17 日第一种棉用 2 包、第二种棉用 4 包。18 日开始用第二种棉，直到 30 日。

第六队原棉质量占总质量的 11.3%，每天用 4 包，可一直用到 30 日。

3. 因各队每包质量有差异，各队所占比例并非包数比，而是实际质量比。

4. 技术品级：按国家规定所定品级；技术长度：指手扯长度。

5. 摆包示意图：

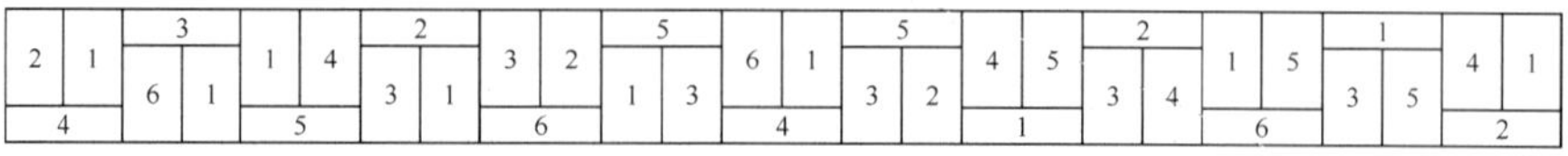

		3				2				5				5				2				1			
2	1	6	1	1	4	3	1	3	2	1	3	6	1	3	2	4	5	3	4	1	5	3	5	4	1
4				5				6				4				1				6				2	

表 2-3　C 18.2 tex(32^s)～C 14.5 tex(40^s)配棉表

厂房	A	品种	乌兹别克斯坦＋新疆＋内地＋美棉(32^s、40^s)	每盘件数	37	—	—

队号	产地	唛头	包数	包重(kg)	成分(%)	技术品级	技术长度(mm)	短绒率(%)	马克隆值	公制支数(公支)	强度(cN/tex)	回潮率(%)	含杂率(%)	棉结(粒/g)	接批日期
1	新疆阿克苏	229-005	3	228	10.1	3	29.3	9.1	4.4	5 630	19.7	6.55	0.8	400	3月15日
2	乌兹别克斯坦	SM1-1/8-1	18	234	62.1	3	28.9	16.4	4.5	5 500	18.4	10.02	2.1	450	3月4日
3	新疆阿瓦提	229-009	3	228	10.1	2.4	29.4	8.5	4.4	5 590	18.8	6.6	0.7	300	3月21日
4	新疆新和	229-030	3	76	3.4	2.5	29.3	11.3	4.3	5 660	20.7	6.4	1	400	3月21日
5	美棉	SM1-1/8-70183	1	228	3.4	3	28	18.4	4.2	5 740	17.4	6.27	1.6	500	3月21日
6	新疆阿克苏	229-019	1	228	3.4	2.5	29.5	8.6	3.9	5 990	18.7	6.62	0.8	350	3月12日
7	湖北荆州	329-20	6	86	7.6	3.5	29.2	10.1	3.9	6 020	18.2	8.19	1.3	550	3月21日
8	本支回花	—	2	—	0.0	—	—	—	—	—	—	—	—		3月4日

项目	本期	上期	备注
平均技术品级	2.9	2.9	混合棉指标采用质量加权平均计算
平均技术长度(mm)	29.02	29.07	
平均短绒率(%)	14.02	13.74	
平均马克隆值	4.4	4.4	
平均公制支数(公支)	5 592	5 573	
平均强度(cN/tex)	18.6	18.7	
平均回潮率(%)	8.82	8.78	
平均含杂率(%)	1.67	1.63	
平均棉结(粒/g)	434	422	

表 2-4　C 58 tex(10^s)配棉成分表

日期	队号	批次	产地	唛头	件数	净重(kg)	成分(%)	回潮率(%)	含杂率(%)	马克隆值	公制支数(公支)	短绒率(%)	上半部平均长度(mm)	技术品级	技术长度(mm)
5月28日	1	425	湖南	427	2	227.0	23.5	9.00	1.9	4.00	5 853	18.12	28.68	4.83	28.2
	2	377	新疆	228	0.5	228.7	5.9	8.20	1.3	3.60	6 253	18.69	28.14	4.00	27.6
	3	433	湖南	428	1	225.6	11.7	9.20	1.9	3.80	6 057	17.36	28.87	4.75	28.2
	4	439	湖北	428	2	224.2	23.2	8.00	1.8	3.90	6 008	16.73	29.02	4.83	28.0
	5	415	湖南	429	2	231.2	24.0	8.60	2.3	4.00	5 924	18.65	28.60	4.72	28.0
	6	434	湖南	428	1	225.7	11.7	9.30	2.2	4.40	5 563	16.88	28.91	4.83	27.8
棉风箱花					1	50.0	—	—	—	—	—	—	—	—	
开松粗纱头					1	50.0	—	—	—	—	—	—	—	—	
加权平均					8.5	227.1	100	8.68	2.0	3.98	5 920	17.72	28.76	4.75	28.0

表 2-5　OE 48.5 tex(12^s)配棉成分表

厂房		B	品种		OE (12^s)			每盘件数		42	日期	2011年3月22日			
队号	产地	唛头	包数	包重(kg)	成分(%)	技术品级	技术长度(mm)	短绒率(%)	马克隆值	公制支数(公支)	强度(cN/tex)	回潮率(%)	含杂率(%)	棉结(粒/g)	接批日期
1	印度棉	525-1	16	80	40.5	5.4	23.5	18.1	5.1	5 130	21.8	9.27	11.6	700	3月19日
3	湖北公安	229-1	6	86	16.3	3.7	29.1	14.5	4.9	5 220	19.5	8.35	1.7	500	3月22日
6	粗纱头		3	80	7.6										3月22日
9	B厂滤尘		8	75	19.0										3月19日
10	清弹棉		7	75	16.6										2月17日
11	本支回花		1		0.0										1月17日
12	盘底花		1												1月17日

(二) 化纤性质的选配

1. 长度和线密度

化学纤维的长度和线密度有较大的选择余地。纤维长度长、细度细，则成纱强力高，且条干均匀、纱线毛羽少；但长度过长、细度过细，则纺纱过程困难，易产生绕罗拉、绕胶辊、绕胶圈现象，而且成纱棉结增多。纤维细度细，成纱截面内纤维根数多，可纺纱线的线密度低(细)。此外，化学纤维长度和线密度的选择还应注意相互合理配合。化学纤维的长度与细度的选用一般按经验公式确定：长度 L(英寸)/纤度 N_{den}(den)≈1，或长度 L(mm)/线密度 Tt(dtex)≈23。当 L/Tt>23 时，纺纱易产生棉结，纤维易断裂，织物强度高、手感柔软，如线密度为1.1～

1.7 dtex 以及长度为 32 mm、35 mm、38 mm 的化纤的风格接近于棉纤维，常用于生产细特纱和质地紧密的薄型织物；当 $L/\mathrm{Tt}<23$ 时，成纱易发毛，可纺性差，织物挺括并具有毛型风格，如 2.2～3.3 dtex、长度 51～76 mm 的中长纤维，用于生产中特纱和质地较厚实的毛型织物。

2. 强度和伸长率

化纤纱的强伸性能与纤维强力及强力利用系数的关系密切，当混纺纱被拉伸时，组成纱的各种纤维同时伸长，但由于各种纤维的伸长率不同，导致各纤维受力的不均匀性和断裂的不同时性。伸长率小的纤维承担的负荷大，容易首先断裂。因此，混纺纱的强力与各纤维的混纺比有关，在某一混纺比时可能会出现强力最低值，此时的混纺比称为临界混纺比。从成纱强度的角度考虑，生产实际中应避免使用临界混纺比。混纺纤维的伸长率差异越大，则混纺纱的强力利用系数越小。

3. 含油率、超长和倍长纤维、并丝等疵点及热收缩性

各种化纤混用时，应注意使各纤维的热收缩性相接近，避免成纱在蒸纱定捻时或印染加工受热后产生不同的收缩率，造成印染品上出现布幅宽窄不一，形成条状皱痕。

另外，混纺纱中各种纤维的性质差异较大时，会使纤维在成纱中的分布情况不同，使混纺纱或织物的手感、外观、耐磨等性质有明显差异。如果较多的细而柔软的纤维分布在纱的外层，则织物的手感柔软；如果较多的强度高、耐磨性能好的纤维分布在纱的外层，则织物耐磨。因此，研究纤维在混纺纱截面内的分布，使纤维转移到所需要的位置，具有一定的实际意义。长度长、细度细、抗弯刚度大的纤维，在成纱时因所受的张力大，容易分布在纱的中心。

五、计算机配棉简介

计算机配棉应用人工智能来模拟配棉全过程。通过对成纱质量进行科学预测，及时指导配棉工作，并对库存原棉进行全面管理，准确地为配棉工作提供库存依据，保证自动配棉的顺利完成。计算机配棉管理系统（主控制模块）包括三个子系统（分控制模块），即原棉库存管理子系统、自动配棉子系统和成纱质量分析子系统。主控制模块可根据操作者需要将工作分别交给三个子系统处理（图 2-1，图 2-2）。

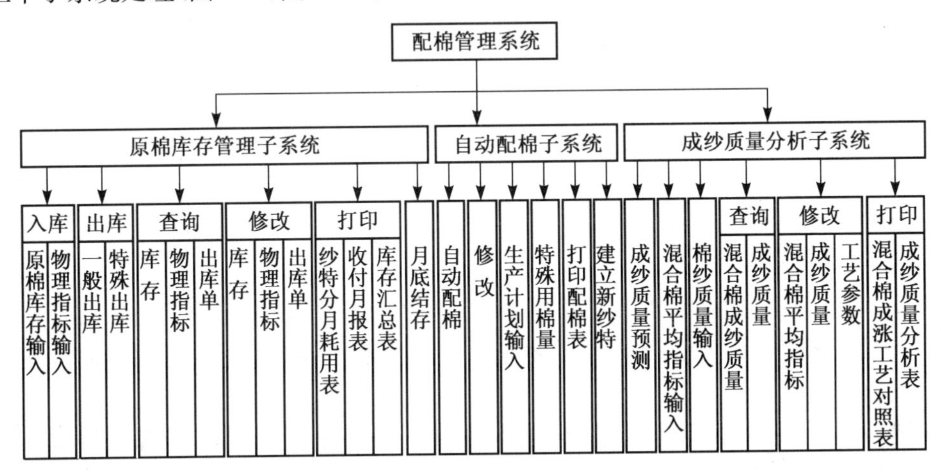

图 2-1 计算机配棉管理系统框图

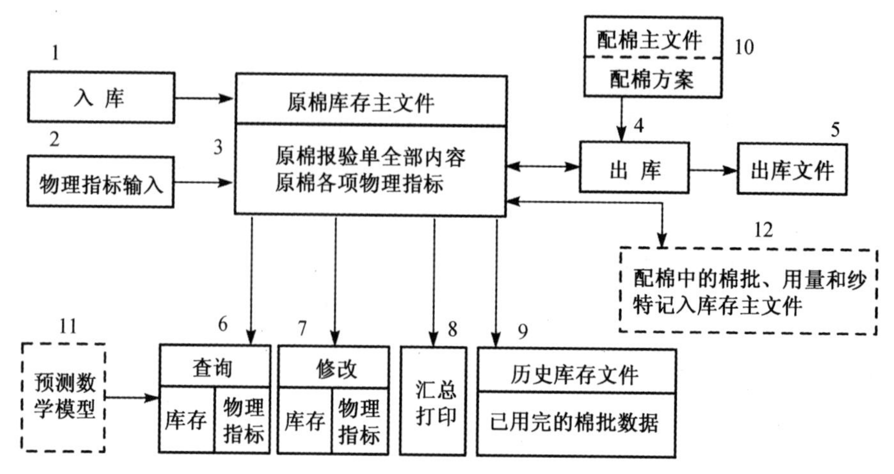

图 2-2 原棉库存管理子系统框图

(一) 原棉库存管理子系统

代替传统原棉仓库台帐，为及时准确地了解库存情况提供方便。计算机配棉时，系统可自动向库存子系统索取数据。主要功能如下：

1. 原棉入库

把每一批原棉的等级、长度、产地、包重、包数等数据存入计算机。

2. 原棉指标输入

对已入库的原棉由棉检部门测出各项物理指标，并输入计算机以备分析用。

3. 查库存情况

当输入查询指令后，屏幕上显示有关库存情况以供查阅。

4. 原棉出库

根据开清棉车间生产计划，将出库情况输入计算机，计算机打印出原料出库单供核对查询。

5. 帐目修改

如帐目发生错误或原始单据需要修改时，计算机可对入库情况、物理指标情况进行修改。

6. 月底结帐

打印报表，包括原棉收入、付出、积存统计表和各种纱线耗用统计表。

7. 打印库存表

可按等级、长度打印出全部原棉库存清单。

(二) 成纱质量分析子系统

根据配棉比例选用的原棉在规定工艺条件下生产的纱线，由试验部门进行质量检验。这些数据是衡量配棉工作优劣的依据之一，也是建立混合棉性能与成纱质量关系数学模型的依据。主要功能如下：

(1) 把每天成纱检验的各项数据以及相应的工艺条件输入计算机，计算机将这些数据进行分析，以便改进自己的工作。

(2) 查询混合棉的物理性能指标，了解各期的混合棉的参数。

(3) 查询成纱质量指标,了解成纱质量的变化。

(4) 打印混合棉与成纱质量对照表。

(5) 修改试验数据。

(6) 自动预测成纱质量,对配棉方案进行成纱质量预测并打印结果以供查询。

(三) 自动配棉子系统

该部分是整个系统的核心。自动配棉分两个步骤进行,第一,采用矩阵筛选和综合评判的方法挑选接替棉;第二,采用多目标规划的方法进行用量调整。具体如下:

(1) 自动配棉:只要把配棉的纱特数告诉计算机,计算机就开始配棉并自动打印出配棉表。

(2) 修改配棉方案:遇特殊情况可按人的指令任意修改。

(3) 特殊方案配棉:配棉中若要指定某一唛头或用量时,计算机可按指定条件进行配棉。

(4) 打印配棉表。

(5) 输入某特纱计划产量,打印配棉进度表。

(6) 新特纱的建立:系统可随时加入新特纱。

第三节　原料的混合

一、混合方法

原料的混合是否均匀不但影响纱、线的物理机械性能,还影响织物的染色均匀性,尤其是在棉与化纤混纺、不同化纤间混纺时。目前,生产上常用的混合方法有棉包、棉条、称重混合三种方法。

(一) 棉包混合

即在抓棉机上由抓棉打手抓取的混合方法,适用于纯棉纺纱、纯化纤纺纱、化纤混纺纱。但由于棉包松紧差异、纤维规格差异等导致打手的抓取能力不同,混纺比不易控制。

(二) 条子混合

即将不同种类的纤维分别经过开清棉、梳棉、精梳工序加工后的条子在并条机上进行混合。适用于棉与化纤混纺。这种方法有利于控制混比,但由于混合的工序不多,混合均匀性较差。

(三) 称重混合

在开清棉机上将各纤维成分按混比称重后混合的方法称为称重混合,适用于对混比准确性要求较高的化纤混纺。

二、混合比例确定

(一) 棉包混合、称重混合时的混比计算

混纺比是指纱中各种纤维的质量百分比。

设各种纤维的实际回潮率分别为W_1、W_2、…、W_n，纤维干混比为Y_1、Y_2、…、Y_n，纤维湿混比为X_1、X_2、…、X_n，则纤维湿混比可按下式计算：

$$X_i = \frac{Y_i(100+W_i)}{\sum_{i=1}^{n} Y_i(100+W_i)}$$

（二）条子混合时的干混比、混合根数、条子定量之间的关系

设各种纤维的干混比分别为Y_1、Y_2、…、Y_n，条子的混合根数分别为N_1、N_2、…、N_n，条子的干定量分别为G_1、G_2、…、G_n，则它们之间的关系可用下式表示：

$$\frac{Y_1}{N_1} : \frac{Y_2}{N_2} : \cdots : \frac{Y_n}{N_n} = G_1 : G_2 : \cdots : G_n$$

三、混合原料性能指标的计算

混合棉各项性能指标以混合棉中各原棉性能指标和混用质量百分比加权平均计算，如各种纤维混用百分比分别为A_1、A_2、…、A_n，各种纤维所检验的某项指标的平均值分别为X_1、X_2、…、X_n，则该指标的加权平均数X可按下式计算：

$$X = X_1A_1 + X_2A_2 + \cdots + X_nA_n = \sum_{i=1}^{n} X_iA_i$$

习题

1. 何为配棉？其目的和要求是什么？选配原棉时一般注意哪些原则？
2. 配棉中的分类排队是什么意思？达到什么目的？
3. 配棉时，混合原料的(选配)的综合性能是如何表示的？
4. 回花与再用棉使用的原则是什么？
5. 化纤选配目的是什么？如何掌握棉型和毛型风格化纤织物的原料选配？
6. 现将1.2 den×38 mm的涤纶(公定回潮率为0.4%)与5 800公支×31 mm的棉(公定回潮率为8.5%)混纺(混纺比为T60/C40)，问混合原料的平均细度、长度和公定回潮率各为多少？如棉的实际回潮率为12%，则湿重混比应为多少？

第三章 开 清 棉

第一节 概 述

一、开清棉的目的与任务

开清棉工序是纺纱加工的第一道加工工序。经选配后的纤维原料，在分级室中经过一定时间的吸放湿平衡，达到规定的回潮率后，即可送到开清棉车间，利用开清棉设备进行加工。开清棉工序的目的与任务包括开松、除杂、混合、均匀等。

(一) 开松

开松就是利用表面带有角钉、锯齿、刀片等的机件，对纤维块进行撕扯、打击、分割，破坏纤维之间的联系力，逐步将较大的纤维块分解成较小的纤维块，为后续的梳理作用(将纤维原料进一步分解成单纤维状态)做准备，同时为除杂、混合提供必要的条件。

(二) 除杂

除杂是借助机械、气流等作用，利用杂质和纤维性质的差异来排除纤维原料中的杂质。根据纤维原料含杂情况的不同，开清棉工序可除去原料中40%～70%的杂质。除杂是在纤维原料开松的基础上进行的。由于开清棉工序只能将纤维原料开松成小纤维块，还不能将纤维彻底松解成单纤维状态，杂质不能充分暴露，部分杂质与纤维的联系力还没有充分破除，因此，开清棉工序只能除去大的、硬的、易碎裂的，以及与纤维联系力小的杂质，而细小的、与纤维黏附性强的杂质，则交由后续工序去除。

(三) 混合

混合就是将不同种类、不同性状的原料混在一起，使其在空间上均匀分布。为了合理使用原料，维持生产和产品质量的稳定，降低成本，以及开发新产品，纺制某一品种的纱线往往采用多种原料纺纱。比如棉花的多唛头纺纱，纤维原料的产地、品级、长度等主要性能指标不同，需要在纺纱过程中将它们充分混合在一起。如果原料混合不匀，将造成成纱质量波动，更重要的是使最终产品染色不匀，形成布面色差。

开清棉工序实现纤维原料混合的方法有很多种，比如原料喂入时的多包取棉，以及混棉专用机械的“横铺直取，多层混合”及“时差混合”等。混合作用是在开松作用的基础上进行的，并伴随着开松的进行，实现更细致的混合。

(四) 均匀成卷或输棉

开清棉加工有成卷和清梳联两种工艺方式。成卷工艺需要将经过开清处理的纤维原料制成一定宽度、密度(厚薄)均匀的棉层，并卷绕成棉卷，搬运到梳棉工序，喂入带有棉卷喂入装置的梳棉机；清梳联工艺则不成卷，经过开清处理的纤维原料以气流输送的方式，经输棉管道输送到梳棉车间，均匀分配给 5～12 台装有清梳联喂棉箱的梳棉机，由清梳联喂棉箱实现棉气分离，即时将散纤维制成密度均匀、宽度与梳棉机喂入宽度相匹配的连续棉层(筵棉)，喂入梳棉机。目前，两种工艺均有应用，但清梳联由于实现了工序自动衔接，减少了劳动强度和用工，是发展的方向。

二、开清棉机械的分类与作用

开清棉工序的任务是由多台设备组成的开清棉联合机组完成的，每台设备负责完成1～2项主要任务。组成开清棉联合机组的设备主要有以下几类：

(一) 喂棉机械

喂棉机械是实现将纤维原料喂入开清棉联合机组的设备，是开清棉联合机的第一台设备。该类设备主要包括抓棉机、称量喂给机、手动喂棉机等。抓棉机从按一定规律排列的不同棉包中抓取纤维原料，适用于棉包喂入，是最常用的喂棉机械；称量喂给机带有称量装置，一般用于在喂棉部分实现不同种类原料混合的加工，如不同种类的化纤(如涤纶与黏胶纤维)的混纺，称量装置的作用在于控制不同纤维的混纺比例；手动喂棉机械是将经过初步人工或机械混合的原料，进行手动喂入，主要用于小批量产品的加工。

(二) 开棉机械

开棉机械是实现纤维原料开松、除杂的设备，类型很多，但基本原理相似，都是通过回转开松机件——打手对纤维层、块的撕扯、打击来实现原料的开松，同时排除部分杂质和短绒。各种开棉机械的差别主要在于两个方面：一是打手形式(角钉、锯齿、梳针、刀片)和数量；二是纤维层、块在受到打手打击时的受控状态。如果纤维层在被握持的状态下受到打手的打击，称为握持打击；如果纤维块在非握持状态下受到打手的打击，则称为自由打击开棉机。握持打击时，纤维在受到打击作用时不能躲让，故打击作用剧烈，开松效果好，但纤维损伤较大，容易打碎杂质；自由打击则相反，打击作用柔和，纤维损伤少，但开松程度小。开棉机械的具体类型有自由打击的轴流开棉机、多辊筒开棉机，以及握持打击的豪猪开棉机、三翼打手开棉机等。

(三) 混棉机械

混棉机械又可称为棉箱机械，其共同特点是都具有体积较大的、可容纳很多纤维原料的棉箱或棉仓。混棉机械的主要作用就是混棉，有些兼有开松和除杂效果。主要类型包括自动混棉机、多仓混棉机、棉箱给棉机等。不同的机型，混合原理有所不同。

(四) 成卷机械

成卷机械即是将经过开清加工的纤维原料制成棉卷的专用设备，加工后的纤维形成连续的纤维层输出，被卷绕成具有相同长度的棉卷。

(五) 辅助机械

除了上述开清棉的主机外，组成开清棉联合机组还有一些辅助设备。

1. 联接机械

开清棉联合机组中的各单机台由输棉管道联接，并由输棉机械(凝棉器或输棉风机)、配棉器来实现纤维原料从一台设备到其他设备的输送和分配。

2. 安全防护机械

为防止纤维原料中混入的金属杂质(如金属丝、螺钉等)对机件造成损伤,甚至因与金属机件的撞击产生火星而引燃纤维,开清棉联合机组的初始端或输棉管道上配置除金属杂质装置和防火装置。常用的装置有桥式吸铁装置、火星探除器、金属探除器等。

3. 除尘机械

除尘设备专门用来清除纤维原料中的细小尘杂,如除微尘机等,通常安装在开清棉流程的末端,因此时纤维原料已经过较充分的开松,有利于微尘的去除。

4. 异性纤维探除装置

此类装置专门用于检测并排除纤维原料中异性、异色纤维,一般安装在流程的末端,以便于异性纤维的捡出。

三、开清棉联合机组的组合与实例

开清棉联合机组的组合,主要依据所要加工的纤维性能和各单机的效能,包括产量、开松效果、除杂效果、混合效果等。纤维性质差异比较大时,一般不能用同一套开清棉联合机组加工。比如,加工棉和加工化纤的开清棉机组是不同的。当纤维性质差异不大时,可用同一套开清棉机组加工,但要根据纤维的性能变化,调整相关工艺参数,以更好地完成工序的任务。

开清棉联合机的一般组成如下:

喂棉机械→除金属杂质装置+火星探除装置→输棉机械→自由打击开棉机→输棉机械→混棉机械→输棉机械→握持打击开棉机→除微尘装置→异性纤维探除装置→输棉机械+配棉机械→成卷机械或清梳联喂棉箱

其中,除微尘装置和异性纤维探除装置可以根据需要选择配置或不配置。

图 3-1 所示为一例适合原棉加工的开清棉联合机组的组合,该流程为成卷流程。图 3-2 为一例适合化纤加工的清梳联机组的组合。

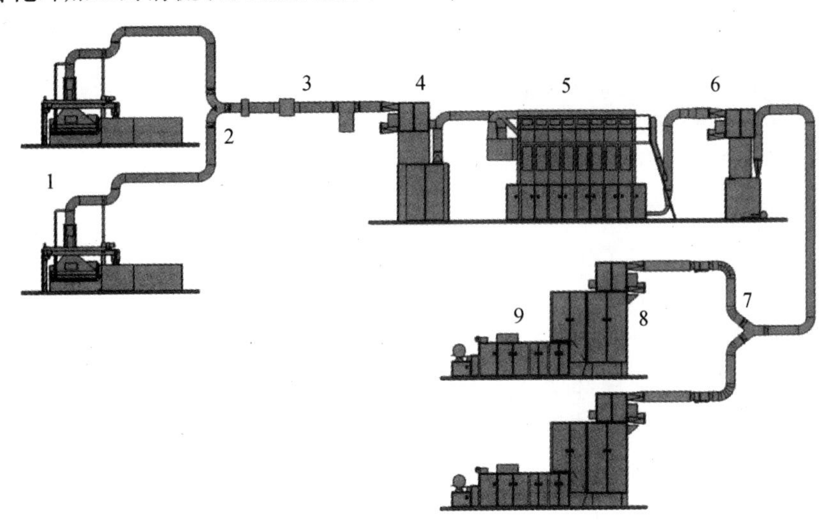

1—圆盘式抓棉机;2—气动两路配棉器;3—金属、火星及杂物三合一探除器;
4—轴流开棉机(附凝棉器);5—多仓混棉机;6—梳针打手豪猪开棉机;
7—动配棉器;8—振动棉箱;9—成卷机

图 3-1 适合原棉加工的开清棉联合机组

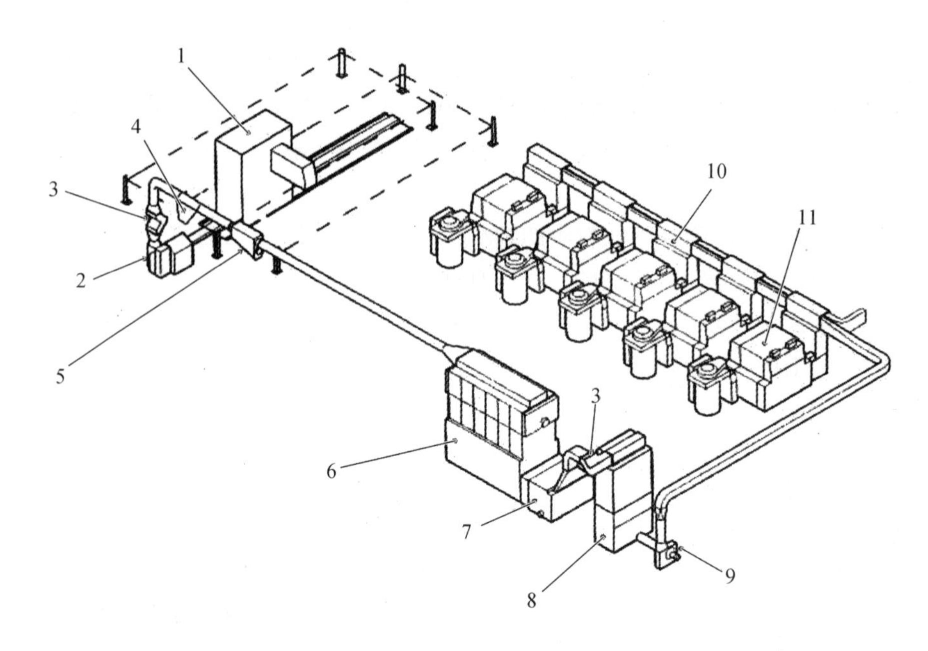

1—自动抓棉机；2—输棉风机；3—桥式吸铁装置；4—金属及火星探除装置；5—除尘器；6—多仓混棉机；
7—三打手开清棉机；8—除微尘装置；9—输棉风机；10—清梳联喂棉箱；11—梳棉机

图 3-2 适合化纤加工的清梳联机组

第二节 开清棉主要机械与工艺

一、抓棉机械

抓棉机械的作用是从按配棉成分排列的棉包阵里顺序抓取原料，供下一机台加工，在抓棉过程中具有初步的开松(抓棉打手抓棉)与混合(多包取棉)作用。自动抓棉机按其工作原理可分为两大类:环行式(又称圆盘式)自动抓棉机和直行往复式自动抓棉机。

(一) 环行式自动抓棉机

环行式自动抓棉机如图 3-3 所示，由抓棉小车、抓棉打手、输棉管道、肋条、内圆墙板、外圆墙板、地轨及伸缩管等机件组成。抓棉小车 4 的外侧由支架 3 支撑，支架下方为两个转动滚轮;小车内侧由中心轴 9 支撑。抓棉小车沿顺时针方向运行时，肋条 6 压紧棉包表面，打手 5 的刀尖伸出肋条逐包抓取棉块，棉块被后方机器的凝棉器风扇产生的气流经输棉管 1 送至下台机器。抓棉小车每回转一周，打手下降一定距离(3～6 mm)。

(二) 直行往复式自动抓棉机

直行往复式自动抓棉机如图 3-4 所示，主要由抓棉器 2、直行小车 8 和转塔 7 等组成。抓棉器 2 及其平衡重锤挂在转塔 7 顶部的轴上，并能沿转塔的立柱导轨做升降运动。转塔 7 则与直行小车 8 相联接，它们共同沿两条地轨 13 做往复直行运动。抓棉小车 8 运行时，两组肋条 4 相互错开地压在棉堆的表面，在肋条和压棉罗拉 5 都压住棉堆的情况下，抓棉打手 3 的刀

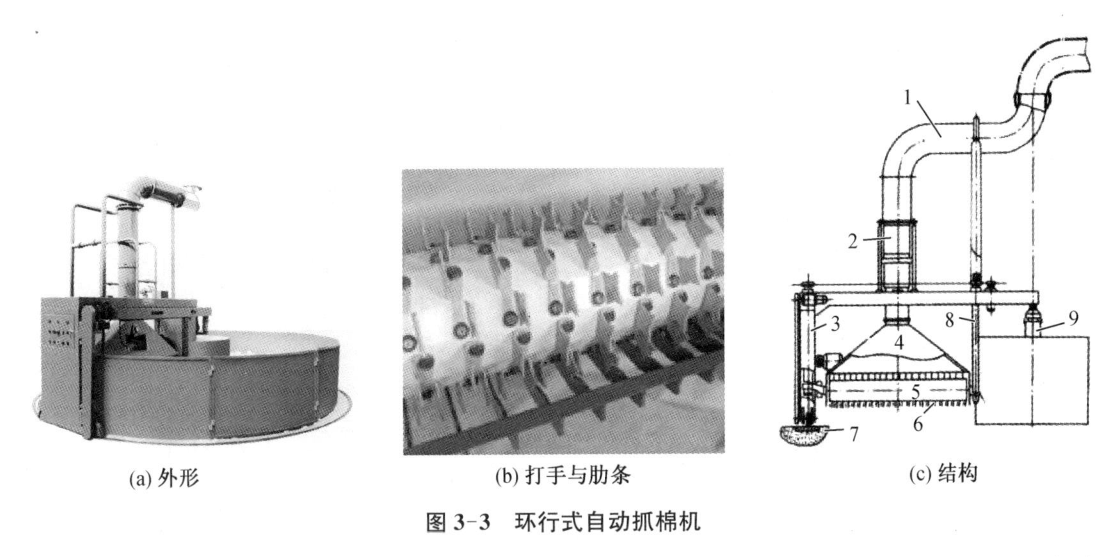

(a) 外形　　(b) 打手与肋条　　(c) 结构

图 3-3　环行式自动抓棉机

片即相继抓取棉堆表面的原棉，并开松成较小棉块；接着，棉块被打手上抛到罩盖内，并由气力输送，经伸缩管 6 和固定输送管道 11 而输出。抓棉小车 8 走到一端调转方向时，抓棉器 2 即下降2～10 mm 。

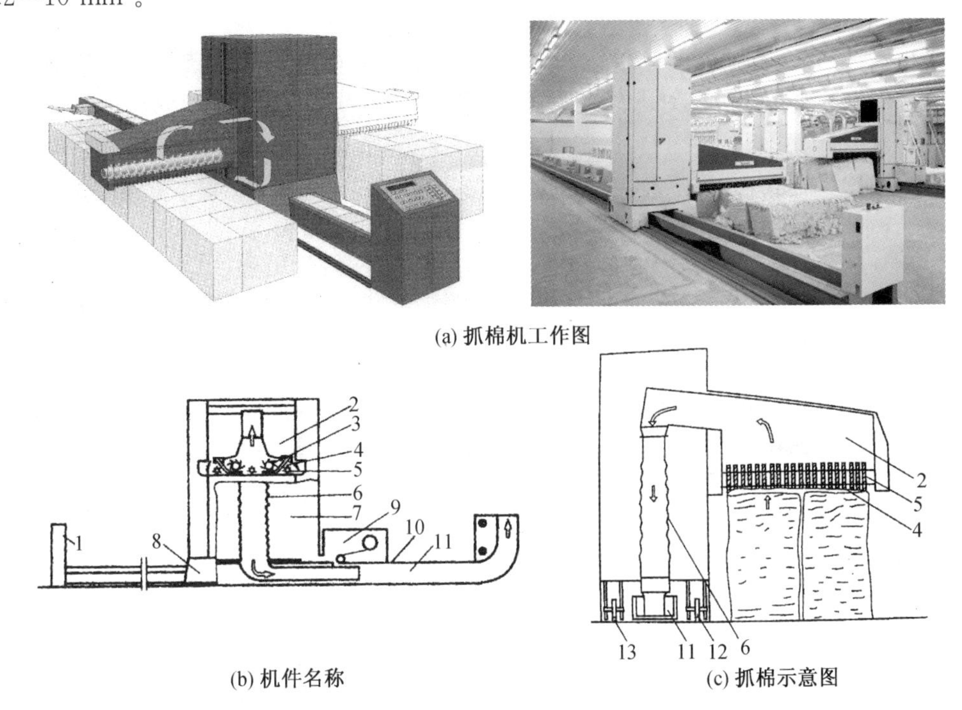

(a) 抓棉机工作图

(b) 机件名称　　(c) 抓棉示意图

图 3-4　直行往复式自动抓棉机

地轨 13 的两侧都可铺放棉包。如将转塔 7 相对于小车 8 调转 180°，就可在新的一侧继续抓棉生产。图 3-4(b)中，1 为电器控制箱，9 为卷带装置，12 为行走轮，10 为覆盖带。

(三) 抓棉机的作用

1. 开松作用

抓棉机利用抓棉打手对棉块的撕扯、打击和抓取来实现开松作用。紧压的棉包被抓棉打手分解成小棉块和小棉束,并借助气流的吸引进入下道机台进行加工。

抓棉机在满足产量的条件下,要求抓取的棉块尽量小些,以利于棉箱机械的混合与除杂。影响抓棉机开松效果的主要因素包括:打手刀片伸出肋条的距离、打手转速、打手间歇下降的距离和直行(或环行)速度,以及打手形式、刀片(或锯齿)数量、分布及其状态等。

2. 混合作用

原棉选配时,根据配棉方案及配棉比例确定各种成分的棉包数量。在送至开清棉联合机进行加工时,将拆开的棉包按一定规律排列在棉包台上,如图 3-5 所示。抓棉机的抓棉打手依次在各包上部抓取一薄层棉花,当抓棉小车绕棉包台回转一周或走完一个行程后,按比例抓取各种成分的棉花,从而实现不同原料的混合。影响抓棉机混合效果的因素包括:

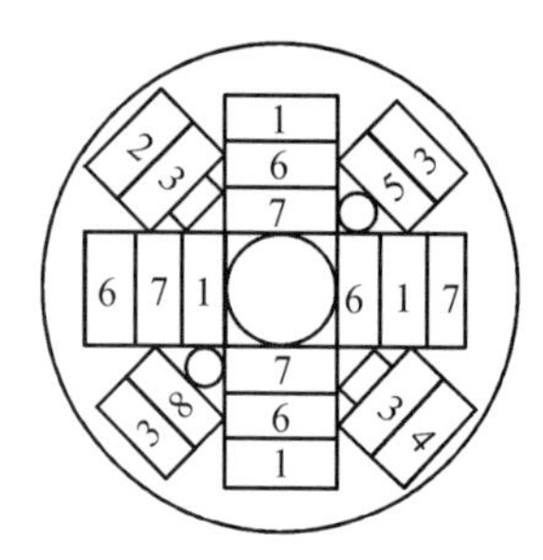

图 3-5 环形抓棉机棉包排图

(1) 排包图的编制。编制排包图时,对相同成分的棉包要做到纵向分散、横向叉开,保持横向并列棉包的质量相对均匀。当棉包长短、宽窄差异较大时,要合理搭配排列。上包时应根据排包图上包,如棉包高低不平时,要做到"削高嵌缝、低包抬高、平面看齐"。混用回花和再用棉时,也要纵向分散,由棉包夹紧或打包后使用。

(2) 抓棉机的运转效率。为了达到混棉均匀的目的,抓棉机抓取的棉块要小,所以在工艺配置上应做到"勤抓少抓",以提高抓棉机的运转率。运转率(运转时间占总工作时间的百分率)高,小车运行时间多,停车时间少,每次抓棉量少,而连续抓棉时间长,则混棉机棉箱内成分比较均匀;运转率低,则反之。实践表明,提高小车运行速度,减少抓棉打手下降动程,增加抓棉打手刀片的密度,是提高运转率行之有效的措施。提高抓棉机的运转率,对以后工序的开松、除杂和棉卷均匀度都有益。抓棉机的运转率一般要求达到 80% 以上。

3. 除杂作用

抓棉机的除杂作用主要通过抓棉时杂质的抖落来实现,一些因抓棉打手的开松作用而与棉块分离开来的大而重的杂质被抖落,最后在清扫棉包台时被去除。有些抓棉机的抓棉打手的压棉罗拉具有磁性,或另装 1~2 根具有磁性的辊子,原料中暴露出来的铁杂可以被吸附而定期人工去除,特别是再用棉中的钢丝圈、小钩刀、螺丝、垫圈、打包铁皮头等。

(四) 手动喂棉机械

进行小批量生产时,可以采用手动喂棉装置直接将散纤维原料手动喂入混棉机械。图 3-6 所示为不同类型的手动喂棉装置,其主要机构为喂给帘子。

图 3-6 手动喂棉装置

二、混棉机械

混棉机械具有较大棉箱(棉仓)和角钉机件,棉箱对原料进行混合、均匀,而角钉机件对原料进行扯松、去除杂疵。棉箱机械主要包括自动混棉机、双棉箱给棉机、多仓混棉机等。

(一) 自动混棉机

1. 自动混棉机结构与工艺过程

自动混棉机一般由凝棉器 1、摆斗 2、混棉比斜板 3、光电管 4、输棉帘 5、压棉帘 6、角钉帘 7、均棉罗拉 8、剥棉打手 9、尘格 10、磁铁装置 11、间道隔板 12 等机件组成,如图 3-7 所示。置于自动混棉机上方的凝棉器 1,借助气流作用,将后方机台输出的棉块从侧向喂入储棉箱内,通过摆斗 2,逐层横向铺放在输棉帘 5 上,形成多层混合的棉堆。然后由输棉帘 5 和压棉帘 6 夹持棉堆喂给角钉帘 7。光电管 4 和混棉板 3 主要控制棉箱中的储棉量。当角钉帘 7 向上运动时,从棉堆上抓取并松解喂入的棉块,松解出来的大杂质如籽壳等可从角钉帘 7 下方的尘格落出。被角钉带走的棉块继续上行,依次通过压棉帘 6、均棉罗拉 8 等作用区时,又受到进一步的开清;大的棉块被均棉罗拉打回棉箱。角钉帘 7 带出的棉块被剥棉打手 9 剥下,并与尘格 10 作用对棉块进一步开松后输出,而杂质则从尘棒间隙落下。在棉块输出部位装有间道隔板 12,可以根据工艺要求改变出棉方向:如果后接六辊筒开棉机,则采用下出棉的方式;如果供给豪猪开棉机等带有凝棉器的机台,则采用上出棉方式。在下出棉口装有磁铁装置 11,可排除棉块中的铁物质。当调整输棉帘的线速度时,可相应调整混棉比斜板 3 的倾斜角度,以保证摆斗摆动时所铺棉层的外形不被破坏。

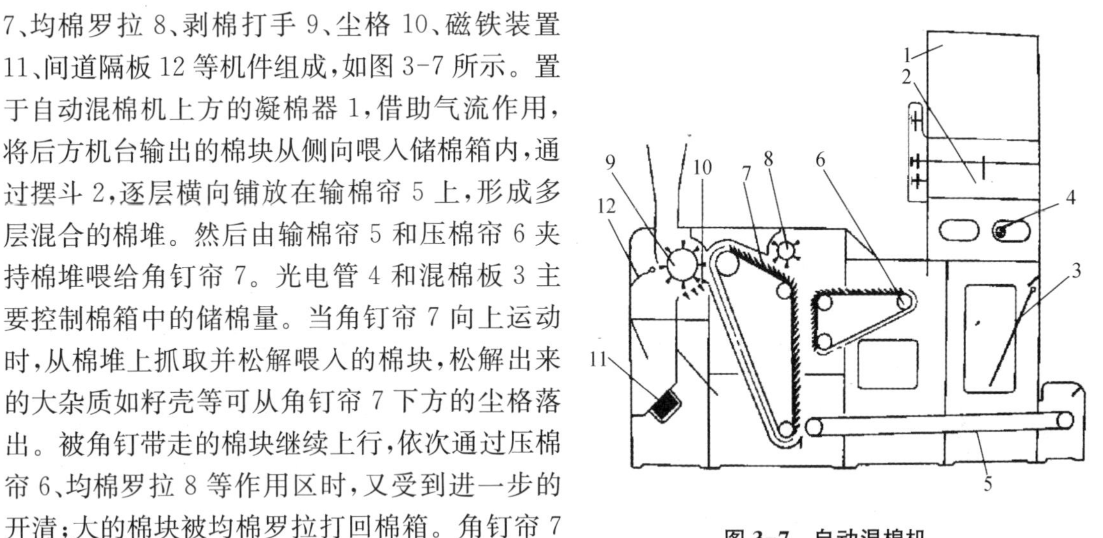

图 3-7 自动混棉机

2. 自动混棉机的作用

(1) 开松作用。自动混棉机是通过角钉机件对棉块的撕扯作用及打手与尘格对棉块的自由打击作用来实现开松的,包括:角钉帘垂直撕扯、抓取被输棉帘和压棉帘夹紧、握持的棉层;角钉帘与压棉帘两个角钉面间对棉块的撕扯开松(图 3-8);均棉罗拉对角钉帘上大棉块的打击;剥棉打手剥取角钉帘上纤维层时的打击开松及剥棉打手与尘格间对棉块的自由打击作用。

自动混棉机的扯松和自由打击作用柔和,对纤维损伤小。影响自动混棉机开松作用的因素包括各部分的隔距及各主要机件的速度等。隔距小,相对速度高,则打击作用强。

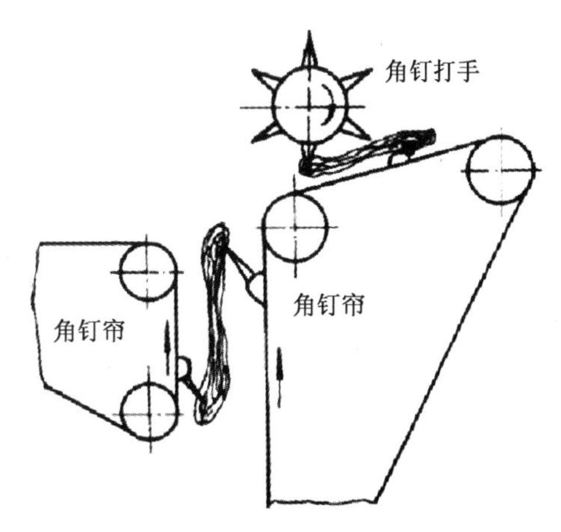

图 3-8 两角钉面对棉块的撕扯开松

(2) 除杂作用。自动混棉机的除杂点有四处:杂质可从输棉帘的木条间隙①下落;角钉帘底部②和剥棉打手下部③均有尘格,可以排除杂质;如果采用下出棉方式,磁铁装置④可以吸附棉流中的铁杂。自动混棉机位于开清棉流程的开始部分,棉块较大,除杂以除大杂为主,如棉籽、不孕籽等。

除影响开松效果的因素外,剥棉打手和角钉帘下部尘格的尘棒间距也是影响除杂效果的重要因素。尘棒间距大,则落杂多,应根据要除去杂质的外形尺寸确定。由于自动混棉机中棉块较大,尘棒间距可设置较大,以大于棉籽的外形尺寸为宜。

(3) 混合作用。如图 3-9 所示,装在自动混棉机后部储棉箱上部的凝棉器 1 将初步开松混合的原料吸到本机中来,通过摆斗 2 的左右摆动,将棉层横向铺设在输棉帘 3 上,形成多层原料叠合的棉堆。压棉帘 4 和输棉帘共同夹持棉堆送给角钉帘 5,角钉帘对棉堆沿垂直方向抓取,从而实现不同原料的充分混合,这一混合原理可以简称为"横铺直取、多层混合"。

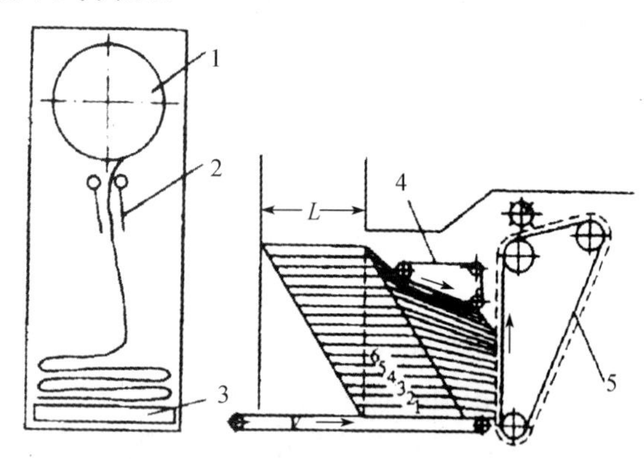

图 3-9 自动混棉机的混合原理

为了使棉箱中的棉堆外形不被破坏,便于角钉帘抓取全部配棉成分,在棉箱的后侧装有混棉比斜板。当水平输棉帘的速度加快时,需使混棉比斜板的倾斜角也相应增大。混棉比斜板的倾斜角一般在 22.5°～44.5°范围内调整,过大会影响棉箱中的存棉量。

(4) 均匀作用。自动混棉机后部储棉箱内装有摇栅-水银开关装置(A006B)或光电控制装置(A006BS),控制后部储棉箱的棉量。当棉量高度超过控制上限高度时,控制供应机台停止给棉(抓棉小车停转);随着机台的输出,存棉高度下降,当下降到控制下限高度时,控制供应机台继续给棉(抓棉小车运动)。储棉箱存棉量的控制在不致引起堵车的情况下以较大为宜,以增加混合效果。

此外,当角钉帘携带棉块运动遇到均棉罗拉时,角钉帘带出的较大棉块、较厚棉层,会由于均棉罗拉的打击而经由压棉帘上部返回中部储棉箱,保证角钉帘带出的棉层均匀。均棉罗拉的均匀效果主要受均棉罗拉与角钉帘间距的影响,适当减小该隔距,有利于均匀效果。

(二) 多仓混棉机

多仓混棉机是开清棉流程中实现混合的主要机台,其混合原理均是利用时差来实现先后喂入的原料间的混合,但不同机型的作用原理有所不同,典型的机型有 FA022 型和 FA029 型。

1. FA022 型多仓混棉机

FA022 型多仓混棉机如图 3-10 所示。输棉风机 1 将后方机台的原料抽吸过来,经进棉管 2 进入配棉道 4,顺次喂入各储棉仓 5。各储棉仓顶部均有活门 7,前后隔板的上半部分均有网眼小孔隔板 8,当空气带着纤维进入储棉仓后,空气从小孔逸出,经回风道 3 进入下部混棉道 12。与此同时,网眼板将纤维凝聚留在仓内,使纤气分离,凝聚纤维,并使凝聚纤维在后续纤维重力、惯性力及空气静压力的作用下,不断地从网眼板上滑下,使仓内的储料不断增高,网眼小孔逐渐被纤维遮住,透气有效面积逐渐减小,仓内及配棉道内气压逐步增高。当仓内储料达到一定高度，配棉道内气压（静压）上升到一定数值时，由仓位转换机构进行仓位转换，本仓活门关闭，下仓活门打开，原料喂入转至下一仓。如此，逐仓配喂料，直到充满最后一仓为止。在第二仓位观察窗 6 的 1/3～1/2 高度处装有一根光电管 9，监视着仓内纤维存量高度。当最后一仓被充满时，若第二仓内纤维存量不多，存料高度低于光电管位置，则喂料转回第一仓位，后方机台继续供料，使多仓混棉机进行第二循环的逐仓喂料过程。若最后一仓被充满时，第二仓内纤维存量较多，存料高度高于光电管位置，则后方机台停止供料，同时关闭进棉管中的总活门，但输棉风机仍然转动，气流由风机出口经旁路进入垂直回风道，最后由混棉道逸出。待仓内存量高度低于光电管位置时，光电管装置发出信号，总活门打开，后方机台又开始供料，重复上述喂料过程。这样，储棉仓的高度总是保持阶梯状分布，如图 3-11 所示。各仓底部均有一对输棉罗拉 10，把仓内原料均匀地送给混棉通道 12 上方的打手 11，原料在打手的作用下受到开松而落入混棉通道内，与回风一起受前方机台凝棉器的作用，经出棉管 13 被吸走。在混棉通道的气流输送过程中，使各仓同时输出的纤维顺次叠加在一起完成混合作用。在各储棉仓顶部的活门，由电气动机构 14 执行仓位自动转换。

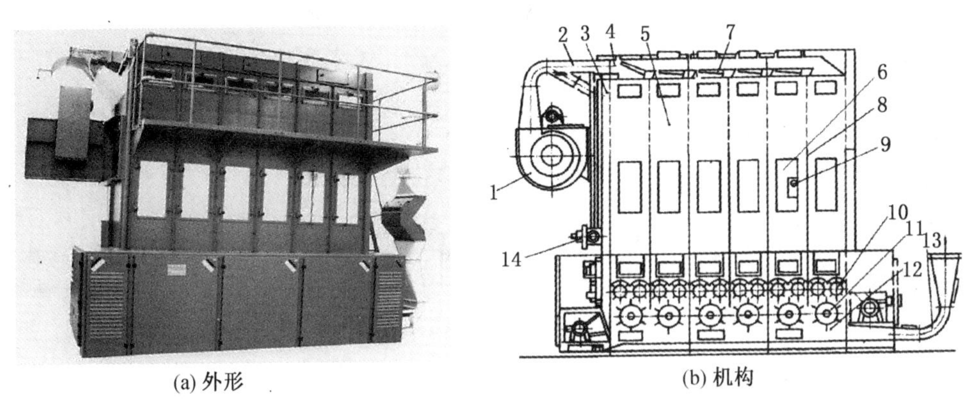

(a) 外形　　(b) 机构

1—输棉风机；2—进棉管；3—回风道；4—配棉道；5—储棉仓；6—观察窗；7—活门；8—隔板；9—光电管；10—输棉罗拉；11—打手；12—混棉通道；13—出棉管；14—电气动机构

图 3-10　FA022 型多仓混棉机

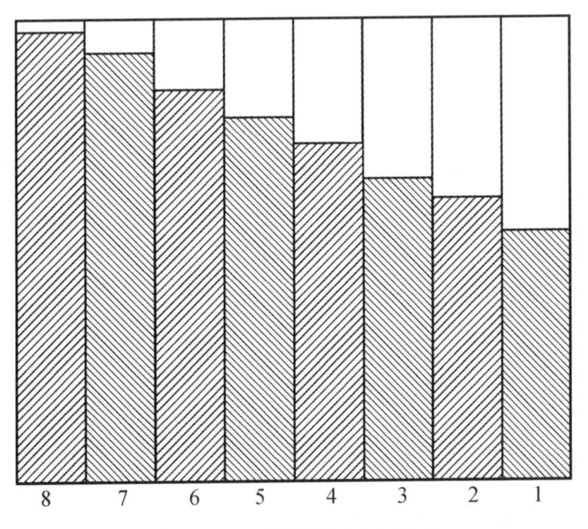

图 3-11　棉层分布示意图

可见，FA022 型多仓混棉机的喂料是逐仓进行的，而各仓的原料同时向下输出，在混棉通道中混合。其工作原理可概括为“逐仓喂入、阶梯储棉、同步输出、多仓混合”。在各仓同时输出的原料中，第一仓与最后一仓的喂料间隔的时间差约为 20～40 min，时间差越大，同时参与混合的原料成分越多，混合效果越好。

FA022 型多仓混棉机通过每个棉仓底部的打手的打击作用来实现对原料的开松作用，影响开松效果的因素包括打手的形式及转速。

2. FA029 型多仓混棉机

如图 3-12 所示，FA029 型多仓混棉机由六仓组成。经初步开松混合的原料，由气流输送至本机的输棉管 1 内，各箱上部的配棉罗拉 2 将原料均匀地输送到各自的棉仓 3 内。各仓的隔板 4 沿原料流动方向逐渐缩短，且下部呈弧形，使各仓的原料转过 90°，由输棉帘 5 和给棉辊 6 将棉层呈水平方向喂入角钉帘 7 抓取，经均棉罗拉 8 和剥棉辊 9，又经一对喂棉罗拉 11 和开棉打手 12 开松后，由前方气流经管道 13 输出。棉箱中的气流由上、下排气口 14 和 15 排出。

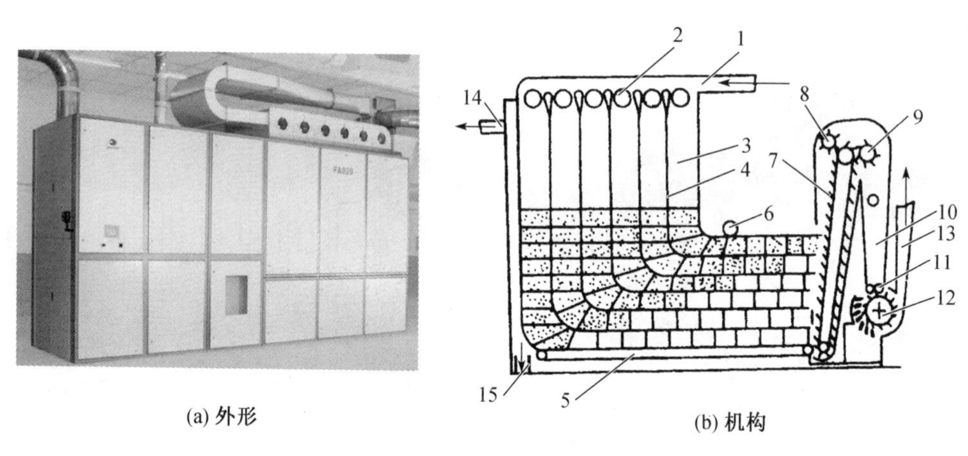

(a) 外形　　(b) 机构

1—输棉管；2—配棉罗拉；3—棉仓；4—隔板；5—输棉帘；6—给棉辊；7—角钉帘；8. 均棉罗拉；9—剥棉辊；10—储棉箱；11—喂棉罗拉；12—打手；13—管道；14，15—上、下排气口

图 3-12　FA029 型多仓混棉机

由此可知，各仓原料到达角钉帘 7 所经过的路程长短是不同的，靠近输棉管入口的棉仓路程短，而远离输棉管入口的棉仓路程长。因此各个棉仓的棉层相互错位，形成路程差，使同时喂入各仓的原料不同时输出，形成时间差，使不同成分的原料充分混合，如图 3-13 所示。

同时喂入相邻两仓的原料到达角钉帘的路程差，由两部分组成。其一是原料由垂直仓的下降运动转变为水平仓的横向运动所产生的路程差；其二是由于角钉帘的倾斜，水平仓内位于同一垂直方向的原料到达角钉帘的路程不同而形成的路程差。当棉仓个数越多，棉仓宽度越大，水平仓高度越高时，其原料的路程差越大，原料最先到达抓取线与最后到达抓取线的时间差越大，混合效果越好。

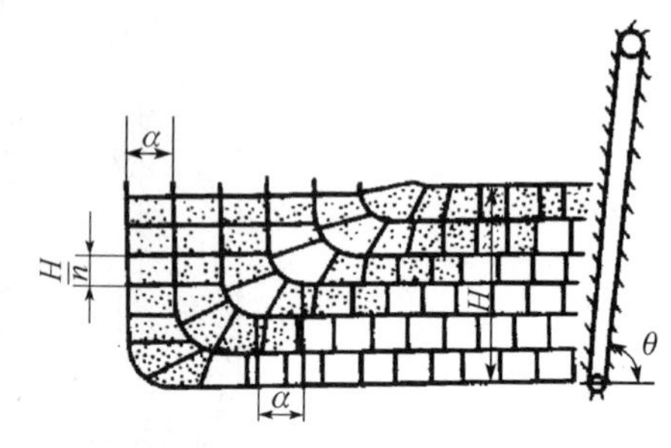

图 3-13　FA029 型多仓混棉机路程差

FA029 型多仓混棉机的开松作用是通过角钉帘对

棉层的垂直抓取，均棉罗拉与角钉帘对棉块的撕扯，及打手对喂棉罗拉握持棉层的打击来实现的；除杂作用同样由打手与尘格的共同作用实现。影响因素包括角钉帘的速度与植钉规格、均棉罗拉与角钉帘的间距及速度、打手的形式及转速、打手与尘棒间隔距及尘棒间距等，这里不再赘述。

（三）双棉箱给棉机

双棉箱给棉机的主要作用是均匀给棉，并具有与自动混棉机类似的混合及扯松作用。双棉箱给棉机在开清棉流程中靠近成卷机，以保证棉卷的定量及均匀度。

A092AST 型振动板双棉箱给棉机如图 3-14 所示。原棉经凝棉器喂入本机的进棉箱 10。进棉箱内装有调节板 12，用以调节进棉箱的容量；侧面装有光电管 2，可根据进棉箱内原料的充满程度来控制电气配棉器进棉活门的启闭，使棉箱内的原料保持一定高度。进棉箱下部装有一对角钉罗拉 9 以输出原料。机器中部为储棉箱 7，下方有输棉帘 8。原料由角钉罗拉输出后，落在输棉帘上，由输棉帘送入储棉箱，并因角钉帘和水平帘的运动而翻滚、混合。储棉箱中部装有摇板 11，摇板随箱内原料的翻滚而摆动。当原料超过或少于规定容量时，由于摇板的倾斜，带动一套连杆及拉耙装置，从而控制角钉罗拉的停止或转动。角钉帘 5 上植有倾斜角钉，用以抓取和扯松原料。角钉帘的后上方的均棉罗拉 6 将角钉帘上较大及较厚的棉块打回棉箱，以保证角钉帘带出的棉层厚度相同，使机器均匀出棉，并具有扯松原料的作用。均棉罗拉与角钉帘之间的隔距可以根据需要进行调节。剥棉打手 4 从角钉帘上剥取原料，使其进入振动棉箱，同时具有开松作用。振动棉箱由振动板 3 和出棉罗拉 1 等组成。振动棉箱的上部装有光电管，用以控制角钉帘和输棉帘的停止或转动。经振动板作用后的筵棉，由输出罗拉均匀地输送到单打手成卷机。

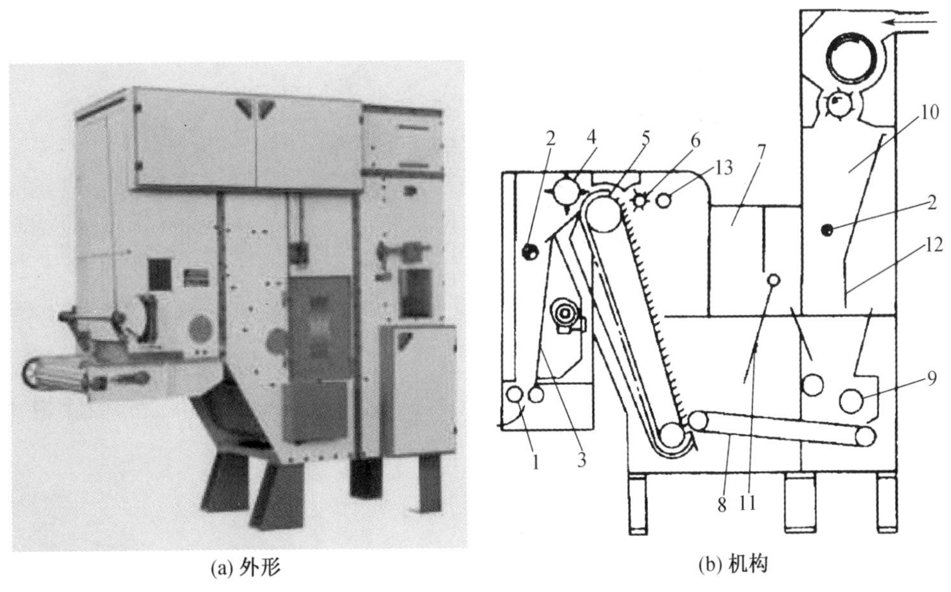

(a) 外形　　(b) 机构

1—输出罗拉；2—光电管；3—振动板；4—剥棉打手；5—角钉帘；6—均棉罗拉；7—储棉箱；8—输棉帘；9—角钉罗拉；10—进棉箱；11—摇板；12—调节板；13—清棉罗拉

图 3-14　A092AST 型振动板双棉箱给棉机

双棉箱给棉机的主要作用是均匀给棉，因此，除了采用光电管和摇栅来控制棉箱的棉量均匀外，还在一定的部位控制出棉均匀。如角钉帘与均棉罗拉之间的隔距即能控制出棉均匀，当两者隔距小时，除开松作用增强外，还能使输出棉束减小和均匀；但隔距小，产量低。为达到开松良好和出棉均匀的要求，双棉箱给棉机通过三只棉箱逐步控制储棉量的稳定，以达到出棉均匀的目的。特别是它采用了振动棉箱，使箱内的原料密度更为均匀，因而使均匀作用大为改善。

（四）混合效果评价方法

混棉机的混合效果可用下面三种方法进行评定：

1. 混入有色纤维法

在混合原料中混入一定数量的染色纤维，经机械混合处理后取样，用手拣法分拣出有色纤维，称其质量，计算有色纤维百分率的平均数、均方差、变异系数等，分析混合效果。

2. 切片法

将条子或纱线切片，放在显微镜下观察，分析混合效果。

3. 染色评定法

此方法多用于化纤混纺产品。它是将成纱或织成布后染色，由染色结果来分析混合效果。

三、开棉机械

开棉机械主要是利用开松机件（打手）对原料进行打击、松解，同时去除杂质。开松打击的形式（自由开松、握持开松）和打手的形式等，对开松效果有直接的影响。

图 3-15 中，(a)为自由开松，(b)为握持开松。自由开松时，纤维受到的打击作用柔和，纤维损伤少，但开松程度有限；握持开松则相反。

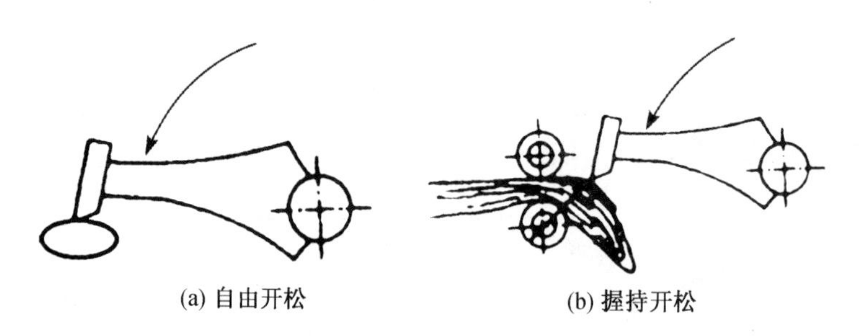

(a) 自由开松　　(b) 握持开松

图 3-15　自由开松与握持开松

一般来说，开松是随着加工的进行而逐渐加强的。自由开松通常在开清流程的前端，将紧密纠缠的纤维团初步松解后，再施以强烈的开松，可以减少纤维和杂质的损伤、破碎，并保证开松效果。

（一）开棉机的主要部件及作用

1. 开松机件

打手是常见的开松机件，有各种形式。图 3-16 所示为几种常用的打手形式。

显然，不同打手对纤维的作用特点不同，开松、除杂效果也不同。刀片、锯片打手与棉层作用时，与纤维层接触面积大，不能刺入纤维层内部，主要靠与纤维层的摩擦作用来撕扯纤维层而进行开松，作用欠细致，由于其作用冲量大、开松作用力大，开松效果比较好，但容易损伤纤维和打碎杂质。梳针和锯齿打手能够刺入纤维层内部对纤维层进行分梳，开松作用细致，效果

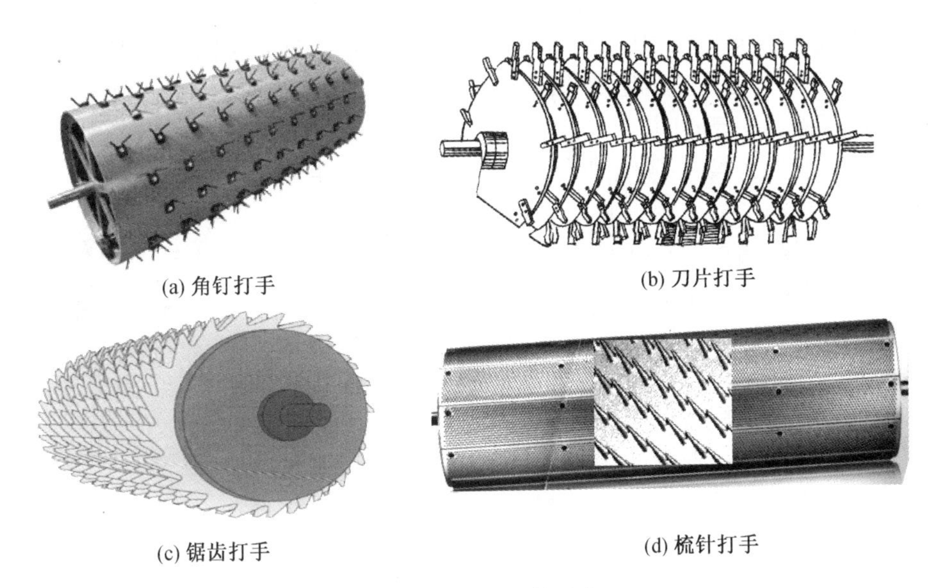

(a) 角钉打手　(b) 刀片打手

(c) 锯齿打手　(d) 梳针打手

图 3-16　各种打手的形式

好,但由于打击冲量较小,不利于杂质的排除。

打手形式应根据所加工纤维的特点和开松机件在整个流程中所处的位置来进行合理选择。有些开松机械的打手类型可以根据需要进行更换,以适应纤维原料加工的要求。

影响开松效果的因素,除了开松机件的打手形式外,还有开松机件的速度、开松形式(握持开松或自由开松)、开松机件与喂入装置的隔距等。开松机件在高速运行、握持开松,以及它与喂入装置之间的隔距较小时,作用剧烈,开松效果好,但纤维损伤会增多,因此,应进行综合考虑。

2. 除杂装置

开松机件的下方均安装有除杂装置——尘格(也称漏底)。被打手撕扯、分梳下的纤维块进入打手与尘格之间。喂入装置、打手与尘格的配置如图 3-17 所示。尘格的作用有三项:首先是托持作用。尘格对纤维的托持,在打手与尘格之间形成了纤维向前运动的通道。其次是排除杂质。尘格形成的托持面上有供杂质下落的一定规格的网眼、间隙,部分已从纤维块中脱

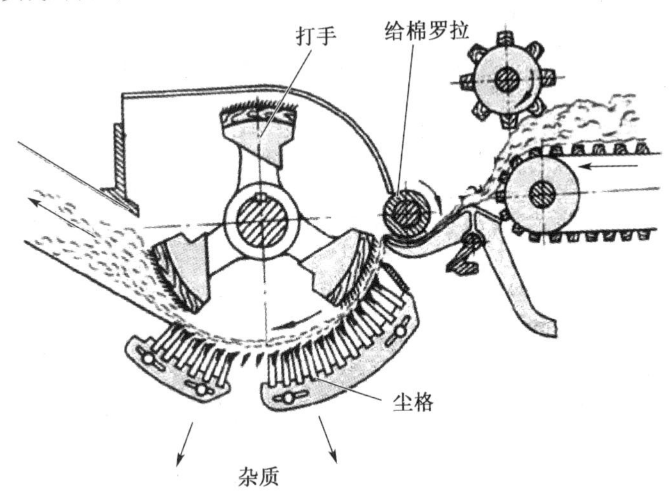

图3-17　喂入装置(给棉罗拉与天平杆)、打手(翼式)与尘格的配置关系

离出来的杂质，包括短绒，可以从尘格落出，成为落杂。最后是开松作用。处于尘格与打手之间的纤维，由于受到尘格一定的阻滞作用，并不能随打手的高速回转一起快速输出，会在打手与尘格的作用区停留一定时间，在尘格和打手的共同作用下，对纤维块进行开松。

尘格的形式有两大类：一类是整体弧形板式；一类是由多根尘棒排列组成的格栅式。弧形板式尘格为曲率半径与打手半径相匹配的弧形金属板，冲有一定密度和孔径的网眼或一定间距的槽格，如图 3-18 所示。这类尘格具有较好的托持作用，但除杂、开松作用较差，且工艺调整不方便。格栅式尘格由具有不同截面形态（主要有三角形、梯形和圆形）的金属棒按一定角度和间距排列组成，棉纺中主要采用三角形，如图 3-19 所示。不同形式的尘格可以单独使用，也可以组合使用，如将三角形尘棒与网眼板组合使用。

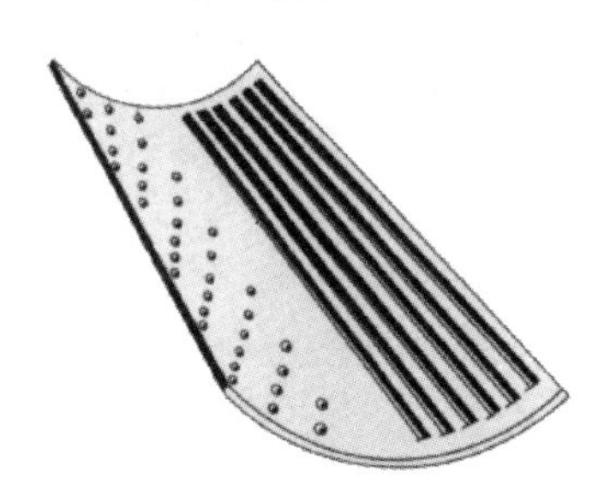

图 3-18　弧形板式尘格

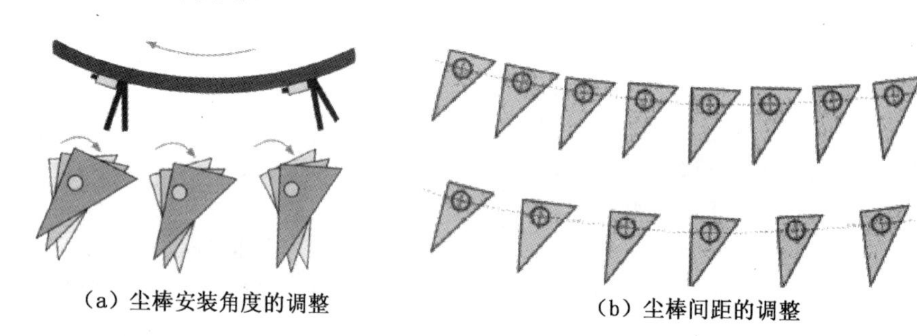

(a) 尘棒安装角度的调整　　(b) 尘棒间距的调整

图 3-19　尘棒安装角度与尘棒间距的调整

打手下方包围的弧状尘格可以分成几组安装，也可以只作为一组安装。打手与尘格间的间距、尘棒的安装角度及尘棒与尘棒间安装隔距，都可以进行调整，如图 3-19 所示。但一般只调整前两项；尘棒与尘棒间安装隔距，因调整不便，一般不做调整。

三角形尘棒的结构及其安装角度如图 3-20 所示。$abef$ 面称为顶面，用以托持棉块；$acdf$ 面称为工作面，用以反射打手抛射撞击在尘棒上的杂质；$bcde$ 面称为底面，与相邻尘棒工作面构成排除杂质的通道。尘棒顶面与工作面间的夹角 α 称为清除角，安装时一般迎着棉块的运动方向，具有分离杂质和阻滞棉块，以及与打手共同扯松棉块的作用。α 角一般为 40°～50°，

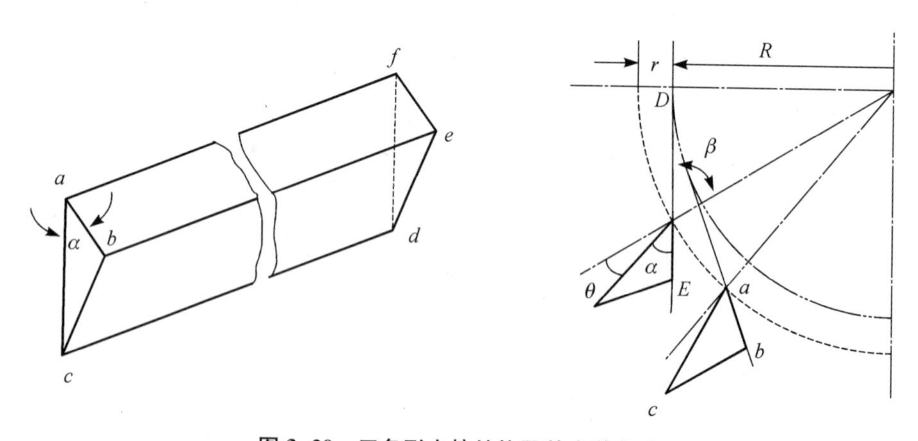

图 3-20　三角形尘棒结构及其安装角度

其值与开松除杂作用有关。当 α 角小时，开松除杂作用好，但尘棒的顶面托持作用较差。尘棒顶面与底面的交线至 be 相邻尘棒工作面的垂直距离称为尘棒间的隔距，增大隔距，有利于排除杂质。尘棒工作面与工作面顶点至打手轴心连线之间的夹角 θ 称为尘棒的安装角。调节安装角时，尘棒间的隔距也相应改变。θ 角的变化对落棉、除杂及开松都有影响。θ 角大时，顶面对棉块的托持作用大，尘棒对棉块的阻力小，开松差，落杂少；反之，θ 角小时，尘棒对棉块形成一定阻力，开松好，落杂多，但托持作用削弱，容易落白花（可纺纤维）。为了使尘棒既具有一定的托持纤维作用，又能减少杂质，较好地开松和除杂，尘棒的安装一般要使尘棒顶面与打手投射线 DE 相重合。尘棒安装角可用首轮在机外进行调整。

打手与尘格间距离一般从入口（打手打下棉块进入与尘格作用区一侧）到出口逐渐增大，因为在打手与尘格工作区，棉块不断开松，体积变大。尘棒与尘棒间隔距一般从入口到出口逐渐增大，因为在尘格与打手作用区域的入口处，棉块较大，尘棒间距大有利于杂质的下落。随着尘格与打手间开松作用的进行，棉块变小，为了避免可纺纤维从尘棒间落出，尘棒间距偏小掌握。

通常，棉块在打手作用下经多次撞击尘格后才能输出，棉块在打手室内停留时间越长，开松除杂效果越好，但停留时间过长，纤维损伤加剧。棉块在打手室内停留时间取决于三个因素：打手速度、尘格的阻滞作用（主要取决于打手与尘格间距，隔距小，则阻滞作用大）及后方输棉设备的吸引。一般可通过调整打手速度与后方输棉设备的吸风量来调整纤维在打手室内的停留时间。

（二）常用的开棉机械

1. 单轴流开棉机

FA102 型单轴流开棉机如图 3-21 所示。原料由进棉口 2 进入打手室后被打手 4 抓取，并随打手一起向下回转，与尘格 5 撞击后被抛向罩壳。落棉由落棉小车 6 收集，并由排杂打手

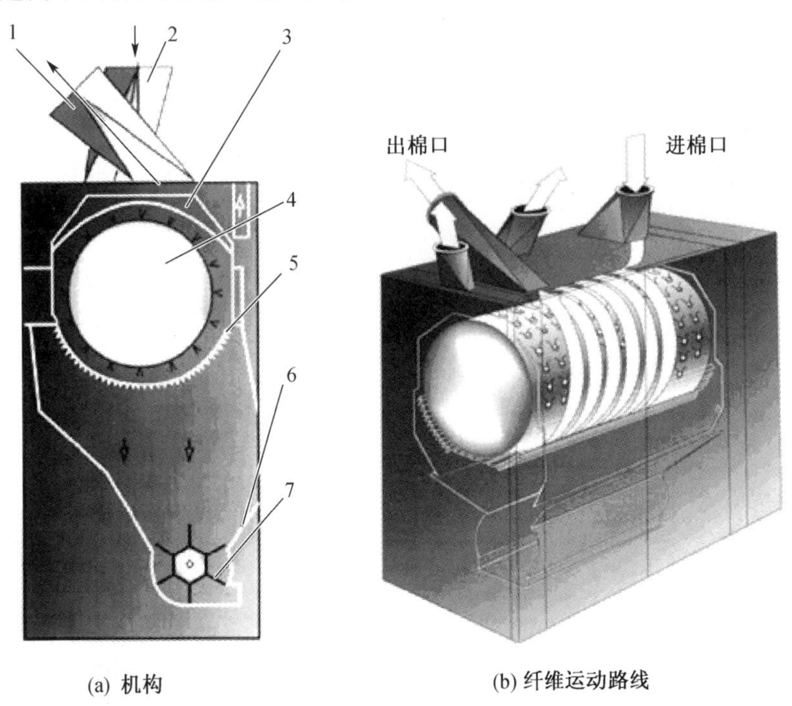

(a) 机构　　(b) 纤维运动路线

1—出棉口；2—进棉口；3—导流板；4—打手；5—尘格；6—落棉小车；7—排杂打手

图 3-21　FA102 型单轴流开棉机

7 排出。由于罩壳内的导流板 3 与打手角钉呈螺旋线排列，原料沿打手轴向呈螺旋线形式向出棉口 1 前进。在前进过程中，原料连续两次与尘格撞击后被抛向罩壳。原料在机器内围绕打手共翻滚三次，并且在自由状态下接受打手角钉的打击开松，纤维损伤较少，杂质不易被打碎。

2. 六辊筒开棉机

FA104 型六辊筒开棉机如图 3-22 所示。六个辊筒 1 下方的尘格 2 采用振动式扁钢尘棒。储棉箱 5 内装有调节板，用以调节棉箱内的储棉量。棉箱两侧面装有光电管，用以控制喂棉机械对本机的喂棉。前方机台输出的棉流，在凝棉器 4 的作用下，落入储棉箱 5，由棉箱下部的输出罗拉输出，并经 U 形刀片打手 6 打击后喂给第一辊筒，原料在自由状态下受到速度逐渐加大的六个辊筒的打击，并在辊筒和尘棒的共同作用下获得开松，杂质和短纤维从尘棒间隙落入尘箱。相邻两个辊筒间有剥棉刀 7，以防止返花。原料经打击开松后由上部的出棉口 3 输出机外。尘棒受棉块撞击后产生振动，有利于开松和除杂，和固定尘棒比较，振动式尘棒具有籽棉和棉籽等大杂不嵌塞尘棒的优点。

(a) 外形

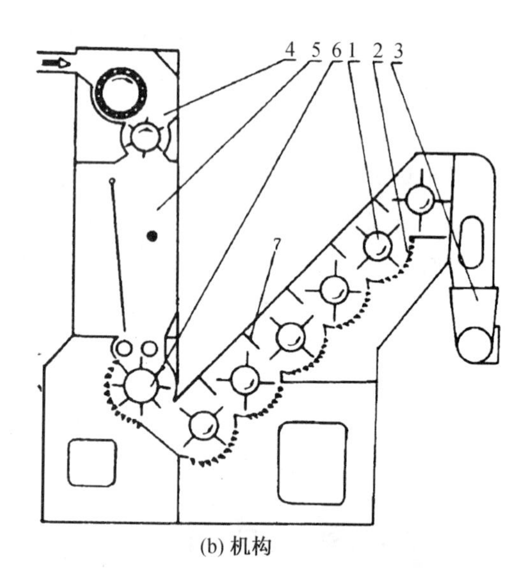

(b) 机构

1—辊筒；2—尘格；3—出棉口；4—凝棉器；5—储棉箱；6—刀片打手；7—剥棉刀

图 3-22　FA104 型六辊筒开棉松

影响六辊筒开棉机开松除杂作用的因素包括辊筒速度、辊筒与尘棒间隔距、尘棒与尘棒间隔距等。此外，为了使原棉在机内受角钉作用的时间增加，后方机台的风扇速度也不宜过高，否则原棉在机内停留时间短，影响开松除杂效果。

3. 豪猪式开棉机

FA106 型豪猪式开棉机如图 3-23 所示。机台上方的凝棉器 1，依靠气流将前方机台输出的原料吸至本机储棉箱 2 中。储棉箱 2 内装有调节板 9，以改变输出棉层的厚度，侧面装有光电管，可控制前方的机台停止给棉或重新给棉，以保持箱内一定的储棉量。储棉箱内的原棉依靠自重缓缓落下，由下方的木罗拉 4 将原料输出到给棉罗拉 5，原料在给棉罗拉的握持下接受豪猪打手 6 的打击。豪猪打手由 19 个圆盘组成，每个圆盘上装有 12 把矩形刀片（加工化纤时，采用梳针打手）。为使棉层整个横向都能均匀地接受打手刀片的打击和分割，每个圆盘上的 12 把刀片呈不规则排列，并固定在圆盘上，如图 3-16(b)所示。被打手撕下的棉块，沿打手圆弧的切线方向撞击在尘棒上，在打手与尘棒的共同作用及气流的配合下，使棉块获得进一步的开松与除杂。豪猪打手下方的 63 根尘棒，分为四组，包围在打手的3/4圆周上，尘棒隔距可以调节。尘棒下方的尘箱内装有输杂帘 8，可将杂质输出。在出棉口处装有剥棉刀 10，以防止打手返花。

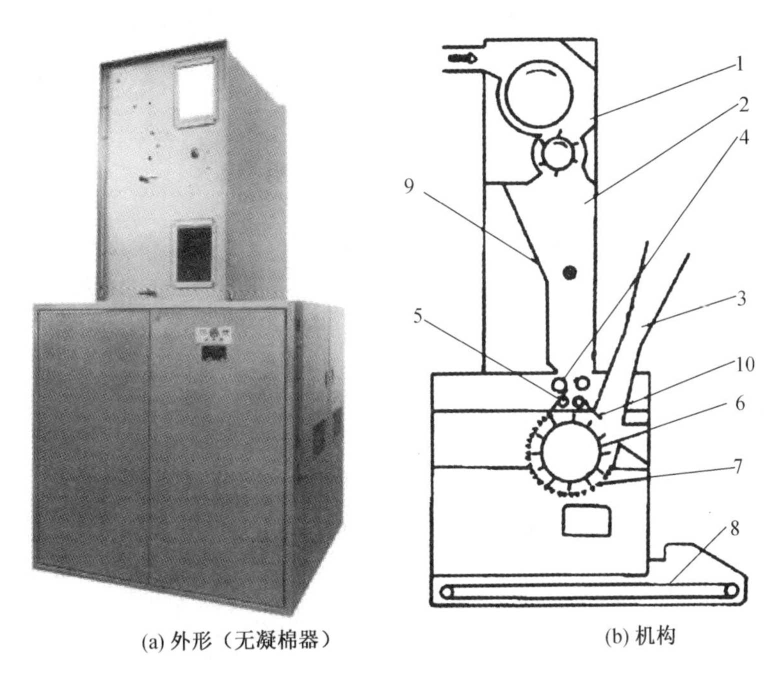

(a) 外形（无凝棉器） (b) 机构

1—凝棉器；2—储棉箱；3—出棉口；4—木罗拉；5—给棉罗拉；
6—豪猪打手；7—尘格；8—输杂帘；9—调节板；10—剥棉刀

图 3-23 FA106 型豪猪式开棉机

影响豪猪开棉机开松除杂作用的主要因素有打手速度、尘棒间隔距、打手与给棉罗拉间隔距、打手与尘棒间隔距、打手与剥棉刀间隔距及气流控制等。在豪猪开棉机中，与外界隔绝的落棉箱部分称为“死箱”，主要是落杂作用；而与外界连通的落棉箱部分称为“活箱”，主要是回收作用。当原棉含大杂较多时，采用后“死箱”，在增加尘棒间隔距以加强落杂的同时，通过前“活箱”可回收落下的可纺纤维。加工化纤时可采用全“活箱”，减少纤维下落。

(四) 开松效果评价

评价纤维原料的开松程度的方法有：

1. 质量法

从开松原料中拣出纤维块，进行称重，求出纤维块的平均质量，计算最大和最小纤维块所占质量的比例，进行比较分析。

2. 比容法

在一定容积的容器内放入一定高度的开松原料，加上一定质量的压板，经一定时间压缩后测定其压缩高度，并测量试样质量，计算单位质量的体积(cm^3/g)，即比容。开松度定义为比容乘以纤维试样的密度。开松度越大，纤维开松越好。

3. 速度法

测定纤维块在静止空气中自由下降的终末速度。纤维块在静止空气中，初速为零，然后垂直下落，纤维块逐渐加速，经过一段时间或一定距离后，速度不再增加，以等速下降，此速度称为终末速度。终末速度取决于纤维块的质量和形状、开松程度等因素。

4. 气流法

将一定质量的开松原料放在气流仪内，在同样气流量下观察其压力，压力值高，开松度好；或在同样气压下观察透气量，透气量小，开松度好。开松好的原料，对气流的阻力大。

（五）除杂效果评价

表示除杂效果的主要指标如下：

1. 落物率

它反映开松除杂机的落物数量。通过试验称出落物的质量，按下式计算：

$$落物率=\frac{落物质量}{喂入原料质量}\times 100\%$$

2. 落物含杂率

它反映落物的质量。用纤维杂质分析机把落物中的杂质分离出来，进行称重，按下式计算：

$$落物含杂率=\frac{落物中杂质质量}{落物质量}\times 100\%$$

3. 落杂率

它反映喂入原料中杂质被去除的数量，也称绝对除杂率，按下式计算：

$$落杂率=\frac{落物中杂质质量}{喂入原料质量}\times 100\%$$

4. 除杂效率

它反映除去杂质的效能小，与原料含杂率有关，按下式计算：

$$除杂效率=\frac{落物中杂质质量}{喂入原料中杂质质量}\times 100\%=\frac{落杂率}{喂入原棉含杂率}\times 100\%$$

5. 落物含纤维率

为了分析落物中纤维的数量，有时要算出落物含纤维率，可用下式计算：

$$落物含纤维率=\frac{落物中纤维质量}{落物质量}\times 100\%$$

四、清棉机械

原料经上述一系列机械加工后，已达到一定程度的开松与混合。一些较大的杂质已被清除，但尚有相当数量的破籽、不孕籽、籽屑和短纤维等，需经过清棉机械做进一步的开松与清除。清棉机械的作用是：继续开松、均匀、混合原料；继续清除叶屑、破籽、不孕籽等杂质和部分短纤维。

清棉机械是开清棉流程中处于末端的机械。如果采用成卷工艺，清棉机有成卷部分，将经过精细开松、除杂后的纤维制成一定规格的纵横向均匀棉卷的棉卷；如果采用清梳联工艺，则清棉机不装配成卷部分，经清棉机的精细开松、除杂后，纤维由风机直接输送到梳棉机后部的喂棉箱，由喂棉箱将散纤维制成均匀的棉层，喂入梳棉机。

（一）清棉成卷机

FA141 型单打手成卷机如图 3-24 所示。由 A092AST 型双棉箱给棉机振动棉箱输出的棉层，经角钉罗拉 15、天平罗拉 14、天平杆 16 喂给综合打手 12。当通过的棉层太厚或太薄时，经铁炮变速机构，自动调节天平罗拉的给棉速度，保证在单位时间内喂入的棉量恒定。由天平罗拉输出的棉层受到综合打手的打击、撕扯，开松的棉块被打手抛向尘格 13，杂质通过尘格落出，棉块在打手与尘棒的共同作用下，得到进一步的开松。由于风机 11 的作用，棉块被凝聚在上下尘笼 10 的表面，形成较为均匀的棉层，细小的杂质和短纤维穿过尘笼网眼，被风机吸出机外。尘笼表面的棉层由剥棉罗拉 9 剥下，经过防黏罗拉 8，输送至紧压罗拉 7。棉层压紧后，经导棉罗拉 6，由棉卷罗拉 5 绕在棉卷扦上制成棉卷，自动落卷称重。

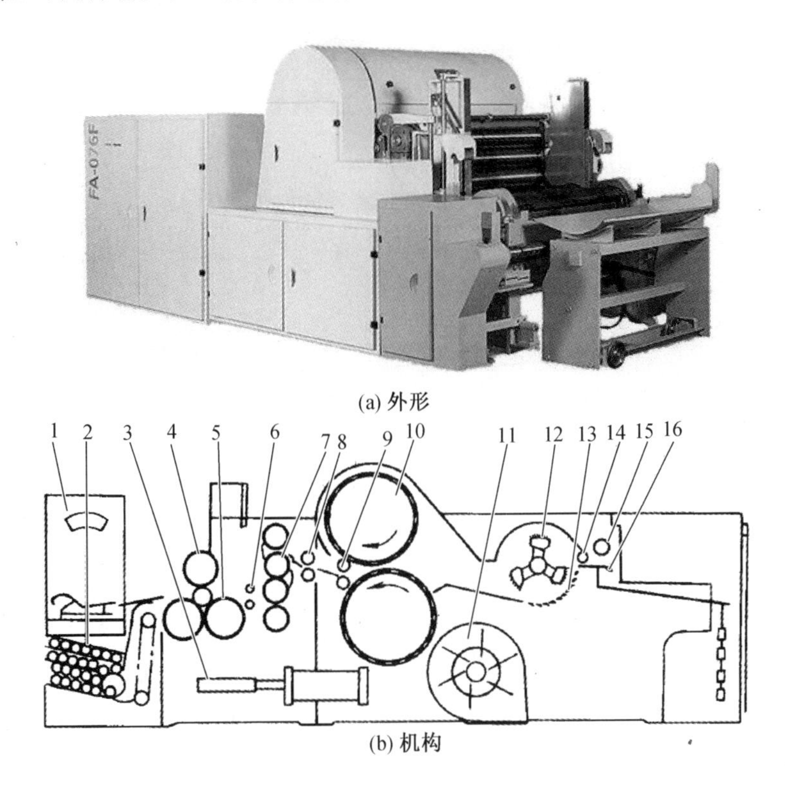

(a) 外形

(b) 机构

1—棉卷秤；2—存放扦装置；3—渐增加压装置；4—压卷罗拉；5—棉卷罗拉；6—导棉罗拉；7—紧压罗拉；8—防黏罗拉；9—剥棉罗拉；10—尘笼；11—风机；12—综合打手；13—尘格；14—天平罗拉；15—角钉罗拉；16—天平杆

图 3-24 FA141 型单打手成卷机

影响清棉机开松、除杂效果的因素包括打手速度、打手与天平杆工作面的隔距、打手与尘棒间的隔距、尘棒与尘棒间的隔距等。

FA141 型单打手成卷机的天平调节装置由棉层检测、连杆传递、调节和变速等机构组成，如图 3-25 所示。由 16 根天平杠杆 2 及 1 根天平罗拉 1 组成的检测机构，测出棉层厚度，通过一系列连杆，导致一定位移，传给变速机构，产生相应的给棉速度。

天平罗拉的位置是固定的，而天平杠杆则以刀口3为支点，可以上下摆动。当棉层变厚，天平杆头端被迫下摆，其尾端上升，通过连杆4和5，使总连杆（又称吊钩攀）6随之上升。天平杆尾端总连杆上挂有重锤7，重锤上装有精度较高的位移传感器，棉层厚薄变化由位移传感器转化成电压信号，送至匀整仪8处理，调节电动机9变速，以精确、快速地改变天平罗拉的转速。喂入棉层变厚时，驱动电机速度相应变慢；反之，喂入速度加快，达到匀整的目的。

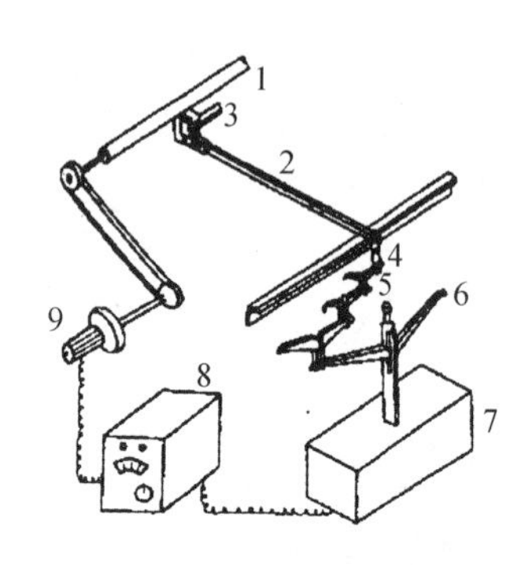

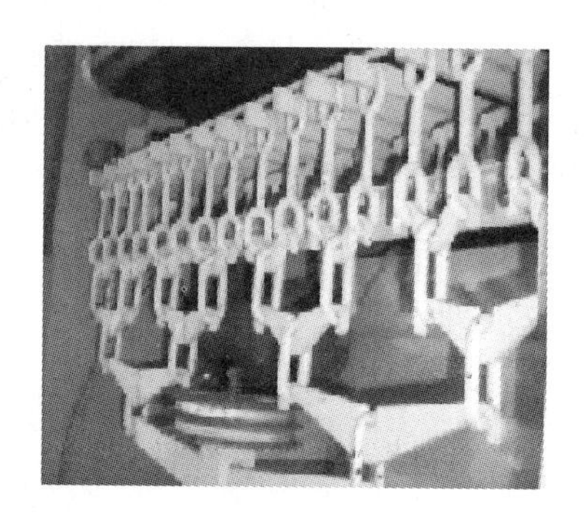

1—天平罗拉；2—天平杠杆；3—刀口；4，5—连杆；6—总连杆；7—重锤；
8—匀整仪；9—天平罗拉驱动电机

图3-25　天平调节装置

（二）清梳联中的清棉机

在清梳联流程中，开清棉不需要成卷。这类没有成卷部分的清棉机械的基本机构和作用与开棉机械类似，主要是由打手和尘格完成进一步的开松和除杂。常用的清棉机主要有FA109系列三辊筒清棉机、FA111系列单辊筒清棉机、JWF1124系列单辊筒清棉机等。

FA109系列三辊筒清棉机的打手形式配置有两种。纺细绒棉时，三个辊筒的配置依次为稀梳针、粗锯齿、细锯齿；纺长绒棉时，三个辊筒的配置依次为稀梳针、密梳针、粗锯齿。FA109型三辊筒清棉机如图3-26所示。FA109型三辊筒清棉机与FA028型多仓混棉机联接，从多

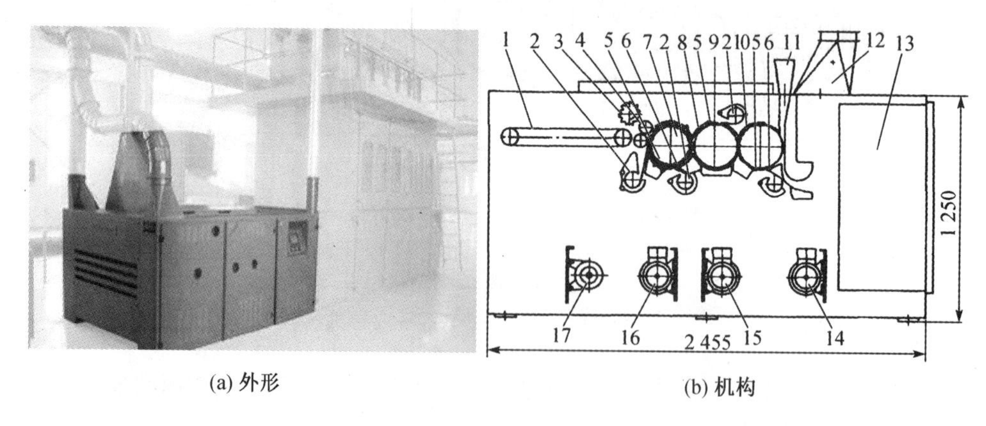

(a) 外形　　(b) 机构

1—输棉帘；2—吸口；3—压棉罗拉；4—给棉罗拉；5—落棉调节板；6—除尘刀；7—第一辊筒；
8—分梳板；9—第二辊筒；10—第三辊筒；11—出棉口；12—排杂口；13—电气控制柜；
14—第三辊筒电机；15—第二辊筒电机；16—第一辊筒电机；17—给棉电机

图3-26　FA109三辊筒清棉机

仓混棉机输出的棉层，在输入棉帘 1 和给棉罗拉 4 的握持下，受到第一辊筒 7 的打击开松，之后依次受第二辊筒 9、第三辊筒 10 的打击开松。每个辊筒下方有带除尘刀口的吸口 2，以吸取尘杂，分梳板 8 进一步开松纤维，并在除尘刀处设有调节板，可根据所纺原棉和除尘杂要求的不同，调节开口，以控制落棉和落棉含杂量。被开松后的原棉，在后方机台的风扇作用下，输向下道机台。

五、除微尘机

当原棉中含杂多，或者后道加工需要进一步排出短绒和微尘以减少纱疵（如转杯纺）时，通常采用除微尘机，如图 3-27 所示。

开松后的纤维，以棉气混合物的形式，被输棉风机 1 输送至除微尘机，沿喂入管道 2 进入除尘室。部分气流携带着细小杂质、微尘和短绒，穿过网眼板 4，进入吸风排尘管道 9 而被排出。纤维则在输棉风机 7 的作用下，经吸棉管道 5 和出棉管道 8，输出机外。通过可调风门 3 的调节，可以实现纤维在机内均匀分布，保证细小尘杂的排除效果。

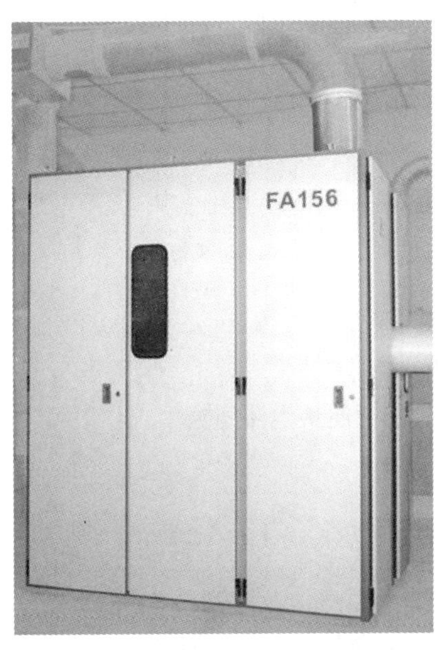

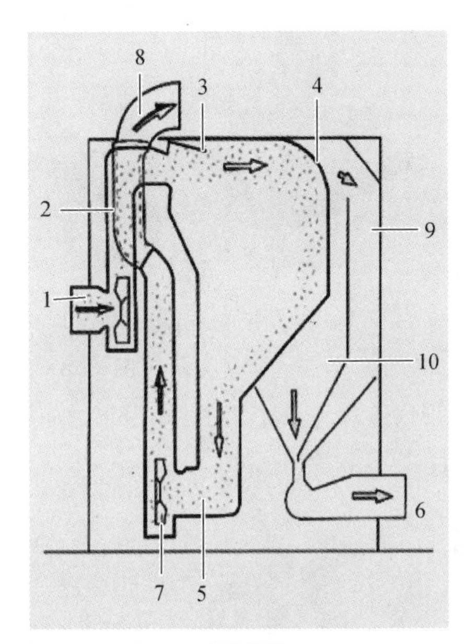

1—输棉风机；2—喂入管道；3—可调风门；4—网眼板；5—吸棉管道；
6—排尘管道；7—输棉风机；8—出棉管道；9—吸风排尘；10—吸风排杂

图 3-27　除微尘机

六、异性纤维探除装置

异性纤维是指原料中混入的不同性质的纤维，这些纤维由于染色性质与所加工的纤维不同，在织物染色后最终会成为布面疵点，影响织物的外观质量，必须在纺纱加工过程中去除。异性纤维探除装置如图 3-28 所示。该装置采用光电感应器方阵来辨别异性纤维和异类杂质，然后由高速气流喷嘴喷射的气流，将含有异纤或异类杂质的棉流吹落到落棉收集箱中。

七、重杂分离装置

重杂分离装置是利用纤维与杂质的密度差异来排除大密度的杂质，如图 3-29 所示。高速纤维

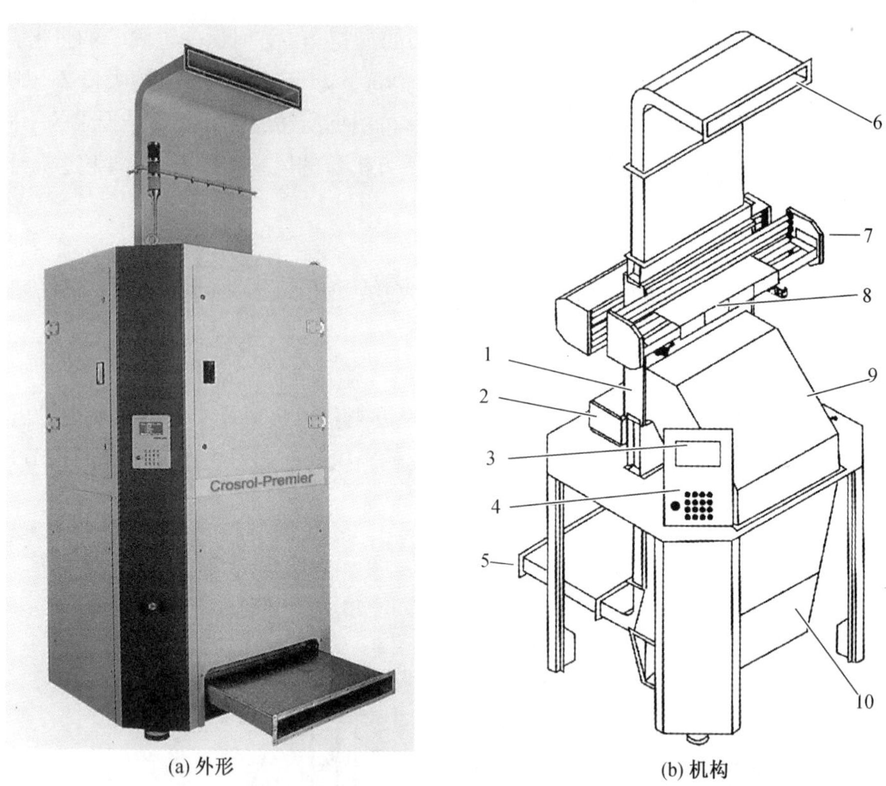

(a) 外形　　(b) 机构

1—光路；2—控制装置；3—显示屏；4—设定区；5—出口；6—进口；
7—照明模块；8—光电结合件；9—落棉排出；10—落棉收集；

图 3-28　异性纤维探除装置

流进入U形弯道时，在离心力的作用下撞击底部尘格，重杂便从尘棒间隙落入收集箱中，一般与桥式吸铁组合，以去除金属杂物。

输入
输出
桥式
吸铁
尘棒

(a) 外形　　(b) 原理

图 3-29　重杂分离装置

八、联接装置

开清棉各机台的联接主要用凝棉器或输棉风机，机台间的原料分配则采用配棉器。

(一) 凝棉器

图 3-30 所示为 A045B 型尘笼式凝棉器。当风机高速回转时,空气不断排出,使进棉管 1 内形成负压区,棉流即由输入口向尘笼 2 表面凝聚。一部分小尘杂和短绒则随气流穿过尘笼网眼,经风道排入尘室或滤尘器;凝聚在尘笼表面的棉层由剥棉打手 3 剥下,落入储棉箱中。

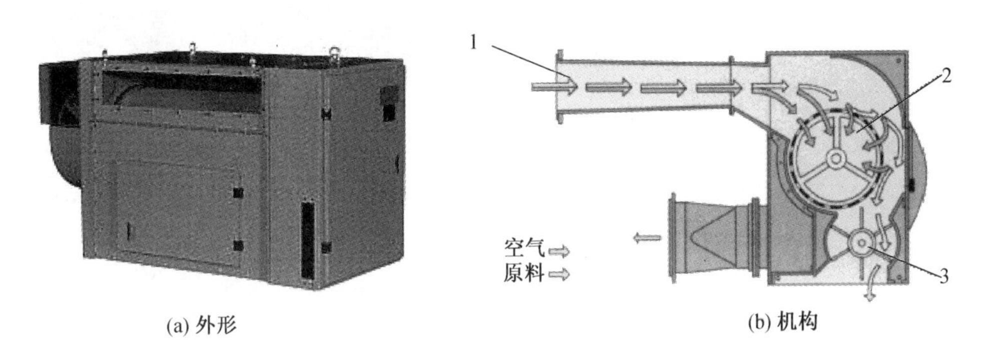

(a) 外形　　(b) 机构

1—进棉管; 2—尘笼; 3—剥棉打手

图 3-30 A045B 型凝棉器

凝棉器多数附装在其他机台的上方,安装位置较高,所以要求凝棉器的质量轻、振动小,不发生堵车或返花。

风机转速太低,则风量和风压都不够,易堵车;反之,则凝棉器振动较大,易损坏机件,且动力消耗大。在不发生堵车的前提下,应尽量选用较低的转速。正常的输棉风速一般为 10～15 m/s,风量不小于 4 500 m^3/h,全压不小于 1 470 Pa。

尘笼转速不仅影响凝聚棉层的厚度,也会影响堵车。尘笼转速高,则凝聚棉层薄,增加了清除细小尘杂和去除短绒的作用,但打手上方容易发生堵车。所以,尘笼转速不宜过高。

剥棉打手的线速度应高于尘笼的线速度。但打手速度过高易造成返花,而且容易造成棉层搓滚而形成棉结、束丝。打手与尘笼的线速度比一般不小于 2∶1。通常,A045B 型凝棉器的剥棉打手转速为 260 r/min 时,尘笼转速采用 85 r/min;剥棉打手转速为 310 r/min 时,尘笼转速应采用 100 r/min。

凝棉器除了尘笼式之外,还有其他类型,如 JFA030 系列凝棉器(图 3-31)。它是利用风机

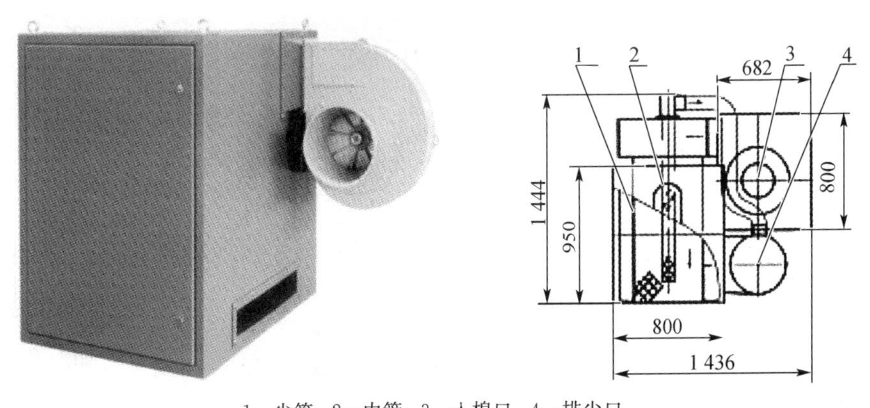

1—尘笼; 2—内管; 3—入棉口; 4—排尘口

图 3-31 离心式凝棉器

的抽吸来输送凝聚棉纤维，利用旋转气流的离心作用来排除棉纤维中的短绒和尘屑。由于去除了剥棉罗拉，可消除因纤维搓揉而产生的束丝和棉结。

(二) 输棉风机

输棉风机在原料输送过程中起气流泵的作用，通过使输棉管道中产生一定流速的气流，来完成纤维原料在机台间的输送。输棉风机如图 3-32 所示。

图 3-32　输棉风机

(三) 配棉器

由于开棉机与清棉机的产量不平衡，需要借助配棉器将开棉机输出的原料均匀地分配给 2～3 台清棉机，以保证连续生产，并获得均匀的棉卷或棉流。配棉器的形式有电气配棉器和气流配棉器两种。电气配棉采用吸棉的方式，气流配棉采用吹棉的方式。FA 系列开清棉联合机采用的是 A062 型电气配棉器。

图 3-33 所示为 A062 型电气配棉器。A062 型电气配棉器联接在 FA106 型豪猪式开棉机之前、A092AST 型双棉箱给棉机之后，利用凝棉器气流的作用，把经过开松的棉块均匀分配给 2～3 台 A092AST 型双棉箱给棉机。

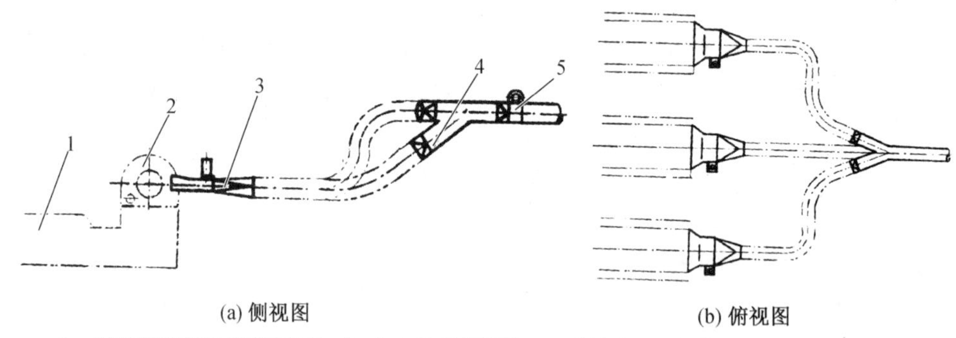

(a) 侧视图　　(b) 俯视图

1—A092AST 型双棉箱给棉机；2—A045B 型凝棉器；3—进棉斗；4—配棉头；5—防轧安全装置

图 3-33　A062 型电气配棉器

九、安全防护装置

(一) 金属除杂装置

FA121 型金属除杂装置如图 3-34 所示，在输棉管的一段部位装有电子探测装置，当探测到棉流中含有金属杂质时，由于金属对磁场的干扰作用，电子探测装置发出信号，并通过放大系统使输棉管专门设置的活门 1 短暂开放(图中虚线位置)，使夹带金属的棉块通过支管道 2，落入收集箱 3 内。然后活门立即复位，恢复水平管道的正常输棉，棉流仅中断 2～3 s；而经过收集箱的气流，透过筛网 4，进入另一支管道 2，汇入主棉流。该装置灵敏度较高，棉流中的金属杂质可基本上排除干净，可防止金属杂质带入下台机器而损坏机件和引起火灾。

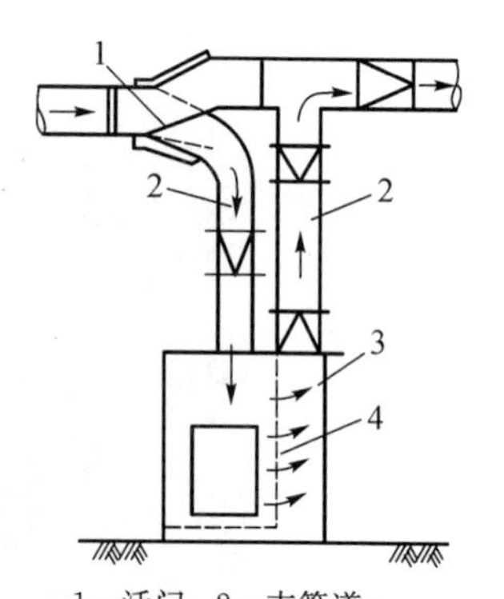

1—活门；2—支管道；3—收集箱；4—筛网

图 3-34　FA121 型金属除杂装置

此外，还有一种直接安装在管道上的桥式除铁杂装置，如图3-35所示。装有永久性磁铁部分的输棉管道呈倒V字形，棉流自右向左运动，当棉流中有铁杂时，永久性磁铁可将其吸住。被磁铁吸附的铁杂可定期清除。

图3-35 桥式吸铁装置

(二) 火星探除装置

纤维原料中的火星(一般为机件间或机件与金属杂质间碰击产生的)是引起车间火灾的严重隐患。火星探除装置用以探测与排除管道中输送的纤维原料中可能存在的火星，如图3-36所示，它由火星探测装置2和执行机构3组成。火星探测装置采用红外线探测快速运动的棉流中可能存在的火星，如果发现棉流中存在火星，则执行机构的旁路活门打开，将带有火星的棉流排除，然后再关闭旁路活门，继续生产。

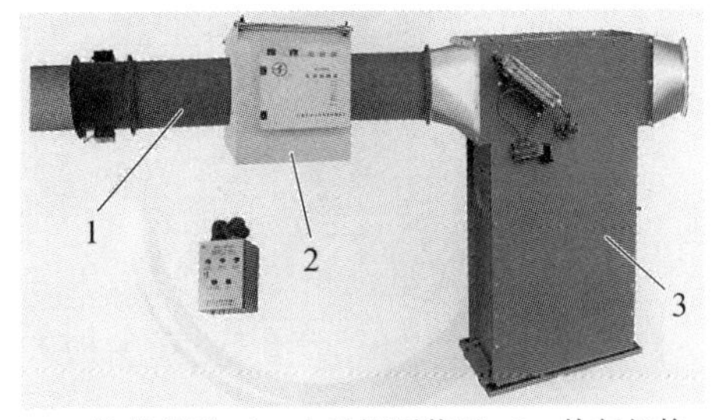

1—输棉管道；2—火星探测装置；3—执行机构

图3-36 火星探除装置

第四节 开清棉机工艺设计原则

开清棉工艺设计就是确定开清棉的纺纱流程(设备配置)及各设备的主要工艺参数，工艺设计的基本依据就是所加工的纤维原料性能及开清加工要求。

一、加工流程选择

开清棉的加工设备及流程均具有一定的适应性，存在一定性能差异的原料可用同一套设备进行加工；但加工性质差异较大的纤维原料时，会采用不同的设备流程。比如，一般情况下，加工棉和加工化纤的设备流程是不同的，加工棉和化纤的开清设备流程往往在设备型号、台数方面都有所不同。相对于原棉而言，化纤不含杂质，且本身比较蓬松，对开松和除杂的要求不高，而对混合的要求较高，其流程中开松除杂机械可以少配置，只选用自由开松机械，且配置梳针、角钉等作用柔和的打手，即可满足要求。一些设备，如六辊筒开棉机，由于超长纤维、倍长纤维会缠绕打手轴，不能用于化纤原料的加工，也就不能出现在加工化纤的开清棉联合机中。

对于选定的一套由固定台数设备组成的开清棉联合机，在生产应用时，纤维原料也可能不经过所有的设备，有些设备可以根据需要被“跳过”，这就是流程中的“间道”设置。图3-37所示的开清棉联合机设备流程中，A034(或FA104B)型六辊筒开棉机与FA106B(或A036B)型豪猪开棉机均可以被间道跳过，即该设备可以使用，也可以不使用，使设备流程对不同的原料有一定的适应性。当原料性能变化较大时，可以调整间道设置，改变加工设备流程。

由此可见，加工性质差异较大的纤维原料时，可以选择不同的设备流程。不同的设备流程可以是独立组合的，也可以对同一设备组合通过间道布置来实现。随着现代纺纱设备的单机效能不断提高，以及原料初加工技术的进步，开清棉设备流程趋于短流程化。

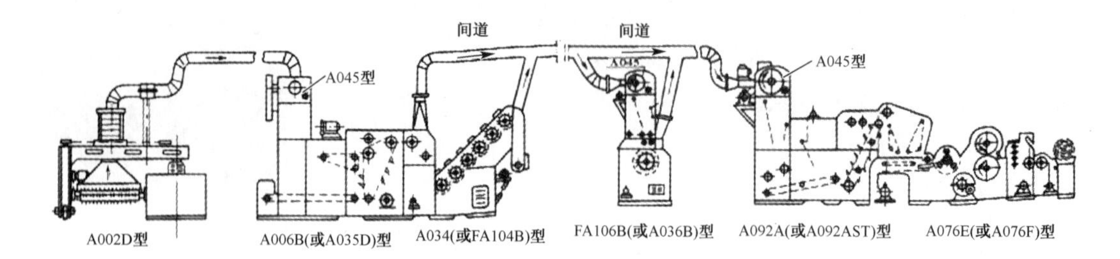

图 3-37 开清棉流程中的间道设置

二、工艺参数调整

当加工设备流程确定之后，还应根据纤维原料性质的变化，相应调整设备工艺参数，以更好地完成开清棉工序的任务，即：在少损伤纤维的前提下，对纤维原料进行充分开松；在少损失纤维的前提下，尽可能排除大杂；对原料进行充分的混合。

在生产实际中，开清棉工序的工艺参数，在原料性能未发生较大变化时，一般不做调整，只在后续工序中进行调整。因为开清棉工序是由多台单机组成的机组，各单机间相互牵制、相互影响，调整相对困难，尤其是涉及各机间定量供应的参数，如喂入速度参数、棉箱存棉量控制参数等，更是牵一发而动全身，调整起来更应慎重。因此，在前面讲到的影响各单机作用效果的各项工艺参数，在日常生产中并不一定进行频繁调整，有些参数在机组调试时确定下来后，在以后的生产中就不再调整。

但是，为了实现开清棉高产、优质、低耗的目标，当原料性能发生较大变化，后续工序的工艺调整又不能弥补时，就必须调整开清棉设备工艺，进行工艺的精细管理。例如，喂入原棉的含杂率和含杂内容发生较大变化时，为了完成开清棉工序的除杂任务，应调整除杂工艺；如果喂入原料由细绒棉改为长绒棉，为了避免纤维的过度损伤，应调整开松工艺。在实际生产中，需要根据原料性能变化进行调整的工艺参数，一般就是影响除杂和开松效果的参数，主要包括打手速度、打手与给棉罗拉间距、尘棒间距及打手室气流分布等。

第五节 棉卷质量控制

棉卷质量直接影响各工序半制品的质量及成纱质量。棉卷质量包括棉卷均匀度、棉卷含杂率和含杂内容、棉卷结构。棉卷质量不仅与原棉有关，而且与工艺调整、机械维修、操作管理、温湿度控制等有密切关系。为提高棉卷质量，一方面要充分发挥开清棉工序各单机的作用，另一方面要制订必要的棉卷质量检验项目和控制指标，以便及时发现问题，加以纠正，确保成纱质量的稳定。

一、棉卷含杂的控制

在整个纺纱过程中，清除原棉中杂质、短绒的任务主要由开清棉和梳棉两个工序来承担。如果开清棉工序中清除杂质多，则梳棉工序的除杂负担可减轻。原棉中含杂内容不同，清除的难易程度也不同。有的杂质不易在开清棉工序中清除，若多落这部分杂质，会有很多可纺纤维随之落下，落棉含杂率低，对节约用棉不利。所以必须对清、梳两工序进行适当分工、合理负担。大杂质和黏附力很小的杂质，如棉籽、籽棉、砂土、棉枝等，尽量在开清棉中除去，与纤维具有一定黏附力的较大杂质，如不孕籽、僵片、破籽等，也要尽量除去；而与棉纤维黏附力大、质量轻的杂疵，如带纤维籽屑、软籽表皮、短绒等，则可留给梳棉工序清除。

总之，应充分发挥开清棉工序各单机的除杂作用，使棉卷含杂率尽可能降低。在清梳合理分工的前提下，开清棉工序的总除杂效率要求达到表 3-1 的水平。

表 3-1　开清棉工序的总除杂效率

原棉含杂率(%)	除杂效率(%)	落棉含杂率(%)	棉卷含杂率(%)
1.5 以下	40	50	0.9 以下
1.5～1.9	45	55	1
2～2.4	50	55	1.2
2.5～2.9	55	60	1.4
3～4	60	65	1.6

棉卷含杂率的控制，应视原棉的含杂数量和内容而定。根据生产实践经验，除杂工艺原则有两条：一是不同原棉不同处理；二是贯彻早落、少碎、多松、少打的原则。

不同原棉不同处理，就是根据原棉的性质、含杂率、含水率、包装、轧工等情况合理配置开清工艺。例如，当纤维成熟度、含杂率、线密度不同时，打击开清点的数量也不一样。原棉的含水率和包装密度对开松、除杂也有影响。含水率高的原棉，纤维间的联系力大，不易开松，杂质与纤维的黏附力大，不易清除。因此，对含水率超过 11%的原棉，必须先开包或采用烘干处理，使含水率降至 10%以下，再进行生产。对紧包棉的除杂，关键在于开松，一般紧包棉要进行预松处理；个别包装很紧而含杂率高的原棉，应采用棉箱预处理。对含杂过多的原棉，也应经预处理，然后再混用，也可以分别处理后采用棉条混合。

对易碎杂质，如不孕籽、带纤维破籽、僵片等，若处理不当，大粒杂质可能碎裂成几粒或几十粒；又如棉籽和籽棉，本属易除杂质，若不及早除去，在握持打击时易被罗拉压碎成破籽和带纤维破籽，再碎裂就成为籽屑和带纤维籽屑，开清棉工序就难以清除，从而增加梳棉工序的除杂负担，而且使生条和成纱的棉结杂质粒数增加。因此要尽量减少杂质的碎裂。对于棉籽、籽棉、不孕籽等大而易落的杂质，必须在开清棉机组的前道及早排除，实行“早落、多落”的原则。同时要充分发挥开棉机和清棉机排除不孕籽、带纤维破籽和僵片等杂质的效能。

二、棉卷的均匀度控制

棉卷不匀分纵向不匀和横向不匀，在生产中以控制纵向不匀为主。纵向不匀反映棉卷单位长度的质量差异情况，它直接影响生条质量不匀率和细纱的质量偏差，通常以棉卷 1 m 长为片段，称重后算出其不匀率的数值。棉卷不匀率的控制应根据所纺原料而定，一般棉纤维控制在 1%以下，棉型化纤控制在 1.5%以下，中长化纤控制在 1.8%以下。在棉卷测长过程中，通过灯光目测棉层横向的分布情况，如破洞及横向各处的厚薄差异等。横向不匀过大的棉卷，在梳棉机上加工时，棉层薄的地方，纤维不能处在给棉罗拉与给棉板的良好握持下进行梳理，容易落入车肚，成为落棉。另外，生产中还应控制棉卷的质量差异，即控制棉卷定量或棉卷线密度的变化。一般要求每个棉卷质量与规定质量相差不超过±200 g，超过此范围作为退卷处理。退卷率一般要求不超过1%，即正卷率需在99%以上。

为了使制成的棉卷均匀、质量一致，必须做好如下工作：

(1) 原料的回潮率、含水率及含油率差异过大，或配棉成分中原棉、回花、再用棉间的密度差异过大时，如不均匀混合，则会影响天平罗拉下棉层密度的变化，从而使输出棉量不均匀。

(2) 加强开松、充分混合是提高棉卷均匀度的先决条件，因为开松愈好，混合愈充分，原料的密度差异愈小，愈有利于棉卷均匀度的改善。

(3) 提高开清棉工序各单机的运转率，稳定棉箱中存棉的密度，要保证棉卷均匀，以控制各单机单位时间的给棉量及输出量稳定；正确选用打手和尘笼的速度，使尘笼吸风均匀。

(4) 天平调节装置工作状态正常、动作灵敏，如有变形和磨灭，要及时修理；支点位置和重锤位置应按要求调整好；皮带张力适当，以减少溜滑跑偏；皮带不能过宽，并保持处于铁炮中央位置，以保证传动正确，速度合乎要求。

(5) 控制车间温湿度的变化，使棉卷回潮率及棉层密度趋于稳定，以保证棉卷的正卷率；开清棉车间温度夏季控制在31～32 ℃，冬季控制在20～22 ℃，相对湿度一般为55%～65%。

(6) 抓棉机值车工棉包排放的合理程度，将影响混棉的均匀性；成卷部分值车调试天平调节装置的熟练程度，直接影响棉卷均匀度；落卷时，棉卷的生头质量将影响棉层的不均匀率与棉卷结构。

三、清梳联筵棉质量控制

筵棉主要控制结杂(棉结和杂质)、短绒的增加率。筵棉短绒率要达到不增长或负增长，最高不超过1%；棉结增长率控制在80%；筵棉含杂率控制在1%。

习题

1. 开清棉工序的任务是什么？
2. 开清棉设备有哪些类型？各自的主要作用是什么？
3. 影响开松作用的因素有哪些？怎样影响？
4. 影响除杂作用的因素有哪些？怎样影响？
5. 什么是除杂效率、落杂率、落物率和落物含杂率？
6. 简述影响抓棉机开松作用的因素。
7. 简述自动混棉机的作用原理。
8. 简述多仓混棉机的作用原理。
9. 简述清棉成卷机天平调节装置的作用原理。
10. 棉卷质量指标有哪些？哪些因素影响这些指标？怎样控制？
11. 写出开清棉联合机组一例，并加以说明。
12. 综述开清棉工序加工化纤的特点。
13. 现由加工细绒棉改为加工长绒棉，开清棉工艺如何调整？
14. 与普通原棉相比，加工高含杂原棉时，开清棉工艺如何调整？
15. 与加工普通化纤相比，加工超细化纤时，开清棉工艺如何调整？

第四章　梳　　棉

第一节　概　　述

一、梳棉的目的与任务

梳棉是现代纺纱生产中的核心工序之一，它是通过大量针齿与纤维集合体间的相互作用来完成的，梳理效果对最终的成纱质量至关重要。

经过开清棉工序加工后，原棉被开松、撕扯成为松散的小棉块、小棉束，但还未达到纺纱要求的单纤维状，开清后的棉纤维中还残留 40%左右的杂质，尤其是细小的、黏附性强的杂质、疵点(如带纤维的籽屑、软籽皮、棉结等)残留在纤维间。因此，梳棉工序的目的和任务是：

(1) 将纤维块、纤维束进一步分解成单纤维状。

(2) 去除纤维间的细小杂质。

(3) 实现纤维间的充分混合、均匀。

(4) 制成符合一定规格和质量要求的棉条，并有规律地圈放在条筒中。

二、梳棉机的工艺过程与类型

梳棉机及其工艺过程如图 4-1 所示。图 4-1(a)为棉卷喂入的梳棉机，它与开清棉的成卷工艺相配合。图 4-1(b)为棉箱喂入的梳棉机，它与开清棉工序联合在一起，组成清梳联合机。两者主要在喂入部分略有不同。采用图 4-1(a)所示的棉卷喂入时，棉卷 1′因摩擦作用，随棉卷罗拉 2′的回转退解为棉层 3′，并沿给棉板 4 进入给棉罗拉 5 与给棉板 4 的钳口之间；而当采用图 4-1(b)所示的清梳联时，由清棉机输出的棉流经管道喂入棉箱，并经棉箱中的喂棉罗拉 1、开松辊 2 和一对输出罗拉 3 形成棉层输出，棉层进入给棉罗拉 5 与给棉板 4 的钳口之间。图 4-1(b)中的棉层在给棉罗拉与给棉板两者的握持下，随给棉罗拉回转而喂入刺辊 6，接受其开松、分梳，使棉层成为单纤维或小棉束。大部分杂质在此从纤维中被分离出来，沿刺辊回转方向落入后车肚。刺辊下方的分梳板 7 和三角小漏底 8，用以除杂、分梳和托持纤维。被刺辊抓取的纤维经分梳板和小漏底后，与锡林 10 相遇，锡林将刺辊表面的纤维剥取下来，经后固定盖板 9 的预梳理，进入锡林盖板工作区。在盖板 11 与锡林针齿的共同作用下，进一步将经刺辊分梳后存留的小棉束梳理成单纤维，并充分混合及清除细小的黏附杂质与棉结短绒。棉网清洁器 13 则及时将固定盖板上的杂质和短纤维吸走，保证固定盖板针面清洁，能实现有效分梳。盖板针面上充塞的纤维、短绒和杂质走出工作区时，被盖板花吸点 12 吸去。清洁后的盖板，重新进入工作区。锡林针齿携带的纤维出盖板工作区后，经过前固定盖板 14 的梳理(同样由棉网清洁器 13 清洁前固定盖板上充塞的杂质和短绒),再与道夫 17 相遇,小部分纤维凝聚到道夫表面,而大部分纤维则留在锡林表面,并经过弧形托板 15(或大漏底 16′)回到刺辊处,与新喂入的纤维混合后,重新进入锡林盖板工作区接受梳理。道夫表面凝聚的纤维被(四罗拉)剥棉装置 18 剥下后形成棉网,经喇叭口 19 收拢成条,即为梳棉条或称为生条。生条经一对大压辊 20 压紧后输出,由圈条器中的小压辊 21 和圈条斜管 22 以一定规律圈放在条筒 23 中。

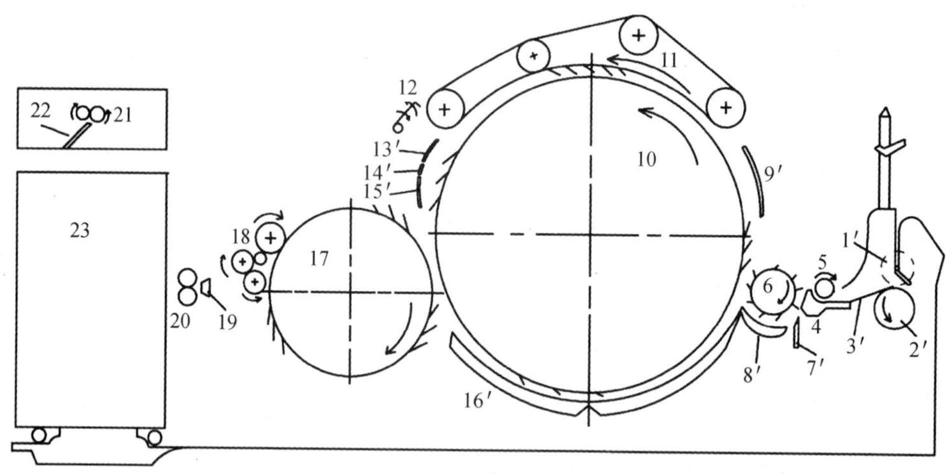

1′—棉卷;2′—棉卷罗拉;3′—棉层;4—给棉板;5′—给棉罗拉;6—刺辊;7′—除尘刀;8′—小漏底;9′—后罩板;10—锡林;11—盖板;12—斩刀;13′—前上罩板;14′—抄针门;15′—前下罩板;16′—大漏底;17—道夫;18—剥棉装置;19—喇叭口;20—大压辊;21—小压辊;22—圈条斜管;23—条筒

(a) 棉卷喂入的梳棉机

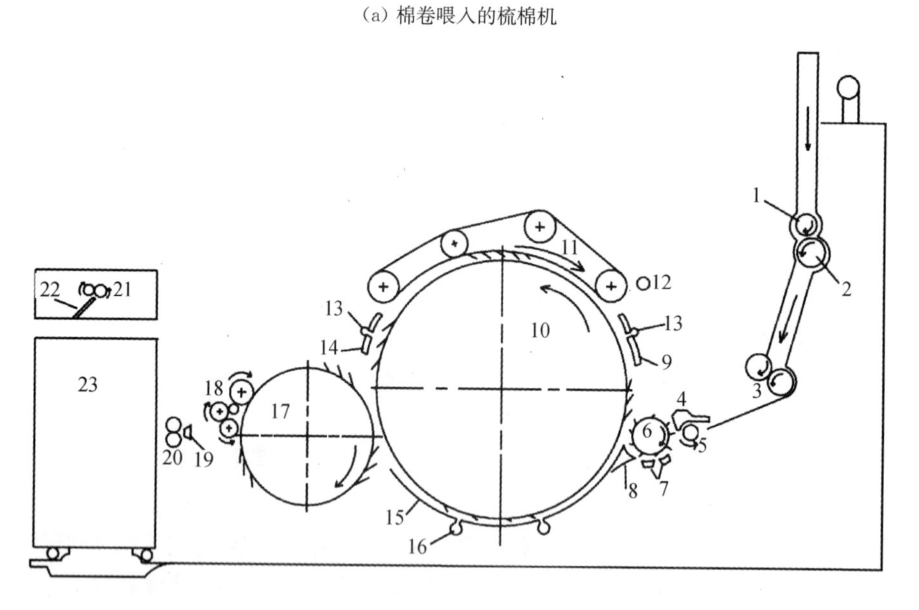

1—喂棉罗拉;2—开松辊;3—输出罗拉;4—给棉板;5—给棉罗拉;6—刺辊;7—分梳板;8—三角小漏底;9—后固定盖板;10—锡林;11—盖板;12—盖板花吸点;13—棉网清洁器;14—前固定盖板;15—弧形托板;16—吸风口;17—道夫;18—剥棉装置;19—喇叭口;20—大压辊;21—小压辊;22—圈条斜管;23—条筒

(b)清梳联梳棉机

图 4-1 梳棉机及其工艺简图

第二节 梳棉机组成与作用

梳棉机一般用于棉、棉型化纤等短纤维的梳理，它主要由喂入(给棉与刺辊)部分、梳理(锡林、盖板与道夫)部分，以及输出(剥棉、成条与圈条)部分组成。其中，梳理部分是梳棉机最主要的组成部分，其通过大量的针齿对纤维进行梳理，实现纤维的分离、混合。

一、针面间的基本作用

梳棉机的各主要工艺部件，如刺辊、锡林、盖板、道夫等机件上，均包覆着各种不同规格型号的钢针或针齿。梳棉机主要利用相邻针面间的相互作用来完成其对纤维的分梳和转移。相邻两个针面的作用区主要包括锡林和刺辊、锡林和盖板、锡林和道夫等机件间的作用区。

由于各针面上针齿的倾斜方向、两针面间的相对运动方向等配置不同，所产生的作用也不相同。在梳理机上，两针面间有三种基本作用，即：分梳作用、剥取作用和提升作用。其中，提升作用主要在毛纺梳理机上应用。

(一) 分梳作用

如图 4-2(a)所示，若两个针面的针齿相互平行配置，相互间的隔距很小，且两针面的针尖相向运动时，处于两针面间的纤维束因受到针齿的作用力而张紧，产生梳理力 R。由于两针面间的隔距非常小，梳理力 R 的方向和该针齿的针面基本平行。R 可以分解为平行于针齿工作面的分力 P 和垂直于针齿工作面的分力 Q：前者使纤维沿针齿工作面向针根移动，对纤维束起抓取作用；后者使纤维压向针齿工作面，产生阻止纤维向针根移动的摩擦力。设 α_1 为针面 1 上针齿的倾斜角(工作角)，则有：

$$P_1 = R\cos\alpha_1;\ Q_1 = R\sin\alpha_1$$

同理，设针面 2 上针齿的倾斜角为 α_2，则有：

$$P_2 = R\cos\alpha_2;Q_2 = R\sin\alpha_2$$

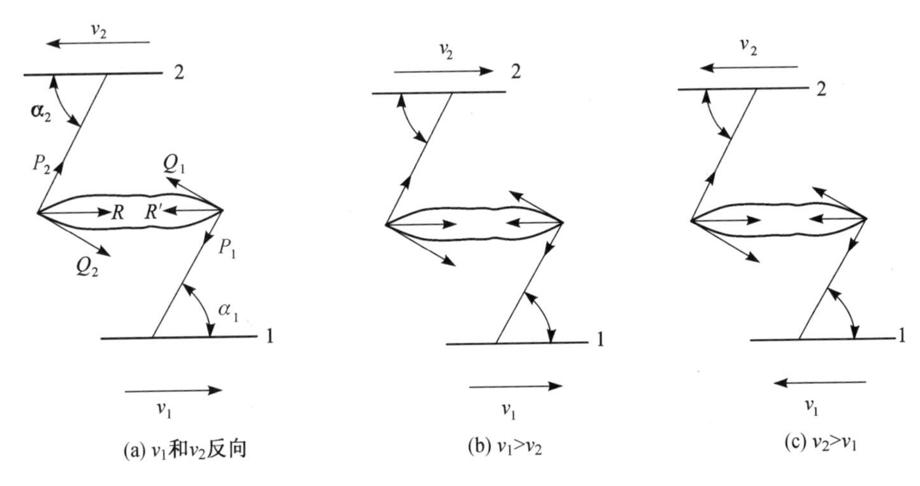

图 4-2 分梳作用

由上式可知，当针齿倾斜角 α_1 和 α_2 减小时，平行于针齿工作面方向上的分力 P_1 和 P_2 增加，而垂直于针齿工作面的分力 Q_1 和 Q_2 减小，因此，针齿抓取和握持纤维束的能力增强，而纤维从针齿上被转移的可能性减小。当纤维束的两端分别被两针面上的针齿所握持时，随针面的相对运动，在梳理力 R 的作用下，纤维束被一分为二，一部分纤维被针面 1 上的针齿带走，另一部分纤维被针面 2 上的针齿带走，而被带走的纤维尾端还受到另一针面的梳理，从而达到分梳纤维的目的。图 4-2(b)和图 4-2(c)所示的配置方式同样可以达到分梳的目的。

(二) 剥取作用

纤维从一个针面全部转移到另一个针面上，是靠剥取作用来完成的。当两个针面上的针齿交叉配置时，一个针面的针尖从另一针面的针背上越过，则前一针面从后一针面上剥取纤维。如图 4-3(a)所示，若隔距很小的两个针面的针齿呈交叉配置，当两针面按图示方向进行运动时，纤维束因两针面的相对运动而张紧并产生张力 R，此力可分解为沿针齿工作面的分力 P 和垂直于针齿工作面的分力 Q。在针面 1 上，分力 P_1 指向针根，故纤维有被针齿刺入而抓取的趋势；在针面 2 上，分力 P_2 指向针尖，故纤维有向针尖滑出的趋势。因此，原来处在针面 2 上的纤维，离开针面 2 而被针面 1 抓取。针面 1 为剥取针面，针面 2 为被剥取针面。同理，图 4-3 中(b)和(c)所示的针面配置都起剥取作用。图 4-3(b)中，$v_1 > v_2$，则针面 1 剥取针面 2 上的纤维；图 4-3(c)中，$v_2 > v_1$，则针面 2 剥取针面 1 上的纤维。

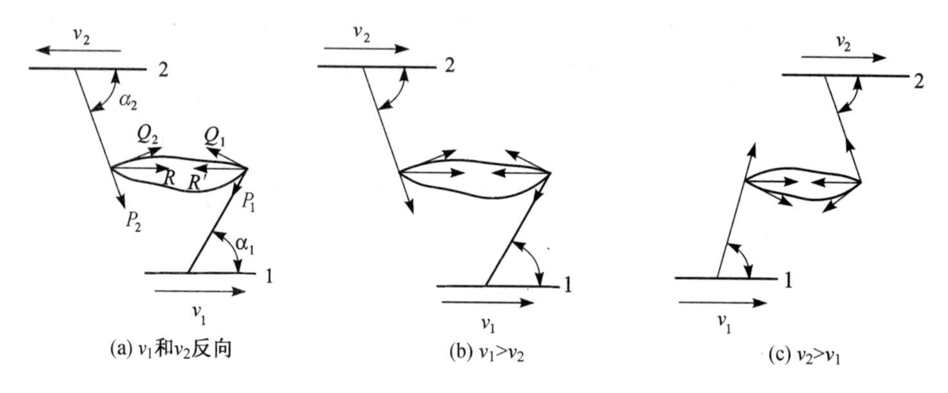

图 4-3 剥取作用

(三) 提升作用

如图 4-4(a)所示，若两个针面上的针齿相互平行配置，且针尖背向运动，即按图示方向运

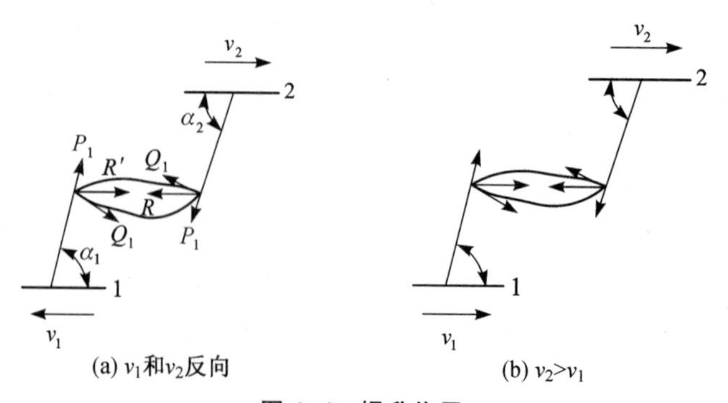

图 4-4 提升作用

动时，由同上的受力分析可知，两针面上沿针齿工作面方向的分力 P 均指向针尖。如果针面 1 原来带有纤维，则纤维会向针尖方向移动，而针面 2 也没有抓取纤维的能力，只是将纤维提升到针面 1 的表面，纤维仍随针面 1 运动；在针面 2 上的纤维情况也如此。图 4-4(b)中，设 $v_2 > v_1$，则两针面间也是提升作用。这种针面配置主要在毛纺梳理机上应用，如：梳毛机提升辊上的针齿将沉入锡林针隙间的纤维提升至锡林针面，使其随后能比较容易而且均匀地转移到道夫上。

二、针布

梳理机上，对纤维作用的主要机件的外表均包覆有钢针或锯齿，通过这些针齿的作用，使纤维得到分梳、伸直、混合、均匀。针布的型号、规格基本是标准化、系列化的，故可根据加工原料和工艺件的作用不同，针对性地配套选择。针布主要分为弹性针布和金属针布两大类。

(一) 弹性针布

弹性针布由钢针与底布组成，一般呈条状，其结构如图 4-5(a)所示。

(1) 底布：底布由硫化橡胶、棉、毛、麻织物等多层织物胶合而成。

(2) 钢针：钢针材料一般为中炭钢丝，针尖经压磨和侧磨后，再进行淬火处理，硬度可达 HRC 58～62。横截面有圆形、三角形、扁圆形、矩形等多种。钢针被弯成 U 形，按一定角度和分布规律植于底布上。钢针分弯脚、直脚两种。

弹性针布的主要参数如图 4-5(b)所示，其中：r 为植针角，H 为总针高，B 为钢针下部高度，A 为钢针上部高度，S 为侧磨长度。

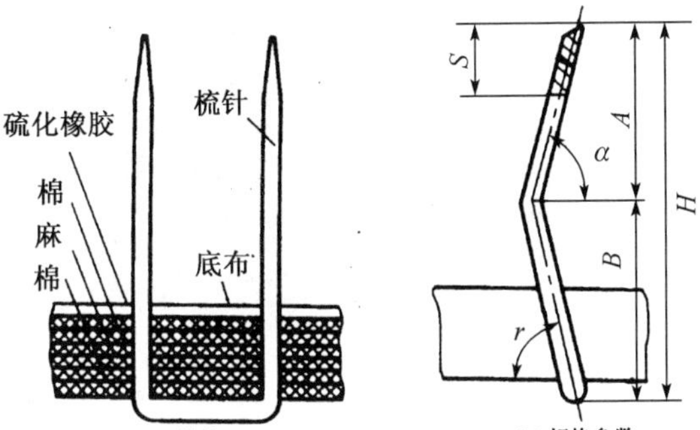

(a) 结构　(b) 规格参数

图 4-5　弹性针布

(二) 金属针布

目前，梳棉机主要采用金属针布。金属针布为全金属梳理专件，一般由中炭钢丝冲击轧制淬火制成，其外形与锯条相似，具有宽大的基部，能承受较大的力，使用中不变形。齿形根据不同用途而异。如图 4-6 所示，α 为齿面工作角，β 为齿背角，γ 为齿顶角，T 为齿距，a 为齿顶长，H 为齿总高，h 为齿深，c 为齿壁宽，b 为齿顶厚，d 为齿根深，w 为基部厚度。

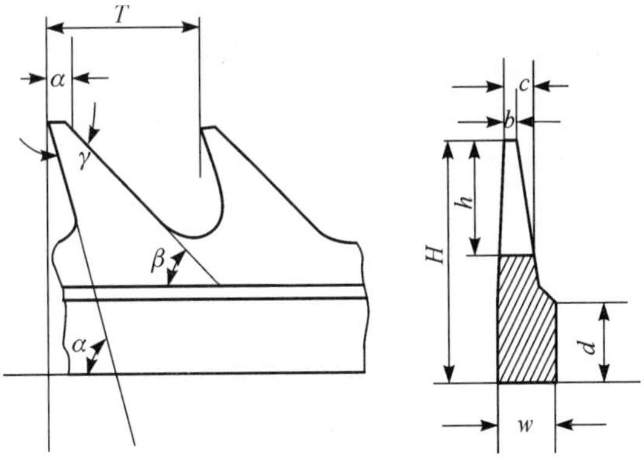

图 4-6　金属针布

三、给棉和刺辊部分

传统梳棉机的给棉、刺辊部分主要由给棉罗拉 1、给棉板 2、刺辊 3、除尘刀 4 和小漏底 5(网眼或尘棒式)等组成，如图 4-7(a)所示。棉层由给棉罗拉和给棉板握持喂入，刺辊对棉层进行分梳、分解；除尘刀和小漏底用以托持刺辊上的纤维，并除去部分尘杂和短绒。现代梳棉机则采用两块带有齿片的分梳板 4 和一个全封闭的三角小漏底 5 替代了原来的小漏底，如图 4-7(b)所示。也有部分梳棉机采用三刺辊，如图 4-7(c)中的 A、B、C 系统。

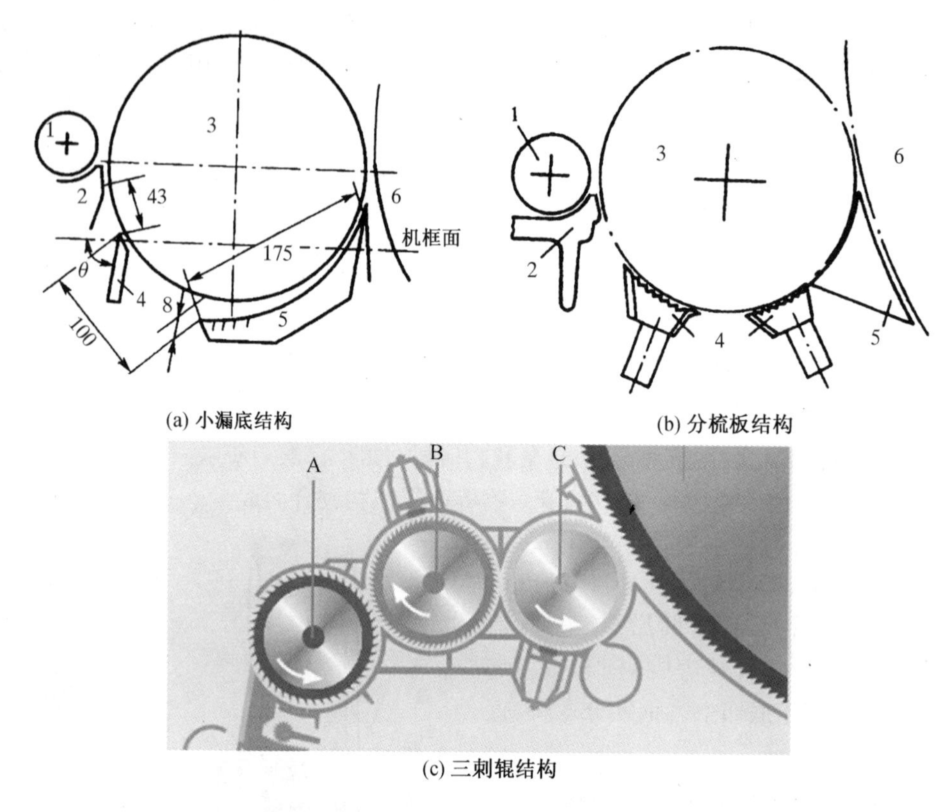

(a) 小漏底结构

(b) 分梳板结构

(c) 三刺辊结构

图 4-7　梳棉机的喂入部分

（一）给棉部分的握持作用

给棉罗拉和给棉板共同组成钳口，握持并向刺辊喂入棉层。棉层在给棉罗拉、给棉板之间，要求握持牢靠、横向握持均匀、握持力适当，否则会直接影响给棉刺辊部分的分梳质量。给棉罗拉加压和给棉板圆弧面对棉层的握持作用有很大影响。加压量过小，握持力小，达不到握持住棉层的效果；加压量过大，会使给棉罗拉挠度增加，从而导致棉层横向握持不匀。

给棉罗拉和给棉板之间以圆弧面 AB 共同控制棉层，如图 4-8 所示。为使刺辊在分梳棉层棉束的头端时棉束尾端不致过早滑脱，要求最强握持点在给棉板鼻尖 B 处，棉层在 AB 区段内被逐渐压缩，握持力逐渐增强。所以，当棉层喂入后，给棉罗拉和给棉板间的隔距自入口 A 至出口 B 应逐渐缩小。为此，给棉板圆弧的曲率半径应略大于给棉罗拉半径，给棉罗拉中心 O' 与给棉板圆弧曲率中心 O 的相对位置应向鼻尖偏过一

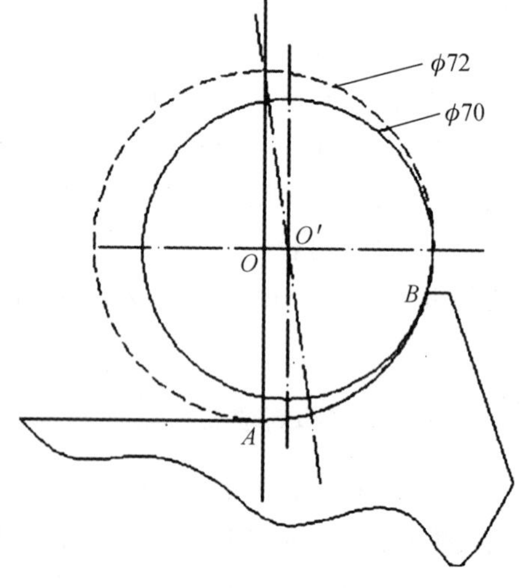

图 4-8　给棉罗拉与给棉板位置关系

个适当的距离$\overline{OO'}$。

(二) 给棉、刺辊部分的分梳作用

1. 刺辊分梳作用

刺辊的分梳属于握持分梳,它比锡林部分的自由梳理(分梳)作用更强烈。刺辊分梳时,给棉板工作面托持的棉层形成自上而下逐渐变薄的棉须,锯齿从棉须上层插入,并逐渐深入中下层分割棉须,锯齿尖及其侧面接触纤维进行摩擦分梳。当锯齿对纤维或纤维束的摩擦力大于该纤维或纤维束所受的握持力时,纤维或纤维束就从棉须中分离而被锯齿带走,如图 4-9 所示。

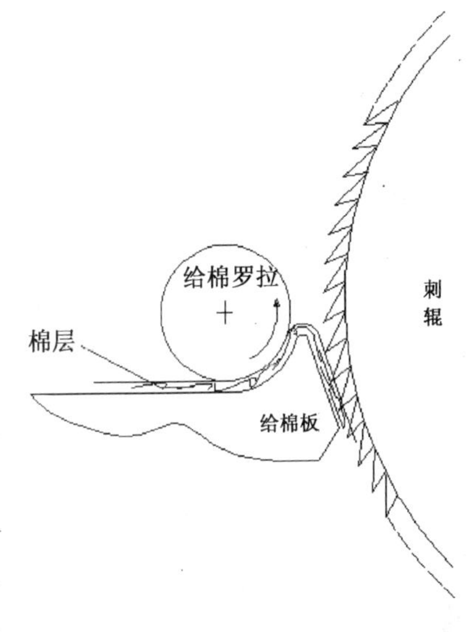

图 4-9 刺辊分梳过程

刺辊的分梳作用,在整个梳棉机的分梳作用中占有重要地位。将纤维束分梳成单纤维和除杂的大部分任务,由刺辊的握持分梳来完成。经刺辊作用后,未梳开棉束的质量百分率一般仅为 20%~30%,即大部分纤维束已被分梳成单纤维状,短绒率则比喂入时约增加 3%~5%。刺辊分梳质量,不仅直接影响锡林、盖板间的梳理作用,而且与生条结杂、条干、后车肚落纤及纤维受损伤程度等有关。刺辊部分的分梳效果,一般用棉束百分率和短绒率进行评定,分梳后纤维中棉束少而小,或棉束质量百分率较小时,表明分梳效果较好。但在分梳过程中应尽量避免纤维的损伤,以降低短绒百分率。现代梳棉机中,刺辊下方采用分梳板,能起到预分梳作用,增加了刺辊作用区的梳理面,特别是能弥补喂入棉层的里层纤维束的分梳不足,使进入锡林、盖板工作区的棉束少而小,从而减轻了锡林、盖板工作区的分梳负担。组成分梳板齿面的锯齿工作角度较大,且齿密很小,目的是不滞留纤维杂质。

2. 影响刺辊分梳作用的因素

影响刺辊分梳作用的主要因素有锯齿规格、刺辊转速、给棉方式、给棉板分梳工艺长度、刺辊与给棉板隔距及给棉板形式等。

(1) 锯齿规格。锯齿规格如图 4-6 所示,其中以工作角 α、齿距 T 和齿顶厚 b 对分梳作用的影响为最大。

① 工作角 α:其值直接影响锯齿对须丛的穿刺力,α 较小时有利于锯齿对须丛的穿刺;但 α 角还应结合除杂等问题加以确定,α 过小不利于除杂。一般,梳棉时,$\alpha=75°\sim80°$;梳理易缠绕的化纤时,$\alpha=80°\sim90°$。

② 齿距 T:当刺辊上锯齿横向密度相同时,齿距 T 即反映锯齿密度,T 小则分梳齿数多,分梳效果好,但其影响力小于工作角 α。

③ 齿尖厚度 b:齿厚分为厚型(0.3 mm 以上)和薄型(0.3 mm 以下)两种。薄齿易刺入须丛,分梳效果好,纤维损伤少,落棉率低,落棉含杂率高,但薄齿的强度低,易倒齿。

(2) 刺辊转速和分梳度。刺辊转速直接影响梳棉机的预分梳程度和后车肚气流和落棉(除杂),一般为 700~1 000 r/min。在一定范围内增加刺辊转速,可增强握持预分梳作用,降低棉束数量;但转速过高,会加大纤维损伤,短绒率增大,且使后车肚的气流和落棉难以控制。刺辊转速还与设备及前道工序的加工效果有关,随着分梳部件的改善和喂入棉层分梳程度的提高，现代梳棉机的刺辊转速可适当降低。同时，刺辊转速的设定还需考虑其与锡林的速度关系，锡林与刺辊的线速度之比会影响纤维由刺辊向锡林的转移，不良的转移对棉结、除杂等梳理效果有影响。

分梳度是指每根纤维上受到的平均作用齿数。分梳度过大，对纤维损伤大；过小，则分梳作用不足。一般，梳棉机上刺辊的分梳度控制在每根纤维 0.5～1 齿。刺辊的分梳度 C（齿/每根纤维）可由下式表示：

$$C = \frac{n \times Z \times L_1 \times \mathrm{Tt}}{W \times v \times 1\,000}$$

式中：n 为刺辊转速（r/min）；Z 为刺辊上的总齿数；v 为给棉速度（m/min）；L_1 为纤维平均长度（m）；W 为棉卷定量（g/m）；Tt 为喂入纤维平均线密度（tex）。

（3）给棉方式。棉层在给棉罗拉和给棉板的共同握持下喂入，受到刺辊的分梳作用。

给棉板可以在给棉罗拉下方或上方。给棉板与给棉罗拉的位置的相对变化，形成不同的给棉方式，如图 4-10 中(a)和(b)所示的顺向给棉和逆向给棉方式。

顺向给棉，可以使纤维须丛从给棉罗拉和给棉板形成的握持钳口中抽出时更顺利，从而减少纤维损伤；逆向给棉，则可以更有利地握持纤维须丛，保证对纤维的开松和梳理。

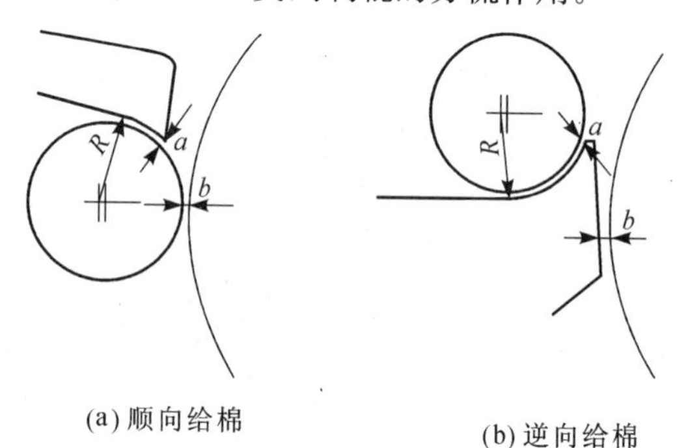

(a) 顺向给棉　　(b) 逆向给棉

图 4-10　给棉方式

（4）给棉握持力。给棉罗拉和给棉板形成强有力而横向均匀的钳口，是刺辊实现良好开松和分梳的必要条件之一。钳口的握持力是用加压方法实施的，加压量应根据棉层定量、结构、纤维种类、罗拉形式等因素综合考虑。当喂入棉层厚、定量重，或纤维与给棉罗拉、给棉板的摩擦系数小时，加压量应大些。一般加压量为 3.8～5.4 kg/cm。加工涤纶等化纤时，因化纤与刺辊锯齿的摩擦力较大，容易被刺辊抽出，故加压量要大，一般比纺棉时增加 20%左右。

（5）给棉板分梳工艺长度。分梳工艺长度是指握持点与刺辊到给棉板间隔距点之间的长度，如图 4-10 中 a 和 b 两点的距离。

逆向给棉时，分梳工艺长度即给棉板鼻尖宽度与隔距点以上的给棉板工作面长度之和。如图 4-11所示，给棉板托持须丛的整个斜面长度 L 称为工作面长度；给棉板鼻尖宽度为 a，刺辊与给棉板间的隔距点 A 以上的一段工作面长度为 L_1，L_2 为隔距点 A 以下的一段工作面长度（又称托持长度），L_3 为刺辊中心水平线以上的一段工作面长度，R 为刺辊半径，Δ 为刺辊与给棉板之间的隔距，α 为给棉板工作角；B 为表层纤维的开始梳理点（即始梳点），C 为里层纤维的开始梳理点。可见，表层纤维的梳理开始得早，故其受到的梳理比里层

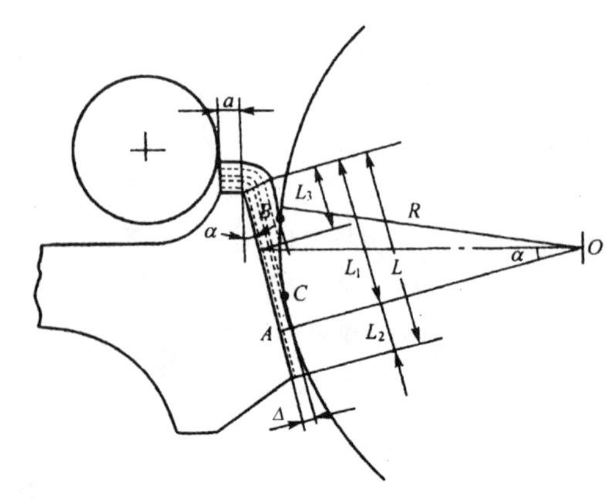

图 4-11　给棉板分梳工艺长度

纤维充分，因此梳棉中未梳透的棉束等多来自于里层纤维。现代梳棉机在刺辊下方采用分梳板，则有利于改善这种情况。

则分梳工艺长度 $S=a+L_1$，或 $S=a+L_2+(R+\Delta)\text{tg}\alpha$。

给棉板的分梳工艺长度与刺辊分梳质量的关系密切。分梳工艺长度愈小，则纤维被梳理的长度愈长，纤维被梳理的次数愈多，因此刺辊分梳后的棉束愈少，但纤维损伤大，故使短绒率增大。分梳工艺长度相同时，加工纤维的长度越长，则纤维的损伤越大。故分梳工艺长度须与加工纤维长度相适应。在逆向给棉时，分梳工艺长度一般介于所加工纤维的主体长度与品质长度之间（表 4-1）。顺向给棉时，由于握持点对纤维的握持较柔和，纤维损伤较小，故分梳工艺长度可较逆向给棉时小。

在逆向给棉时，给棉板的高低一般以给棉板鼻尖与刺辊中心线的相对位置来表示，鼻尖可以高出、平齐或低于刺辊中心。通过调节给棉板的高低位置，可以调整分梳工艺长度。给棉板工作面长度的规格不同，鼻尖高出刺辊中心的位置也不同。加工不同长度的纤维时，为保证一定的分梳工艺长度，应采用不同工作面长度的给棉板，也可采用垫高或刨低给棉板的方法。抬高给棉板，分梳工艺长度增加，对分梳质量有影响；但托持面减短，落杂区长度加大，对落白（落纤维）有影响。

表 4-1　给棉板规格的选用

给棉板工作面长度（mm）	给棉板分梳工艺长度（mm）	适纺纤维长度（棉纤维主体长度）（mm）
28	27～28	29 以下
30	29～30	29～31
32	31～32	原棉：33 以下；化纤：38
46	45～46	中长化纤：51～60

（6）刺辊与给棉板间隔距。刺辊与给棉板间隔距对分梳效果的影响很大。如上所述，在其他因素不变时，该隔距直接决定梳理长度。隔距大则分梳工艺长度长，纤维被梳理的长度短，棉束较多，短绒率较少。一般，喂入棉层厚，隔距应大。清梳联棉层喂入时，因其棉层蓬松，此隔距一般略大于 1 mm；棉卷喂入时，此隔距一般为 0.18～0.50 mm。

3. 除杂作用及影响因素

刺辊的落杂区主要有三个部分，如图 4-12 中 A、B、C 三个区域。传统梳棉机中，给棉板与刺辊的隔距点到除尘刀为第一落杂区 A，主要排除大的杂质，原棉含杂多时该区域应大；除尘刀顶部到小漏底入口为第二落杂区 B，主要排除中等大小的杂质；小漏底通常是网眼式或尘棒式，可以托持纤维而让短绒或细小的杂质落下，为第三落杂区 C。在加工化纤时，由于化纤的杂质少，为减少落纤，小漏底通常为无网眼的光板。除尘刀的高低位置可调节第一、第二落杂区长度进行分配。刀背与水平面的夹角 θ 为其安装角。安装角小，则刀背对气流的阻力大，纤维易积于刀背而形成落棉；安装角大，则气流流动畅通，纤维易回收。除尘刀的高低位置，以刀尖与车面平齐为基准（0），一般在±6 mm 范围内调节。除尘刀低，则第一落杂区长，有利于纤维、杂质在附面层中分离，多落杂、落大杂。在现代梳棉机中，给棉板到除尘刀间为第一落杂区 A，第一分梳板中导棉板到第二分梳板中除尘刀间为第二落杂区 B，第二分梳板中导棉板到三角小漏底入口间为第三落杂区 C。采用不同宽度的导棉板，可调节落杂区长度。

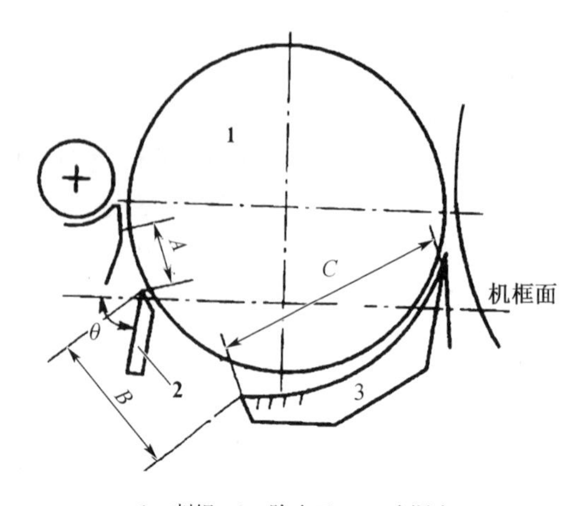

1—刺辊；2—除尘刀；3—小漏底

(a) 传统梳棉机

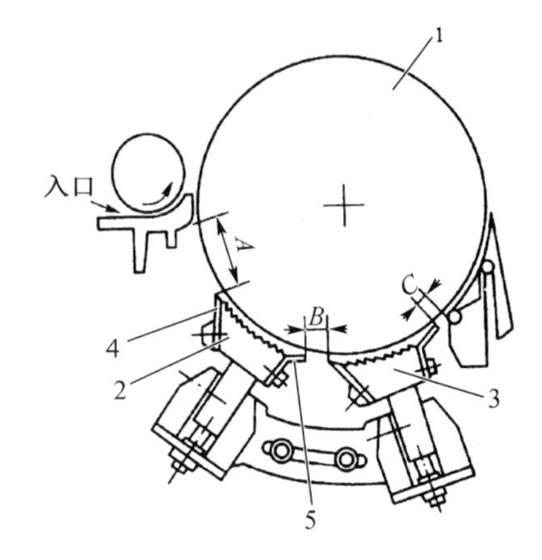

1—刺辊；2,3—第一、二分梳板；4—除尘刀；5—导棉板

(b) 现代梳棉机

图 4-12　刺辊落杂区结构

刺辊除杂主要利用纤维和杂质的物理性质，以及它们在高速旋转的锯齿上和周围气流中受力的不同。锯齿上的纤维和杂质在刺辊高速回转时会受到空气阻力和离心力的作用。其中的杂质因离心力大而空气阻力小，易脱离锯齿而落下；长而轻的纤维则相反，不易落下。在通过除尘刀时，露出锯齿的纤维尾部受除尘刀的托持，杂质被刀挡住而下落。进入分梳板后，由于分梳板与刺辊针面的分梳配置，加强了对纤维的梳理(弥补了刺辊对棉层里层分梳的不充分)，使得细小杂质和短绒在第二落杂区及第三落杂区更好地排出。由于刺辊部分有着良好的分梳作用，纤维与杂质得到充分分离，为刺辊除杂创造了极为有利的条件。一般刺辊部分能除去喂入棉层含杂量的 50%～60%，落棉含杂率达 4%左右。但是，分离后的单纤维或小棉束，其运动也易受气流的影响。若控制不当，会产生后车肚落白(落纤维)、落杂少等不良情况。因此，必须掌握刺辊部分的气流规律，加以控制，使之有利于除杂和节约用棉。

(1) 刺辊部分的气流。刺辊转速很高，回转时会带动其周围的空气流动，由于空气分子间的摩擦和黏性，里层空气带动外层空气，层层带动，在刺辊周围形成气流层，即附面层，如图 4-13 所示。附面层中的各层气流速度形成一种分布，与锯齿直接接触的一层，其气流速度最大，等于刺辊的表面速度 v_t，由于受到空气黏性阻力的影响，它带动的其余各层气流的速度由里到外逐层减小，最外层的流速为零。δ 为附面层厚度，它随附面层长度增加而增加。设 δ_y 为附面层中某一层气流与刺辊表面的距离，n 为与附面层性质有关的系数，则该层的气流速度 v_f 为：

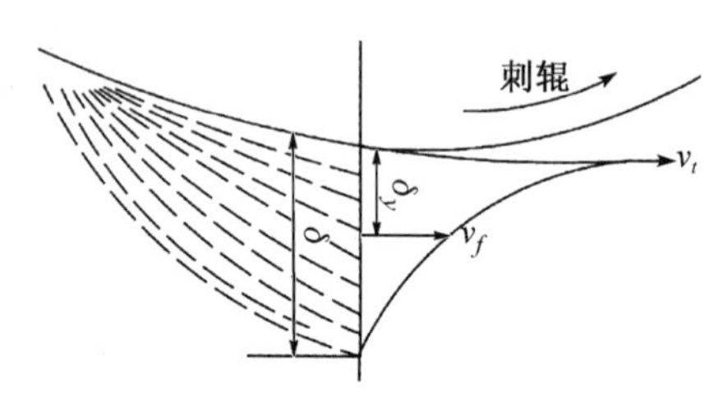

图 4-13　附面层示意图

$$v_f = v_t\left[1-\left(\frac{\delta_y}{\delta}\right)^{\frac{1}{n}}\right]$$

运用附面层理论，可以简单方便地说明刺辊部分的气流运动情况。如图 4-14 所示，刺辊与给棉板的隔距很小，且有纤维须丛，故该隔距点可看作是刺辊带动的附面层的起点。在给棉板与除尘刀间的第一落杂区，刺辊带动的气流逐渐增加，附面层厚度也随着增加。附面层的形

成与增厚，要求从给棉板下方补入一定气流，这对刺辊上的纤维有托持作用。增厚的附面层至除尘刀处，因刀与刺辊间的隔距很小，大部分气流被刀背挡住，形成沿刀向下的气流。部分气流进入第一分梳板，顺导棉板流出后，附面层又开始逐渐增厚，至第二分梳板处（第二落杂区），其间气流情况与第一落杂区情况类似。附面层开始处的导棉板背后有气流补入，在第二分梳板入口除尘刀处，部分气流沿刀向下，小部分气流进入第二分梳板。由于位于第二分梳板与三角小漏底间的第三落杂区的长度很短，附面层厚度很小，此处落出的细小杂质和短绒比第二落杂区的量少。

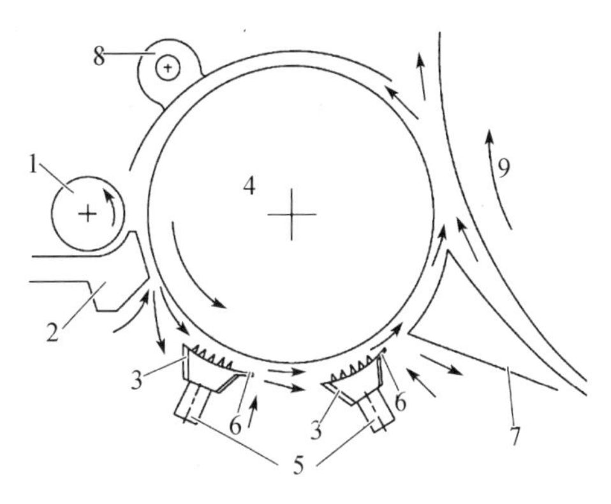

1—喂给罗拉；2—给棉板；3—除尘刀；
4—刺辊；5—分梳板；6—导棉板；
7—三角漏底；8—吸尘罩；9—锡林

图 4-14 刺辊下方气流示意图

锡林、刺辊高速回转时，刺辊周围各处的封闭部分会形成高压，以刺辊罩壳处最为明显。若此处气压过大，会迫使给棉板隔距点处的气流加速向下喷射，使刺辊抓取的（部分）纤维脱离锯齿而下落，故一般在刺辊上方装有吸尘罩，使各部分压力显著降低，落杂区下落的纤维减少，落棉含杂率提高。

（2）影响刺辊部分除杂落棉的因素。影响落棉的因素很多，主要有刺辊转速、给棉板与刺辊间隔距、分梳板与刺辊间隔距、除尘刀厚度、导棉板弦长等。

当给棉板至三角小漏底间的距离一定时，第一除尘刀厚度及导棉板弦长影响第一落杂区和第二落杂区的长度。通常，分梳板的位置是固定不变的，因此，减小第一除尘刀厚度，增加第一导棉板弦长，可使第一落杂区长度增加，第二落杂区长度减小。这样，在第一落杂区，较大的杂质有较多的机会落下，同时刺辊带动的气流附面层随落杂区长度增长而增厚，浮在附面层中的纤维和杂质被除尘刀挡落的也较多。虽然第二落杂区长度缩短，落棉量减少，但整个后车肚落棉率仍然增加。反之，增加除尘刀厚度，减少导棉板弦长，则第一落杂区的落棉减少，第二落棉区长度增长，带纤维的杂质下落较多，但整个后车肚落棉率仍然减少。因此，对除尘刀厚度及导棉板弦长的选择，应根据棉卷含杂率、含杂内容及生条中含杂和短绒率的要求而定。刺辊部分的除杂隔距可参见表 4-2。

表 4-2 刺辊部分的除杂隔距

传统梳棉机 （除尘刀安装角：80°～100°）	现代梳棉机
	刺辊与第一除尘刀：0.35～0.42 mm
刺辊与除尘刀：0.3～0.45 mm	刺辊与第一分梳板：0.5～1.5 mm
刺辊与小漏底入口：4.5～9.5 mm	刺辊与第二除尘刀：0.25～0.35 mm
	刺辊与第二分梳板：0.5～1.5 mm
刺辊与小漏底出口：0.3～0.5 mm	刺辊与三角小漏底：0.45～0.53 mm

四、锡林、盖板、道夫部分

该部分主要由锡林、盖板、前/后固定盖板、前后罩板、大漏底和道夫组成。梳棉机上的分梳、混合、均匀等作用主要在该部分完成。锡林、道夫上包有条状针布，盖板上覆有块状针布。

锡林、盖板对刺辊初步分梳后的纤维做进一步细致的分梳，利用针齿与纤维间的摩擦作用来握持纤维，进行自由梳理，作用缓和。道夫将锡林上梳理过的部分纤维再(经过分梳作用)凝聚成纤维层，进一步均匀与混合。后固定盖板对纤维有预梳理作用，前固定盖板则对纤维有伸直定向作用。前/后固定盖板上均配有棉网清洁器，可及时排除短绒和棉结，并改善锡林周围的气流运动。

(一) 锡林与刺辊间纤维的转移

刺辊对喂入的棉层进行握持分梳和除杂后，应将其所携带的纤维全部转移给锡林。转移不良易造成刺辊返花、纤维充塞锯齿间，影响刺辊的分梳作用；同时，纤维再次进入给棉部分易被搓成棉结和产生棉网云斑，影响棉网质量。

锡林与刺辊间针齿的配置应满足剥取作用的条件，两者之间还要有合理的工艺配置。这样，锡林才能将纤维从刺辊锯齿上全部顺利地剥取下来。

1. 锡林与刺辊间的速比

锡林与刺辊间的速比直接影响纤维的转移效果。如图 4-15 所示，纤维的转移是在刺辊与锡林转移区 S 内进行的。设纤维或纤维束的长度为 L，如果其在转移区开始时被锡林抓取其一端，并在接近后罩板底以前转移，则当刺辊通过转移区 S 的距离时，锡林应通过 $S+L$ 的距离，锡林与刺辊间的线速比为：

$$\frac{v_c}{v_t}=\frac{S+L}{S}$$

式中：v_c 为锡林表面线速度(mm/min)；v_t 为刺辊表面线速度(mm/min)。

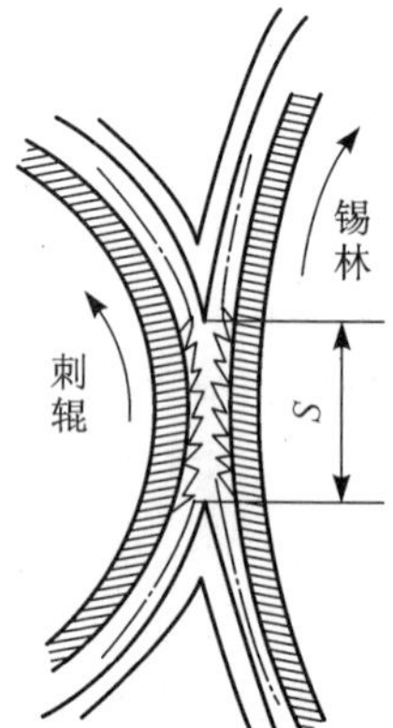

图 4-15　纤维从刺辊向锡林转移

由上式可知，速比与转移区长度和纤维(束)长度有关。

实验表明，当速比较小时，纤维也能转移。这是因为刺辊的直径较小而转速较高，锯齿上纤维受到的离心力较大，且转移区有刺辊和锡林带入的气流，其流速大而纤维的空气阻力小。因此在正常开车时，线速比在 1.2～1.3 时也能转移。但是，一方面，在开/关车时刺辊速度低于正常速度，会造成刺辊返花；另一方面，靠离心力和气流转移的纤维，在转移过程中拉直的作用较差，影响锡林纤维层的结构。生产中，国产梳棉机的该速比在纺棉时宜为 1.7～2.0 的，纺化纤时宜在 2.0 以上。国外梳棉机的锡林与刺辊的速比多在 2.0 以上。部分国内外梳棉机的锡林与刺辊转速及速比见表 4-3。

表 4-3　部分国内外梳棉机的锡林与刺辊速比

<table>
<tr><td colspan="2">机型</td><td colspan="5">C4</td><td>DK903</td><td>FA201</td><td colspan="4">FA224</td><td>FA225</td></tr>
<tr><td colspan="2">刺辊直径(mm)</td><td colspan="5">220</td><td>172.5</td><td>250</td><td colspan="4">250</td><td>127.5</td></tr>
<tr><td colspan="2">锡林直径(mm)</td><td colspan="5">1 290</td><td>1 290</td><td>1 290</td><td colspan="4">1 290</td><td>1 290</td></tr>
<tr><td rowspan="3">刺辊转速(r/min)</td><td>第一</td><td rowspan="3">753</td><td rowspan="3">899</td><td rowspan="3">949</td><td rowspan="3">1 130</td><td rowspan="3">1 348</td><td>900～992</td><td rowspan="3">920</td><td rowspan="3">600</td><td rowspan="3">800</td><td rowspan="3">925</td><td rowspan="3">1 060</td><td rowspan="3">690—1 321</td></tr>
<tr><td>第二</td><td>1 200～1 540</td></tr>
<tr><td>第三</td><td>1 700～2 018</td></tr>
</table>

（续 表）

机型	C4					DK903	FA201	FA224				FA225
锡林转速（r/min）	303～335	360～400	381～422	453～502	540～640	450～600	360	280、350、400				288～550
表面速比（锡林/刺辊）	2.4～2.6	2.3～2.6	2.4～2.6	2.4～2.6	2.3～2.8	1.67～2.0 2.22～2.6	2.02	2.4 3.01 3.44	1.78 2.23 2.55	1.56 1.95 2.23	1.36 1.70 1.95	1.07～2.44 2.04～4.66

2. 刺辊与锡林间的隔距

刺辊与锡林的隔距减小，有利于纤维的转移。此隔距一般掌握在 0.13～0.18 mm。正常情况下，此隔距以偏小掌握为宜。

（二）锡林与盖板间纤维的梳理与转移

1. 锡林与活动盖板间的梳理与转移

锡林与盖板间的针面为分梳配置，锡林、盖板工作区是梳棉机上的主要分梳作用区。盖板分固定和活动两种。现代梳棉机中，由于盖板反转（提高梳理效果）及固定盖板的应用，活动盖板的数量已由原来的 40 根左右减少到 30 根左右。纤维在锡林盖板间能受到良好的梳理，棉层中经刺辊分梳后留下的 20%～30%的棉束，在此处基本能被分梳成单纤维。

锡林携带从刺辊表面剥下的纤维或纤维束向前运动，经过后固定盖板的预梳理，再进入活动盖板工作区。因锡林高速回转，纤维和纤维束在离心力的作用下尾端扬起，进入活动盖板工作区时，由于锡林盖板间隔距很小，锡林针面扬起的纤维或纤维束极易被盖板针面握持。这样，盖板和锡林各抓住一部分纤维或纤维束，随盖板、锡林两针面高速相对运动。被盖板握持的纤维尾端被锡林针面的针齿梳理伸直，而被锡林握持的纤维尾端则被盖板针齿梳理伸直。若纤维束同时被两针面握持，且握持力大于纤维间联系力，则纤维束被一分为二。在分梳过程中，纤维与针齿的夹角是随时变化的，故纤维的受力也相应变化，使纤维有时滑向针根而被针齿握持，有时滑向针尖，从而在锡林、盖板针面间来回转移，使纤维的两端分别受到梳理。随锡林盖板间隔距逐渐减小，上述的分梳和转移进行得更细致。

影响锡林、盖板间梳理作用的因素，除针布规格外，还有锡林转速和隔距等。

（1）锡林转速。锡林转速增加，锡林、盖板工作区中的针面负荷必然减少，单位时间内作用于纤维上的针尖数增加，有利于提高分梳质量，即棉束的分解，并能减少棉结，但对纤维损伤大，短绒率增加；同时，离心力得到提高，也有利于锡林上的纤维向盖板转移，使纤维在工作区内上下转移的次数增加，从而提高工作区中纤维的分梳质量，并加强排杂能力。锡林转速一般在 300～450 r/min，部分国内外梳棉机的锡林转速见表 4-3。

（2）锡林与盖板间隔距。锡林与盖板间的隔距根据（工作）盖板的数量可分五点（俗称五点隔距）或四点甚至三点进行设定，一般进口隔距大，可减少纤维充塞，以后隔距逐渐减小，以满足棉束逐步被梳理、分解的要求。但盖板正转时，由于出口一点位于盖板传动部分，盖板上下位置易走动，故出口隔距必须稍大些；而反转时，因盖板传动部分位于入口处，故出口隔距可小些。锡林和盖板间采用小于 0.25 mm 的紧隔距，可充分发挥盖板工作区的分梳效能，实现强分梳。隔距愈小，针齿刺入纤维层愈深，接触的纤维愈多，纤维被针齿握持或分梳的长度长，两针面间转移的纤维量多，分梳较充分，棉束更易获得分解；同时，浮于两针面间的纤维少，不易被搓成棉结。常用的锡林与盖板间隔距如下：

锡林～盖板五(或四)点隔距，一般为：0.18～0.25 mm，0.16～0.23 mm，(0.16～0.20 mm)，0.16～0.20 mm，0.18～0.23 mm。

(3) 踵趾面。如图 4-16 所示，活动盖板由盖板铁骨 1 和盖板针布 2 组成，针布为盖板的工作面。盖板铁骨两端的平面搁在曲轨上，曲轨支持面称为踵趾面。为使每块盖板与锡林的针面间入口隔距大于出口隔距，达到纤维层在针面间受到逐步加强分梳的目的，踵趾面与盖板的针面不平行，所以盖板铁骨平面的入口侧厚(趾面)、出口侧薄(踵面)，这种厚度差叫踵趾差。一般踵趾差为 0.49～0.56 mm。

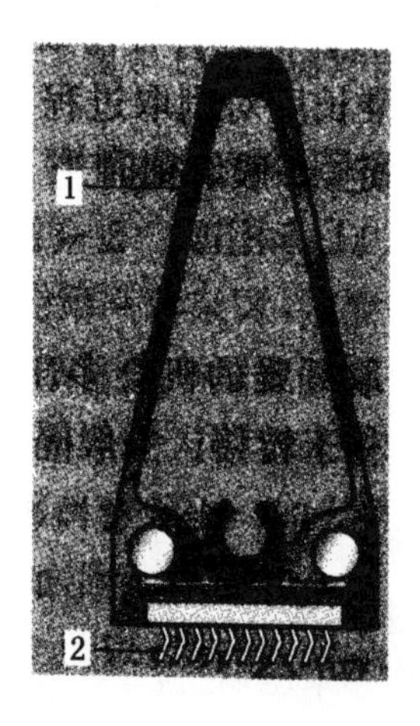

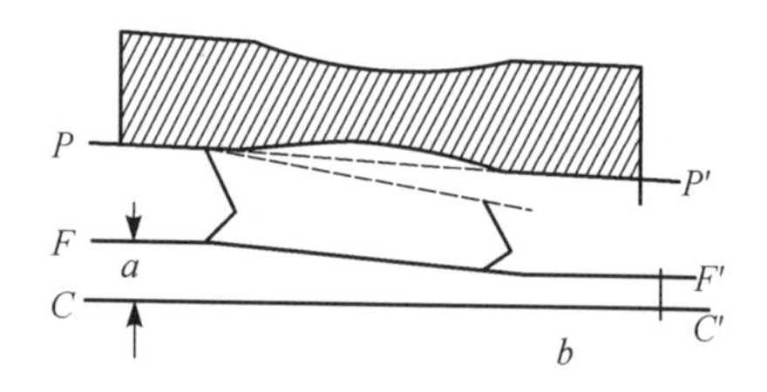

PP′为曲轨位置，FF′为盖板针布平面位置，CC′为锡林针布平面位置，a为入口隔距，b为出口隔距

图 4-16 活动盖板及其踵趾面

2. 固定盖板及其作用

现代梳棉机上，为了加强梳理、适应高产，通常用前/后固定盖板来替代传统梳棉机上的前/后罩板，如图4-17所示。

后固定盖板一般有 2～4 块，可使纤维在进入锡林盖板工作区前得到较充分的梳理与除杂，减少锡林、盖板的梳理负担，并有利于减少棉结杂质。它与锡林的隔距很关键，隔距小，利于分梳，减少棉结；但过小，容易造成杂质破碎和纤维损伤，短绒增加。梳棉机产量低时，纤维层薄，此隔距可小(0.5 mm 左右)；产量高时，纤维层厚，此隔距应大(0.75 mm 左右)。

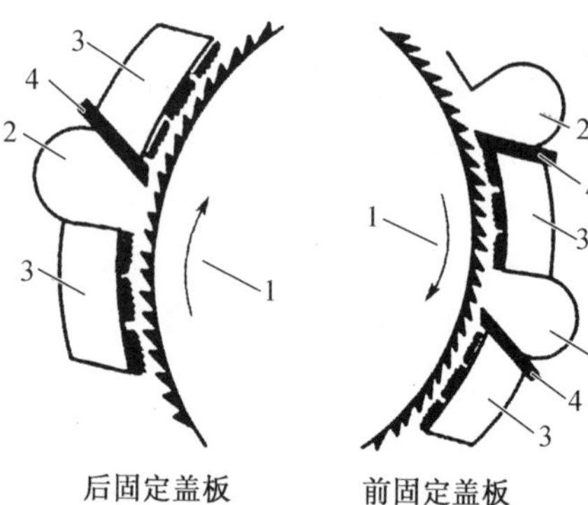

1—锡林；2—吸风口；3—固定盖板；4—除尘刀

图 4-17 梳棉机固定盖板

后固定盖板自下而上，齿密逐渐增加，其与锡林的隔距也逐渐减小。如果原料的开松效果好，此隔距可偏小掌握。锡林～后固定盖板隔距，一般自下而上为：0.37～0.55 mm，0.30～0.45 mm，0.30～0.45 mm，0.25～0.40 mm。

前固定盖板的作用是使纤维在进入锡林、道夫的三角区前得到补充梳理，有利于提高纤维的伸直度和改善棉网质量。锡林—前固定盖板隔距，一般与锡林和活动盖板的隔距相当或更小，自上而下为：0.20～0.25 mm，0.18～0.23 mm，0.15～0.20 mm，0.15～0.20 mm。

为了及时清除前/后固定盖板上的短绒和杂质，保证盖板清洁，以实现对纤维的分梳，前/

后固定盖板上还装有棉网清洁器，包含除尘刀和吸风装置。吸风装置还有利于改善锡林周围的气流，使纤维更好地转移。

3. 锡林与盖板的除杂作用及影响因素

棉层经刺辊加工后，纤维中尚留有喂入棉层中所含杂质30%～50%的杂质。杂质多为带纤维破籽、软籽表皮、小籽壳、棉结等，主要通过锡林盖板部分所产生的盖板花去除。锡林和盖板分梳时，大部分杂质不是随纤维一起充塞针隙，而是随同纤维在锡林和盖板间上下转移。当杂质与纤维分离后，因锡林回转的离心力而被抛向盖板的纤维层上，使盖板针面附有较多的杂质。因此，盖板带出锡林盖板工作区的盖板花中主要是短纤维和杂质，其中，约40%是16 mm以下的短纤维。

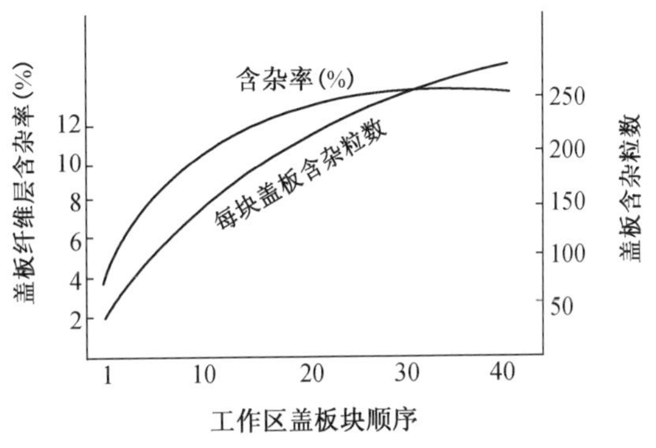

图4-18 工作区盖板上的含杂

如图4-18所示，对工作盖板按其在工作区的顺序逐根检验其含杂(横坐标上，“1”表示刚进入工作区的盖板，“40”表示即将走出工作区的盖板)。从图中可看出，盖板上的含杂粒数和含杂率都随盖板参与梳理时间的延长而增加，且开始增加较快，以后增加逐步减少，到盖板走出工作区时，盖板上的杂质含量已趋于饱和。

影响盖板除杂及盖板花数量的主要因素是盖板速度和前罩板的位置。

(1) 盖板速度。当盖板速度较快时，盖板在工作区内停留的时间按比例减少，而每块盖板针面负荷只略有减少，盖板花含杂率也只略有降低，但单位时间内走出工作区的盖板块数却增加得较多，总的盖板花数量和除杂效率是增加的。因此，加快盖板速度可以提高盖板的除杂效率，减少棉结，但盖板花增多，不利于节约用棉。在加工杂质含量少的原料(或线密度低的纱)时，盖板速度通常较低，以减少落棉。盖板反转时，因其除杂能力比正转时强，故盖板转速可低些。常用的盖板线速度范围见表4-4。

表4-4 盖板常用线速度范围

纺纱线密度(tex)		30以上	20～30	20以下
盖板线速度(mm/min)	棉	150～200	90～170	80～130
	化纤	—	70～130	—

目前，由于梳棉机高产以及活动盖板数量减少，盖板速度有所提高。例如，在高产梳棉机上加工棉时，盖板速度一般根据原料和所纺纱的线密度情况，采用160～300 mm/min。

(2) 前上罩板上口与锡林间隔距。在传统梳棉机上，前/后固定盖板位置安装的是罩板，以防止锡林上的纤维飞扬。前上罩板上口与锡林间隔距对盖板花的影响很大，对长纤维尤甚，如图4-19(b)所示。由于受前上罩板的机械作用和该处的气流作用，当较长纤维离开锡林和盖板工作区的最后两块盖板时，纤维易于脱离盖板而转向锡林。机械作用是当纤维遇到前上罩板时，其尾端被迫弯曲而贴于锡林针面，增加了针齿对纤维的握持，使纤维易于从盖板针齿上脱落。气流作用是当锡林走出盖板工作区时，由于附面层的作用，使盖板握持的纤维尾端易被吸入前上罩板。当此隔距减小时，纤维被前上罩板压下，使纤维与锡林针齿的接触数较隔距大时为多，锡林针齿对纤维的握持力增大，纤维易于被锡林针齿抓取，使盖板花减少；反之，隔距增大，则盖板花增多。此隔距通常选用 0.47～0.65 mm。

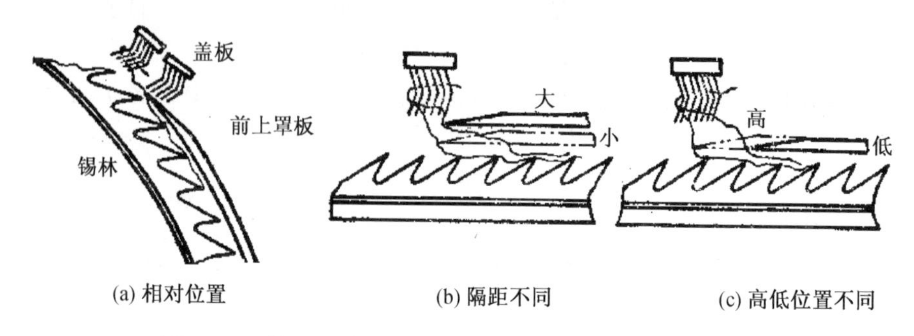

(a) 相对位置　(b) 隔距不同　(c) 高低位置不同

图 4-19　前上罩板上口与锡林的相对位置对盖板花的影响

(3) 前上罩板的高低位置。前上罩板的高低位置对盖板花多少也有影响，如图 4-19(c)所示。当前上罩板位置较高时，其作用和减小前上罩板上口与锡林间的隔距相似，使盖板花减少。另一方面，前上罩板较高，则此处锡林针面的气流附面层较薄，大部分或全部气流进入罩板，其作用和上述减小前上罩板上口隔距相当，同样使盖板花减少。反之，前上罩板较低时，会使盖板花增加，除杂效果增强，但不利于节约用棉。

(三) 道夫的凝聚作用

锡林与道夫间的作用实质上是分梳作用。道夫以其清洁针面进入凝聚区，依靠分梳作用，从锡林纤维层中凝聚转移过来的部分纤维。锡林与道夫间的作用常称为凝聚作用，因为锡林的线速度通常是道夫线速度的 20～30 倍，因此，道夫一个单位面积上的纤维是从锡林的 20～30 个单位面积上转移、凝聚得来的，纤维也得到进一步的混合、均匀。

锡林上的纤维在离开盖板工作区后，由于离心力的作用，部分纤维浮升在针面或其尾端翘出针面，当走到前下罩板下口及锡林、道夫的上三角区时，纤维在离心力和吹向道夫罩壳(或吸罩)的气流的共同作用下，一端抛向道夫，被道夫针面抓取，如图 4-20 所示。大部分纤维从锡林单向转移到道夫上，也有少量纤维在凝聚区反复转移。这是因为被两针面握持的纤维，与道夫针齿工作面间的夹角(称为梳理角)α_2，在上三角区至隔距点间，因锡林表面速度较快而逐渐减小，使纤维与道夫针面的接触点增多，有利于向道夫转移。但在隔距点下方，因道夫直径较小，α_2 增大，而锡林针齿梳理角 α_1 减小，加之下三角区锡林附面层厚度渐增，在大漏底处有气流补入，增加了锡林针面对纤维的握持作用，从而有些被道夫抓取的纤维再返回锡林，即形成反复转移。

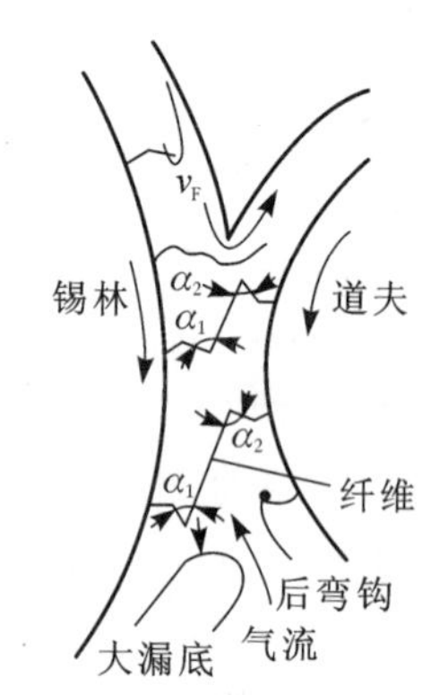

图 4-20　锡林至道夫的纤维转移

被道夫握牢的纤维，因其另一端离开锡林时被锡林梳理伸直，当它们随道夫输出形成棉网时，受锡林梳理伸直的一端在前，被道夫握持的一端在后，所以在梳棉机输出棉网及生条中的纤维以后弯钩居多。棉网中纤维形态分布见表 4-5。

表 4-5 棉网中纤维形态分布

形态名称	形态及行进方向	比例(%)	形态名称	形态及行进方向	比例(%)
无弯钩		22.41	两端弯钩		9.29
前弯钩		5.46	其他		10.93
后弯钩		51.95	—	—	—

(四) 梳棉机针面纤维层的负荷与分配

1. 针面负荷的意义

在梳棉机上，凡是对纤维发生作用的针面或齿面上都负载有纤维层，纤维层在针面单位面积上的平均质量称为针面负荷，单位用“g/m^2”表示。针面负荷量的大小，不仅反映了针面上纤维层的厚薄，还能在一定程度上反映不同针布和不同工艺参数条件下，针面对纤维的握持、分梳和转移能力的高低。合理控制各针面的负荷，有利于优质、高产和低耗，也有利于延长针布的使用寿命。当负荷过小时，不利于纤维的均匀混合；而当负荷过大时，梳理易不充分，并可能造成对纤维和针布等的损伤。

2. 各种负荷的形成及作用

梳棉机上的针面负荷主要有喂入负荷 α_f、盖板负荷 α_g、盖板花负荷 α_{g1}、锡林负荷 α_c、返回负荷 α_b、出机负荷 α_0 和抄针层负荷 α_s。由于现代梳棉机的锡林上均采用金属针布，故其抄针层负荷很小，可以忽略不计。

(1) 喂入负荷。它是指由喂入罗拉喂入的原料，经刺辊而到达锡林，在锡林上形成的单位面积纤维量，以 α_f 表示，一般为 0.25～0.4 g/m^2。

(2) 盖板负荷。锡林的喂入负荷与锡林上的返回负荷，一起进入锡林与盖板的梳理工作区，锡林上的纤维被盖板针齿分梳后，一部分转移到盖板上，形成盖板负荷。盖板负荷 α_g 为锡林单位面积针面转移给盖板的纤维量。盖板负荷也可以用每块盖板上的纤维总量表示，一般为 1～1.6 g。盖板花负荷是指盖板走出梳理工作区时所带出的(相当于锡林单位面积上的)纤维量，以 α_{g1} 表示，可以忽略。

(3) 锡林负荷。锡林走出盖板工作区时带至道夫表面的单位面积的纤维量称为锡林负荷，以 α_c 表示，一般为 1.5～3.5 g/m^2。

(4) 出机负荷。出机负荷 α_0 即指锡林单位面积针面上转移给道夫的纤维量。在不考虑梳理中的纤维损耗(如盖板花、落杂等)时，出机负荷等于喂入负荷。

(5) 返回负荷。返回负荷 α_b 是指锡林针面上的纤维经过道夫而转移给道夫一部分纤维后，仍留在锡林上的单位面积的纤维量，一般为 1～3.2 g/m^2。

梳棉机上锡林各部分的纤维负荷分布如图 4-21 所示。

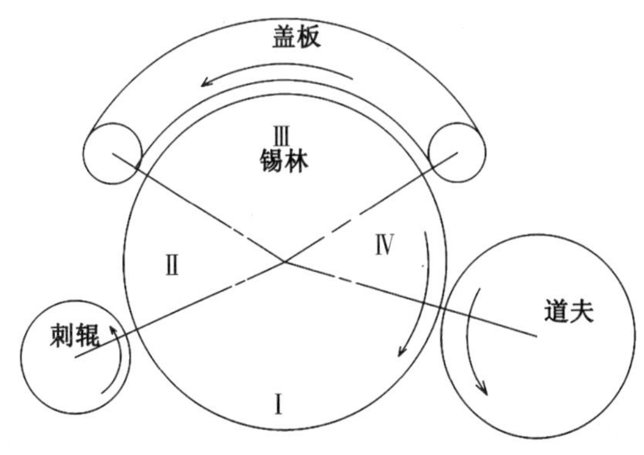

图 4-21 梳棉机上锡林针面负荷分布

① Ⅰ区：锡林上的负荷由返回负荷 α_b 组成。

② Ⅱ区：由于喂入负荷的加入，锡林上的负荷为 $\alpha_b+\alpha_f$。

③ Ⅲ区：由于锡林上的部分纤维被盖板转移（抓取），锡林上的负荷为 $\alpha_b+\alpha_f-\alpha_g$。

④ Ⅳ区：锡林负荷为 $\alpha_c=\alpha_b+\alpha_f$；考虑盖板花负荷时，$\alpha_c=\alpha_b+\alpha_f-\alpha_{g1}$。

(五) 梳理机的混合、均匀作用

1. 混合、均匀作用的意义

梳理机的混合作用表现为输出产品同喂入原料相比，其成分和色泽更为均匀一致；而均匀作用则表现为输出产品的片段质量比喂入时更加均匀一致。这两种作用是同一现象的两个方面，是通过针面对纤维的贮存、释放、凝聚、减薄等方式达到的。这实质上是各梳理辊筒上负荷变化的结果。

(1) 混合作用。如前所述，纤维在梳理机的锡林与盖板（或工作辊）间的反复梳理和转移，促使这些机件上的纤维不断变换，从而产生纤维层间以至单纤维间的细致混合。同时，由于道夫从锡林上转移纤维的随机性，造成纤维在梳理机内停留时间的差异，同一时间喂入的纤维，分布在不同时间输出的纤维网内，而不同时间喂入的纤维，却凝聚在同时输出的纤维网内，使纤维之间得到较充分的混合。从上面的针面负荷分布图（图 4-21）也可以看出，梳棉机在Ⅱ、Ⅲ、Ⅳ区均有混合作用。

典型的混合效果可以从两种不同颜色的纤维混合实验中看出。图 4-22 表示，在正常生产的白棉卷后接上红色的棉卷，观察道夫输出的棉网，并不是立即改变颜色，而是先出现红白相间的棉网，随后红色逐步加深，最终才完全变为红色棉网。

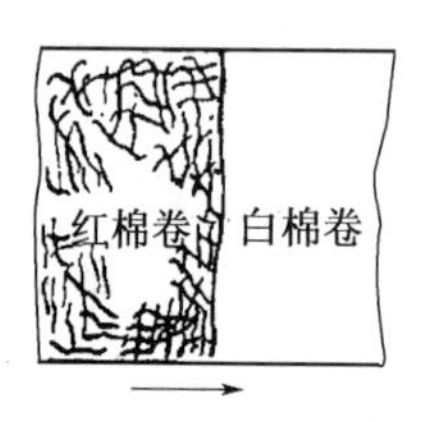

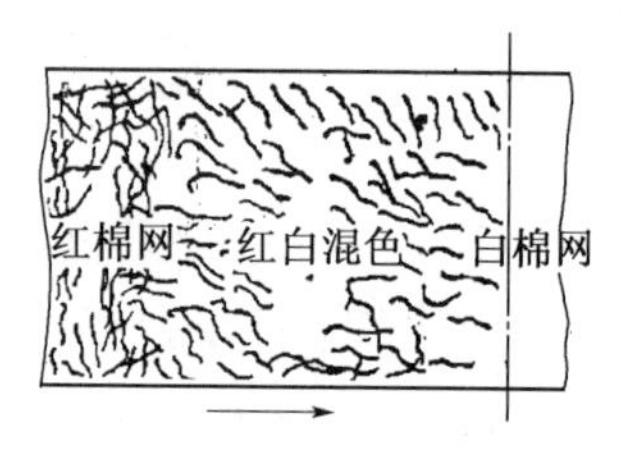

图 4-22 纤维混合试验

(2) 均匀作用。梳棉机上的针齿对纤维有一定的储存能力，可以在一定程度上吸收和释放纤维。若将正常运转的梳理机突然停喂，可以发现输出的纤维网并不立即中断，而是逐渐变细。一般金属针布梳理时，这种现象将持续几秒钟，弹性针布则更长些。将变细的条子切断称重，便可得到如图 4-23 所示的曲线 2—7—8。如果在条子变细的过程中恢复喂给，条子也不会立即恢复到正常质量，而是逐渐变重，如图 4-23 中的曲线 7—6。可见在机台停止喂给和恢复喂给的过程中，条子并不按图 4-23 中曲线 1—2—3—4—5—6 那样变化，而是按曲线 1—2—7—6 变化。这表明在停止喂给时，针齿放出纤维，放出量为闭合曲线 2—3—4—7 所围的面积；在恢复喂给后，针齿吸收纤维，吸收量为闭合曲线 5—7—6 所围的面积。这种针齿吸放纤维，缓和喂入量波动对输出量不匀影响的作用，体现了梳理机的均匀作用。

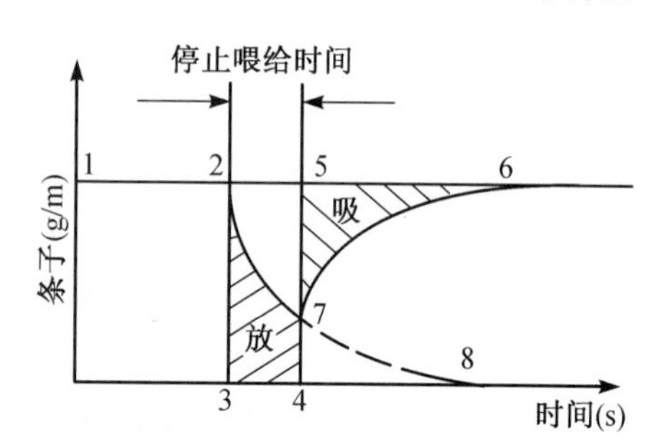

图 4-23 均匀作用试验

从前面的分析可知，当喂入量波动较小，且片段较短时，梳理机有良好的均匀作用；同时当纤维由锡林向道夫转移时，由于锡林表面线速度通常是道夫线速度的

20～30倍，因而产生20～30倍的并合机会，使纤维得到进一步的混合、均匀，使输出条的短片段不匀较小。但当喂入纤维量的不匀片段较长，足以引起锡林负荷等发生较大变化时，出条的质量仍会发生波动，梳理机的均匀作用只能使其波动缓和一些。

2. 影响混合均匀作用的因素

盖板梳理机的混合、均匀作用的完善程度与锡林与盖板之间的分梳、转移作用及自由纤维量或道夫转移率有关。

(1) 道夫转移率。锡林向道夫转移的纤维占参与作用纤维的百分率叫作道夫转移率。在锡林与道夫间，只有相当于喂入负荷 α_f 及返回负荷 α_b 的纤维量分别以不同程度参与梳理，在正常运转时，出机负荷 α_0 与喂入负荷 α_f 基本相等(忽略纤维损耗)。若道夫转移率以 r 表示，则：

$$r = \frac{\alpha_0}{\alpha_f + \alpha_b} = \frac{\alpha_f}{\alpha_f + \alpha_b}$$

梳棉机上，道夫转移率习惯上以锡林转一转交给道夫的纤维量占锡林带向道夫的纤维量的百分率表示，通常用下列两种方式：

$$r_1 = \frac{q}{Q_0} \times 100\%；r_2 = \frac{q}{Q_c} \times 100\%$$

式中：q 为锡林转一转交给道夫的纤维量(g)；Q_0 为锡林盖板自由纤维量(指当机器停止喂给后，从锡林盖板针面中释放并经道夫输出的纤维量)(g)；Q_c 为锡林离开盖板区与道夫作用前的针面负荷(α_c)折算成锡林一周针面的纤维量(g)。

$$q = \frac{1\ 000 \times P}{60 \times n_c}$$

式中：P 为梳棉机产量(kg/h)；n_c 为锡林转速(r/min)。

Q_0 测定较简单方便，故 r_1 主要用于金属针布盖板梳理机；而弹性针布因随时间延长，针面负荷增加，自由纤维量减少，使用 r_1 有一定缺陷，通常采用 r_2。

道夫转移率小，表明锡林上的返回负荷大，有利于加大在梳棉机内的纤维储存量，也有利于改善混合均匀作用。若加大道夫与锡林间的隔距，可使锡林的返回负荷增加，以增强混合、均匀作用，但这又与加强分梳有矛盾。因此，在实际生产中必须根据产品要求适当掌握。

(2) 影响道夫转移率的因素。采取下列措施，都有利于纤维向道夫的转移，适当提高道夫转移率：

① 减少道夫针齿的工作角。

② 减少道夫与锡林的隔距。一般为0.10～0.125 mm，国外高产梳棉机为0.08～0.10 mm。

③ 减少锡林与道夫的速比。道夫速度高，相当于产量提高；锡林速度适当降低，转移率提高。

④ 减小锡林直径。在同样线速度下，直径小，则转速高，离心力就大，转移率有所提高。

道夫转移率高，表明纤维在梳理机中停留时间短，这一方面可以减少由于过度梳理而产生的棉结和纤维损伤问题，但另一方面也会在一定程度上影响纤维梳理的充分程度，以及纤维间的相互混合、均匀。传统梳棉机的转移率一般为8%～15%，而目前有的高产梳棉机的转移率可高达20%以上。

五、剥棉、圈条部分

出条部分各机构如图 4-1 所示，主要作用是其剥棉装置 18 将道夫 17 表面的棉网剥下，经喇叭口 19 集合和大压辊 20 压紧后形成棉条，再导入圈条器中，经小压辊 21、圈条斜管 22 后，按一定规律放在棉条筒 23 内，供下一工序使用。

(一) 剥棉

目前常用的剥棉装置是四罗拉剥棉机构(图 4-24)和三罗拉剥棉机构(图 4-25)。

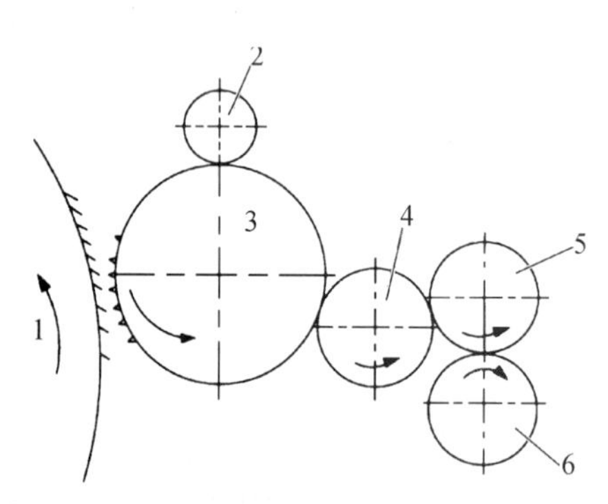

1—道夫；2—绒辊；3—剥棉罗拉；4—转移罗拉；5，6—上、下轧辊

图 4-24　四罗拉剥棉机构

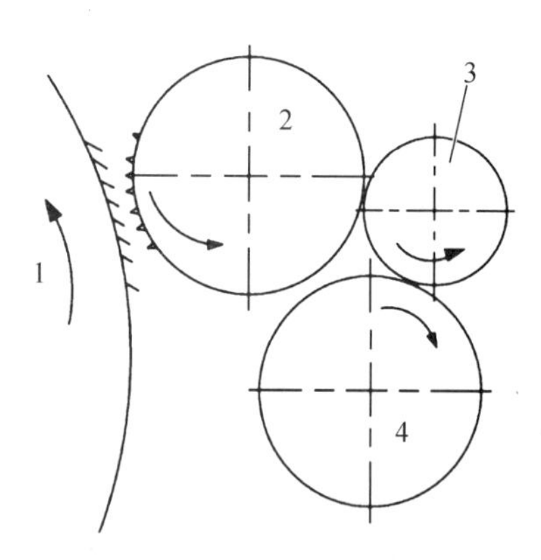

1—道夫；2—剥棉罗拉；3，4—上、下轧辊

图 4-25　三罗拉剥棉机构

四罗拉剥棉机构中，剥棉罗拉和转移罗拉包有同样规格的“山”字形锯齿的锯条(图 4-26)。齿部一侧与垂直线间夹角为 20°，另一侧为 35°，既能有效地从道夫上剥取棉网，又有利于光滑轧辊从转移罗拉剥取棉网。锯条齿尖密度一般以 12 齿/cm^2 为宜。

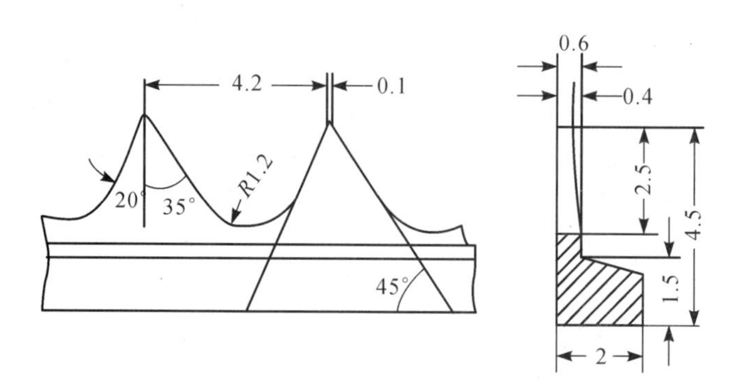

图 4-26　“山”字形锯齿

道夫表面的棉网中，大部分纤维被针齿握持而浮于道夫表面，当与剥棉罗拉相遇时，因道夫与剥棉罗拉间隔距很小(0.125～0.225 mm)，罗拉与纤维接触产生摩擦力，加上纤维间的黏附作用，纤维被剥棉罗拉剥离。剥棉罗拉的表面速度略大于道夫，形成稍大于 1 倍的张力牵伸。这既不会破坏棉网结构，还可增加棉网在剥棉罗拉上的黏附力，使棉网能连续地从道夫上剥下，并转移到剥棉罗拉上去。

转移罗拉和剥棉罗拉间的作用，因它们包覆的“山”形齿两侧的倾斜方向与角度不同(图 4-26)，故与剥棉罗拉和道夫间的作用基本相似，俗称刷剥。上轧辊和转移罗拉之间的隔距很小(0.125～0.225 mm)，而下轧辊和转移罗拉间的隔距则有 10 mm 左右，轧辊与转移罗拉间有略大于 1.1 倍的张力牵伸，因而使棉网比较张紧。这个张紧的拉剥力使棉网由一对轧辊从转移罗拉锯齿上剥下，所以，转移罗拉锯齿的后倾角(背角)及棉网张力方向会影响剥取效果。

轧辊的自重对棉网的杂质有压碎作用，便于后道工序清除。上、下轧辊的刮刀用以清除飞花、杂质，防止棉网断头后卷绕在轧辊上。

三罗拉剥棉机构的作用基本上与四罗拉剥棉机构相似，但机构比较简单。上、下轧辊直径大，且外表有螺纹沟槽，对从剥棉罗拉剥下的棉网有一定的托持作用，并使棉网以较小的下冲角输出，避免棉网下坠而引起的断头。剥棉罗拉与道夫间的张力牵伸为 1.07 倍，轧辊和剥棉罗拉间为 1.14～1.23 倍，使棉网结构不被破坏，且易被剥下输出。

(二) 成条

如图 4-27 所示，在棉网从上/下轧辊输出到喇叭口间的一段行程中，由于棉网横向各点(2，3，4，5，6)到喇叭口的距离不等，因而从轧辊钳口同时出来的棉网各点不同时到达喇叭口，经大压辊紧压后再输出，从而在棉条纵向产生一定的混合与均匀作用。

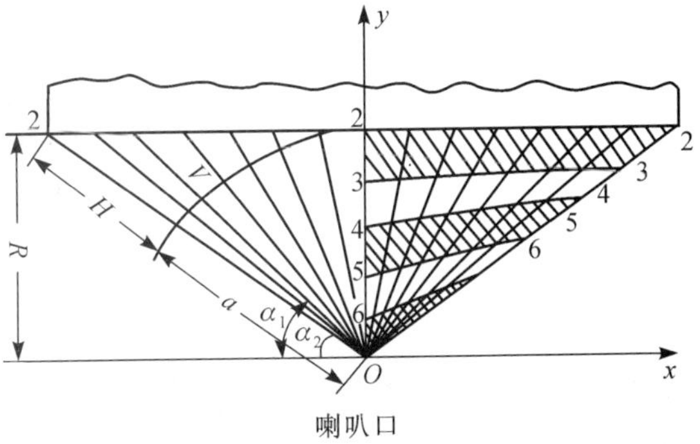

喇叭口

图 4-27　棉网成条示意图

(三) 圈条

圈条是将经大压辊压紧后输出的棉条有规则地圈放在条筒中，以便储运，供下道工序使用。圈条时，应避免条子的表面纤维间相互粘连，并使条筒中圈放的条子尽可能多。

1. 圈条半径

棉条筒放置在圈条筒底盘上，随条筒底盘一起回转。棉条圈放在条筒内，圈放的形式有两种：凡条圈直径大于条筒半径者称为大圈条；凡条圈直径小于条筒半径者称为小圈条。在梳棉机高产高速和卷装尺寸不断增大的情况下，条筒直径一般都达到 600～1 200 mm，因而都采用小圈条。

条筒圈放棉条后，中心必留有圆孔，圆孔的作用是使筒中空气可以逸出，孔径与偏心距成正比。孔的大小影响条筒的容条量多少。气孔过小，看起来可以提高条筒的容条量，实际上因气孔周围条圈重叠、厚度增加，当条筒高度一定时，圈放的层数减少，而使条筒容条量减少；气孔过大，气孔周围条圈重叠、厚度减少，一定高度的条筒内圈放的层数虽增加，但气孔容积与条筒总容积的比例增大，因此也使条筒容条量减少。只有气孔为某一特定值时，条筒的容条量才能达到最大。此气孔径值可以通过数学方法得到。

2. 偏心距

圈条底盘的回转中心与圈条斜管的回转中心不在同一直线上，而是相隔一个距离(偏心距)e，如图 4-28 所示。

设 c 为条子与条筒壁的间隙，r 近似等于圈条的轨迹半径，则偏心距 e 与条筒直径 D、圈条半径 r_0 的关系可表示为：

$$e=\frac{1}{2}D-(\frac{1}{2}d+r+c);r=r_0+\frac{1}{2}d$$

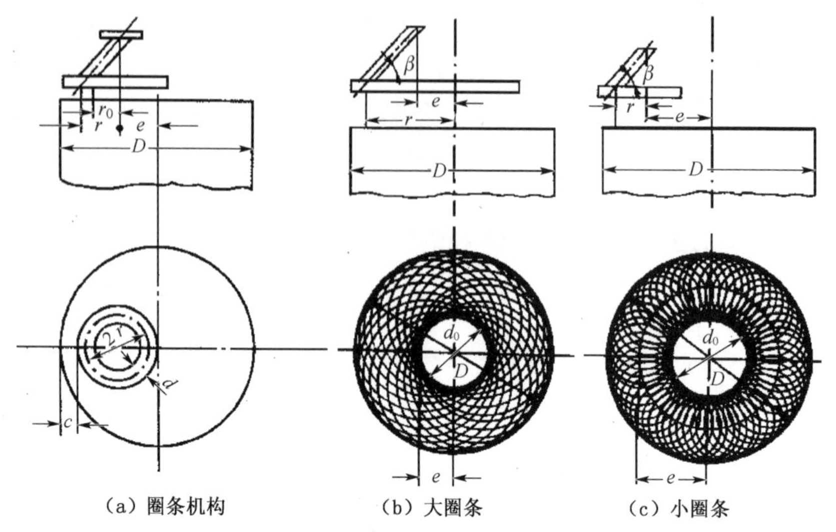

图 4-28　圈条机构及圈条半径

3. 圈条速比

圈条速比是指圈条盘与底盘的转速比。圈条时，圈条斜管每转一周，圈条底盘转过一个适当的角度，使圈条底盘齿轮在以偏心距 e 为半径的圆周上转过的弧长恰好等于棉条直径 d，如图 4-29 所示。这样，由于放置棉条筒的底盘与圈条斜管反向转动，使得生条在条筒内有规则地圈放，其关系为：

$$d = \frac{2\pi e}{i}$$

式中：i 为圈条斜管和圈条底盘的转速比或每层棉条的圈数；d 为棉条直径；e 为偏心距。

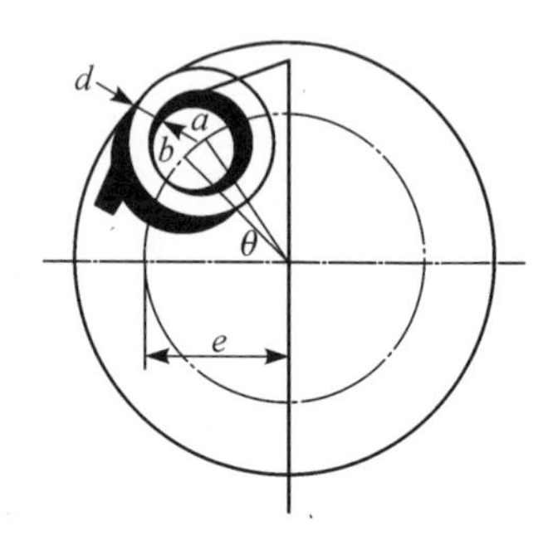

图 4-29　圈条速比的选择

可见，棉条直径一定时，圈条速比随着偏心距增大而增大。在实际生产中，实际圈条速比大于理论值，使相邻条子的圈与圈之间出现空隙，防止条子粘连。

4. 圈条牵伸

圈条牵伸是指一圈圈条的轨迹长度与圈条斜管一转时小压辊输出的条子长度的比值。它与圈条的轨迹半径和圈条速比等因素有关。圈条牵伸过小，条子易堵塞斜管；圈条牵伸过大，则条子易产生意外牵伸。一般纺棉时，圈条牵伸倍数常用 1～1.06；纺化纤时，圈条牵伸倍数小于 1。

六、清梳联

目前，开清棉工序传统的成卷工艺已逐渐被清梳联所取代。清梳联就是利用管道将开清后的棉束直接分配给多台梳棉机进行梳理。它省去了成卷工序，避免了化纤不易成卷及退卷时的黏卷，也防止了换卷时的接头不匀，减少了用工及棉卷的占地，提高了生产效率，实现了生产的连续化和自动化。尤其是梳棉机自调匀整技术的完善和推广，更使清梳联成为目前纺纱的主流。

(一) 清梳联中间联接装置结构和作用

1. 输棉风机

采用清梳联后，清棉机原有的成卷部分被取消，从清棉机打手部分输出的原料，由输棉风机经输棉管道送入梳棉机机后的喂棉箱。

2. 配棉头

输棉管和梳棉机后部喂棉箱联接处起分配原棉作用的部分，称为配棉头。有回棉清梳联和无回棉清梳联的喂棉装置的配棉头相同，可分为高流速迫降式配棉头和低流速沉降式配棉头，如图4-30所示。

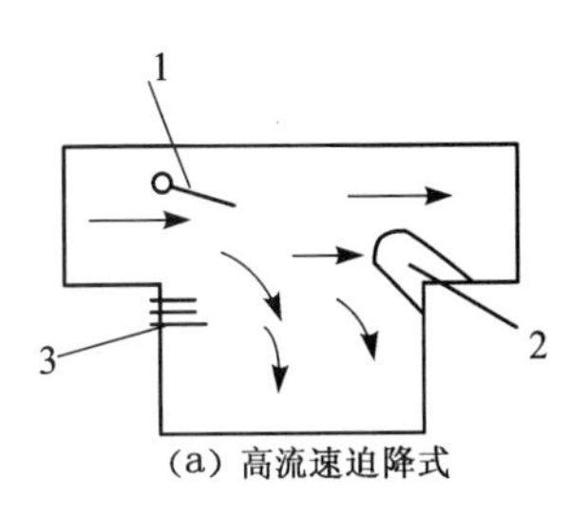

(a) 高流速迫降式

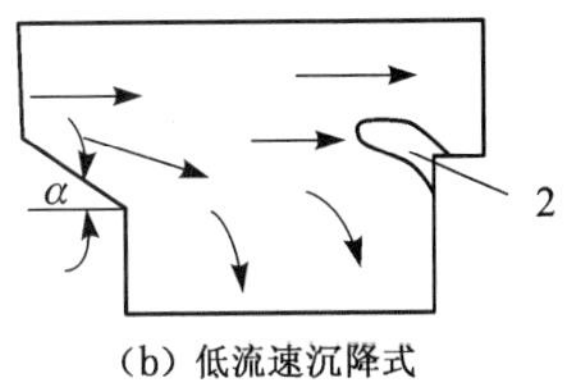

(b) 低流速沉降式

图 4-30　配棉头

高速迫降式配棉头，内有调节板 1、挡棉板 2(俗称羊角)和插入板 3，三者配合，迫使输棉管内水平运动的棉块向下落入喂棉箱内。适当调整挡棉板的高度、调节板的角度和插入板的插入深度，可以控制落入喂棉箱的棉量。

低速沉降式配棉头，其上方的输棉管，邻近配棉头处，有一扩散角为 α 的斜面，使输棉管截面扩大，气流扩散，棉流速度降低，在挡棉板 2 的配合下，使棉块落入喂棉箱内。改变扩散角和挡棉板的倾斜角，可调整落入喂棉箱的棉量。扩散角一般为 30°～45°。

(二) 清梳联喂棉箱

清梳联是利用管道，将开松后的棉束分别送入多台(一般为 10～16 台)梳棉机的喂棉箱，再由喂棉箱将棉层输出后喂入梳棉机。图 4-31 所示为 FA177 型喂棉箱。

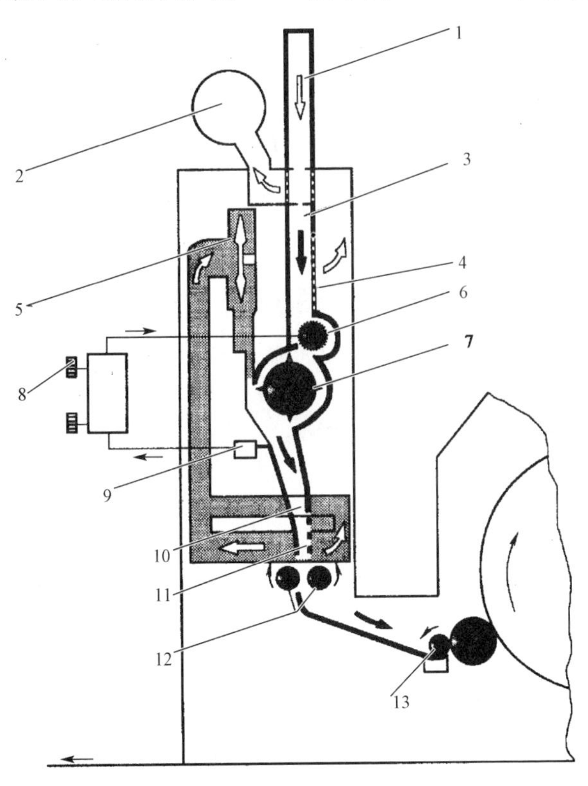

图 4-31　FA177 型喂棉箱

该棉箱为上、下棉箱结构。上、下棉箱均有排气网眼，两棉箱间有一喂给罗拉 6 和一开松打手 7。在棉流进入上棉箱 3 后，气流从棉箱壁上的网眼 4 排出，进入排尘风管 2。当棉箱内棉花数量达到一定高度，堵住排气网眼时，箱内气压增高，通过设在输棉管 1 中的压力传感器，控制清棉机停止给棉。喂给罗拉将上棉箱的原料喂给开松打手，开松后的原料进入下棉箱10。下棉箱底部的气流出口网11，通过闭路循环系统5，可自动调节棉层的均匀度，如当棉层横向高度在某处下降时，气流因出口网面积增大而自动吹向棉量较少的位置，从而大大提高输出棉层的均匀度。排出气流由风机通过静压扩散箱循环向下棉箱吹气，使棉箱内整个机幅的压力均匀。下棉箱容量可通过压力传感器9控制上棉箱的喂给罗拉来调整，使棉箱工作压力在300 Pa时的波动小于20 Pa。棉箱下方的一对送棉罗拉12将棉层输出，并喂入梳棉机的给棉罗拉13。图中8为压力调校系统。

第三节　自 调 匀 整

在现代梳棉机上，为了克服清梳联合机因采用喂棉箱取代了成卷机中的天平杠杆调节装置而造成的出条平均质量偏差和线密度变异系数过大的缺陷，同时，也为了进一步提高梳棉条（生条）的均匀度，通常采用自调匀整装置，它根据输出棉条（生条）的粗细及时地调整棉丛喂入量（即提高或降低给棉罗拉速度），以制成质量均匀的棉条。自调匀整在后面的并条工序中也得到了广泛应用。

一、自调匀整装置的基本原理

自调匀整装置就是根据检测喂入或输出半制品的单位长度质量与标准（设计的单位长度质量）的差异，自动调节喂入或输出机件的速度（即牵伸倍数），使纺出半制品的单位长度质量保持在标准值。

$$v_1G_1 = v_2G_2 = C$$

式中：G_1，G_2 为喂入或输出半制品单位长度质量；v_1，v_2 为喂入或输出机件的速度；C 为常数。

二、自调匀整装置的组成

自调匀整装置的组成主要有以下三大系统：

（一）检测系统

对喂入或输出品在运转中连续测定其不匀变化，并将测量信号进行转换和传送，因此这部分也称为自调匀整装器的传感器。检测传感器的形式主要有电容式、光电式、电磁感应式、位移传感式和气动式等。目前在自调匀整器中使用最广泛的传感器是位移传感器。

（二）调节系统

调节系统就是匀整器的控制电路，包括比较环节和放大器两个组成部分。比较环节是将检测和转换所得到的代表条子质量变化的信号，与给定标准值进行比较；只要条子质量不符合标准，比较环节即可将测得的偏差信号送给放大器进行放大后，传给执行系统。

（三）执行系统

由调速系统和变速机构组成。调速系统按放大器发出的信号产生相应的速度，通过变速机构把这个速度与需要变速的罗拉速度相叠加，使牵伸倍数随棉条质量增减而做反比例变化，从而达到匀整的目的。变速执行结构有多种形式,如机械式、液压机械式、电气式和机电式等。机械式变速执行机构一般采用差速齿轮箱变速装置,并有差微机构用于速度叠加。电气式变速执行结构一般是伺服电机调速。目前自调匀整装置主要采用电气式。

三、自调匀整装置的类型

目前,自调匀整装置在梳棉机和并条机上得到了广泛的应用,其类型也有多种。

(一) 按控制方式分

可分为开环系统、闭环系统和混合环系统,如图 4-32 所示。

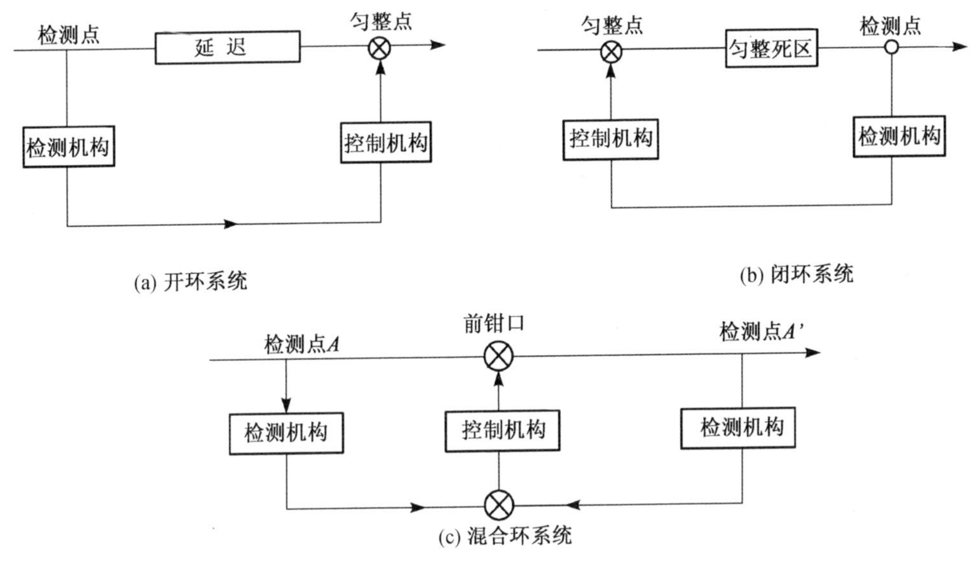

图 4-32 自调匀整系统

开环系统中,检测点靠近系统的输入端,而匀整 (变速)点靠近系统的输出端,整个系统的控制回路是非封闭的,如图 4-32(a)所示。其特点是:根据输入的情况来进行调节,因而能根据喂入的波动情况,及时、有针对性地进行匀整,匀整的片段短,可改善中、短片段的均匀度;但控制系统的延时与从检测点到变速点间的时间必须配合得当,否则,将超前或滞后变速。而且,只能按调节方程式调节,无法控制实际调节结果,即无法修正各环节或元件变化所引起的偏差和零点漂移,缺乏自检能力。闭环系统中,检测点靠近输出端,而匀整 (变速)点靠近输入端,即根据输出的结果来进行调节,整个系统是封闭的,如图 4-32(b)所示。其特点是:根据输出结果进行调节,故有自检能力,能修正各环节元件变化和外界干扰所引起的偏差,比开环稳定;但由于输出结果与输入情况间滞后时差的存在,影响匀整的及时性和针对性,故无法进行中、短片段的匀整。混合环系统则是开环和闭环两个系统的结合,兼有开环和闭环的优点,既有长、中、短片段的匀整效果,又能修正各种因素波动所引起的偏差,调节性能较为完善,但系统复杂,如图 4-32(c)所示。

(二) 按调节效果分

可分为短片段自调匀整系统、中片段自调匀整系统和长片段自调匀整系统。一般而言,中长片段匀整装置采用闭环系统,短片段匀整装置采用开环系统。

1. 短片段自调匀整系统

制品的匀整长度为 0.1～0.12 m。

短片段自调匀整系统为开环(或闭环)控制系统，如图 4-33 所示。图中，(a)是通过喂入罗拉处检测喂入棉层的质量，来调节喂入罗拉的速度；(b)是一些新的梳棉机已带有罗拉牵伸装置，其在棉条输出牵伸装置上方(或下方)的检测喇叭可检测输入棉条的粗细，并将相应的脉冲信号传送到控制器。控制器将产生的控制信号传送至匀整装置(位于牵伸装置下方或牵伸罗拉本身为匀整装置)，以调整牵伸罗拉的速度与棉条的粗细相适应。

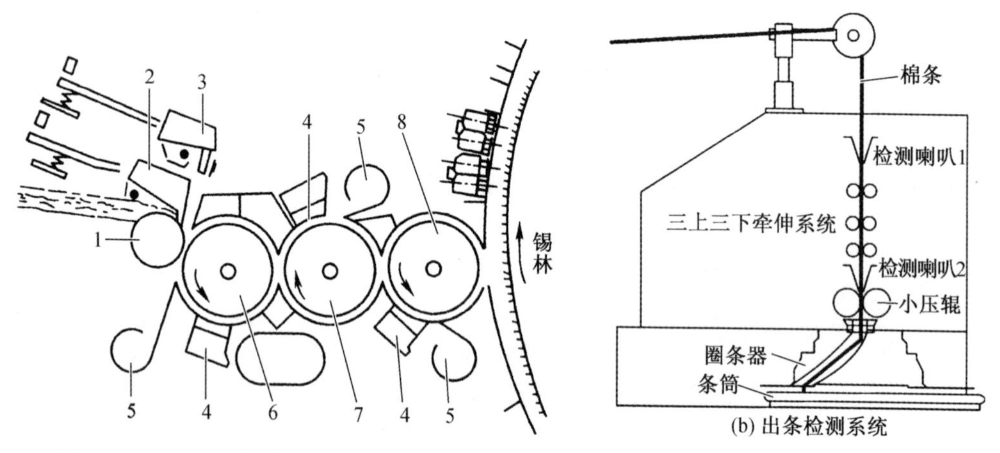

1—给棉罗拉；2—喂棉板；3—感应板及杠杆；4—预分梳板；
5—吸风除尘刀；6，7，8—第一、二、三刺辊

(a) 三刺辊喂入检测系统

(b) 出条检测系统

图 4-33　短片段自调匀整系统

2. 中片段自调匀整系统

制品的匀整长度约为 3 m。

图 4-34 所示为一种中片段自调匀整系统。在锡林的罩板上安装有光电检测装置，用来检测锡林整个宽度上棉层的厚度变化。通过与设定值的比较，将误差信号传递给匀整机构(调整给棉罗拉速度)，以保证锡林上棉层厚度为常值。

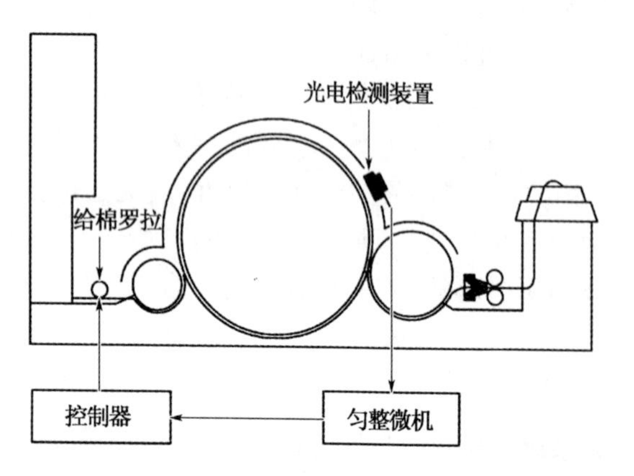

图 4-34　乌斯特公司的中片段自调匀整系统

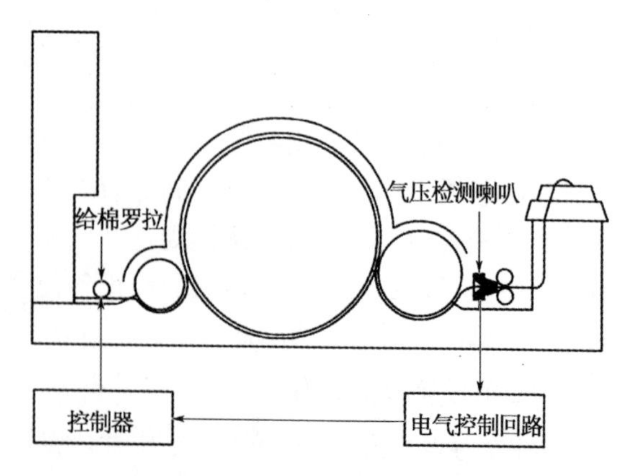

图 4-35　长片段自调匀整系统

3. 长片段自调匀整系统

制品的匀整长度在 20 m 以上。

长片段自调匀整系统如图 4-35 所示。它是通过检测输出品的质量来调节喂入的参数，以达到保证输出量恒定的目的。通常在生条的输出部位用气压检测喇叭[图 4-36(a)]替代原来的大喇叭口，或用一对阶梯压辊(或凹凸罗拉)[图 4-36(b)]代替原来的大压辊，以检测输出棉条粗细，所得到的电信号送入电气控制回路(微机)，从而改变给棉罗拉速度，以调整给棉量。一般作用时间为 10 s 左右，棉条能在 70～100 m 长度内获得均匀效果。

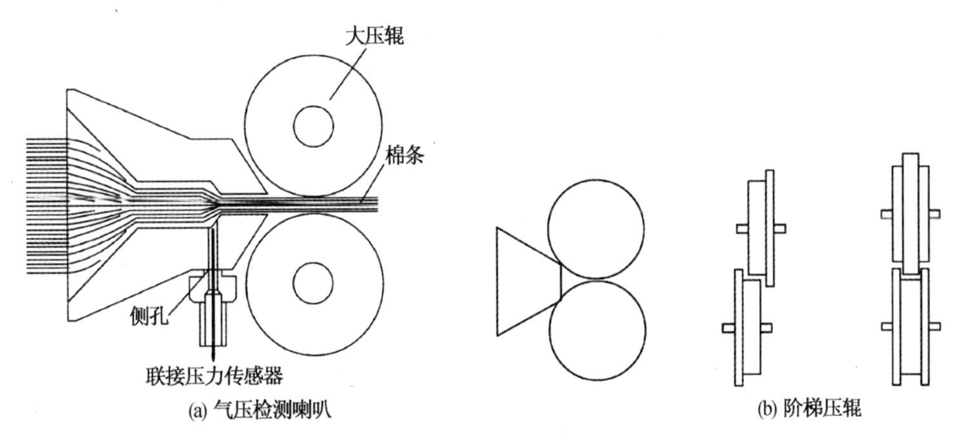

图 4-36　检测装置

(三) 按组成部分的结构分

可分为机械式、液压机械式、电气电子式、机电式和气动电子式等。

目前，自调匀整一般都是电气电子式，例如上面所提到的类型，机械式的如第三章第三节中开清棉成卷机上的天平杠杆装置(图 3-25)。

第四节　梳棉机主要工艺设计及质量控制

一、主要工艺参数作用及选择

梳棉的主要工艺参数包括生条定量、牵伸倍数、刺辊、锡林、盖板和道夫的转速及各部位间的隔距等。

(一) 生条定量

一般生条定量轻，有利于提高道夫转移率，改善锡林盖板间的分梳作用，但生条定量过轻会影响产量，故一般定为 20～25 g/5 m。生条定量范围见表 4-6；在锡林转速更高(450～600 r/min)的梳棉机上，表中定量可增加 10%左右。

表 4-6　不同线密度纱线的生条定量范围

线密度(tex)	32 以上	20～32	12～20	12 以下
生条定量(g/5 m)	22～28	19～26	18～24	16～22

(二) 速度

梳棉机的主要机件速度是指刺辊、锡林、盖板和道夫的速度。刺辊、锡林的转速,决定了对纤维的分梳作用,速度高则作用强,且锡林与刺辊的表面线速度比应控制在一定范围内,以保证纤维的顺利转移。盖板的速度则直接影响排杂和盖板花的数量。道夫速度高,可以使道夫的单位面积上凝聚锡林针面上纤维数量少,有利于提高道夫针面抓取纤维的能力,提高转移率;但速度过高,又会影响剥棉和成网。目前,国产高产梳棉机的道夫速度一般不超过 80 r/min。梳棉机常用的锡林和刺辊速度见表 4-7。

表 4-7　梳棉机常用的锡林和刺辊速度

原料	锡林转速(r/min)	刺辊转速(r/min)	表面线速比(锡林/刺辊)
成熟度和强力较高的棉	330～450	950～1 050	1.8～2.2
成熟差、等级低的棉	280～300	700～900	1.7～2.1
一般棉型和中长化纤	280～330	600～850	2～2.5

(三) 隔距

隔距主要决定分梳的程度。隔距小,则分梳作用强,但容易造成纤维损伤和杂质破碎;隔距过大,纤维容易在针面间搓转,形成棉结。隔距主要根据纤维层厚度和纤维长度确定,棉层厚、纤维长,则隔距应大。在可能的情况下,隔距以小为宜,以利于针面握持纤维,方便纤维的转移。常用锡林～盖板隔距见表 4-8。

表 4-8　常用锡林～盖板隔距

纤维类别	锡林～盖板隔距(mm)
化纤粗号纱	0.25,0.23,0.20,0.20,0.23 (10,9,8,8,9"/1 000)
中、细号棉	0.20,0.18,0.18,0.18,0.20 (8,7,7,7,8"/1 000)
细、特细号棉	0.18,0.16,0.16,0.16,0.18 (7,6,6,6,7"/1 000)

另外,要注意当锡林高产高速时,由于纤维与针布辊筒、纤维与纤维间的摩擦作用都较大,导致温度升高而引起锡林辊筒膨胀,使实际隔距变小。

(四) 牵伸倍数

梳棉机的总牵伸倍数主要由喂入棉层的定量和输出生条的定量确定,其棉网的张力牵伸(大压辊到轧辊间的牵伸)一般在 1.2 倍左右,过小,棉网易下坠;过大,则棉网易被拉破。

(五) 针布

针布是梳理的核心。应根据纤维种类、特性、梳棉机产量和成纱规格等,合理选择针布及各部件间针布配套。

二、梳棉工艺设计示例

设,拟生产纯棉 27.8 tex(21ˢ)纱,梳棉工序采用 FA221B 型梳棉机,现设计其工艺参数。

(一) 设计梳棉生条定量及牵伸倍数

1. 生条定量

根据表 4-6 可知,纺制 C27.8 tex 细纱,梳棉生条定量选择范围为 20～26 g/5 m。结合并条机、粗纱机和细纱机的牵伸能力，设定生条干定量为 25 g/5 m，回潮率为 6.5%，则棉条的湿定量为 26.63 g/5 m。

控制梳棉的总落棉率为 7.2%，由表 4-9 可知，纺制 C27.8 tex 细纱，棉卷干定量选择范围为 380～470 g/m，设定棉卷干定量为 400 g/m。

表 4-9　不同线密度细纱的成卷线密度和成卷定量

细纱线密度(tex)	成卷线密度(tex)	成卷定量(g/m)	细纱线密度(tex)	成卷线密度(tex)	成卷定量(g/m)
9.7～11	$(350\sim400)\times10^3$	350～400	21～31	$(380\sim470)\times10^3$	380～470
12～20	$(360\sim420)\times10^3$	360～420	32～97	$(430\sim480)\times10^3$	430～480

2. 实际牵伸倍数

指喂入半制品定量与输出半制品定量之比：

$$E_{实际} = \frac{棉卷或棉絮定量 \times 5}{G_{生条}} = \frac{400 \times 5}{25} = 80(倍)$$

3. 机械牵伸倍数

指输出机件与喂入机件的线速度之比，又称理论牵伸倍数：

$$E_{机械} = E_{实际} \times (1 - 落棉率) = 80 \times (1 - 0.072) = 74.24(倍)$$

4. 其他牵伸倍数

(1) 大压辊～轧辊牵伸

$$E_1(倍) = \frac{72}{75} \times \frac{14}{14} \times \frac{A}{14} = 0.068\,75A$$

根据下文的 FA221B 型传动图 4-37 或表 4-15 本例选择 A 为 17，故 $E_1=1.234$ 倍。

(2) 轧辊～剥棉罗拉牵伸

$$E_2(倍) = \frac{75}{125.86} \times \frac{C}{14} = 0.042\,56C$$

同样，根据图 4-37 或表 4-16，本例选择 C 为 29，则 $E_2=1.234$ 倍。

(3) 剥棉罗拉～道夫牵伸

$$E_3(倍) = \frac{125.86}{700} \times \frac{82}{D} = 14.743D$$

同样，根据图 4-37 或表 4-17，本例选择 D 为 14，则 $E_3=1.053$ 倍。

(4) 小压辊～大压辊牵伸

$$E_4(倍) = \frac{62}{72} \times \frac{14}{A} \times \frac{B}{14} \times \frac{14}{36} \times \frac{53}{31} = 0.572\,\frac{B}{A}$$

同样，根据图 4-37 或表 4-18，选择 B 为 34，则 $E_4=1.08$ 倍。

(5) 道夫～小压辊张力牵伸

$$E_5 = E_1 \times E_2 \times E_3 \times E_4 = 1.234 \times 1.234 \times 1.053 \times 1.08 = 1.73 倍$$

(二) 设计速度

1. 锡林转速 n_1

$$n_1(\text{r/min}) = 1\,440 \times \frac{D_1}{550} = 2.618D_1$$

初步设定锡林转速在 360 r/min 左右，则根据该机的传动计算(见下文的 FA221B 型传动图 4-37 或表 4-12)，知应取 $D_1=135$ mm，则 $n_1=353$ r/min。

2. 刺辊转速 n_2

$$n_2(\text{r/min}) = 1\,440 \times \frac{D_1}{D_2}$$

初步设定刺辊转速在 800 r/min 左右，同样，根据图 4-37 或表 4-13，知应取 $D_2=240$ mm，则 $n_2=810$ r/min。

3. 盖板线速度 v_f

$$v_f(\text{mm/min}) = 1\,440 \times \frac{D_1}{550} \times \frac{110}{D_3} \times \frac{1}{26} \times \frac{1}{26} \times 13 \times 36.5 = 202.15 \times \frac{D_1}{D_3}$$

初步设定选择盖板速度在 200 mm/min 左右，根据图 4-37 或表 4-14，知应取 $D_3=136$ mm，则 $v_f=200$ mm/min。

4. 道夫转速 n_3

FB221B 型梳棉机的道夫采用变频调速，选择 $n_3=60$ r/min，见表 4-10。

表 4-10　道夫速度常见范围(r/min)

品种	机型		
	A186F，A186G，FA201	FA203A	FA221B
12 tex 以上	28～38	40～48	60～80
12 tex 以下	25～30	36～45	50～60

5. 出条速度 $v_{小压辊}$

因为

$$\frac{v_{小压辊}}{v_{道夫}} = E_5$$

所以

$$\begin{aligned} v_{小压辊} &= E_5 \times v_{道夫} = E_5 \times \pi \times d_{道夫} \times n_3 = 1.73 \times 3.14 \times 0.7 \times 60 \\ &= 228.2\ (\text{mm/min}) \end{aligned}$$

(三) 产量设计

1. 理论产量

$$\begin{aligned} G_{理} &= \frac{60 \times 出条速度 \times 生条线密度(\text{tex})}{1\,000 \times 1\,000} = \frac{60 \times 228.2 \times 5\,000}{1\,000 \times 1\,000} \\ &= 68.46[\text{kg}/(台 \cdot \text{h})] \end{aligned}$$

2. 定额产量

$$G_{定} = G_{理} \times 时间效率$$

时间效率为实际运转时间与理论运转时间比值的百分比。梳棉机的时间效率一般为 85%～90%，本设计选择时间效率为 88%，则：

$$G_{定} = 68.46 \times 0.88 = 60.24[\text{kg/(台·h)}]$$

(四) 梳棉工艺设计表

将上面的工艺设计结果汇总成工艺表(表 4-11)。

表 4-11 C27.8 tex 机织用经纱梳棉工艺表

原料	机型	回潮率(%)	生条线密度(tex)	定量(g/5 m)		道夫～小压辊张力牵伸(倍)	落棉率(%)
				湿重	干重		
纯棉	FA221B	6.5	5 000	26.63	25	1.73	7.2

速度					针布型号			
刺辊(r/min)	锡林(r/min)	盖板(mm/min)	道夫(r/min)	出条(m/min)	刺辊	锡林	道夫	盖板
810	353	200	60	228.2	AT5010×05032V	AC203×01550	AD5030×02190	MCC36

隔距(mm)									
给棉板～刺辊	刺辊～除尘刀	刺辊～分梳板	刺辊～小漏底	刺辊～锡林	锡林～后罩板(下×上)	锡林～盖板	锡林～道夫	锡林～后固定盖板	锡林～前固定盖板
0.5	0.4	0.6	0.55	0.18	0.84×0.64	0.2,0.18,0.18,0.18,0.2	0.10	0.43,0.41,0.38	0.25,0.23,0.2

锡林～前罩板(上口×下口)(mm)	变换轮							定额产量[kg/(台·h)]
	主电机皮带轮 D_1(mm)	刺辊皮带轮 D_2(mm)	盖板变化轮 D_3(mm)	大压辊～轧辊张力齿轮(A)	轧辊～剥棉罗拉张力齿轮(C)	剥棉罗拉～道夫张力齿轮(D)	大压辊～小压辊(B)	
0.64×0.56	135	240	136	17	29	14	34	60.24

三、梳棉机加工化纤的工艺特点

化纤与棉的性能有较大的差异,因此,为了获得良好的梳理效果,加工化纤时,应根据化纤的工艺特性,恰当地选择分梳元件,并适当地调整梳理工艺。

(1) 化纤比棉长而细,且易产生静电,所以化纤容易吸附、缠绕在锡林、道夫、盖板等分梳元件的针齿上,所以,其针齿的工作角宜大,以利于转移,减少缠绕。

(2) 化纤长度长,其刺辊与锡林的转移速比应比棉大,一般在 2 以上,以利于转移。此外,各点的隔距也较棉大。

(3) 化纤一般只含少量的粗硬丝、并丝及超长纤维等,长度整齐度较好,短绒含量极少,因此,刺辊速度应适当降低,并采取减少落棉的工艺措施,如降低盖板速度等。

(4) 化纤尤其是合成纤维的回弹性好、条子蓬松,不易通过喇叭口及圈条斜管而造成通道堵塞。因此,纺化纤时定量可适当降低,圈条斜管多采用曲线斜管。但由于化纤间的抱合力小,定量太轻容易使棉网漂浮、剥棉困难等,故一般在 20 g/5 m 左右为宜。

(5) 化纤因抱合力小,大压辊到轧辊间的张力牵伸,在保证棉网不下坠的前提下,以偏小为宜。

四、FA221B 型梳棉机的传动计算

FA221B 型梳棉机的传动图如图 4-37 所示。

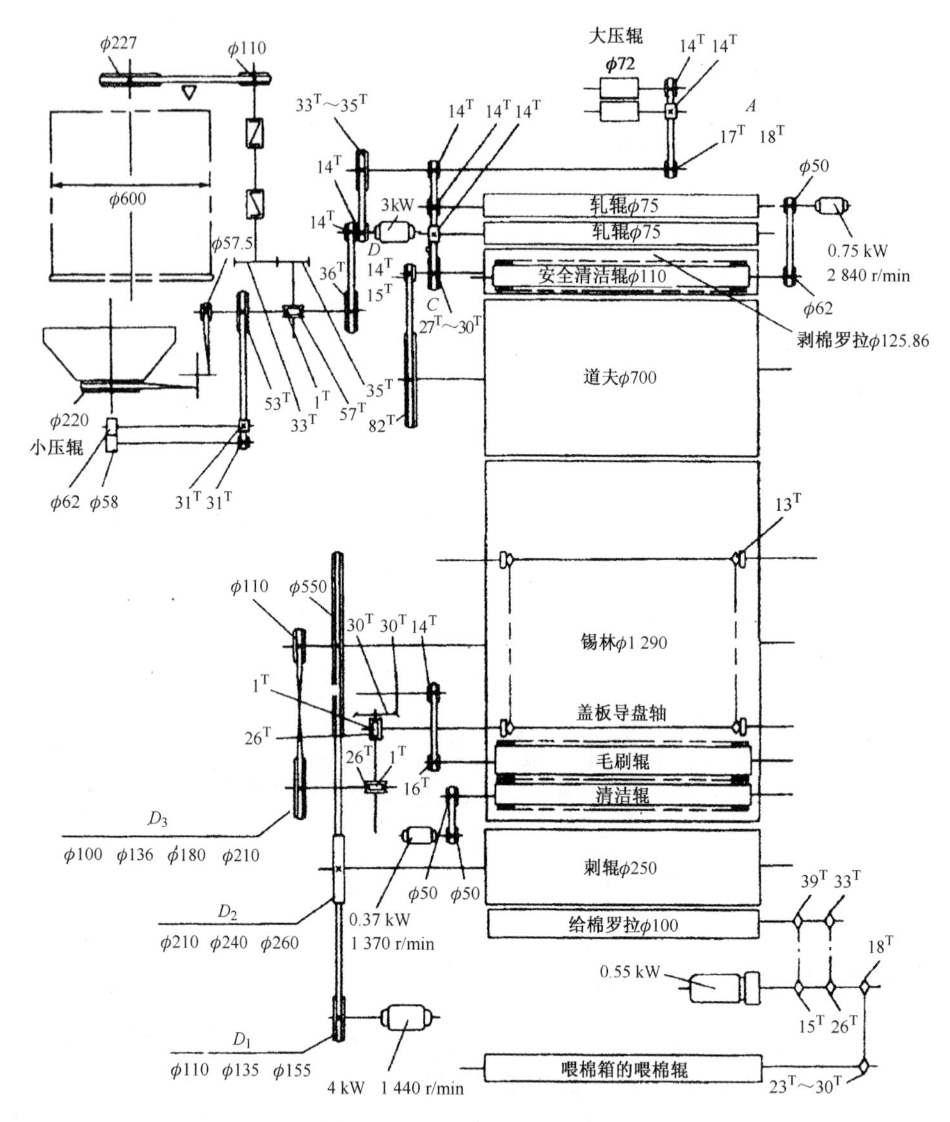

图 4-37 FA221B 型梳棉机工艺传动图

(一) 速度计算

1. 锡林转速 n_1(r/min)

电动机带轮直径 D_1 有 110 mm、135 mm、155 mm 三档。

$$n_1 = 1\,440 \times D_1/550 = 2.618\,2D_1$$

锡林转速计算对照见表 4-12。

表 4-12 锡林转速

D_1(mm)	110	135	155
n_1(r/min)	288	353	406

2. 刺辊转速 n_2(r/min)

刺辊调换轮直径 D_2 有 210 mm、240 mm、260 mm 三档。

$$n_2 = (D_1/D_2) \times 1\,440$$

刺辊转速计算对照见表 4-13。

表 4-13 刺辊转速

单位：r/min

D_1(mm)		110	135	155
D_2(mm)	210	754	926	1 060
	240	660	810	928
	260	609	748	858

3. 盖板线速度 v(mm/min)

盖板调换轮直径 D_3 有 100 mm、136 mm、180 mm、210 mm 四档；盖板导轮为 13^T，齿距为 36.5 mm。

$$v = 1\,440 \times \frac{D_1}{D_3} \times \frac{110}{550} \times \frac{1}{26} \times \frac{1}{26} \times 13 \times 36.5 = 202.15 \times \frac{D_1}{D_3}$$

盖板线速度计算对照见表 4-14。

表 4-14 盖板线速

单位：mm/min

D_1(mm)		110	135	155
D_3(mm)	100	212	272	313
	136	163	200	230
	180	123	152	174
	210	106	130	149

(二) 牵伸计算

1. 大压辊～轧辊间牵伸 E_1

变换齿轮 A 有 17^T 和 18^T 两档。

$$E_1 = (72/75) \times A/14 = 0.068\,75 \times A$$

大压辊～轧辊间牵伸计算对照见表 4-15。

表 4-15 大压辊～轧辊间牵伸

A	17^T	18^T
E_1	1.166	1.234

2. 轧辊～剥棉罗拉间牵伸 E_2

变换齿轮 C 有 30^T、29^T、28^T、27^T 四档。

$$E_2 = (75/125.86) \times C/14 = 0.042\,56 \times C$$

轧辊～剥棉罗拉间牵伸计算对照见表 4-16。

表 4-16 轧辊～剥棉罗拉间牵伸

C	30^T	29^T	28^T	27^T
E_2	1.277	1.234	1.192	1.149

3. 剥棉罗拉～道夫间牵伸 E_3

变换齿轮 D(mm)有 14^T 和 15^T 两档。

$$E_3 = (125.86/700) \times 82/D = 14.74 \times D$$

剥棉罗拉～道夫间牵伸计算对照见表 4-17。

表 4-17 剥棉罗拉～道夫间牵伸

D	14^T	15^T
E_3	1.053	0.983

4. 小压辊～大压辊间牵伸 E_4

大压辊传动变换牙 A 有 17^T、18^T 两档；摆动管传动轮 B 有 33^T、34^T、35^T 三档。

$$E_4 = \frac{62}{72} \times \frac{53}{31} \times \frac{14}{36} \times \frac{B}{14} \times \frac{14}{A} = 0.572 \times \frac{B}{A}$$

小压辊～大压辊间牵伸计算对照见表 4-18。

表 4-18 小压辊～大压辊间牵伸

B		33^T	34^T	35^T
A	17^T	1.110	1.144	1.177
	18^T	1.048	1.080	1.112

五、生条质量控制

(一) 生条质量指标

生条质量指标主要有生条条干不匀率、生条质量不匀率、生条短绒率、生条中棉结杂质粒数和落棉率等。

(二) 生条质量指标的影响因素

1. 条干不匀率

生条条干不匀率对成纱的重不匀、条干不匀及强力的影响很大。影响生条条干不匀率的主要因素有分梳质量、机械状态和棉网质量。一般，其控制范围如表 4-19 所示。

表 4-19 生条不匀率控制范围

等级	萨氏生条条干不匀率(%)	条干不匀 CV(%)
优	<18	2.6～3.7
中	18～20	3.8～5.0
差	>20	5.1～6.0

2. 质量不匀率

生条质量的不匀率与成纱重不匀和质量偏差有关。影响它的主要因素为喂入棉层的质量不匀、各机台的落棉差异等。一般，其控制范围如表 4-20 所示。

表 4-20 生条质量不匀率控制范围

质量不匀率(%)	有自调匀整	无自调匀整
优	≤1.8	≤4
中	1.8～2.5	4～5
差	>2.5	>5

3. 棉结杂质粒数

生条中棉结杂质对纱线和布面质量，对后道工序正常运转都有直接影响。棉纺各工序中棉结杂质变化的基本情况是：从原棉到生条，含杂质量百分率迅速降低，且杂质的粒数逐渐增多，每粒杂质的质量减轻。影响它的主要因素有喂入品的性状、分梳质量及刺辊、盖板除杂效果。其控制范围如表 4-21 所示。

表 4-21 生条结杂控制范围

棉纱线密度(tex)	棉结数/结杂总数(粒/g)		
	优	良	中
30 以上	25～40/110～160	35～50/150～200	45～60/180～220
20～30	20～38/100～135	38～45/135～150	45～60/150～180
10～20	10～20/75～100	20～30/100～120	30～40/120～150
10 以下	6～12/55～75	12～15/75～90	15～18/90～120

4. 短绒率

生条短绒率直接影响成纱条干、粗细节和强力。影响它的主要因素有喂入品短绒率、梳棉机的分梳质量和短绒排出效果等。其控制范围如表 4-22 所示。

表 4-22 生条短绒率一般控制范围

生条短绒率同比棉卷短绒增加率(%)	2～6
中特纱短绒率(%)	14～18
细特纱短绒率(%)	10～14

(三) 生条质量控制

由上面的分析可知，控制生条质量，除做好配棉、选择优质的梳理机件、保证良好机械状态等基础工作外，还需采取“强分梳、紧隔距”等工艺措施。分梳质量是提高生条质量的基础，分梳质量愈好，单纤维的分离率愈高，纤维间的杂质在分梳过程中易被清除，生条的结杂一般也较少。同时，单纤维在锡林与盖板间有足够的反复转移和充分混合的机会，有利于纤维从锡林向道夫均匀转移，棉网质量好，生条条干不匀率较低。影响分梳质量的因素很多，主要有刺辊的分梳程度和锡林与盖板的分梳程度。在生产中主要通过调节生条定量、刺辊、锡林、盖板速度及工作件之间的隔距等工艺参数来实现。

习题

1. 梳理机上相邻两针面对纤维的作用有哪几种？图解之。

2. 说明梳棉机上刺辊的除杂作用是如何实现的。
3. 说明梳棉机上给棉板分梳工艺长度的意义。试述其对此处分梳的影响。
4. 简述梳理机混合作用和均匀作用的意义。
5. 何谓针面负荷？画出并标明锡林上负荷的分布。
6. 如何提高锡林与盖板间的分梳作用？
7. 生条的质量应如何控制？
8. 什么是自调匀整？其原理和作用是什么？
9. 自调匀整有哪几种形式？各自的特点是什么？
10. 如何设计梳棉工艺？

第五章　精　　梳

第一节　概　　述

由梳棉机生产出的条子(生条)含有较多的短纤维、杂质和棉结疵点,纤维的伸直平行度也较差。这些缺陷会影响后道加工、成纱细度及成纱质量。精梳是对纤维须丛的一端握持后梳理另一端,对细小杂质和短纤维的排除及纤维的伸直非常有效。因此,精梳纱的强度、均匀度、光洁程度等明显优于普梳纱。在棉纺中,对细度细、质量要求高的产品和特种纱线,如特细纱、轮胎帘子线等,通常采用精梳纺纱系统;在毛纺、麻纺和绢纺中,由于纤维长度长,且长度整齐度差,都采用精梳,以去除短纤维,降低长度不匀。有时为了提高产品质量,还采用两次精梳,即复精梳。

精梳的目的与任务包括:

(1) 排除条子中的短纤维,以提高纤维的平均长度及整齐度,改善成纱条干,减少纱线毛羽,提高成纱强力。

(2) 排除条子中的杂质和疵点,以减少成纱疵点及细纱断头,提高成纱的外观质量。

(3) 使条子中的纤维伸直、平行、分离,以利于提高成纱的条干、强力和光泽。

(4) 均匀、混合与成条。通过精梳准备、精梳机喂入及输出时的并合,使不同条子中的纤维充分混合与均匀,并制成精梳条,以便下道工序加工。

精梳工序由精梳准备和精梳组成。精梳准备是对梳棉条进行初步加工,以提供质量好的小卷或条子喂入精梳机,供其进一步加工。

第二节　精梳前准备

梳棉机输出的条子,通常称为生条,是指其虽然已具有条子的外形,但内在质量还不够好,弯曲、纠缠纤维多,且有较多的短纤维及杂质等。为避免精梳时造成纤维及梳针的损伤,减轻精梳的负担,更有效地去除短纤维及杂质,在精梳前,生条要先经过精梳准备工序的加工。

一、精梳前准备工序的任务

(1) 提高条子中纤维的伸直度、平行度、分离度,以减少精梳对纤维的损伤及落纤量。

(2) 制成符合精梳机加工要求的卷装。

二、精梳准备的流程

(一) 精梳准备工序的偶数准则

根据梳棉机锡林与道夫之间的作用分析及实验结果可知，道夫输出的棉网中，后弯钩纤维所占比例最大，约占50%。而每经过一道工序，纤维弯钩方向将改变一次，如图5-1所示。

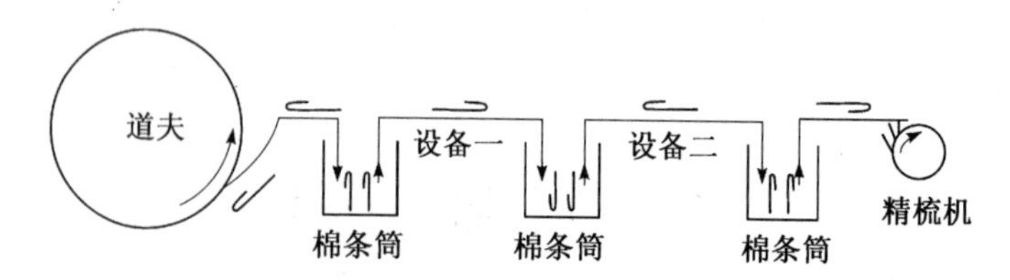

图5-1 设备道数与纤维弯钩方向的关系

精梳机在梳理过程中，上、下钳板握持喂入棉丛的尾部，锡林梳针梳理棉丛的前部，当喂入精梳机的棉丛中大多数纤维呈前弯钩状态时，易于被锡林梳直；若纤维呈后弯钩状态，则无法被锡林梳直，在接受顶梳梳理时会因后部弯钩被顶梳阻滞而进入落棉。因此，喂入精梳机的纤维以呈前弯钩状态时有利于弯钩纤维的梳直，并可减少可纺纤维的损失(落棉)。由于梳棉机上产生的后弯钩较多，梳棉与精梳之间设备道数按偶数配置时，可使喂入精梳机的多数纤维呈前弯钩状态，即棉精梳准备的工艺道数宜按偶数配置。此为精梳准备工序的偶数准则，因此，一般从梳棉机到精梳机之间安排2台设备。

(二) 精梳准备的流程

根据精梳准备工序的偶数准则，精梳准备工序配置2台设备，工艺流程有以下三种：

1. 预并条机→条卷机

此流程设备占地面积少，结构简单，便于管理和维修，但小卷中纤维的伸直平行不够，且制成的小卷有条痕，横向均匀度差，精梳落棉多。

2. 条卷机→并卷机

这种流程加工的小卷成形良好，层次清晰，且横向均匀度好，有利于梳理时钳板的横向握持均匀，精梳落棉率低，适用于纺特细特纱。

3. 预并条机→条并卷联合机

此流程中条子并合数多，精梳小卷的纤维伸直平行度好，小卷的质量不匀率小，有利于提高精梳机的产量和节约用棉，目前应用较多。但在纺长绒棉时，因牵伸倍数过大而易发生黏卷。此流程设备占地面积较大。

三、精梳准备的设备

棉精梳前准备机械设备有预并条机、条卷机、并卷机和条并卷联合机四种。除预并条机外，其他三种均为精梳准备专用机械。

(一) 条卷机

条卷机如图5-2(a)所示，工艺过程如图5-2(b)所示。棉条2从机后导条台两侧导条架下的20～24个棉条筒1中引出，经导条辊5和压辊3引导，绕过导条钉，转向90°后在V形导条板 4 上平行排列，由导条罗拉 6 引入牵伸装置 7；经牵伸后的棉层由紧压辊 8 压紧，然后由棉卷罗拉 10 卷绕在筒管上制成小卷 9。筒管由棉卷罗拉的表面摩擦传动，两侧由夹盘夹紧，并对精梳小卷加压，以增大卷绕密度。满卷后，由落卷机构将小卷落下，换上空筒后继续生产。一般情况下，一台条卷机可配 4～6 台精梳机。

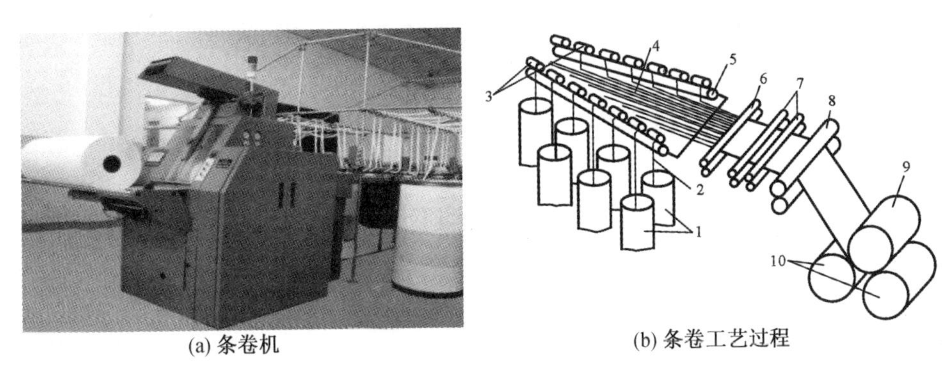

(a) 条卷机　　(b) 条卷工艺过程

图 5-2　条卷机及其工艺过程

(二) 并卷机

并卷机及其工艺过程见图 5-3。六个小卷 1 放在并卷机后面的棉卷罗拉 2 上。小卷退解后，分别经导卷罗拉 3 进入牵伸装置 4。牵伸后的棉网通过光滑的曲面导板 5 转向 90°，在输棉平台上六层棉网并合后，经输出罗拉 6 进入紧压罗拉 7，再由成卷罗拉 8 卷绕成精梳小卷 9。

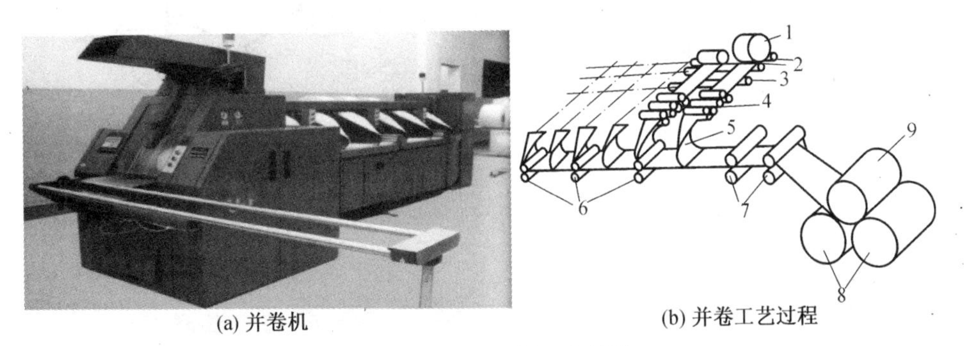

(a) 并卷机　　(b) 并卷工艺过程

图 5-3　并卷机及其工艺过程

(三) 条并卷联合机

条并卷联合机及其工艺过程如图 5-4 所示。条子喂入由三个部分组成。每一部分各有

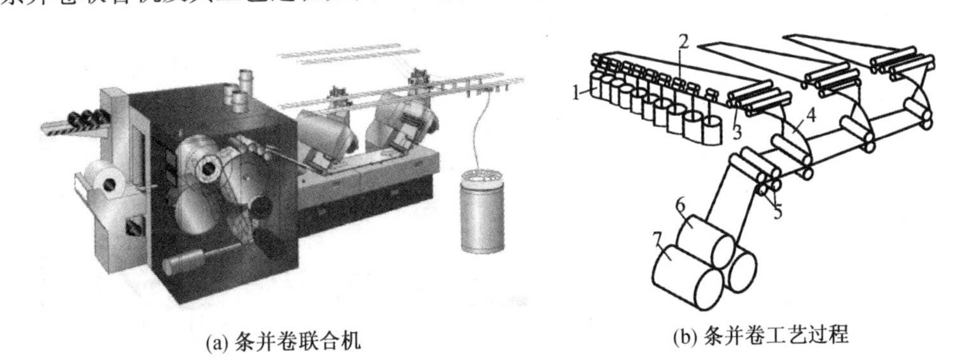

(a) 条并卷联合机　　(b) 条并卷工艺过程

图 5-4　条并卷联合机及其工艺过程

16～20 根棉条经导条罗拉进入导条台 2，棉层经牵伸装置 3 牵伸后成为棉网，棉网通过光滑的曲面导板 4 转向 90°，在输棉平台上将 2～3 层棉网并合后，经输出罗拉进入紧压罗拉 5，再由成卷罗拉 7 卷绕成精梳小卷 6。

第三节　精梳机机构及工艺作用

一、精梳的工艺过程

棉型精梳机和毛型(毛、麻和绢纺用)精梳机虽然在机构上有一定差别，但其工作原理基本相同，都是周期性地分别梳理纤维须丛的两端，再将梳理过的纤维丛与已梳理过且由分离(或拔取)罗拉倒入机内的纤维网接合，从而使新梳理好的纤维丛输出机外。

棉精梳机的工艺过程如图 5-5 所示。小卷放在一对承卷罗拉 7 上，随承卷罗拉的回转而退解棉层，棉层经导卷板 8 喂入置于下钳板上的给棉罗拉 9 与给棉板 6 组成的钳口中。给棉罗拉周期性地间歇回转，每次将一定长度的棉层送入上、下钳板 5 组成的钳口中。钳板做周期性的前后摆动，在后摆途中，钳口闭合，有力地钳持棉层，使钳口外的棉层呈悬垂状态。此时，锡林 4 上的针面恰好转至钳口下方，针齿逐渐刺入棉层进行梳理，清除棉层中的部分短绒、结杂和疵点。随着锡林针面转向下方位置，嵌在针齿间的短绒、结杂、疵点等被高速回转的毛刷 3 清除，经风斗 2 吸附在尘笼 1 的表面，或直接由风机吸入尘室。锡林梳理结束后，随着钳板的前摆，须丛逐步靠近分离罗拉 11 的钳口。与此同时，上钳板逐渐开启，梳理好的须丛因自身弹性而向前挺直，分离罗拉倒转，将上一周期输出的棉网倒入机内。当钳板钳口外的须丛头端到达分离钳口时，与倒入机内的棉网相叠合后由分离罗拉输出。在张力牵伸的作用下，棉层挺直，顶梳 10 插入棉层，被分离钳口抽出的纤维尾端从顶梳片针隙间拽过，纤维尾端黏附的部分短纤、结杂和疵点被挡在顶梳梳针后面，待下一周期锡林梳理时除去。当钳板到达最前位置时，分离钳口不再有新纤维进入，接合分离工作基本结束。之后，钳板开始后退，钳口逐渐闭合，准备进行下一个循环的工作。由分离罗拉输出的棉网，经过一个有导棉板 12 的松弛区后，通过一对输出罗拉 13，穿过设置在每眼一侧并垂直向下的喇叭口 14 聚拢成条，由一对导向压辊 15 输出。各眼输出的棉条分别绕过导条钉 16 转向 90°，进入三上五下曲线牵伸装置 17，牵伸后经喇叭口 18 形成精梳条，并由输送压辊 19 和输送带 20 托持，通过圈条集束器及一对压辊 21 和圈条盘 22 中的斜管，圈放在条筒 23 中。

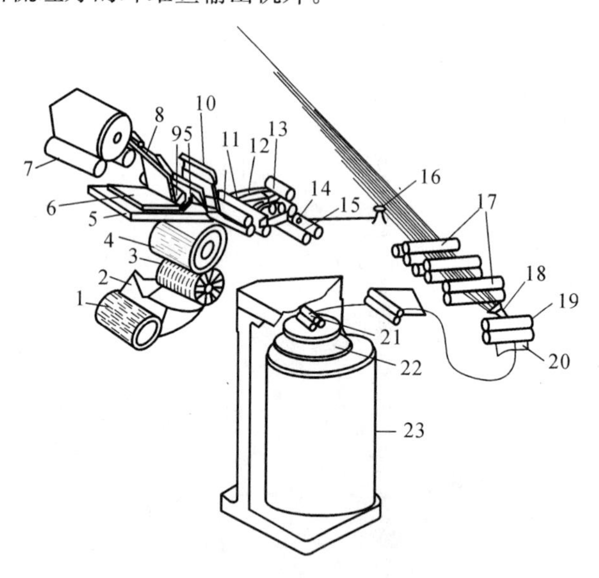

图 5-5　棉精梳机的工艺过程

二、精梳机的运动周期

精梳机的给棉、梳理、分离(拔取)接合等作用都是间歇周期性地进行的,但为了连续生产,精梳机上主要机件的运动必须紧密配合。在棉型精梳机上,这种配合关系由装在动力分配轴(锡林轴)上的分度盘指示和调整。精梳机的上、下钳板开合一次(或锡林转一周),称为一个运动周期或称为一个钳次。精梳机的一个运动周期可分为锡林梳理、分离前准备、分离接合、锡林梳理前准备四个阶段。

(一) 锡林梳理阶段

锡林梳理阶段从锡林第一排针接触棉丛时开始,到末排针脱离棉丛时结束,如图 5-6(a)所示。在这一阶段,主要机件的工作和运动情况为:给棉罗拉 9 停止给棉;上、下钳板(5′、5)闭合,牢固地握持须丛 6,先向后到达最后位置,再向前运动;锡林 4 梳理须丛前端,排除短绒和杂质;顶梳 9 先向后再向前摆动,但不与须丛接触;分离罗拉 11 处于基本静止状态。

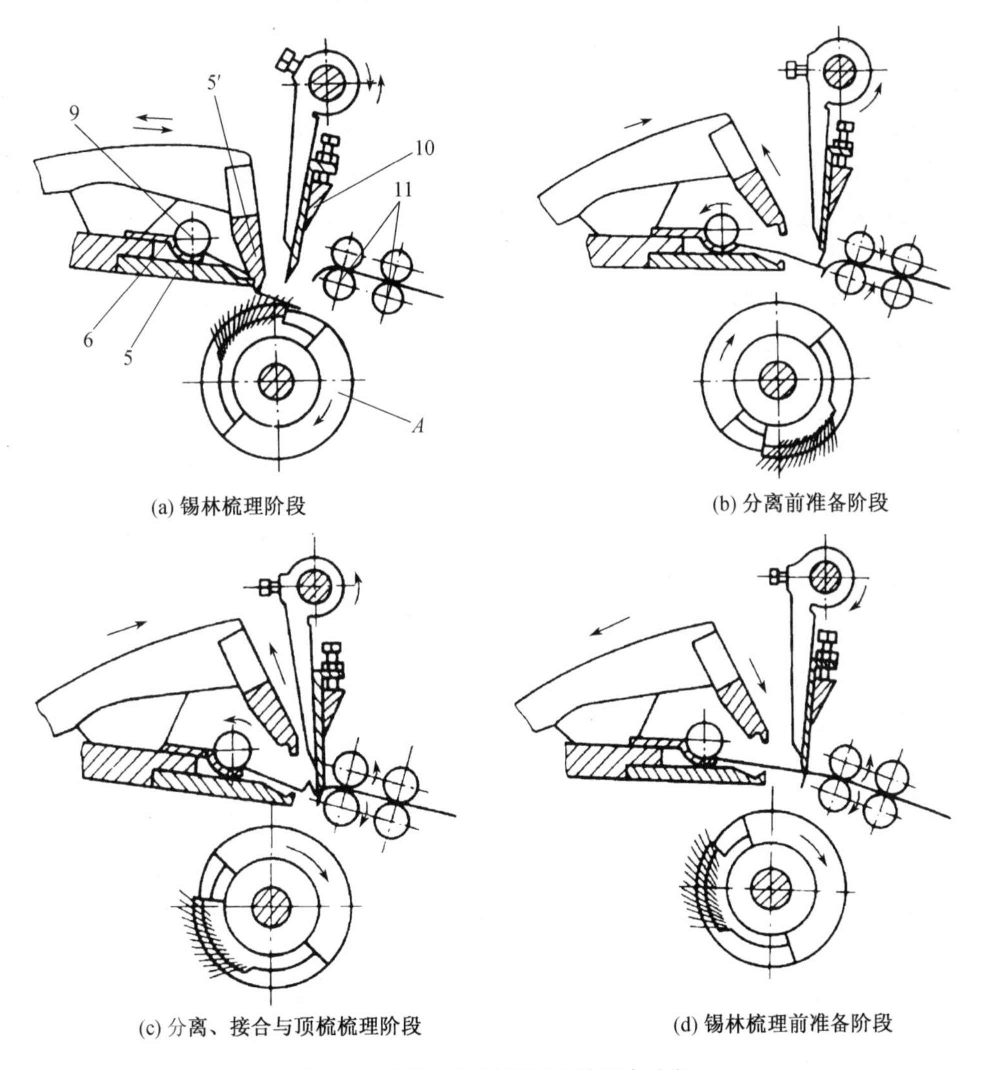

图 5-6 精梳机工作周期中的四个阶段

（二）分离前的准备阶段

分离前的准备阶段从锡林末排针脱离棉丛时开始，到棉丛头端到达分离钳口时结束，如图5-6(b)所示。在这一阶段，主要机件的工作和运动情况为：给棉罗拉开始给棉（对于前进给棉而言）；上、下钳板由闭合到逐渐开启，钳板继续向前运动；锡林梳理结束；顶梳继续向前摆动，但仍未插入须丛梳理；分离罗拉先静止随后开始倒转，将上一运动周期输出的棉网倒入机内，准备与钳板送来的纤维丛接合。

（三）分离接合阶段

分离接合阶段从棉丛到达分离钳口时开始，到钳板到达最前位置时结束，如图5-6(c)所示。在这一阶段，主要机件的工作和运动情况为：给棉罗拉继续给棉直到给棉结束；上、下钳板开口增大，继续向前运动，同时将锡林梳理过的须丛送入分离钳口；顶梳向前摆动，插入须丛梳理，将棉结、杂质及短纤维挡在顶梳后面的须丛中，等待下一个工作循环中被锡林梳针带走；分离罗拉继续顺转，将钳板送来的纤维牵引出来，叠合在原来的棉网尾端上，实现分离、接合。

（四）锡林梳理前的准备阶段

锡林梳理前的准备阶段从分离结束开始，到锡林梳理开始为止，如图5-6(d)所示。在这一阶段，主要机件的工作和运动情况为：给棉罗拉停止给棉；上、下钳板向后摆动，逐渐闭合；锡林第一排针逐渐接近钳板钳口下方，准备梳理；顶梳向后摆动，逐渐脱离须丛；分离罗拉继续顺转输出棉网，并逐渐趋向静止。

精梳机为周期性运动，机构又比较复杂，因此，主要机件间的运动必须密切配合、协调有序地工作，这种配合可由精梳机上的分度盘指示。在一个工作循环中，分度盘将精梳机的工作周期分成40分度，主要机件在不同时刻（分度）的运动和相互配合关系可从配合图上看出。SXF1269A型棉精梳机的运动配合图如图5-7所示。不同型号、不同工艺条件下，精梳机的运动配合也有所不同。

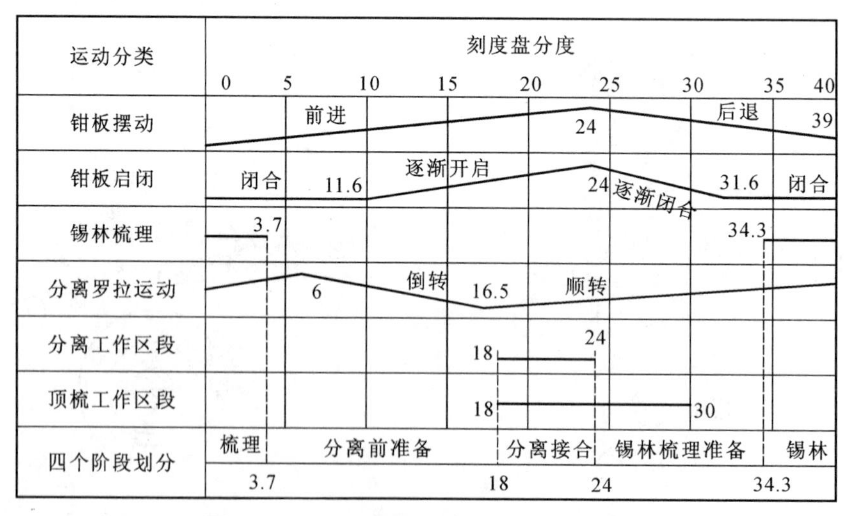

图5-7 SXF1269A型棉精梳机的运动配合图

三、精梳机的主要机构及作用

(一) 给棉与钳板机构及其作用

给棉与钳板机构的作用是每钳次内定时喂给一定长度的小卷,充分而有效地钳持小卷须丛,配合锡林梳理、输送已经梳理的须丛参与接合、分离。

1. 给棉机构及其作用

精梳机的给棉机构包括承卷罗拉、给棉罗拉及其传动机构。其作用是在每一个工作循环中喂给一定长度的棉层,供锡林梳理。承卷罗拉慢速连续回转,回转后将精梳小卷退解,通过偏心轴喂入给棉罗拉。给棉罗拉到承卷罗拉的棉层张力可通过更换张力齿轮进行调整。通过一偏心张力辊,储存给棉罗拉不给棉时承卷罗拉输出的棉层长度。

精梳机的给棉方式不同,则给棉机构亦不同。前进给棉机构如图 5-8(a)所示。当钳板前进时上钳板逐渐开启,带动装于上钳板支架上的棘爪将固装于给棉罗拉轴端的给棉棘轮拉过一齿,使给棉罗拉转过一定角度而产生给棉动作;当给棉罗拉随钳板后摆时,棘爪在棘轮上滑过,不产生给棉动作。如果采用后退给棉,则采用如图 5-8(b)所示的后退给棉机构。当钳板后退、上下钳板逐渐闭合时,带动装于上钳板支架上的棘爪将固装于给棉罗拉轴端的给棉棘轮撑过一齿,使给棉罗拉转过一定角度而产生给棉动作;当给棉罗拉随钳板前摆、钳板钳口打开时,棘爪在棘轮上滑过,不产生给棉动作。

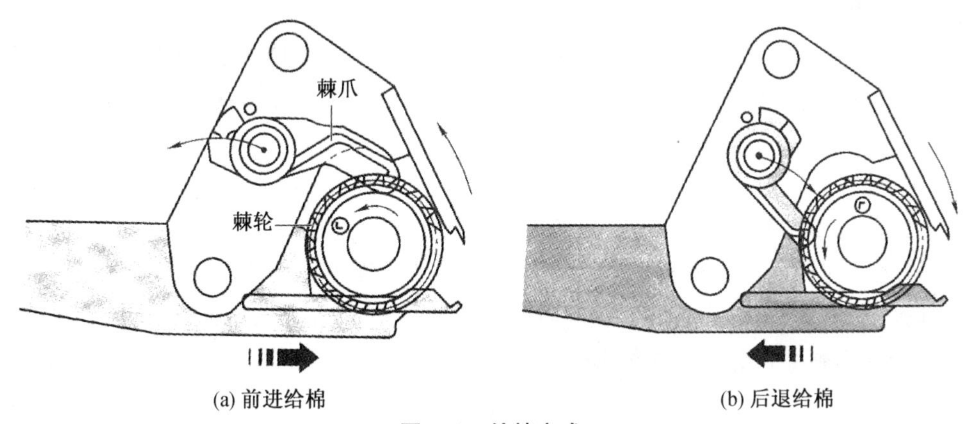

图 5-8 给棉方式

2. 钳板机构及其作用

精梳机的钳板部分包括钳板摆轴传动机构、钳板传动机构、钳板加压机构及上、下钳板等。它们的作用是钳持棉丛供锡林梳理,并将梳理过的须丛送向分离钳口,以实现新棉丛与旧棉网的接合。

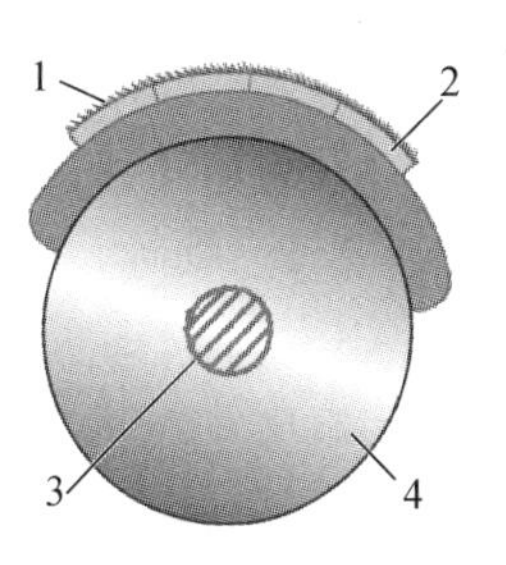

图 5-9 锡林结构

(二) 梳理机构及其作用

精梳机的梳理机构由锡林和顶梳两部分组成,完成梳理和除杂作用。

1. 精梳锡林结构及其作用

锯齿式整体锡林的结构如图 5-9 所示,由梳针 1、针板 2、锡林轴 3 及锡林体(或称为弓形板)4 组成。锡林体 4 与锡林轴 3 由紧固螺钉连成一体,其相对位置可调整。在锡林体的 1/4 表面上有金属锯齿形梳针 1,锯齿形梳针 1 安装在针板 2 上，靠近前排的针齿的密度较稀，后排较密，且锯齿的规格参数也不相同。

锡林梳针对须丛的梳理作用是在梳针到达钳板下方时发生的。当钳板闭合时，上钳板钳唇把须丛压向下方，且锡林与钳板间梳理隔距很小，梳针向前倾斜，促使梳针刺入须丛进行梳理。但钳口外的须丛前端呈悬垂状态，梳针接触须丛时，须丛会翘起。故在高速梳理时，锡林前几排针起着拉住须丛前端部分纤维而使整根须条张紧的作用，从而为后排梳针刺入须丛进行梳理创造条件。

2. 顶梳结构及其作用

SXF1269A 型精梳机的顶梳结构如图 5-10 所示。顶梳由托脚 1、针板 2 及梳针 3 组成，针板通过螺钉与托脚联接，梳针植于针板上，梳针与针板的夹角为 18°，使梳针更有效地梳理纤维。顶梳用特制的弹簧卡固装于上钳板上，并随之一起运动。顶梳植针密度一般为 26 根/cm；纺纱质量要求高时，可采用 28 根/cm 或 30 根/cm。

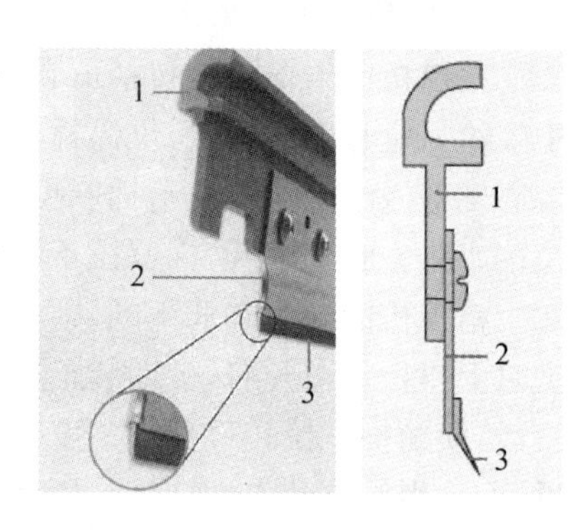

图 5-10　顶梳结构

须丛头端经锡林梳理后，由钳板送向分离钳口。当须丛头端到达分离钳口时，由分离罗拉及分离皮辊握持输出，同时顶梳插入须丛，随分离钳口运动的纤维丛尾部从顶梳梳针间拽过，受到顶梳的梳理。因此，分离纤维丛的尾端被伸直，短纤维和棉结杂质被留下。由此，精梳完成了对整个纤维丛的全部梳理。

(三) 分离接合机构及其作用

分离接合机构的作用是在每个工作循环中，先将上一工作循环的棉网倒入机内，将精梳锡林梳理过的棉丛与分离罗拉倒入机内的棉网进行搭接；而后分离罗拉快速运动，将纤维从下钳板与给棉罗拉握持的棉丛中快速抽出(即分离)。由于分离罗拉的速度大，在分离的同时，纤维的尾端受到顶梳的梳理。

为了实现纤维层的周期性接合、分离及棉网的输出，分离罗拉的运动方式为：倒转→顺转→基本静止。为保证连续不断地输出棉网，分离罗拉的顺转量要大于倒转量。有些精梳机分离罗拉的运动由变速、恒速两部分合成而得。

(四) 落棉排杂与输出机构及其作用

落棉排杂与输出机构由车面输出部分、牵伸部分及落棉排杂机构三部分组成，主要完成棉网的凝聚、棉条的牵伸，以及锡林针隙上短纤、杂质的去除等作用。

1. 车面输出部分

从分离罗拉经车面到后牵伸罗拉为止的这一部分称为精梳机的车面输出部分。车面输出部分如图 5-11 所示，图 5-12 所示为精梳机车面输出部分工艺过程。由分离罗拉 6 输出的棉网，经过导棉板 5，由输出罗拉 4 喂入喇叭口 3 聚拢成棉条，经压辊 2 压紧后绕过导条钉 1 弯转 90°，由输送帘送入牵伸机构。牵伸机构位于与水平面呈 60°夹角的斜面上。

由于分离纤维丛周期性接合的特点，使输出棉网呈现周期性的不匀，因此，将喇叭口向输出棉网的一侧偏置，使分离罗拉钳口线各处到喇叭口的距离不等，从而使分离罗拉同时输出的棉网到达喇叭口的时间不同，产生了棉网纵向的混合与均匀作用。

喇叭口的直径有 4 mm、4.5 mm、5 mm、5.5 mm、6 mm、6.5 mm 几种，可根据台面条子的定量选用。

图 5-11 精梳机车面输出部分

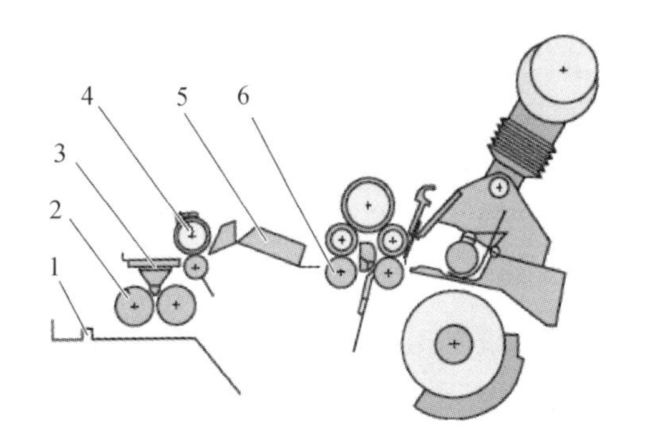

图 5-12 车面输出部分工艺过程

2. 牵伸部分

图 5-13 所示为 SXF1269A 型精梳机的牵伸机构，它采用三上五下曲线牵伸。中皮辊和后皮辊分别架在罗拉 2、3 和罗拉 4、5 之间，组成中、后钳口，从而将牵伸装置分为前、后两个牵伸区。后区牵伸倍数有三档，分别为：1.14、1.36、1.5。前区牵伸为主牵伸区，其罗拉隔距可根据纤维长度进行调整，调整范围为 41～60 mm，第二、三皮辊中心距为 56～71 mm。总牵伸倍数可在 9～19.3 范围内调整。

有些精梳机的牵伸机构采用压力棒牵伸装置（图 5-14），前、后牵伸区罗拉隔距均可进行调整，适宜于较短纤维的纺纱。

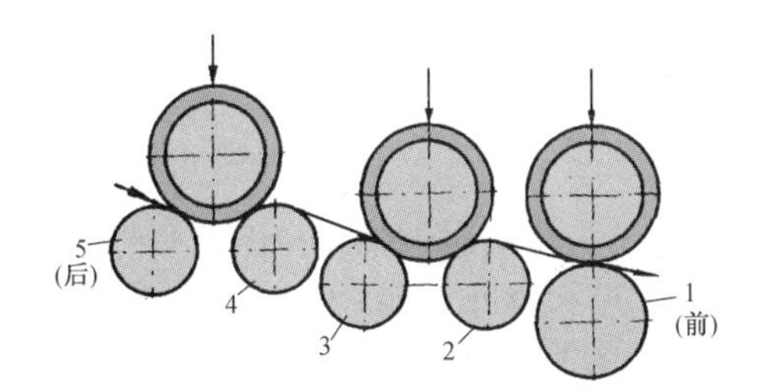

图 5-13 三上五下曲线牵伸装置

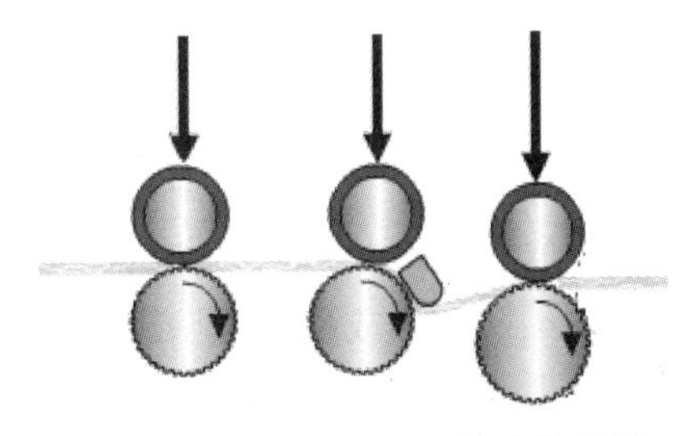

图 5-14 三上三下压力棒牵伸装置

3. 落棉排杂机构

落棉排杂机构由毛刷、气流吸落棉等部分组成（图 5-15）。毛刷鬃丝深入锡林针尖 2～3 mm，以 6～7 倍的锡林表面速度将嵌在锡林针隙间的短纤维、杂质和疵点刷下，被毛刷清除的落棉一般由机外的风机通过管道送入除尘室（图 5-16）。

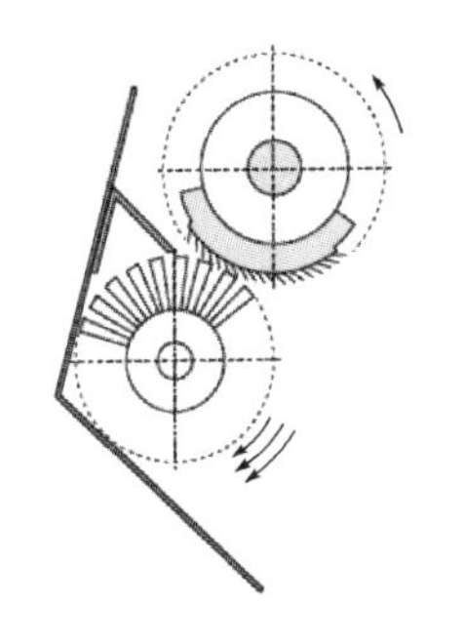

图 5-15 落棉排杂机构

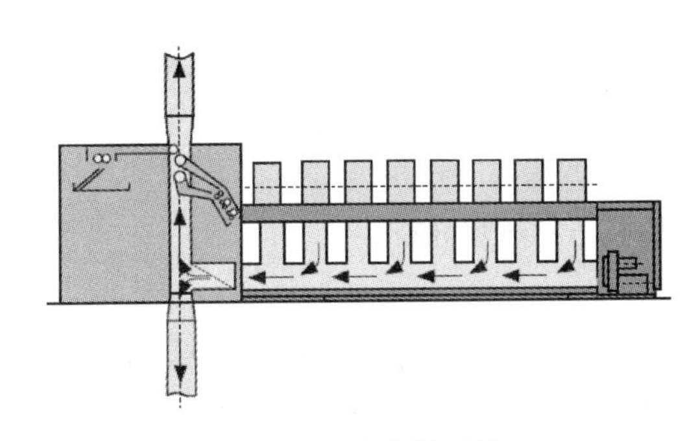

图 5-16 吸落棉系统

四、精梳机的工艺作用分析

精梳的作用就是排除短纤维和杂质，提高纤维的伸直平行度。精梳的梳理质量和落纤率与所采用的喂给长度、喂给方式、落纤隔距（拔取隔距）等工艺有关。

（一）喂给长度

喂给长度是指每一钳次中喂入工作区的纤维丛长度，可通过更换喂入变换齿轮来进行调节。喂给长度应根据加工原料和产品质量确定，喂给长度长，则每次梳理的纤维丛多、厚，梳理负荷大，梳理质量低，但产量高。一般来说，加工纤维长度长、定量轻、质量好的纤维丛时，喂给长度可长，以有利于提高产量；如果对产品质量要求高，应减少喂给长度。

（二）喂棉方式及喂给系数

棉精梳机的喂棉方式有两种：一种是喂棉罗拉在钳板前摆过程中给棉，称为前进给棉；另一种是喂棉罗拉在钳板后摆过程中给棉，称为后退给棉。一般精梳机上都配有前进给棉及后退给棉两种给棉机构，以供选择。

1. 前进给棉喂给系数

在前进给棉过程中，顶梳插入须丛前已经开始给棉，顶梳插入须丛后给棉仍在继续，此时喂给的棉层因受顶梳的阻止而涌皱在顶梳的后面，直到顶梳离开须丛时，涌皱的棉层才能因自身弹性而挺直，如图5-17所示。顶梳插入须丛前的喂棉长度与总喂棉长度的比值称为喂给系数K，可用下式表示：

$$K=\frac{X}{A}$$

式中：X为顶梳插入前喂棉罗拉的喂棉长度（mm）；A为每钳次喂棉罗拉的总喂棉长度（mm）。

顶梳插入须丛越早或给棉开始越迟时，X越小，K也越小，须丛在顶梳后涌皱越多；反之，X越大，K也越大，须丛在顶梳后涌皱越少。$0 \leqslant K \leqslant 1$。

2. 后退给棉喂给系数

在后退给棉过程中，须丛的涌皱受到钳板闭合的影响，钳板闭合后给出的棉层长度将涌皱在钳唇的后面，如图5-18所示。后退给棉喂给系数K'可表示为：

$$K'=\frac{X'}{A.}$$

式中：X'为钳板闭合前喂棉罗拉的喂棉长度（mm）；A为每钳次喂棉罗拉的总喂棉长度（mm）。

钳板闭合越早，X'越小，K'也越小，钳口外的棉丛长度越短，受锡林梳理的须丛长度也越短。$0 \leqslant K' \leqslant 1$。

（三）精梳机给棉过程分析

1. 前进给棉过程分析

前进给棉过程如图5-17所示。图中Ⅰ-Ⅰ为钳板在最后位置时钳唇啮合线，此时钳板为闭合状态；Ⅱ-Ⅱ为钳板在最前位置时下钳板钳唇线，此时钳板为开启状态；Ⅲ-Ⅲ为分离罗拉钳口线；B为钳板在最前位置时钳板钳口与分离罗拉钳口之间的距离，称为分离隔距。

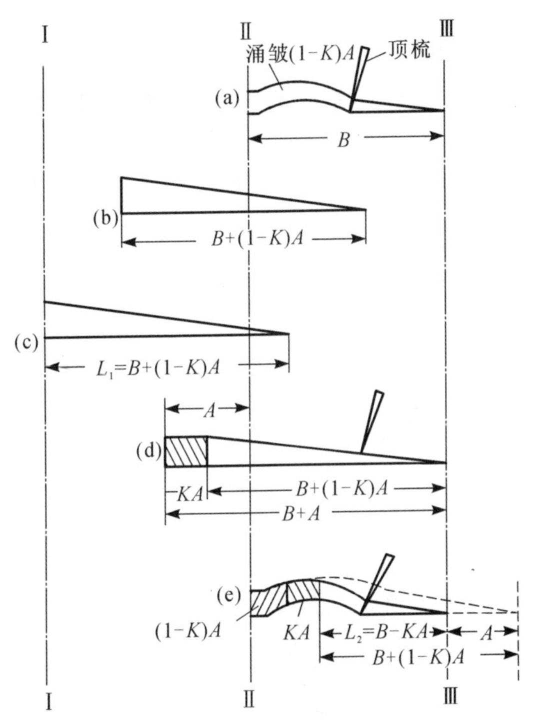

图 5-17 前进给棉过程分析

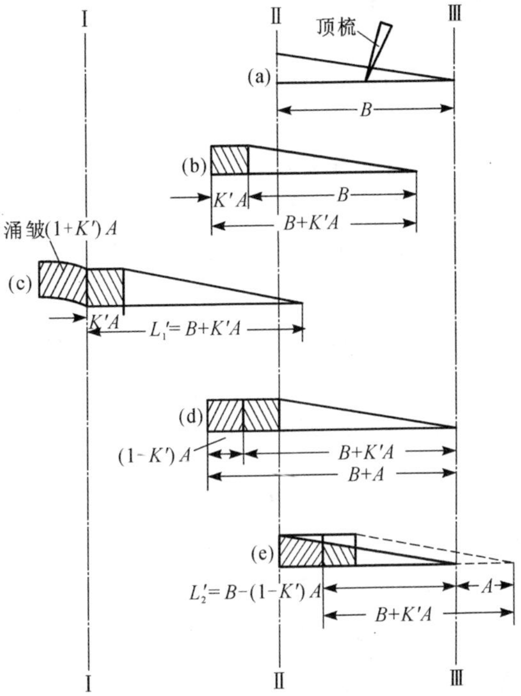

图 5-18 后退给棉过程分析

(a) 分离结束时,钳板钳口外须丛的垂直投影长度为 B,而顶梳后面须丛的涌皱长度为:$A-X=(1-K)A$。

(b) 钳板后退,顶梳退出,须丛靠弹性挺直,钳板钳口外的须丛长度为:$B+(1-K)A$。

(c) 钳板继续后退、闭合,锡林对钳口外的须丛进行梳理,未被钳口握持的纤维进入落棉,故进入落棉的最大纤维长度为:$L_1=B+(1-K)A$。

(d) 钳板前摆,钳口逐渐开启,喂棉罗拉给棉,当须丛前端进入分离钳口而顶梳同时插入须丛时,钳板钳口外的须丛长度为:$L_1+X=B+(1-K)A+KA=B+A$。

(e) 钳板继续前摆,给棉罗拉继续给棉,当钳板钳口到达最前位置Ⅱ-Ⅱ时,给棉罗拉的继续给棉量为:$A-X=(1-K)A$。这一部分棉层受到顶梳的阻碍而涌皱在顶梳后的须丛内,回复到步骤(a)。

以后每一个工作循环,重复上述过程。

由于分离钳口每次从须丛中分离的长度即为给棉长度 A,故进入棉网的最短纤维长度为:$L_2=L_1-A=B+(1-K)A-A=B-KA$。图中的虚线表示被分离的纤维。

2. *后退给棉过程分析*

后退给棉过程如图 5-18 所示,图中的符号意义和图 5-17 相同。在后退给棉过程中,须丛的涌皱不受顶梳插入的影响,而是受钳板闭合的影响。

(a) 分离结束时,钳板钳口外须丛长度为 B,须丛无涌皱现象。

(b) 钳板后退到钳口闭合位置时的喂给长度为 $X'=K'A$,故钳口外的须丛长度为:$B+K'A$。

(c) 钳板继续后退,锡林对钳口外的须丛进行梳理,未被钳口握持的纤维有可能进入落棉，故进入落棉的最大纤维长度为：$L_1'=B+K'A$。钳板闭合后继续喂给的须丛长度为：$A-X'=(1-K')A$。

(d) 钳板向前摆动，钳口逐渐开启，钳口后面的须丛因弹性伸直，故钳口外的须丛长度为：$L_1'+(1-K')A=B+A$。

(e) 由于每次分离的须丛长度为 A，故进入棉网的最短纤维长度为：$L_2'=L_1'-A=B+K'A-A=B-(1-K')A$。

分离结束时，回复到步骤(a)，进入下一循环。

(四) 理论落纤率

以前进给棉为例，进入落棉的最大纤维长度为 L_1，而进入棉网的最短纤维长度为 L_2，则长度介于 L_1 和 L_2 之间的纤维既可进入落棉又可进入棉网。为计算方便，选用它们的中间值 L_3 为分界纤维长度，则：

$$L_3=\frac{L_1+L_2}{2}=\frac{B+(1-K)A+B-KA}{2}=B+(0.5-K)A$$

在给棉罗拉喂入的棉丛中，凡长度等于或短于 L_3 的纤维进入落棉，长度长于 L_3 的纤维进入棉网。如果已知喂入小卷中纤维的长度分布(图 5-19)，则可求得精梳机的理论落棉率 y(%)为：

$$y=\sum_{L=0}^{L_3}g_i\times 100\%$$

式中：L 为纤维长度(mm)；g_i 为各组纤维的质量百分率(%)。

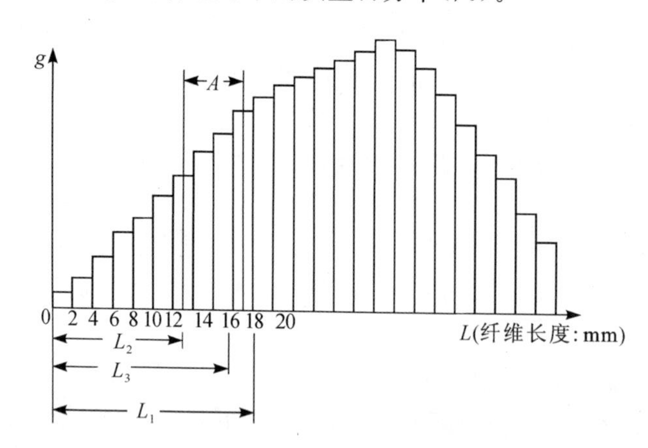

图 5-19 喂入小卷中纤维长度分布图

同样，可以求得后退给棉时的分界纤维长度 L'_3 和理论落棉率 y'(%)分别为：

$$L_3'=\frac{L_1'+L_2'}{2}=\frac{B+K'A+B-(1-K')A}{2}=B-(0.5-K')A$$

$$y'=\sum_{L=0}^{L_3'}g_i\times 100\%$$

(五) 梳理隔距

梳理隔距是指锡林梳理时上钳板钳唇下沿与锡林针尖的距离。棉纺中,由于梳理时钳板在前后移动,故其梳理隔距是变化的,最紧点隔距一般为 0.2～0.4 mm。显然,梳理隔距变化越小,梳理越均匀,梳理效果越好。

如图 5-20(a)所示,在锡林梳理时,钳唇啮合线外有一段须丛未被锡林梳理到。此段称为梳理死区,其长度(即死区长度)为 a,它与梳理隔距和锡林半径有关。

由图 5-20(b)可知:$a=\sqrt{(r+h)^2-r^2}=\sqrt{2rh+h^2}$。式中,$h$ 为梳理隔距,r 为锡林半径。可见,梳理隔距越小,则梳理死区的长度越短。

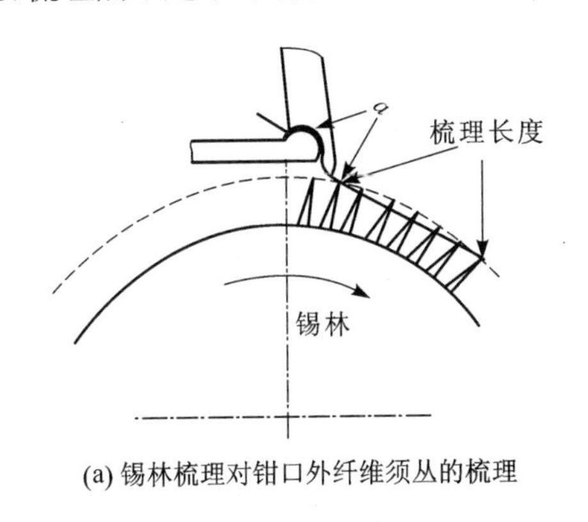

(a) 锡林梳理对钳口外纤维须丛的梳理

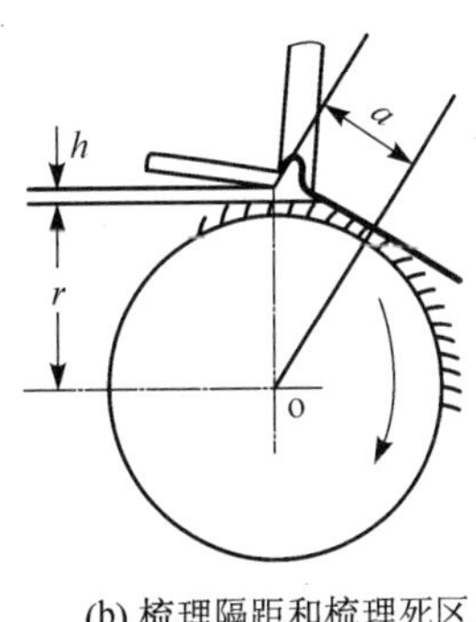

(b) 梳理隔距和梳理死区

图 5-20 锡林对须丛的梳理情况

(六) 重复梳理次数

锡林对须丛的梳理程度可用须丛所受到的重复梳理次数来表示。由于梳理时钳口外棉丛的梳理长度大于喂棉罗拉的每次喂棉长度,因此,钳口外的须丛要经过锡林的重复梳理后才被分离。自须丛受到锡林梳理开始到完全分离时为止,所受到的锡林梳理次数称为重复梳理次数。重复梳理次数多,则梳理效果好。

从给棉过程分析可知,棉精梳前进给棉与后退给棉时锡林梳理时钳口外的须丛长度分别为 L_1 及 L_1'。

由上面的分析可知,棉精梳机前进给棉与后退给棉时钳口外须丛实际受到梳理长度分别为(L_1-a)和$(L_1'-a)$。由此得到棉精梳前进给棉与后退给棉时重复梳理次数分别为:

$$n=\frac{L_1-a}{A}=\frac{B-a}{A}+1-K\ ;\ n'=\frac{L_1{}'-a}{A}=\frac{B-a}{A}+K'$$

式中:n 为前进给棉时的重复梳理次数;n' 为后退给棉时的重复梳理次数。

由以上两式可知,分离隔距 B 大,则重复梳理次数增多;死区长度 a 小,则重复梳理次数增多;喂棉长度小时,重复梳理次数增多。在棉纺精梳机上,采用前进给棉时,喂给系数大,则重复梳理次数少;在后退给棉时,喂给系数大,则重复梳理次数多。因此,采用后退给棉时锡林对棉丛的梳理效果较好。一般对精梳纱的质量要求高时,应采用后退给棉。

(七) 落棉隔距

在棉纺精梳机上,当钳板到达最前位置时下钳板前缘与分离罗拉表面的距离,称为落棉隔距，如图 5-21 所示。落棉隔距与分离隔距是正相关的，即落棉隔距越大，则分离隔距 B 越大。由本节的 n、n' 及 L_3、L_3' 的表达式可知，落棉隔距越大，则棉丛的重复梳理次数越多及分界纤维长度越长，梳理效果就越好，精梳落棉率也越大。

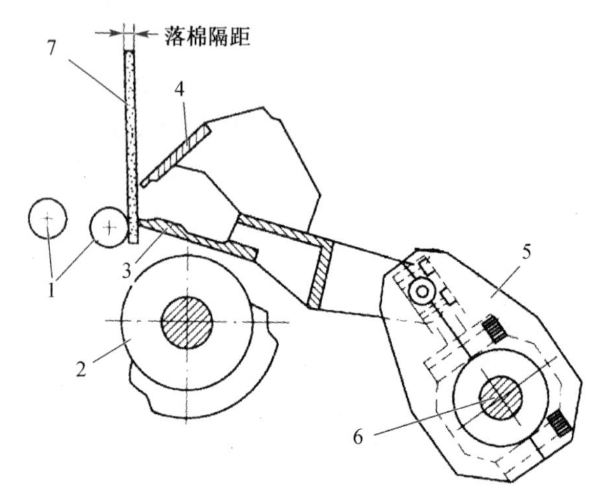

1—分离罗拉；2—锡林；3—下钳板；4—上钳板；
5—摆臂；6—钳板摆轴；7—落棉隔距块

图 5-21　落棉隔距

(八) 分离与接合

分离接合(毛型精梳机上称为拔取)是精梳机的主要作用之一。为了将锡林梳理过头端的新纤维丛输出精梳机，需要分离(或拔取)罗拉先倒转，将已输出精梳机的(旧)纤维丛重新倒退一部分长度回到精梳机内，与新的纤维丛搭接后，分离(或拔取)罗拉再正转，将其输出精梳机。在新纤维丛与旧纤维丛搭接并输出精梳机的同时，已插入新纤维丛的顶梳，对新纤维丛的尾端进行梳理。因此，新输出的纤维丛的两端都得到握持梳理。

棉精梳机上的分离接合，除了分离罗拉的正、反转，还有上、下钳板的前后移动，使纤维丛完成搭接。毛型精梳机的拔取过程中，除了有拔取罗拉的正、反转外，还有拔取架的前后摆动带动的拔取罗拉的前后移动。

自分离开始到分离结束，分离(拔取)罗拉输出的纤维丛长度称为分离丛长度。如图 5-22 所示，设分离丛长度为 L，新、旧纤维丛的搭接长度为 G，精梳机(每钳次) 的有效输出长度为 S，则有：

$$L=G+S \quad 或 \quad G=L-S$$

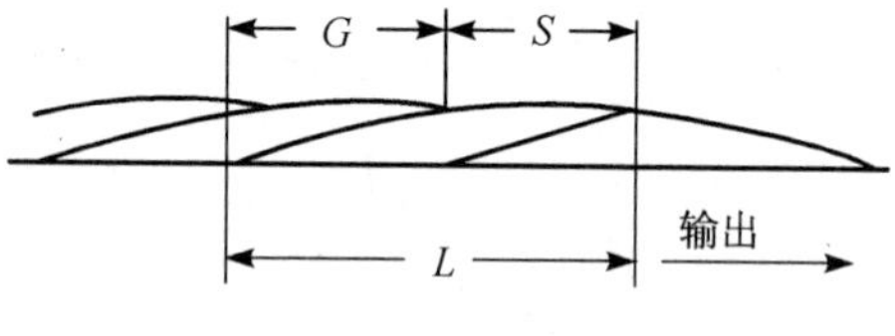

图 5-22　分离接合须丛

在棉精梳机上，有效输出长度经机械设计优选后就固定下来，工艺上不再做调节，分离丛纤维长度和接合长度的工艺调整变化也不大。增大分离丛长度 L 或减小有效输出长度 S，可增大新旧棉丛的接合长度 G，从而增大分离罗拉输出棉网的接合牢度，提高棉网的质量。因此，棉纺新型精梳机的发展趋势是缩短有效输出长度。

第四节 精梳主要工艺设计及质量控制

一、主要工艺参数作用及选择

(一) 精梳前准备

精梳小卷的质量不仅关系到精梳的质量和产量，还和原料成本密切相关，因此，必须采用良好的准备工艺，使小卷的容量大、结构均匀、纤维伸直平行、不黏卷。

精梳前准备工艺在前面已有叙述，选择时除了要考虑流程短，小卷成形好、选用合适的并合数和牵伸倍数外，还要考虑小卷的定量。

精梳小卷的定量影响精梳机的产量和质量。精梳小卷定量增大，不仅有利于上、下钳板对棉层的横向握持均匀，使纤维丛的弹性大，钳板开口时棉丛易抬头，在分离接合过程中有利于新、旧棉网的搭接，也可使分离罗拉输出的棉网增厚，棉网破洞、破边的现象可得到改善，同时也提高了精梳机的产量。因此，小卷采用重定量是精梳机高速、高产的要求。但精梳小卷定量增大会使精梳锡林的梳理负荷及精梳机的牵伸负担加重。因此，在确定精梳小卷的定量时，应充分考虑纺纱线密度、设备状态、喂棉罗拉的给棉长度等因素。不同精梳机的精梳小卷定量范围见表 5-1。

表 5-1 精梳小卷的定量

机型	A201	FA251	FA266	HC500	SXF1278	CJ60A	E66	CM600N
定量(g/m)	39～50	45～65	50～70	60～80				

(二) 钳板运动定时

1. 钳板最前位置定时

钳板最前位置定时是指钳板到达最前位置时分度盘指针指示的刻度数。钳板最前位置定时是精梳机工艺参数调整的基础。HC500 型及瑞士立达系列精梳机的钳板最前位置定时为 24 分度。

2. 钳板闭口定时

钳板的闭口定时是上、下钳板闭合时分度盘指针指示的分度数。钳板的闭口定时要与锡林梳理开始定时相配合，一般情况下，钳板的闭口定时要早于或等于锡林开始梳理定时；否则锡林梳针有可能将钳板未握持牢的纤维抓走，使精梳落棉中的可纺纤维增多。锡林梳理开始定时的早晚与锡林定位及落棉隔距的大小有关。HC500 型精梳机及瑞士立达系列精梳机的钳板闭口定时一般为 33～35 分度，锡林开始梳理定时为 35～36 分度。

3. 钳板开口定时

钳板开口定时是指上、下钳板开始开启时分度盘指针指示的分度数。钳板开口定时晚时，被锡林梳理过的棉丛受上钳板钳唇的下压作用而不能迅速抬头，因此不能很好地与分离罗拉倒入机内的棉网进行搭接，从而使分离罗拉输出的棉网会出现破洞与破边现象。因此，从分离接合方面考虑，钳板钳口开启越早越好。由于精梳机的落棉隔距对钳板运动有较大影响，因此，钳板开口定时随落棉隔距的变化而变化。HC500 型精梳机及瑞士立达系列精梳机的钳板开口定时一般为 8～11 分度。

（三）给棉方式

由前面的工艺分析可知，前进给棉时产量高、落棉少，梳理质量相对较差；而后退给棉正相反，落棉多，梳理质量好。因此，对精梳纱的质量要求高时，可采用后退给棉。

（四）给棉罗拉的给棉长度

给棉长度对精梳机的产量及质量均有影响，每钳次给棉罗拉的喂给长度一般为4～6 mm。当给棉长度长时，精梳机的产量高，分离罗拉输出的棉网较厚，因此，棉网的破洞、破边减少，开始接合分离的时间提早，但会使精梳锡林的梳理负担加重而影响梳理效果。另外，棉网变厚使得精梳机牵伸装置的牵伸负担加重。因此，给棉罗拉的给棉长度应根据纺纱线密度、精梳机的机型、精梳小卷定量等情况而定。几种精梳机的给棉长度见表 5-2。

表 5-2　精梳机的给棉长度（mm）

机　　型	前进给棉	后退给棉
A201C 及 A201D	5.72，6.86	—
FA251A	6，6.5，7.1	5.2，5.6
FA261	5.2，5.9，6.7	4.3，4.7，5.2，5.9
FA266	5.2，5.9	4.7，5.2，5.9
HC500	4.3，4.7，5.2，5.9	4.3，4.7，5.2，5.9
SXF1278	4.3～5.9	
CJ60A	3.84～5.23	
E66	4.3～5.9	
CM600N	4.15～5.92	

（五）落棉隔距

改变落棉隔距是调整精梳落棉率和梳理质量的重要手段。一般情况下，落棉隔距改变 1 mm，精梳落棉率改变约 2%。落棉隔距应根据纺纱线密度及纺纱质量要求而定。

在精梳机上，一般采用改变落棉刻度的方式来调整落棉隔距。表 5-3 所示为 FA261 型、FA266 型、F1276 型及 HC500 型精梳机的落棉刻度与落棉隔距的关系。

表 5-3　精梳机落棉刻度与落棉隔距的关系

落棉刻度	5	6	7	8	9	10	11	12
落棉隔距（mm）	6.43	7.47	8.62	9.78	10.95	12.14	13.34	14.55

（六）锡林定位

锡林定位也称弓形板定位，其目的是为了改变锡林与钳板、锡林与分离罗拉运动的配合关系，以满足不同纤维长度及不同品种的纺纱要求。

锡林定位的早晚，影响锡林第一排及末排梳针与钳板钳口相遇的分度数，即影响开始梳理及梳理结束时的分度数。锡林定位早时，锡林开始梳理定时和结束梳理定时均提早，要求钳板闭合定时早，以防止棉丛中的纤维被锡林梳针抓走。

锡林定位的早晚还对锡林末排梳针通过锡林与分离罗拉最紧隔距点时的分度数产生影响。锡林定位晚时，锡林末排针通过最紧隔距点时的分度数也晚，有可能将分离罗拉倒入机内的棉网抓走而形成落棉。当所纺纤维越长时，锡林末排针通过最紧隔距点时分离罗拉倒入机内的棉网长度越长，越易被锡林末排针抓走。因此，当所纺纤维越长时，要求锡林定位提早为好。锡林定位不同时，FA266 型、F1276 型及 HC500 型精梳机的锡林末排针通过最紧隔距点时的分度数见表 5-4。

表 5-4 锡林末排针通过最紧隔距点时的分度数

锡林定位(分度)	36	37	38
末排针通过最紧隔距点时的分度(分度)	9.48	10.48	11.48

锡林定位的调整方法如图 5-23 所示。先松开锡林体的夹紧螺钉，使其能与锡林轴相对转动；再利用锡林专用定规的一侧紧靠分离罗拉表面，定规的另一侧与锡林上第一排梳针相接；然后转动锡林轴，使分度盘指针对准设定的分度数，锡林定位即完成。FA261 型、F1276 型、HC500 型精梳机的锡林定位为 36 分度、37 分度和 38 分度。

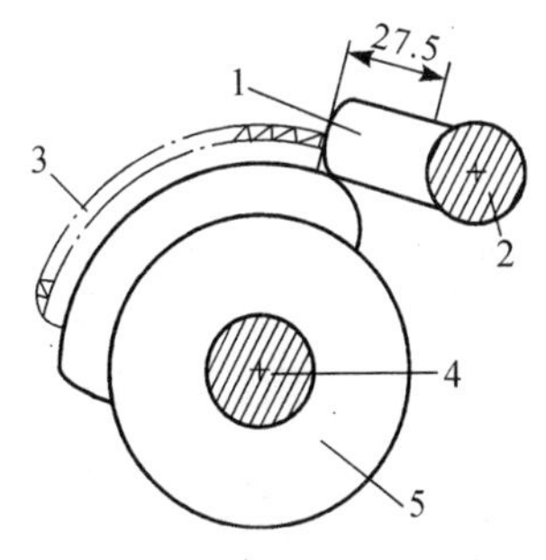

1—锡林定规；2—分离罗拉；3—梳针；4—锡林轴；5—锡林体

图 5-23 锡林定位

（七）顶梳的高低隔距与进出隔距

顶梳的高低隔距是指顶梳在最前位置时顶梳针尖到分离罗拉上表面的垂直距离。顶梳的高低隔距越大，顶梳插入棉丛越深，梳理作用越好，精梳落棉率就越高；但高低隔距过大时，不利于分离接合开始时棉丛的抬头。顶梳高低隔距共分五档，分别用 −1、−0.5、0、+0.5、+1 表示，标值越大，顶梳插入棉丛就越深；顶梳高低隔距每增加一档，精梳落棉率约增加 1%左右。顶梳的高低隔距一般选用+0.5 档。

顶梳的进出隔距是指顶梳在最前位置时顶梳针尖与分离罗拉表面的距离。进出隔距越小，顶梳梳针将棉丛送向分离罗拉越近，越有利于分离接合工作的进行；但进出隔距过小，易造成梳针与分离罗拉表面碰撞。FA261 型、F1276 型及 HC500 型精梳机的顶梳进出隔距一般为1.5 mm。

（八）分离罗拉的顺转定时

分离罗拉顺转定时是指分离罗拉由倒转结束开始顺转时分度盘指针指示的分度数。精梳机的分离接合工作，主要是利用改变分离罗拉顺转定时的方法来调整分离罗拉与锡林、分离罗拉与钳板的相对运动关系，以满足不同长度纤维及不同纺纱工艺的要求。

根据分离接合的要求，分离罗拉顺转定时要早于分离接合开始定时，否则分离接合工作无法进行。因此，分离罗拉顺转定时的确定应保证开始分离时分离罗拉的顺转速度大于钳板的前摆速度。同时，分离罗拉顺转定时的确定还应确保分离罗拉倒入机内的棉网不被锡林末排梳针抓走。

分离罗拉顺转定时根据所纺纤维长度、锡林定位、给棉长度及给棉方式等因素确定。当采用长绒棉时，由于开始分离的时间提早，分离罗拉顺转定时也应适当提早，以防止在接合、分离开始时，钳板的前进速度大于分离罗拉的顺转速度而产生棉网头端弯钩。当纤维长度越长时，倒入机内的棉网的头端到达分离罗拉与锡林隔点时的分度数越早，易于造成棉网被锡林末排梳针抓走，因此分离罗拉顺转定时相应提早。当锡林定位晚时，锡林末排针通过锡林与分离罗拉隔距点时的分度数推迟，分离罗拉顺转定时不能过早，以防止倒入机内的棉网被锡林末排梳针抓走。分离罗拉顺转定时的调整方法是调整 143^T 齿轮上的搭接刻度(图 5-24)。

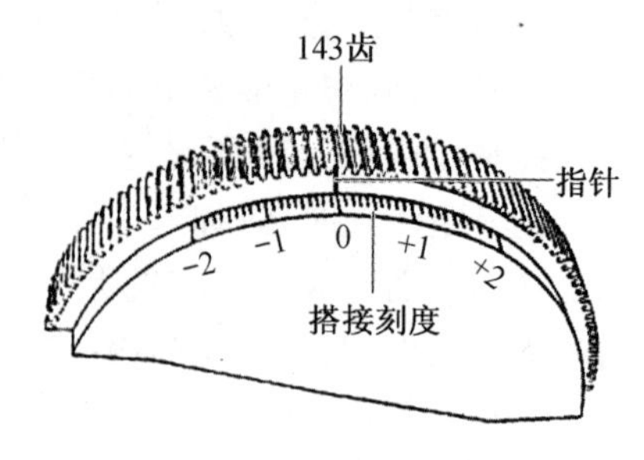

图 5-24 搭接刻度

FA261 型、FA266 型、F1276 型及 HC500 型精梳机的分离罗拉顺转定时的调整方法是改变曲柄销与 143^T 大齿轮(或称分离罗拉定时调节盘)的相对位置。分离罗拉定时调节盘上刻有刻度，刻度从“－2”到“＋1”，其间以“0.5”为基本单位。表 5-5 所示为分离刻度与分离罗拉顺转定时的关系。

表 5-5 分离刻度与分离罗拉顺转定时的关系

搭接刻度	+1	+0.5	0	-0.5	-1	-1.5	-2
分离罗拉顺转定时(分度)	14.5	15.2	15.8	16.2	16.8	17.5	18

(九) 精梳条定量

精梳条定量对精梳机的产量及精梳条质量均有影响。适当增大精梳条定量，可使精梳机产量提高，还可减小精梳机牵伸装置的牵伸倍数，减小牵伸造成的附加不匀，使精梳条条干 CV 值降低，有利于提高精梳条的条干均匀度。精梳条定量要根据成纱的细度、精梳机的机型等确定。精梳条定量的范围为 15～25 g/5 m。

二、精梳工艺实例

采用 SXF1269A 型精梳机纺 JC 14.5 tex 纱线，准备工序采用预并条→条并卷工艺流程。

设精梳条的干重初步定为 23 g/5 m，回潮率为 6%，并合数为 8 根，落棉率选择 18%。则有：

$$E_{实际} = \frac{G_{条并卷} \times 8 \times 5}{23} = \frac{62.29 \times 8 \times 5}{23} = 108.33\,(倍)$$

$$E_{机械} = E_{实际} \times (1-落棉率) = 108.33 \times 0.82 = 88.83(倍)$$

SXF1269A 型精梳机的总牵伸倍数为圈条压辊到承卷罗拉的总牵伸。

$$E(倍) = \frac{44 \times 55.25 \times 104 \times A \times 28 \times 45 \times 138 \times 144 \times 138 \times 138 \times Z \times 59.5\pi}{28 \times 100.5 \times 42 \times B \times 41 \times 45 \times 140 \times 35 \times 40 \times 40 \times 37 \times 70\pi}$$
$$= 1.62 \times \frac{A \times Z}{B}$$

式中：A，B 有 30、33、38、40 四种，取 $A = 33$，$B = 30$；Z 有 44、45、49、50、51、55、56 几种，

取 $Z = 50$。

则有：$E = 1.62 \times \dfrac{33 \times 50}{30} = 89.1$(倍)

$$E_{实际} = \frac{E}{1-落棉率} = \frac{89.1}{1-0.18} = 108.66(倍)$$

$$G_{精梳干} = \frac{G_{条并卷} \times 8 \times 5}{E_{实际}} = \frac{62.29 \times 8 \times 5}{108.66} = 22.93\ (g/5\ m)$$

$$G_{精梳湿} = 22.93 \times (1 + 6\%) = 24.31\ (g/5\ m)$$

$$Tt = 22.93 \times (1 + 8.5\%) \times 200 = 4\,975.81\ (tex)$$

牵伸部分、速度等主要工艺参数见表 5-6。

表 5-6　精梳工艺表

预并条工艺

机型	并条定量(g/5 m)		回潮率(%)	总牵伸倍数		线密度(tex)	并合数(根)	牵伸倍数分配				前罗拉速度(m/min)
	干重	湿重		机械	实际			紧压罗拉～前罗拉	前罗拉～中罗拉	中罗拉～后罗拉	后罗拉～导条罗拉	
FA306	18.53	19.64	6	6.22	6.1	4 021.01	6	1.017 5	3.87	1.52	1.04	350

罗拉握持距(mm)		罗拉加压(N)	罗拉直径(mm)	喇叭头孔径(mm)	压力棒调节环直径(mm)
前～中	中～后	导条×前×中×后×压力棒	前×中×后		
43	45	118×362×392×362×58.8	45×35×35	2.71	13

齿轮的齿数

Z_1	Z_2	Z_3	Z_4	Z_5	Z_6	Z_8
56	42	25	122	65	53	50

条并卷工艺

机型	小卷定量(g/m)		回潮率(%)	总牵伸倍数		线密度(tex)	并合数(根)	成卷罗拉速度(m/min)	握持距(mm)		满卷定长(m)
	干重	湿重		机械	实际				主牵伸罗拉	预牵伸罗拉	
FA356A	62.29	66.03	6	1.641	1.666	67 584.65	28	90	40	40	250

牵伸倍数分配						胶辊加压(MPa)			
前成卷罗拉～后成卷罗拉	后成卷罗拉～前紧压辊	前紧压辊～后紧压辊	台面压辊～前罗拉	前罗拉～后罗拉	后罗拉～导条辊	前胶辊	中胶辊	后胶辊	紧压胶辊
1.014	1.001	1.031	1.026	1.560	1.023	0.35	0.30	0.30	0.25

齿轮的齿数

Z_A	Z_B	Z_C	Z_D	Z_{F_1}/Z_{F_2}	Z_G	Z_I	Z_J	Z_K	Z_L
86	94	57	95	23/33	31	55	76	27	53

（续　表）

精梳工艺

机型	精梳条定量(g/5 m)		回潮率(%)	并合数(根)	总牵伸倍数		线密度(tex)	落棉率(%)	给棉方式	给棉长度(mm)	转速(r/min)	
	干重	湿重			机械	实际					锡林	毛刷
SXF1269A	22.93	24.31	6	8	89.1	108.66	4 975.81	18	后退给棉	5.23	280	939

牵伸倍数分配						隔距			
圈条压辊～前罗拉	前罗拉～后罗拉	后罗拉～车面压辊	车面压辊～分离罗拉	分离罗拉～给棉罗拉	给棉罗拉～承卷罗拉	落棉隔距(刻度)	梳理隔距(mm)	顶梳进出隔距(mm)	顶梳高低隔距(挡)
1.028	13.24	1.137	1.08	5.62	0.99	9	0.40	1.5	+0.5

主牵伸罗拉握持距(mm)	锡林定位(分度)	分离罗拉顺转定时刻度	加压(N/端)			
			中胶辊	后胶辊	分离胶辊	前胶辊
40	37	−1	380	560	560	300

齿轮的齿数

Z	Z_2	A	B
50	20	33	30

三、SXF1269A 型精梳机传动与工艺计算

（一）精梳机的传动

SXF1269A 型精梳机的传动图如图 5-25 所示，传动路线如下：

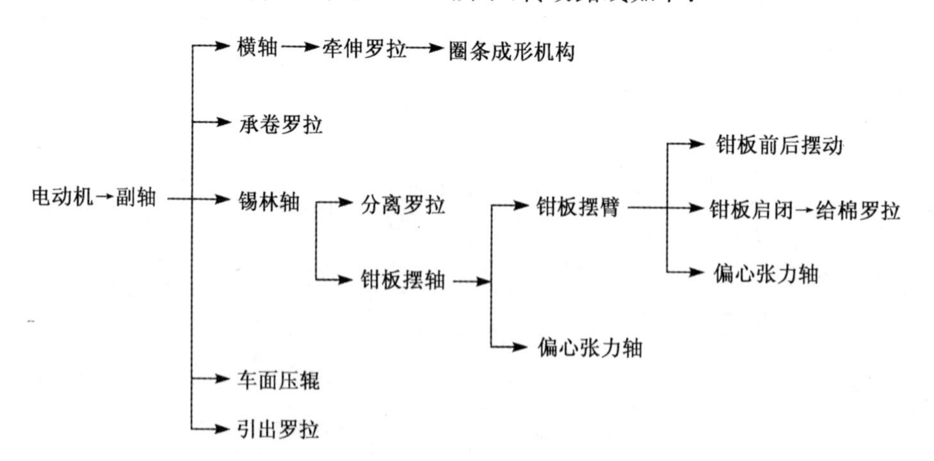

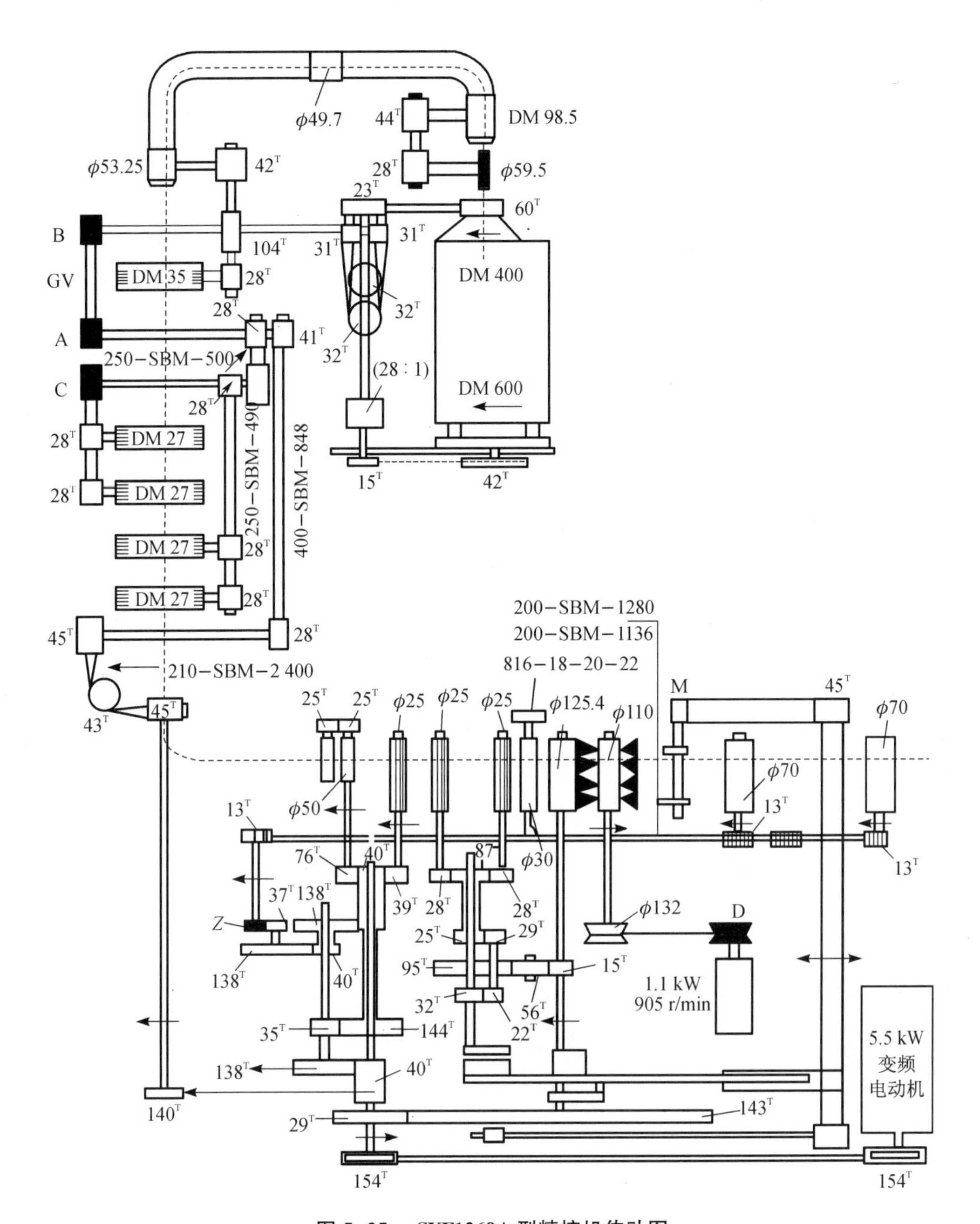

图 5-25　SXF1269A 型精梳机传动图

(二) 精梳机的工艺计算

1. 速度计算

(1) 锡林速度 n_1。

$$n_1(\mathrm{r/min}) = n \times \frac{154}{154} \times \frac{29}{143} = \frac{29}{143} \times n$$

式中：n 为变频电机的转速(r/min)。

(2) 毛刷速度 n_2。

$$n_2(\text{r/min}) = 905 \times \frac{D}{132} = 6.856P$$

式中:D 为电机皮带盘直径(mm)(有 109 mm、132 mm 两种)。

2. 每钳次的给棉长度与输出长度

(1) 承卷罗拉的喂棉长度 L_1。

$$L_1(\text{mm/ 钳次}) = \pi \times 70 \times \frac{13 \times 37 \times 40 \times 40 \times 35 \times 40 \times 143}{13 \times Z \times 138 \times 138 \times 144 \times 138 \times 29} = \frac{237.48}{Z}$$

式中:Z 为给棉齿轮齿数(有 44^T、45^T、49^T、50^T、51^T、55^T、56^T 几种)。

(2) 给棉罗拉的给棉长度 A(mm/钳次)。

$$A = \frac{30\pi}{Z_2}$$

式中:Z_2为给棉棘轮齿数(有 16^T、18^T、20^T 三种)。

(3) 分离罗拉的有效输出长度 S。

$$S(\text{mm/ 钳次}) = \frac{15}{95} \times (\frac{29 \times 32}{22 \times 25} - 1) \times \frac{87}{28} \times 25\pi = 26.48$$

3. 牵伸计算

(1) 部分牵伸。

① 给棉罗拉～承卷罗拉:

$$E_1 = \frac{A}{L_1} = 0.397 \times \frac{Z}{Z_2}$$

② 分离罗拉～给棉罗拉:

$$E_2 = \frac{S}{A} = 0.281 \times Z_2$$

③ 输出罗拉～分离罗拉:

$$E_3 = \frac{\frac{40 \times 35 \times 40 \times 143}{39 \times 144 \times 138 \times 29} \times 25\pi}{26.48} = 1.056$$

④ 车面压辊～输出罗拉:

$$E_4 = \frac{39 \times 50\pi}{76 \times 25\pi} = 1.026$$

⑤ 后罗拉～车面压辊:

$$E_5 = \frac{28 \times 28 \times 28 \times 45 \times 40 \times 138 \times 144 \times 76 \times 27\pi}{28 \times 70 \times 41 \times 45 \times 140 \times 40 \times 35 \times 40 \times 50\pi} = 1.137$$

⑥ 后区牵伸:

$$E_6 = \frac{C \times 28 \times 27\pi}{28 \times 28 \times 27\pi} = \frac{C}{28}$$

式中:C 为牵伸变换齿轮齿数(有 32^T、38^T、42^T 三种)。

⑦ 牵伸装置总牵伸倍数:

$$E_7=\frac{104\times A\times 70\times 28\times 35\pi}{28\times B\times 28\times 28\times 27\pi}=12.037\times\frac{A}{B}$$

式中:A,B 为总牵伸变换齿轮的齿数(有 30^T、33^T、38^T、40^T 四种)。

⑧ 圈条压辊～前罗拉:

$$E_8=\frac{28\times(53.25+2)\times 44\times 59\pi}{42\times(98.5+2)\times 28\times 35\pi}\times 1.05=1.019$$

式中:1.05 为压辊的沟槽系数。

(2) 圈条压辊～承卷罗拉的总牵伸。

$$E=\frac{44\times 55.25\times 104\times A\times 28\times 45\times 138\times 144\times 138\times 138\times Z\times 59.5\pi}{28\times 100.5\times 42\times B\times 41\times 45\times 140\times 35\times 40\times 40\times 37\times 70\pi}$$

$$=1.62\times\frac{A\times Z}{B}$$

(3) 实际牵伸倍数 E_1。

$$E_1=\frac{G\times 5}{g}\times 8$$

式中:G 为精梳小卷定量(g/m);g 为精梳条的定量(g/5 m)。

设精梳机的落棉率为 a,则机械牵伸倍数 E 与实际牵伸倍数 E_1 的关系为:

$$E=E_1(1-a)$$

4. 精梳机的产量

(1) 理论产量 P[kg/(台·h)]。

$$P=\frac{n_1\times 60\times G\times 8\times(1-a)}{1\,000\times 1\,000}\times A$$

式中:G 为精梳小卷定量(g/m);a 为精梳机的落棉率(%);A 为给棉长度(mm);n_1 为锡林转速,(r/min)。

(2) 定额产量。

定额产量=理论产量×时间效率

精梳机的时间效率一般在 90%左右。

四、精梳条质量控制

(一) 棉精梳条的质量指标

精梳条的质量因精梳机机型、原料不同会有较大差异。在正常配棉的情况下,一般棉精梳条质量指标的控制内容及控制范围参考值见表 5-7,表 5-8 所示为精梳落棉率的控制范围,表 5-9所示为 2007 年乌斯特公报棉精梳条干 CV 值水平。

表 5-7 精梳条质量参考指标

精梳条干 CV 值(%)	精梳条短绒率(%)	精梳条质量不匀率(%)	精梳后棉结清除率(%)	精梳后杂质清除率(%)	机台间条子质量不匀率(%)
<3.8	<8	<0.6	<17	<50	<0.9

表5-8 精梳落棉率参考指标

纺纱线密度(tex)	30～14	14～10	10～6	<6
精梳落棉率(%)	14～16	15～18	17～20	>19
落棉含短绒率(%)	>60			

表5-9 乌斯特公报的棉精梳条干水平

条子定量(ktex) 条干水平(%)	2.5～3.5	3.5～4.5	4.5～5.5	5.5～6.5
5	1.65～1.71	1.71～1.74	1.74～1.76	1.76～1.80
25	1.90～1.95	1.95～1.98	1.98～2.01	2.01～2.04
50	2.20～2.24	2.24～2.28	2.28～2.32	2.32～2.35
75	2.50～2.57	2.57～2.63	2.63～2.68	2.68～2.73
95	2.87～2.98	2.98～3.04	3.04～3.07	3.07～3.14

注:乌斯特公报自2007年后,条子部分只有末道并条的质量统计,而取消了生条和精梳条的质量统计

(二)棉精梳条质量控制

棉精梳条质量控制主要包括棉结杂质及条干不匀的控制等内容。

1. 精梳条的结杂控制

精梳后棉结杂质的清除率与精梳机工艺参数设计、机械状态、精梳准备工艺等因素有关。

当精梳条的结杂过高时,可采取以下措施:

改进小卷准备工艺,提高小卷质量;放大落棉隔距;采用后退给棉;采用大齿密的整体锡林;合理确定毛刷对锡林的清扫时间;调整毛刷插入锡林的深度。

2. 棉精梳条条干不匀的控制

棉精梳条条干 CV 值过大的原因主要有以下几种:

① 棉网成形不良,如棉网中纤维前弯钩、鱼鳞斑、破洞等。

② 精梳机牵伸装置不良,如牵伸形式不合理(如两对简单罗拉牵伸)、牵伸罗拉和胶辊弯曲、牵伸齿轮磨灭等。

③ 牵伸工艺不合理,如牵伸罗拉隔距过大、胶辊加压不足等。

④ 小卷、棉网及台面棉条张力过大,意外牵伸大。

要降低精梳条的条干不匀,首先要合理确定弓形板定位、钳板闭口定时及分离罗拉顺转定时。弓形板定位过早或过晚对棉丛的接合、分离工作都不利。弓形板定位的掌握原则是:在分离罗拉倒入机内的棉丛不被锡林末排针抓走的情况下,弓形板定位越晚越好。一般情况下,弓形板定位应根据所加工纤维的长度来确定。钳板闭口定时根据弓形板定位而定,在锡林第一排针与钳板相遇时闭合即可。分离罗拉顺转定时应根据弓形板定位、落棉隔距、纤维长度及给棉长度确定。其次,要合理确定精梳机各部分的张力牵伸,减少意外伸长。如在不涌条的情况下,尽可能把分离罗拉输出的棉网张力牵伸及牵伸后的棉网张力牵伸降到最小,以减小意外伸长,提高精梳条的条干均匀度。另外,还要保证良好的机械状态,如保持锡林与顶梳梳针不嵌花、钳板的握持力良好,以及分离罗拉、牵伸罗拉和分离牵伸胶辊回转灵活、棉条通道光洁等。最后,确定合理的精梳条定量、牵伸装置的牵伸倍数、罗拉隔距、胶辊加压量等,使牵伸波降到

最小限度。

习题

1. 精梳纱与普梳纱的质量有何不同?
2. 精梳工序的任务是什么?
3. 精梳准备工序的任务是什么?
4. 棉精梳准备工艺流程有哪些?各有何特点?
5. 何为精梳准备工序的偶数准则?有什么意义?
6. 棉精梳机的一个工作循环可分为哪几个阶段?每一阶段中主要机件是如何配合的?
7. 什么是喂给系数?什么是重复梳理次数?
8. 什么是给棉长度?给棉长度对梳理质量及精梳落棉率有何影响?
9. 什么是前进给棉?什么是后退给棉?试比较两者的梳理效果及精梳落棉率。
10. 什么是棉精梳机的分离隔距与落棉隔距?它们与精梳机的梳理效果及精梳落棉率的关系如何?
11. 棉精梳时怎样选择给棉方式和给棉长度?
12. 棉精梳机锡林定位的实质是什么?有何意义?
13. 精梳条的定量有何实际意义?如何选择?
14. 棉精梳条有哪些质量指标?范围是多少?
15. 如何降低棉精梳条的棉结杂质?
16. 棉精梳条的条干不匀与哪些因素有关?

第六章　并　　条

第一节　概　　述

纤维原料经过前几道工序的开松、除杂、混合及梳理之后，制成了连续的条状半制品，即条子，又称生条。但还不能利用环锭细纱机或大部分的新型纺纱机直接将其加工成细纱，因为生条的质量和结构状态离最终成纱的要求还有很大差距。生条中存在大量的弯钩和屈曲状纤维，并有部分小纤维束存在，即纤维的伸直度、平行度和分离度都还较差。精梳棉条中的纤维伸直度、平行度和分离度虽然较高，但精梳条本身的条干均匀度较差，如果不经并合工序直接加工成细纱，必将影响成纱的质量。所以，无论是生条还是精梳条，都必须经过并条工序，利用并合、牵伸及自调匀整作用，制成均匀度和结构都显著改善的条子(亦称熟条)。

一、并条的目的与任务

(一) 并合

将若干根棉条并合，使不同条子的粗细段能够随机叠合，从而改善喂入棉条的中长片段均匀度，使熟条的质量不匀率降到1%以下。

(二) 牵伸

利用罗拉牵伸机构将喂入棉条抽长拉细，使输出棉条与喂入棉条的定量基本保持一致；同时，使喂入棉条中纤维的伸直度、平行度和分离度得到提高，为最终纱线强力的提高和均匀度的改善提供保障。

(三) 混合

利用反复并合与牵伸的方法使棉条中各种不同性能的纤维得到充分、均匀的混合，保证条子中的纤维在混合成分和截面分布状态两个方面的均匀，从而保证成纱性能稳定、均匀，尤其是染色均匀。

(四) 成条

将并合后的棉条按照一定的规律圈放在棉条筒中，供下道工序使用。

二、并条的工艺过程

并条机的型号不同，机器的结构也有所不同，但总体都由三大部分构成，即喂入部分、牵伸部分和圈条成形部分。喂入部分包括棉条筒、棉条和棉条喂入机构。棉纺喂入机构的形式包括高架式和平台式两种形式，主要机件包括导条辊、导条罗拉、集束喇叭、导条台和导条凸钉

(导条柱)等。牵伸机构主要包括牵伸装置、加压装置和上下罗拉的清洁装置。牵伸装置的形式随机器型号不同而异,主要形式包括压力棒曲线牵伸、多皮辊曲线牵伸等。成形部分的主要机件包括弧形导条管、喇叭口、压辊、圈条盘、棉条筒等(图 6-1)。

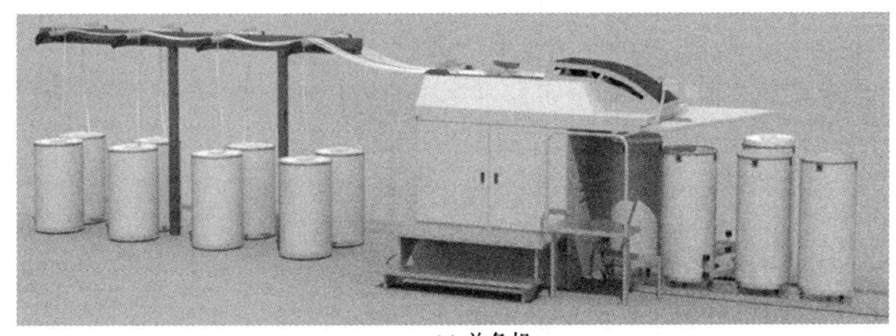

(a) 并条机

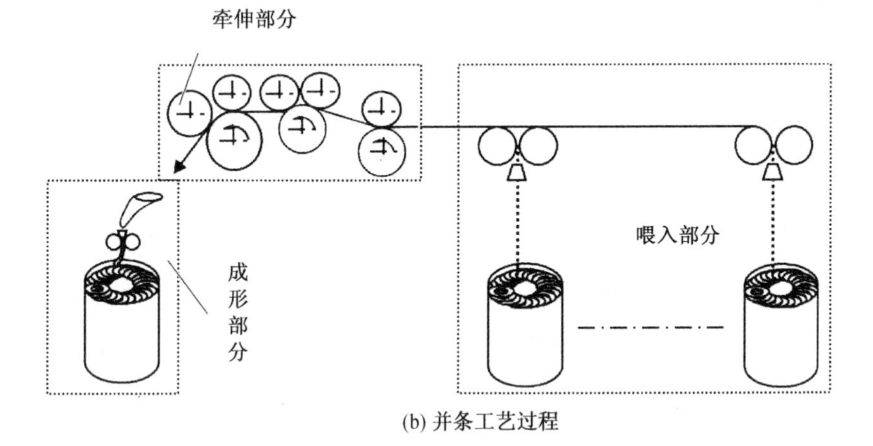

(b) 并条工艺过程

图 6-1 并条机及其工艺过程示意图

图 6-1(b)为棉纺并条机工艺过程示意图。在导条罗拉及压辊的积极引导下,棉条从条筒中引出,经过集束喇叭、压辊钳口后,顺着机器方向平行排列,并向前运动(如果是平台式喂入机构,需要先通过导条柱转 90°后再平行排列),在前方罗拉的引导下进入牵伸机构,通过牵伸机构将条子抽长拉细,然后由前罗拉输出。输出的条子依次经过弧形导条管、喇叭口、压辊、圈条斜管齿轮,将棉条按照一定的规律圈放在棉条筒当中。

第二节 牵伸的基本原理

一、定义

(一) 牵伸定义及实现牵伸的条件

1. 牵伸

所谓牵伸就是把纤维集合体(须条)有规律地抽长拉细的过程。其实质是纤维沿须条的轴线方向做相对位移，使其分布在更长的片段上。其结果不仅是使须条横截面内的纤维根数减少，即单位长度的质量减少，而且使须条中纤维的伸直度、分离度和平行度得到显著改善。

2. 实现罗拉牵伸的条件

欲将纤维集合体抽长拉细，可以采用不同的手段。当采用不同速度比的罗拉将纤维集合体抽长拉细时，称为罗拉牵伸。罗拉牵伸机构的基本构成单元是牵伸区(图 6-2)。一个牵伸区要想能够实现牵伸，必须具备以下三个条件：

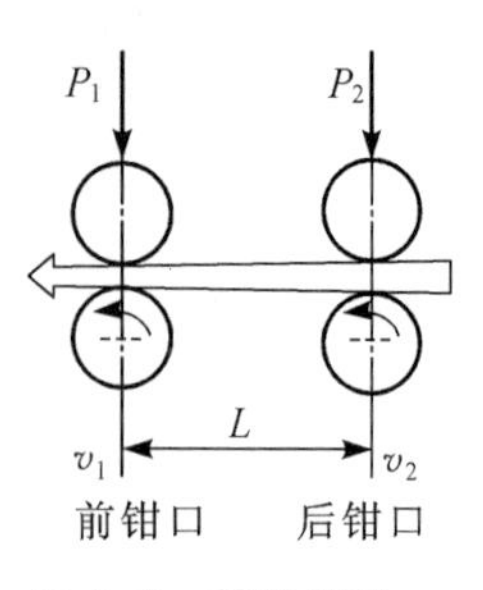

图 6-2 简单罗拉牵伸区

(1) 至少有两个积极握持的罗拉钳口，即上罗拉上必须施加相应的压力，使罗拉钳口具有足够的、稳定的握持与牵伸纤维的能力。

(2) 两个罗拉钳口之间的距离(L)要(略)大于纤维的长度。

(3) 输出罗拉钳口的线速度必须大于喂入罗拉钳口的线速度(即 $v_1 > v_2$)。

(二) 牵伸倍数

牵伸的程度用牵伸倍数表示，它可以用牵伸前、后须条的定量、线密度或截面内纤维根数的比值求得，也可以用牵伸机构的前、后罗拉线速度的比值求得。

1. 实际牵伸倍数

实际牵伸倍数 E_1 指牵伸前、后条子的实际拉长或拉细程度的比值。

$$E_1 = \frac{W_1}{W_2} = \frac{\mathrm{Tt}_1}{\mathrm{Tt}_2} = \frac{N_1}{N_2} = \frac{L_2}{L_1}$$

式中：W_1 为牵伸前纤维集合体的定量；W_2 为牵伸后纤维集合体的定量；Tt_1 为牵伸前纤维集合体的线密度；Tt_2 为牵伸后纤维集合体的线密度；N_1 为牵伸前纤维集合体截面内纤维根数；N_2 为牵伸后纤维集合体截面内纤维根数；L_1 为牵伸前纤维集合体的长度；L_2 为牵伸后纤维集合体的长度。

2. 机械牵伸倍数

根据前、后罗拉的线速度比值计算出来的牵伸称为机械牵伸倍数 E_2，又称为理论牵伸倍数或计算牵伸倍数。而在实际牵伸过程中，由于存在纤维的散失、罗拉的滑溜、须条的回缩等因素，实际牵伸倍数与机械牵伸倍数有一定的差异。

$$E_2 = \frac{v_1}{v_2}$$

式中：v_1 为前罗拉的线速度；v_2 为后罗拉的线速度。

3. 牵伸效率及配合率

实际牵伸倍数与机械牵伸倍数的数值通常不相等，两者之比的百分率称为牵伸效率，通常用 η 表示。该值通常小于 1，但特殊情况下也会大于 1。牵伸效率的倒数叫作牵伸配合率。实际生产中用得更多的是牵伸配合率。牵伸配合率是根据同类机台、同类产品的长期实践经验的积累，经过长期摸索得出的经验值。在工艺设计时，根据需要的实际牵伸倍数和牵伸配合率计算出机台的机械牵伸倍数，然后在机器上进行调整或设置，这样才能够生产出预定定量的产品。

$$\eta=\frac{E_1}{E_2}\times 100\%$$

4. 总牵伸倍数与部分牵伸倍数

牵伸装置通常由若干对罗拉钳口构成。从理论上讲，只要有两对罗拉钳口就可以构成一个罗拉牵伸区，对须条进行牵伸。但实际上，一个牵伸装置通常都是由两个以上的牵伸区构成的(图 6-3)。牵伸装置中相邻的每两个罗拉钳口之间的牵伸倍数叫作部分牵伸倍数，而最后一个罗拉钳口与最前面一个罗拉钳口之间的牵伸倍数叫作总牵伸倍数。

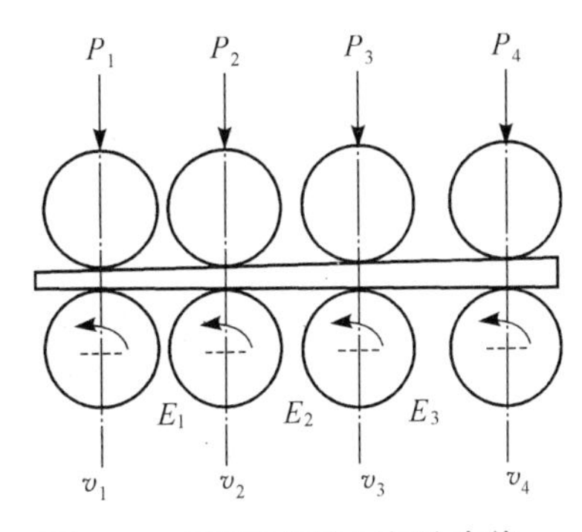

图 6-3 总牵伸倍数与部分牵伸倍数之间的关系

图 6-3 中，各牵伸区的牵伸倍数分别为：

$$E_1=\frac{v_1}{v_2};\ E_2=\frac{v_2}{v_3};\ E_3=\frac{v_3}{v_4}$$

则总牵伸倍数为：

$$E=E_1\times E_2\times E_3=\frac{v_1}{v_2}\times\frac{v_2}{v_3}\times\frac{v_3}{v_4}=\frac{v_1}{v_4}$$

即总牵伸倍数等于各部分牵伸倍数的乘积。

二、摩擦力界

须条经过并合之后还需要牵伸。在罗拉牵伸的过程中，处于牵伸区中的各根纤维，其受力、运动状态和变速位置等都是不确定的。这些不确定性导致了牵伸后须条中纤维排列不规则，致使须条的短片段均匀度恶化，恶化的程度与牵伸机构的形式和工艺参数的设定有关。无论是并条机的牵伸，还是粗纱机和细纱机的牵伸，只要须条经过牵伸，其短片段均匀度都会恶化。

(一) 牵伸区内的摩擦力界分布

罗拉牵伸机构的基本构成单元就是罗拉牵伸区，一个牵伸区通常由前后两个罗拉钳口组成。须条在钳口下方经过时，由于上罗拉的重力及加压装置施加的压力，纤维与机件之间、纤维与纤维之间都会产生摩擦力。施加在牵伸区中纤维上的摩擦力所构成的空间称为摩擦力界。它是一个三维空间，具有一定的长度、宽度和高度。但在对其进行研究时，一般分成两个方向，即：沿纱条运动方向的纵向摩擦力界和沿罗拉轴线方向的横向摩擦力界。

图 6-4 所示为罗拉钳口处纵向摩擦力界和横向摩擦力界的分布曲线。罗拉钳口的上罗拉通常为弹性胶辊，加压机构的压力通过胶辊首先施加在钳口线处的须条上，然后通过须条中相邻纤维间的传递作用，把受力范围向钳口线两侧不断延伸，形成了如图 6-4(a)所示的纵向压力分布曲线。当前、后两个罗拉钳口以不同速度运动而对须条进行牵伸时，须条中纤维间的压力分布就转换成了摩擦力分布。

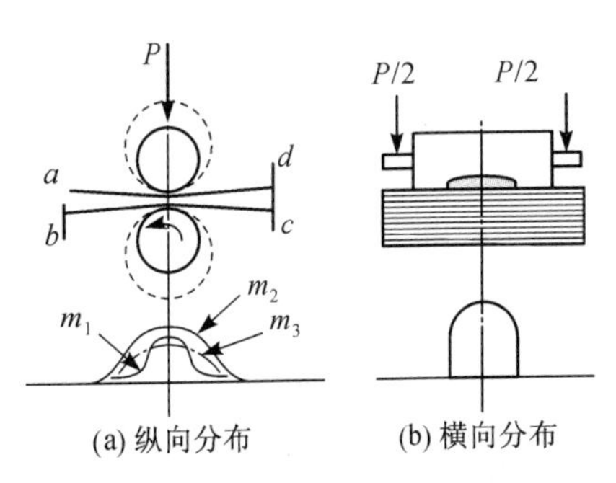

图 6-4 罗拉钳口处摩擦力界分布状态曲线

在钳口线(罗拉轴线)方向，由于上罗拉(胶辊)良好的弹性变形能力，在足够大的压力作用下，钳口下的须条实际上被上下罗拉包裹着。但在须条由圆形压成扁形的过程中，沿钳口线方向的横向各点的受压程度不同，产生的摩擦力大小不同，形成了如图 6-4(b)所示的横向摩擦力界分布。

牵伸区内两对罗拉钳口的摩擦力界分布连贯起来就构成了该牵伸区的摩擦力界分布，如图 6-5 所示。

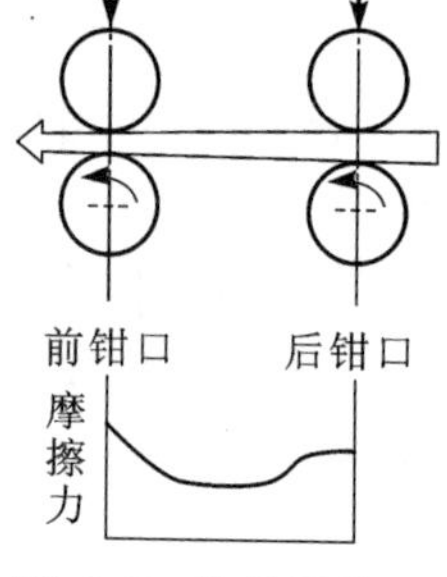

图 6-5　简单罗拉牵伸区的摩擦力界分布规律

(二) 影响摩擦力界分布的因素

牵伸区内摩擦力界的分布如图 6-4(a)中 m_1所示。

1. 罗拉加压

加压越大，须条上受到的压力越大，摩擦力界的峰值越高；而压力增大，皮辊的变形也大，须条与罗拉接触的范围加大，摩擦力界的纵向延伸范围加大，如图 6-4(a)中 m_2所示。压力减小时，摩擦力界的变化正好与此相反。

2. 罗拉直径

罗拉加压不变，而直径增加时，钳口处纤维与罗拉的接触面积加大，压强减小，故摩擦力界的峰值减小；但纵向分布范围会扩大，如图 6-4(a)中 m_3所示。

3. 纱条的定量

纱条定量增加时，钳口下须条的厚度和宽度均有所增加，此时，摩擦力界的纵向和横向均会延伸，但因须条单位面积上的压力减少，所以摩擦力界的峰值会减小。

4. 罗拉隔距

罗拉隔距加大，摩擦力界的总体强度会降低。

5. 附加牵伸元件

附加牵伸元件的布置等对摩擦力界的分布也会产生影响。

(三) 牵伸区内纤维分类及纤维受力

图 6-6 所示为牵伸区内纤维数量分布。牵伸区中的纤维，从受控制状态来分，分为受前罗拉(F)钳口控制的前纤维、受后罗拉(B)钳口控制的后纤维，以及既没有被前钳口控制也没有被后钳口控制的浮游纤维。前纤维以前罗拉线运动，后纤维以后罗拉线运动。只有浮游纤维的运动状态不确定，它是以快速还是以慢速运动，完全取决于它在牵伸区中的受力情况。当它周围的快速纤维对它的作用力(引导力)大于慢速纤维对它的作用力(控制力)时，它就以快速运动；反之，它就以慢速运动。所以，从速度来看，牵伸区中的纤维只有快速纤维和慢速纤维两种。图 6-6 中：$N(x)$为牵伸区中纤维总的数量分布曲线；$N_2(x)$为后罗拉钳口控制纤维的数量分布曲线；$N_1(x)$为前罗拉钳口控制纤维的数量分布曲线；M 点为快、慢速纤维数量相等点；其距前罗拉钳口的距离 R 值与牵伸倍数有关。图 6-6(b)为根据图 6-6(a)变形后的曲线，相当于把快速纤维由下方等量地移动到上方，图中空白的地方就是浮游纤维。图6-6(c)为根据图 6-6(b)将浮游纤维归结到快速纤维和慢速纤维之后的纤维数量分布曲线，其中 $K(x)$代表慢速纤维，$k(x)$代表快速纤维。

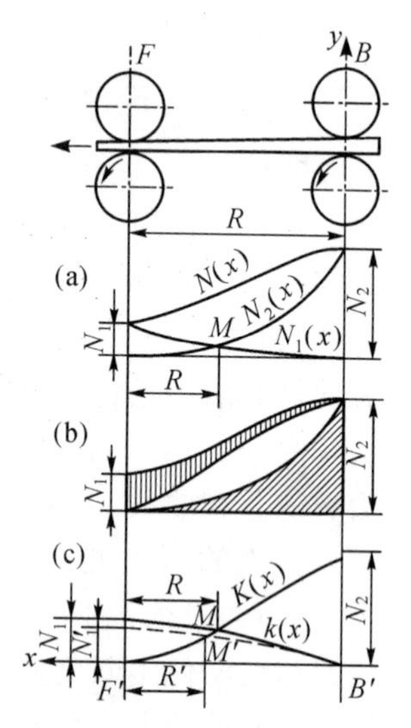

图 6-6　牵伸区内纤维数量分布

1. 控制力和引导力

一根浮游纤维上受到周围所有慢速纤维对其作用力的总和称为该浮游纤维所受到的控制力；一根浮游纤维上受到周围所有快速纤维对其作用力的总和称为该浮游纤维所受到的引导力。

图 6-7(b)所示为牵伸区中任意一根浮游纤维的受力情况。x 表示纤维所处的位置；l 是该根浮游纤维的长度；a 是该根纤维的尾端距后钳口的距离；$p(x)$ 为该位置处的摩擦力界强度。

该纤维在 X 处与快、慢速纤维的接触概率分别为 $k(x)/N(x)$ 和 $K(x)/N(x)$，则作用在浮游纤维整个长度上的引导力 F_A 与控制力 F_B 分别是：

$$F_A=\int_a^{a+l}\frac{k(x)}{N(x)}\mu_v p(x)\mathrm{d}x\ ;\ F_B=\int_a^{a+l}\frac{K(x)}{N(x)}\mu_0 p(x)\mathrm{d}x$$

式中：μ_v，μ_0 分别为纤维的动摩擦系数和静摩擦系数。

图 6-7(c)中，M 为快速纤维与慢速纤维分布曲线的交点。由于浮游纤维的周围既有快速纤维，又有慢速纤维，从上面的引导力和控制力的表达式可知，若不计 μ_v 与 μ_0 的差异，则当快速纤维数量 $k(x)$ 与慢速纤维数量 $K(x)$ 相等时，作用在该浮游纤维上的引导力与控制力相等，该纤维将开始以快速运动。M 点是快、慢速纤维数量相等的点，浮游纤维在此处发生变速的概率最大，故其可以看作是浮游纤维的理论变速点。

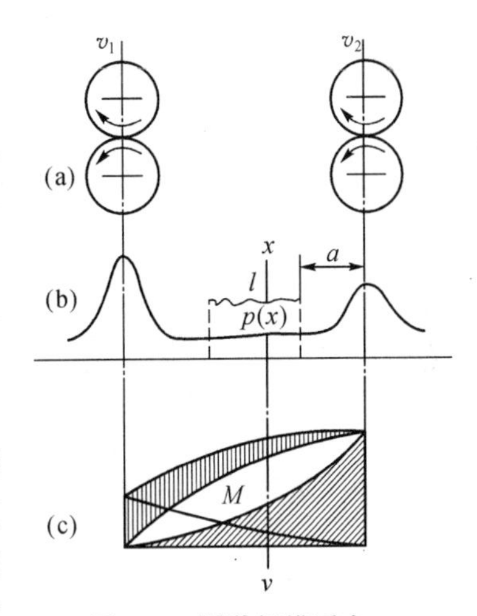

图 6-7 浮游纤维受力

2. 牵伸力与握持力

须条在牵伸过程中，牵伸区中所有快速纤维从慢速纤维中抽出时所受到的摩擦阻力的总和称为牵伸力，即所有快速纤维受到的控制力的总和；握持力是指罗拉钳口对须条的握持抽拔力，它是作用在须条上用于克服牵伸力的摩擦力，其值取决于钳口的压力以及罗拉与纤维间的摩擦系数。

牵伸力 F_d 可表达如下：

$$F_d=\int_0^{l_m}\frac{K(x)}{N(x)}k(x)\mu p(x)\mathrm{d}x$$

罗拉的握持力必须与牵伸力相适应，如果罗拉的握持力不足以克服须条所受的牵伸力时，就会出现须条在罗拉下的打滑，造成牵伸效率降低，甚至无法牵伸、出“硬头”(牵伸不开)等不良后果。

3. 影响牵伸力的因素

通过上述牵伸力的表达式，可以定性看出影响牵伸力的主要因素如下：

(1) 牵伸倍数。图 6-8 所示为牵伸力随牵伸倍数变化而变化的关系。如图 6-6 所示，$N(x)$ 正相关于喂入定量 N_2，$k(x)$ 则正相关于输出定量 N_1。牵伸倍数的增加存在两种情况：一是喂入定量 N_2 不变，而输出定量 N_1 减少；二是输出定量 N_1 不变，而喂

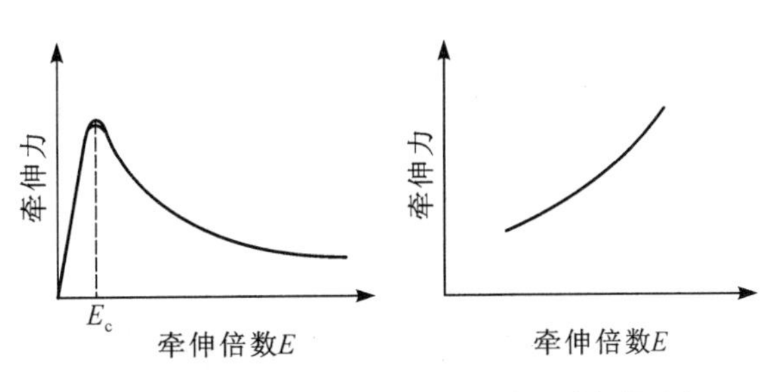

图 6-8 牵伸倍数与牵伸力的关系

入定量 N_2 增加。在第一种情况下，当牵伸倍数等于 1 时，意味着没有牵伸，所以牵伸力为零。随着牵伸倍数的增加，牵伸力迅速增大，原因是此时前钳口下的须条比没有牵伸时有所减少，即快速纤维数量 $k(x)$ 减少，而慢速纤维数量 $K(x)$ 相应增多，因为喂入定量不变，所以，$k(x)+K(x)=N(x)$（近似常量），直到 $K(x)$ 与 $k(x)$ 相当时，达到牵伸力最大值的牵伸倍数 E_c；随后，快速纤维数量 $k(x)$ 继续减少，，而慢速纤维数量 $K(x)$ 继续增多，则牵伸力开始（随牵伸倍数增加而）减少。对应于牵伸力最大值的牵伸倍数 E_c 称为临界牵伸倍数。临界牵伸倍数与纤维的种类、规格、表面特性、结构状态及须条细度等因素有关，一般为 1.4～1.8 倍。在第二种情况下，即输出定量不变，这时增加牵伸倍数意味着加大喂入定量，作用于快速纤维的慢速纤维总数会逐步增加，所以牵伸力会一直增加。可见，牵伸倍数对牵伸力的影响主要是由于牵伸区中纤维数量及快、慢速纤维比例的变化。

(2) 摩擦力界。在输入、输出定量都固定（即牵伸倍数固定）的情况下，影响牵伸力的主要因素就是牵伸区的摩擦力界。而对摩擦力界产生影响的主要因素包括罗拉隔距、罗拉加压和须条厚度等。

罗拉隔距对牵伸力的影响很大，两者之间的关系如图 6-9 所示。隔距过小时（如前、后罗拉钳口间的距离小于某一数值 R_0 时），大量纤维会同时处于前后两个罗拉钳口的强有力的握持之下，牵伸力剧增。此时，如果前钳口下面的纤维很少，或握持力很大，则可能将长纤维拉断；如果前钳口下面的纤维较多，或握持力较小，就会出现牵伸不开、出“硬头”、条干恶化，甚至无法开车。随着隔距的加大，牵伸力将迅速降低，到达一定程度后，牵伸力趋于稳定。

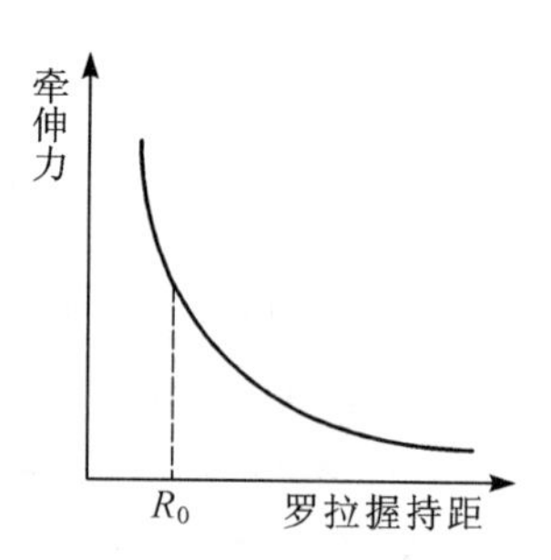

图 6-9　罗拉钳口隔距与牵伸力的关系

罗拉加压增大，摩擦力界的强度和延伸幅度都会增加，牵伸力也会增大。

须条厚度对牵伸力的影响较大，同样定量的纱条，窄厚型截面的牵伸力要大于宽薄型截面的牵伸力。

(3) 纤维形态。伸直平行度差的纤维，相互纠缠严重，因此，牵伸力较大；细纤维由于比表面积大，接触的纤维根数多，所以牵伸力大；长纤维由于在摩擦力界中的受力长度范围大，所以牵伸力较大；表面摩擦系数大的纤维，牵伸力大。

4. 牵伸力的控制与调节

牵伸力对牵伸中的纤维运动有一定的控制作用，但必须与握持力相适应。在牵伸中，遇到罗拉打滑、须条牵伸不开、出“硬头”等现象，实际上就是牵伸力大于握持力的表现。为了保证生产顺利，必须使牵伸力小于罗拉钳口握持（抽拔）力。但影响牵伸力和握持力的因素很多，且过大的握持力会造成机件磨损和动力消耗的增加。因此，必须合理确定牵伸力和握持力。

影响握持力的因素包括罗拉加压、胶辊的硬度、罗拉表面的沟槽等。

当牵伸力过大时，可以适当加大罗拉隔距以降低牵伸力；但罗拉隔距太大，对牵伸区内的纤维运动控制不利。通常采用“紧隔距，重加压”的工艺，既满足牵伸区内的纤维控制要求，又满足牵伸力与握持力相适应的要求。但重加压会增加机件磨损和动力消耗，紧隔距会导致牵伸力随原料性状、相对湿度等的变化更加敏感，牵伸力波动加大，造成突发性纱疵。所以，牵伸工艺是一个复杂的过程，必须结合具体实际，有效地调整与控制。

三、变速点分布与须条不匀

(一) 牵伸区中纤维变速点的分布规律

牵伸区中的纤维可根据其速度分为以后罗拉钳口速度运动的慢速纤维和以前罗拉钳口速度运动的快速纤维。对于某一根纤维来讲，当它刚进入牵伸区时，由于受到后罗拉钳口的强大的摩擦力界作用，因此它以后罗拉速度慢速运动。随着它不断地向前运动，离后钳口越来越远，而离前钳口越来越近，后钳口的摩擦力界对它的影响逐渐减弱，而前钳口的摩擦力界对它的影响逐渐加强。另外，该纤维周围接触的慢速纤维的数量在逐渐减少，而接触的快速纤维的数量在逐渐增多。当它运动到某一位置点时，以前罗拉速度运动的快速纤维对其的作用力(引导力)超过了以后罗拉速度运动的慢速纤维对其的作用力(控制力)，此时，这根纤维就由慢速变为快速。这个由慢速变为快速的位置点称为该纤维的变速点。由于每一根纤维的粗细、长短、表面结构及状态不同，它周围接触的慢速纤维和快速纤维的数量以及作用力的综合作用结果都是变化的，具有很大的随机性，因此，牵伸区中的纤维不会在相同的位置进行变速。牵伸区中所有纤维的变速概率最大点距前罗拉钳口的距离形成了一种分布，即纤维变速点分布，如图 6-10 所示。图中：曲线 1 为牵伸区中所有纤维的变速点分布曲线；曲线 2 为须条中长纤维的变速点分布曲线；曲线 3 为须条中短纤维的变速点分布曲线。短纤维的变速点分布较分散，且离前钳口较远；而长纤维变速点则分布比较集中，且离前钳口较近。

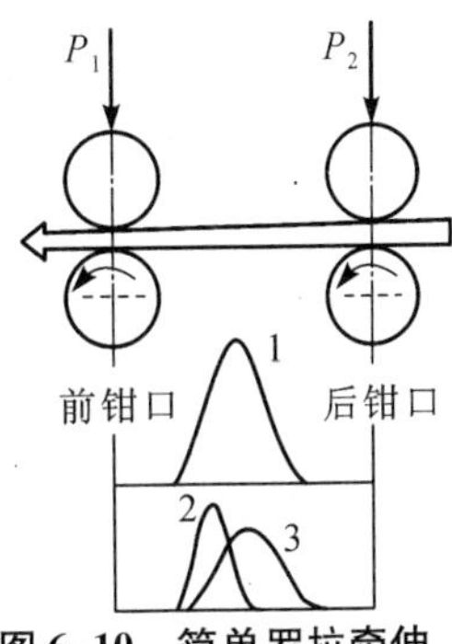

图 6-10　简单罗拉牵伸区内纤维变速点分布

事实上，变速点分布曲线的变化规律与许多因素有关，如钳口压力、须条粗细、牵伸倍数、胶辊的直径及硬度、握持距、纤维品种、纤维规格(长度、细度、整齐度等)和状态(分离度、平行度和伸直度)等。变速点越靠近前钳口且越集中，则对牵伸后的须条条干越有利，附加的牵伸不匀越小。

(二) 须条的不匀

须条中排列的纤维，经过牵伸后，由于各纤维的变速情况不同，破坏了原有的排列，致使须条的(短片段)不匀增加。

1. 理想牵伸状态

所谓理想的牵伸就是假定须条中的所有纤维都是等长、伸直、平行的，且所有的纤维都在牵伸区中某一个相同位置 $x—x$ 处开始变速，即所有纤维在同一截面进行变速。

如图 6-11 所示，在这种理想牵伸状态下，假设须条中原来有两根纤维 A 和 B，它们之间原来的头端距离是 a_0，且 A 纤维在前，B 纤维在后；前罗拉的速度为 v_1，后罗拉的速度为 v_2。这样的两根纤维从后罗拉钳口进入牵伸区之后，首先都以慢速向前运动，当 A 纤维的头端到达 $x—x$ 截面时，开始由慢速变成快速，而 B 纤维仍然以慢速前进，直到 B 纤维的头端到达 $x—x$ 截面，A、B 纤维均以快速运动直到走出牵伸区为止。在这一过程中，A、B 两根纤维的

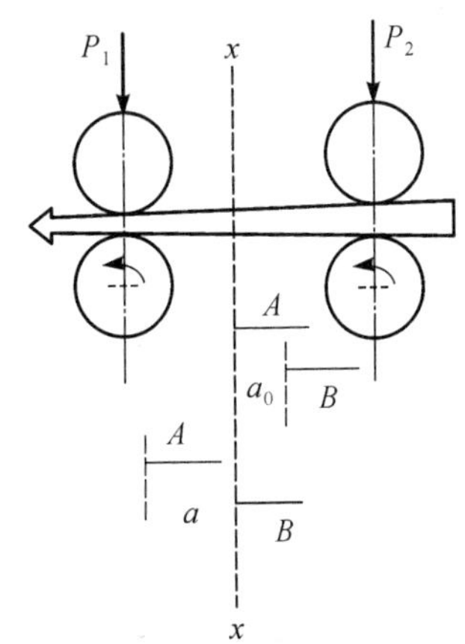

图 6-11　理想牵伸时纤维的移距

头端距离发生了变化。假设牵伸后的头端距离为 a，则：

（1）A 纤维到达变速点时，B 落后变速点 a_0 的距离。

（2）t 时间后，B 纤维也到达变速点，故有 $t=\frac{a_0}{v_2}$。在此时间内，A 纤维已向前运动 v_1t，即 A 纤维与 B 纤维的头端距离变为：

$$a=v_1t=v_1\frac{a_0}{v_2}=\frac{v_1}{v_2}a_0=E\times a_0$$

由此可见，假如所有纤维都在同一位置变速，则经过牵伸之后，任意两根纤维的排列次序没有变化，仅其头端的距离都在原来的基础上扩大了 E 倍，须条被拉长拉细了 E 倍，因此，其纤维的排列及须条均匀度没有因为牵伸而发生改变。

2. 实际牵伸状态及牵伸后须条的附加不匀

在实际牵伸过程中，由于喂入须条中纤维的长度、细度、整齐度、伸直度、平行度等不同，变速不可能在同一个截面上进行。即使是长度一样、整齐度非常好的化学纤维，由于纤维的表面特性差异、状态差异以及其他各种随机因素，也不可能在同一个截面处变速。所以，须条中的任意两根纤维头端距离不会只是简单地放大 E 倍，而是存在一个偏差，即所谓的移距偏差。由于移距偏差的存在，使得须条中的各根纤维经过牵伸后，相互间距和排列次序发生了变化，有的头端距离拉长了，有的头端距离缩短了，使得须条由于牵伸而产生了附加的不匀。目前，因牵伸而造成的附加不匀是无法避免的，只能尽量将其控制在较小的幅度。

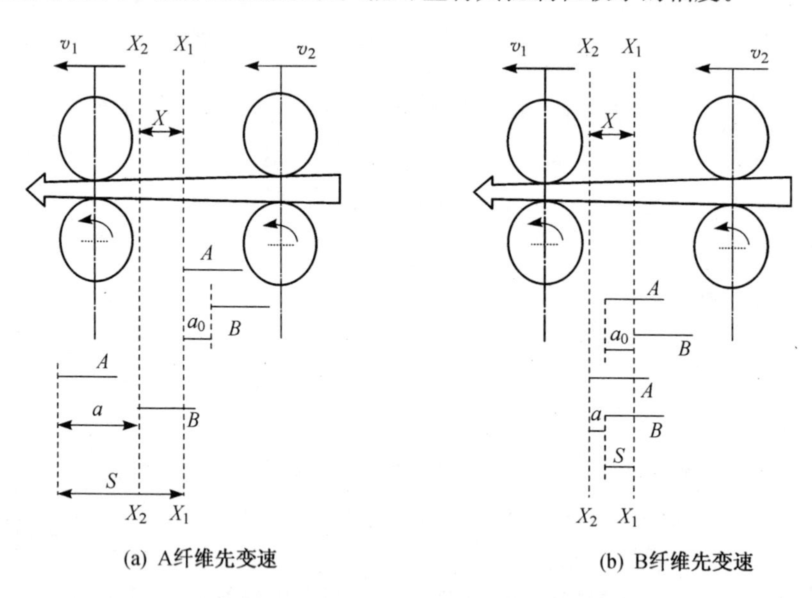

图 6-12　纤维头端在不同位置变速时牵伸前后的移距关系

图 6-12 所示为纤维在不同变速位置变速后的移距情况。仍旧假设任意两根纤维 A 和 B，它们之间原来的头端距离是 a_0，且 A 纤维在前，B 纤维在后；前罗拉的速度为 v_1，后罗拉的速度为 v_2。但 A、B 纤维的变速点不同，这两个变速截面之间的距离是 X；牵伸之后 A、B 两根纤维之间的距离为 a。则牵伸之后两根纤维头端之间的距离计算分以下两种情况：

（1）A 纤维在截面 X_1—X_1 处变速，B 纤维在 X_2—X_2 处变速。

A 纤维到达截面 $X_1—X_1$ 处时，B 纤维还需走 $(X+a_0)$ 距离才能变为快速，即需要的时间为：

$$t=\frac{(X+a_0)}{v_2}$$

而在这段时间内，A 纤维以 v_1 的速度向前走了 S 的距离：

$$S=v_1\times t=v_1\times\frac{(X+a_0)}{v_2}=E\times(X+a_0)$$

因此，牵伸后，两根纤维头端之间的距离变为：

$$a=S-X=E(X+a_0)-X=E\times a_0+(E-1)X$$

(2) B 纤维在截面 $X_1—X_1$ 处变速，A 纤维在 $X_2—X_2$ 处变速。

B 纤维到达截面 $X_1—X_1$ 处变为快速时，A 纤维还需时间 t 才能到达 $X_2—X_2$ 截面：

$$t=\frac{(X-a_0)}{v_2}$$

在时间 t 内，B 纤维以快速向前走的距离为 S：

$$S=v_1\cdot t=v_1\times\frac{(X-a_0)}{v_2}=E\times(X-a_0)$$

牵伸结束后，A、B 两根纤维头端之间的距离变为 a：

$$a=X-S=X-E\times(X-a_0)=E\times a_0-(E-1)X$$

综合以上两种情况，任意两根初始头端距离为 a_0 的纤维，牵伸之后的头端距离归纳为：

$$a=E\times a_0\pm(E-1)X$$

上式中，a_0E 为 E 倍牵伸后纤维头端的正常移距，$\pm X(E-1)$ 为牵伸过程中由于纤维变速点不同而形成的移距偏差，X 为不同变速截面之间的距离。移距偏差与 X 和 E 有关，移距为正值时，意味着纤维头端之间的距离比正常值偏大，结果使纱条变细；当移距偏差为负值时，意味着移距比正常值偏小，纱条会变粗。不论是变粗还是变细，实际上都是增加了输出纱条的不匀，而且这种不匀的大小与 X 值和 E 值的大小成正比。

由此可见，只要经过牵伸就会产生附加不匀，要想减少牵伸附加不匀，唯一的办法就是使变速点尽可能集中，要想完全消除附加不匀是不可能的。

四、牵伸过程中纤维的伸直

(一) 须条中纤维的形态

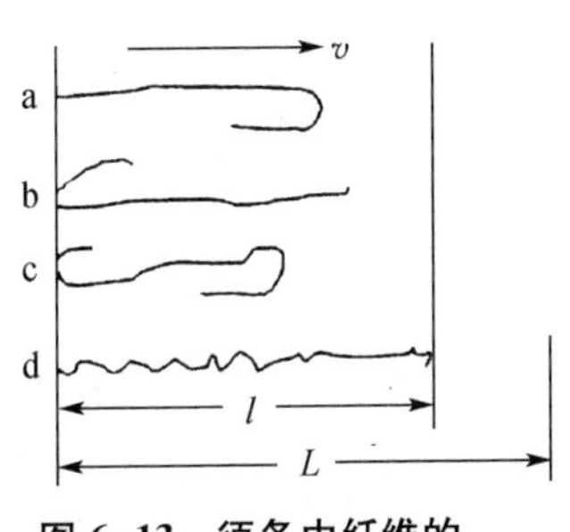

图 6-13 须条中纤维的各种形态

须条中的纤维状态主要是四大类，如图 6-13 所示：a. 前弯钩纤维；b. 后弯钩纤维；c. 两端弯钩纤维；d. 无弯钩的屈曲状纤维。无论是处于哪种状态，结果都是使纤维的最大投影长度 l 小于其实际伸直长度 L。最大投影长度与纤维实际长度的比值反映了纤维的伸直程度，这一比值通常称为单纤维的伸直度系数

η,即:

$$\eta = \frac{l}{L}$$

η大,则表明该纤维伸直程度高。对于前、后弯钩纤维,一般是 $0.5 \leqslant \eta \leqslant 1$。

由于纺纱过程中的研究对象是纤维集合体,故单纤维的伸直度研究意义不大。对于一个纤维束,其伸直度是构成该纤维束的每一根单纤维伸直度的统计加权平均数。

弯钩纤维中较长的部分称为主体,较短的部分称为弯钩。前弯钩和后弯钩都是相对于纤维的运动方向而言的,如图 6-13 中的 a 和 b。

(二)纤维伸直的基本条件

纤维由弯曲变为伸直的过程实际上就是纤维的两端产生相对运动的过程。

纤维伸直必须具备的三个条件:速度差、延续时间和作用力。弯曲纤维的主体和弯钩上面所受的作用力的差异大小是纤维两个端点产生相对运动的根本原因,决定着弯曲纤维能否伸直;而延续的时间长短则决定着伸直程度的大小。

(三)牵伸对弯钩的伸直效果

牵伸在使须条抽长变细的同时,还可以使须条中的纤维得到伸直。纤维的原始状态不同,伸直的难易程度不同,伸直的效果也不同。

如图 6-6(c)所示,牵伸区中快、慢速纤维数量分布曲线的交叉点 M,即该位置处快速纤维和慢速纤维的数量相等,就是牵伸区中纤维变速概率最大点 M。M 点距前罗拉钳口的距离 R 与牵伸倍数的大小有关,牵伸倍数越大,R 越小。

在牵伸过程中,纤维的状态不同,牵伸倍数对其伸直程度的影响不同。对于没有弯钩的屈曲状纤维,伸直是容易的,只要当纤维的中点超过 M 点或者纤维头端进入前钳口,纤维就开始变速伸直。而对于弯钩纤维,情况则相对复杂一些,由于牵伸区中后部的慢速纤维数量多,前部的快速纤维数量少,变速点靠近前钳口,故一般来说,后弯钩易被伸直,而前弯钩不易被伸直。分析如下:

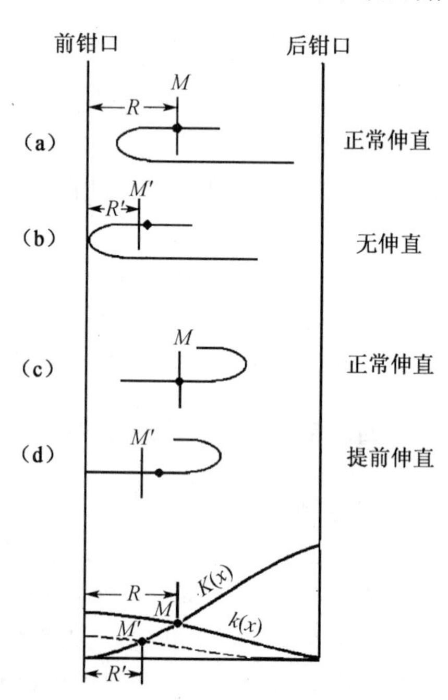

图 6-14 牵伸过程中纤维的伸直

牵伸倍数影响变速点位置,在图 6-14 中,M 为牵伸倍数小时的变速点,其距前钳口的距离 R 大;而 M' 为牵伸倍数大时的变速点,其距前钳口的距离 R' 小。对于前弯钩,如 6-14 图中(a)、(b)所示,当其弯钩部分的中点到达变速点 M 时(此时,牵伸倍数较小),弯钩部分即开始变速,从而与仍保持慢速的主体部分产生相对速度,实现弯钩的伸直(即正常伸直);而在牵伸倍数很大(即变速点为 M')时,前弯钩的中点还没到达变速点 M',但弯钩的头端已到达前钳口,此时弯钩和主体部分一起被前钳口握持而同时变为快速,无法实现纤维的伸直。

对于后弯钩纤维,如图 6-14 中的(c)、(d)所示,在牵伸倍数较小时,当主体部分的中点到达变速点 M 时,其开始以快速运动(弯钩部分仍以慢速运动)而实现纤维的伸直；当牵伸倍数很大时，主体部分的中点虽然还未到达变速点 M'，但主体部分的头端已到达前钳口，使主体部分提前变为快速，即开始伸直时间提前，从而有利于纤维的伸直。

牵伸倍数对前后弯钩的伸直效果如图 6-15 所示，E 为牵伸倍数，η 为纤维牵伸前的伸直系数，η' 为牵伸后的伸直系数，①、②、③分别代表牵伸倍数与伸直效果之间关系的三个区域。

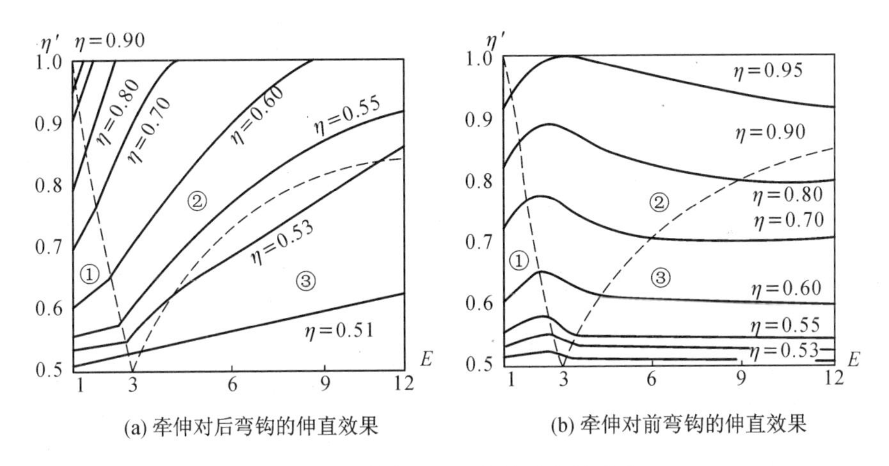

图 6-15 牵伸倍数对弯钩伸直的影响

如图 6-15 所示，后弯钩易被牵伸伸直，随着牵伸倍数的增大，后弯钩的伸直系数总是随之增大。而前弯钩比较复杂：在牵伸倍数较小时，随着牵伸倍数增大，前弯钩伸直系数也增大；当牵伸倍数较大时，前弯钩的伸直效果反而随着牵伸倍数增大而减少；当牵伸倍数更大时，前弯钩无伸直。因此，在牵伸前弯钩纤维为主的条子时，较小的牵伸倍数更有利于条子中纤维的伸直。

五、牵伸机构形式

牵伸机构是并条机的主要机构，牵伸机构的质量不仅影响牵伸的效能，而且直接影响到输出棉条的质量，从而影响最终成纱的质量。牵伸机构实际上包括牵伸装置、加压装置和清洁装置，而牵伸装置是牵伸机构的最主要部分。早期的牵伸装置多为直线牵伸形式，现已淘汰，目前全部采用曲线牵伸。

(一) 几种常见的牵伸装置形式

1. 三上四下曲线牵伸

图 6-16 所示为三上四下曲线牵伸形式。该牵伸形式是由早期的双区牵伸演变过来的，由两对一上一下罗拉钳口和一对一上二下罗拉钳口组成，形成两个牵伸区。根据一上二下罗拉的位置不同，又可分为前置式和后置式两种，但多采用前置式三上四下曲线牵伸装置。该牵伸装置的二罗拉的直径较小，位置较高。这种设计使得主牵伸区的中后部摩擦力界由于包围弧的存在而得到加强，有利于对纤维的控制和变速点的前移与集中，但在后区的前钳口处同时也形成反向包围弧 DE。该反向包围弧不利于对纤维的控制，纤维变速点会更靠后且分散，但对纤维的伸直有一定好处。另外，由于二罗拉的直径过小，高速时易缠绕，所以该种牵伸机构只适合在速度不太高、条子定量比较重的情况下使用。

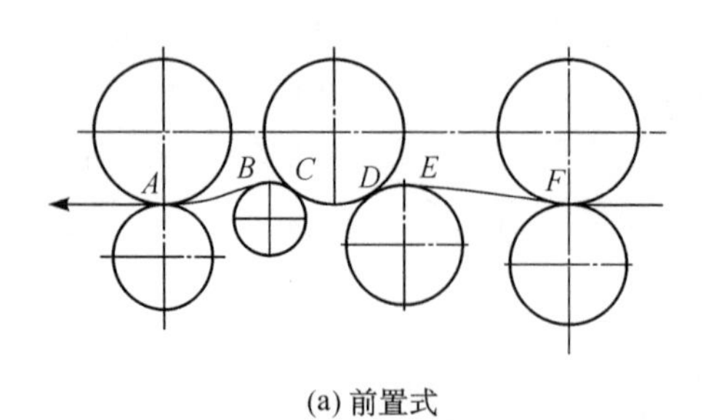

(a) 前置式

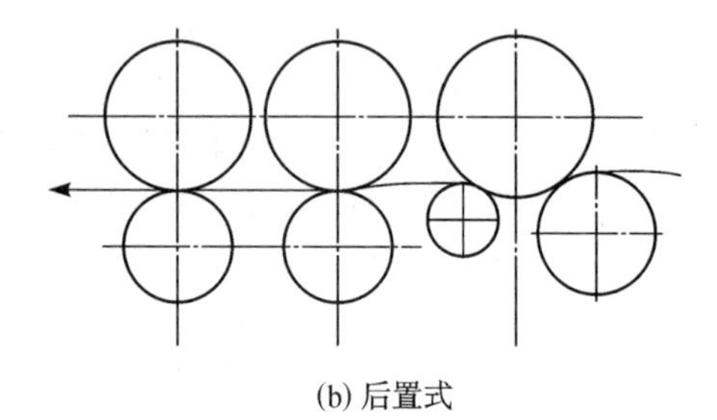
(b) 后置式

图 6-16　三上四下牵伸装置

2. 四上三下加导向皮辊曲线牵伸

图 6-17 所示为多皮辊曲线牵伸形式的一种。所谓多皮辊曲线牵伸是指皮辊的总列数多于下罗拉的总列数,这是目前高速并条机牵伸机构的发展方向之一。从表面上看,该牵伸装置有五个皮辊。实际上,最前面的皮辊是起导向作用的,有利于高速;真正实施牵伸的是后四个皮辊,两个牵伸区的后钳口处都形成包围弧。所以该机构的前后两个牵伸区的摩擦力界布置都对纤维的控制、变速点的前移和集中有利。

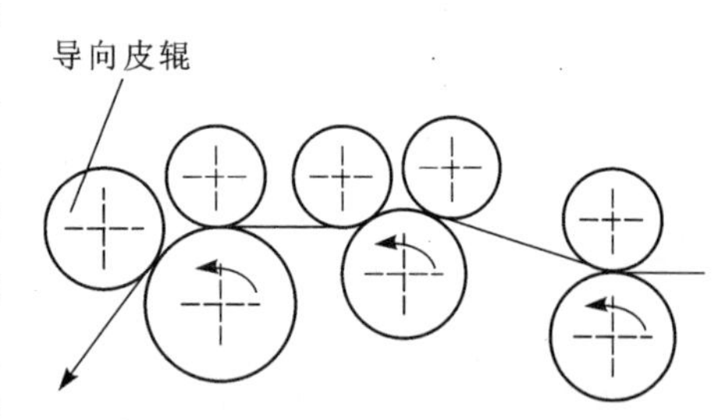

图 6-17　四上三下加导向皮辊曲线牵伸

3. 三上三下压力棒曲线牵伸

压力棒曲线牵伸是目前并条机牵伸机构的主要形式。通过在主牵伸区增加一根压力棒来使须条由直线变为曲线,加强了主牵伸区中后部的摩擦力界强度,利于纤维变速点的前移和集中。压力棒的下压程度可以调节,压力棒的截面形状可以设计。图 6-18 所示为三上三下压力棒曲线牵伸装置,前区为主牵伸区,利用压力棒加强中后部摩擦力界,利于纤维控制;后区没有(如三上四下前置式)反向包围弧,不会造成变速点前移等弊端。但中皮辊既是前区的控制罗拉,又是后区的牵引罗拉,身兼二职,容易产生滑溜。

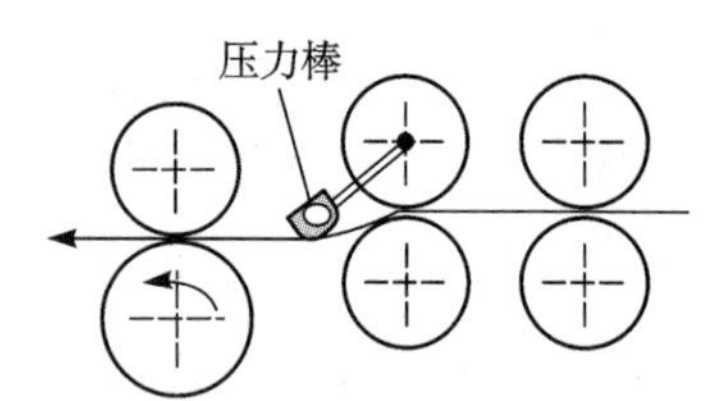

图 6-18　三上三下压力棒曲线牵伸

为了适应并条机的高速,使输出纱条的运动方向与圈条喇叭口的方向更加一致,在前罗拉处加一个导向皮辊就形成了图 6-19 所示的三上三下压力棒加导向皮辊曲线牵伸形式。

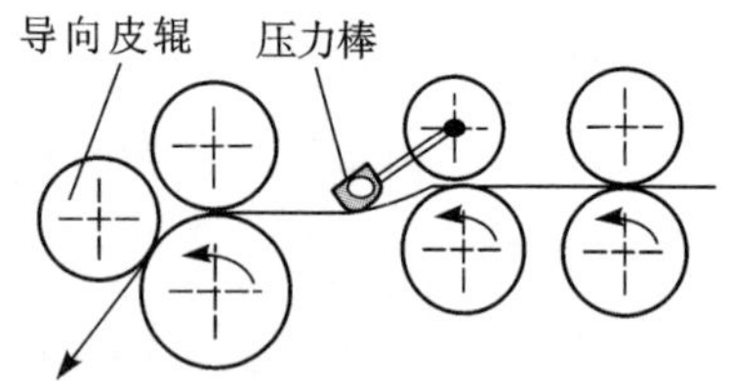

图 6-19　三上三下压力棒加导向皮辊曲线牵伸

4. 四上四下压力棒加导向皮辊曲线牵伸

图 6-20 所示为 FA311 型并条机的牵伸装置。该牵伸机构与三上三下压力棒曲线牵伸相比,增加了一对罗拉钳口,但中间牵伸区的牵伸倍数接近于 1(E=1.018 倍)。所以,该牵伸装置实际上还是两个牵伸区,但它改善了牵伸过程中胶辊的受力情况,使得前牵伸区的后胶辊主要起握持纤维作用,而前胶辊主要起牵引纤维的作用,减少了胶辊滑溜,牵伸效果好。但该机构比三上三下压力棒复杂。

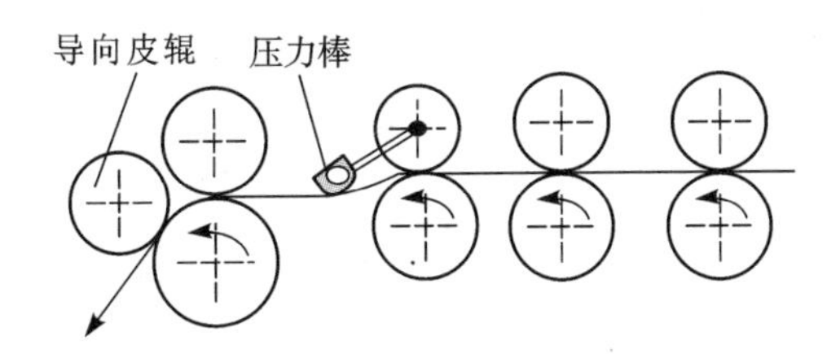

图 6-20 四上四下压力棒加导向皮辊曲线牵伸

(二) 加压装置

通过加压装置加压是有效控制牵伸区中纤维运动的主要手段,加压也是影响牵伸区摩擦力界分布的重要因素之一。仅有合理的牵伸装置形式是不够的,好的牵伸装置要想发挥出优良的性能,罗拉钳口具有足够的、稳定的握持能力是基础。而握持力除了与罗拉的表面特性有关之外,主要与罗拉的加压有关。尤其在高速并条机上,为了保证优质高产,必须防止胶辊跳动和滑溜,钳口握持力必须稳定,这样才能有效控制纤维运动。

目前,为了适应并条机高速、重定量和大牵伸的要求,并条机主要采用摇架加压装置。摇架加压分为弹簧摇架加压和气动摇架加压两种。

1. 弹簧摇架加压

弹簧摇架加压价格便宜,操作简单。并条机上采用螺旋弹簧加压已经有几十年的使用历史,通过不断的技术改进,如采用形变热处理弹簧钢丝、提高加工精度和提高抗疲劳性能等,取得了较好的效果,达到了同一胶辊两端压力的差值小于 5 N 的要求。

2. 单缸气体加压

对胶辊的每一个加压点采用一定容积的气缸,通过调节压力阀来改变进入气缸的气体压力大小;前胶辊和二、三胶辊分别由两条管路供气,通过进气阀分别进行调整,压力调节灵活、调节范围大,胶辊直径的变化和罗拉隔距的变化不会对压力产生影响。

3. 气囊整体加压杠棒分压

利用一个气囊和一套传递机构,对胶辊进行加压。首先由供气系统提供给气囊一定压力的高压气体,然后通过杠棒分压机构将气囊中的高压气体压力分解,传递到每一罗拉上面,获得工艺上所要求的压力。

用高压气体取代弹簧对并条机进行加压,具有以下特点:

加压准确稳定,压力设定容易,加压卸压方便,不会出现弹簧加压时容易出现的老化后压力下降现象;不足之处是需要投资供气设备和管路,投入加大。

第三节 并合与匀整

一、并合的基本原理

所谓并合就是将多个半制品(棉条或棉片),沿其轴向随机地平行叠合而形成一个整体的过程。并合后须条的中、长片段的均匀度会得到显著的改善。通过并合,除了改善须条的均匀度之外，还可以使不同性能的纤维得到混合。并合作用主要由并条机完成。另外，在精梳机和并卷机上也存在并合作用。

（一）并合效果与并合数的关系

任取两根棉条 A 和 B，因为任何纤维半制品在加工过程中，无论设备多么先进，工艺多么合理，都存在粗细不匀或厚度不匀，所以棉条 A 和棉条 B 上肯定有较粗的地方、较细的地方和正常粗细的地方。假设正常粗细的棉条粗度看作是 1，较粗的部位是 1.5，而较细的部位是 0.5，那么两根粗细不匀的棉条 A 和 B 并合时有三种可能性（图 6-21）：

（1）当两根条子随机并合时，如相关系数为 $R=1$，即粗段与粗段并合、细段与细段并合，则并合后所得到的条子 C 的均匀度与并合前一样，没有改善。

（2）如相关系数为 $R=-1$，即 A、B 两根条子是粗段与细段并合、细段与粗段并合，则并合后的条子 C 的不匀完全消除。

（3）在实际生产过程中，两根条子是随机并合的，即相关系数为 $R=0$，则并合后的条子 C 的均匀度有所改善，但不匀仍存在。

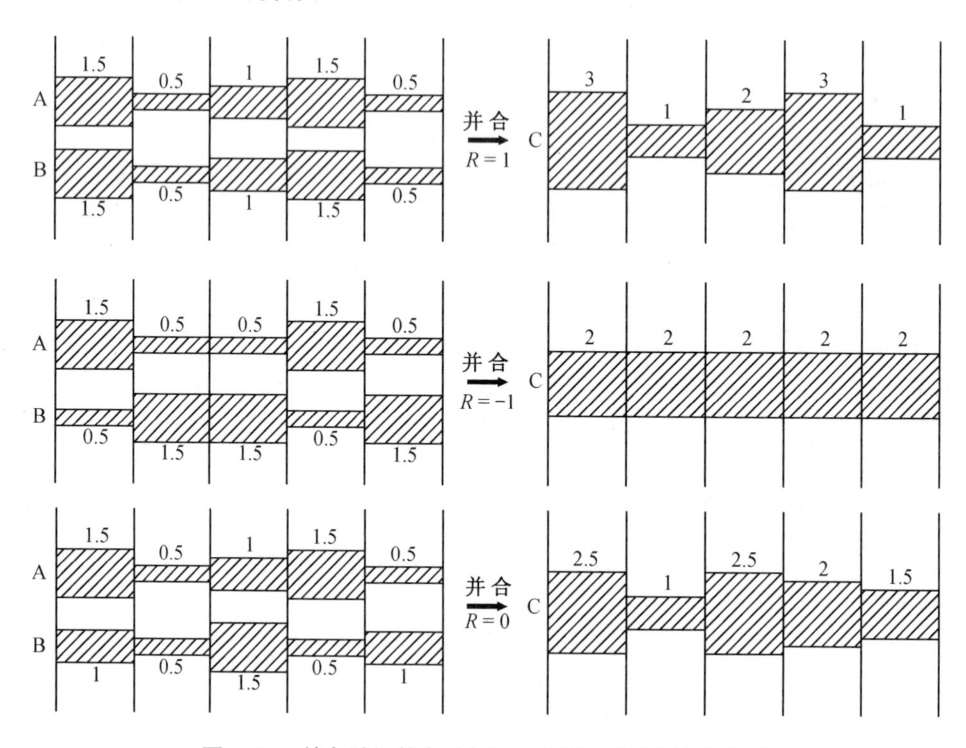

图 6-21 棉条随机并合对条子均匀度改善的原理示意图

通过上面两根棉条并合的分析可以看出：并合作用可以改善棉条的均匀度，最差的情况也只是保持条子原来的均匀度，不会比原来变得更差。况且，随着棉条根数的增多，若干个半制品的粗段与粗段、细段与细段遇到一起的概率会更小，所以并合后的条子会更加均匀。棉片的并合作用与棉条一样。

并合前后的半制品不匀率差异与并合数有关。假设并合前的 n 个半制品的不匀率相等，都为 C_0，根据数理统计原理，则并合后的半制品的不匀率 C 为：

$$C = \frac{C_0}{\sqrt{n}}$$

式中：C_0 为并合前的半制品不匀率；C 为并合后的半制品不匀率；n 为并合根数。

从图 6-22 所示的并合数与并合效果的关系曲线可以看出：当并合数较少时，增加并合数可以使半制品的均匀度得到显著改善；但当并合数达到一定程度以后，不匀的减少趋缓，反而会由于并合数过大，必须增大牵伸以保证须条的细度，而大的牵伸倍数又会导致半制品的短片段不匀增加。此外，过大的并合数也意味着机后喂入条筒增多、占地面积增加、机构复杂等，所以，并合数不宜太多，棉纺并条机一般采用并合数为 6～8 根。

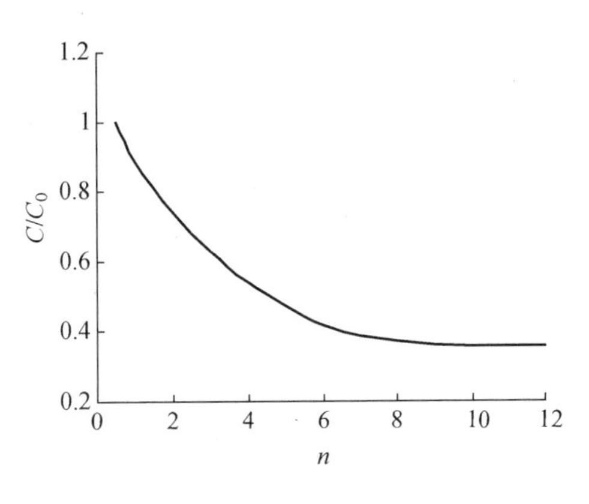

图 6-22　并合效果与并合数的关系

（二）并合牵伸与不匀的关系

在一般加工中，半制品（或原料）经过加工后会产生附加不匀 $C_{附}$。根据数理统计原理，如果加工中新产生的附加不匀与原料本身的不匀 C_0 相互独立（即互不相关），则最终制品的总不匀 C 可以表示为：

$$C^2 = C_0^2 + C_{附}^2$$

通过并合可以改善半制品的中、长片段不匀率，但并合后必然导致半制品变粗或变厚。要想使输出的半制品仍旧保持较细或较薄，就必须经过牵伸机构的牵伸，而牵伸又会导致半制品的短片段不匀率增加。另外，是先把每一根棉条牵伸后再进行并合，还是先并合再对它们进行牵伸，也会影响输出半制品的均匀度改善程度。

假设牵伸时各喂入半制品（原料）的不匀率相等，均为 C_0，并合数为 n，牵伸过程中造成的附加不匀率为 $C_{附}$，那么先并合后牵伸以及先牵伸后并合的输出制品的不匀 C 的推导结果如下：

1. 先牵伸后并合

$$C^2 = \frac{C_0^2 + C_{附}^2}{n}$$

2. 先并合后牵伸

$$C^2 = \frac{C_0^2}{n} + C_{附}^2$$

上述结果表明：先牵伸后并合所得到的纱条不匀率小于先并合后牵伸的纱条不匀率。目前的并条机都采用这种方式，并卷机上所以采用先并合后牵伸的方式是受到棉片结构形态的限制。

在并条机和精梳机上，从表面上看，是若干根条子先并合然后进入牵伸机构进行牵伸；实际上，这些条子是平行地排列进入牵伸机构的，每一根条子是先被单独地牵伸然后在输出罗拉处由喇叭口集拢并合而形成一根新的棉条，所以实质上是先牵伸后并合。而并卷机上的并合是把若干个棉层上下重叠起来之后进入牵伸机构进行牵伸，所以属于先并合后牵伸。

二、自调匀整

并条机通过多根棉条的随机并合作用可以降低输出棉条的质量不匀率，但受到并合根数及牵伸等因素的影响，仅能改善中长片段的不匀率，对超长片段的不匀无能为力，对短片段、牵伸波（由于牵伸工艺缺陷导致的不匀）和机械波（由于机械缺陷导致的不匀）的改善效果极其有限。而自调匀整装置能更主动地改善条子的不匀。因此，并合与自调匀整相结合，可使棉条的条干不匀和质量不匀均得到改善。自调匀整的原理如第四章所述。

由于并条机的速度高，且牵伸所产生的附加不匀是短片段，因此，并条机自调匀整广泛采用实时性和针对性强的开环式。

（一）并条机自调匀整过程

图 6-23 所示为一开环自调匀整装置示意图。首先通过检测机构 7 的凹凸罗拉检测喂入棉条的粗细变化，将位移的变化值传给计算机 3，将位移信号变为电信号，并与标准信号值进行比较，计算出差值。然后将这一差值送给放大器 4 进行放大并传给变频电机 5 以改变电机速度，并通过变速机构 6 传递给牵伸机构的主牵伸区，即改变前罗拉 9 和中罗拉 8 间的牵伸倍数，达到匀整纱条的目的。匀整结果可以通过在线检测喇叭头 10 进行检测，并将检测结果反馈给计算机 3，在显示屏 2 上以数字及图表方式显示质量数据及各种控制参数。

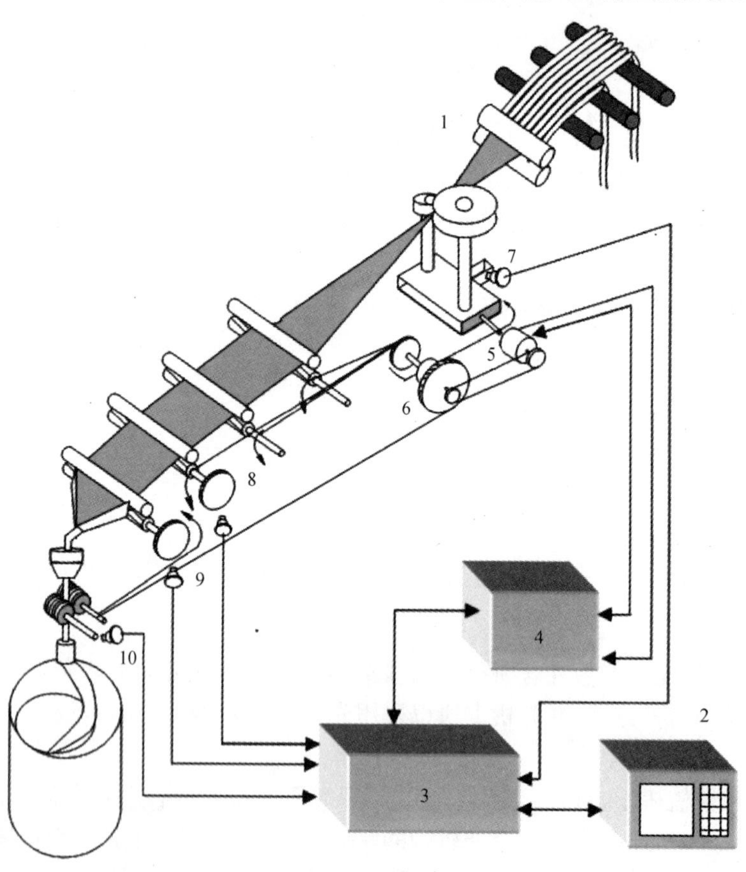

图 6-23　并条机自调匀整控制示意图

(二) 匀整检测方式

自调匀整中,对喂入条子的检测分为定时制和定长制。

1. 定时制匀整

指每隔一定时间对喂入条子的定量进行一次检测。瑞士 ZELLWEGER USTER 公司的 USG 自调匀整系统,属于定时制。该系统的匀整检测时间间隔为 10 ms,因此,匀整片段长度与实际出条速度有关,出条速度越高,匀整片段长度越长。当输出速度为600 m/min,总牵伸倍数为 8 倍时,该机的匀整片段长度为 12.5 mm;如果出条速度为 300 m/min,在同样的牵伸倍数下,该机的匀整片段长度为 6.25 mm。

2. 定长制匀整

指每隔一定长度对喂入条定量进行一次检测。因此,匀整片段长度与实际出条速度无关。目前一般采用定长制,最短检测长度可达 1.5 mm。

(三) 自调匀整装置的关键部件与参数

1. 检测

检测一般采用凹凸罗拉,它是整个匀整系统的关键。检测准确与否直接影响到调整。检测的准确性与所用位移传感器的精度有关,传感器的精准度要高,稳定性要好;凹凸罗拉的加压要足够大,且保持稳定,要及时保养、维护和检查。以检测棉条的厚度值来替代棉条的定量变化的前提条件是棉条的密度一致,所以,当棉条的密度及密度不匀较大,或者回潮率变化较大时,均应重新考虑匀整的标量,使检测偏差值准确。

2. 延时

由于检测点(凹凸罗拉)与变速点(后罗拉)之间有一个距离,为保证匀整的针对性和准确性,应使所检测的半制品到达变速点时变速机构再变速。这个延时必须准确无误,只有在正确的时间和位置变速才能得到良好的匀整效果,超前或滞后都会对条干、定量和质量联接不匀产生影响。因此,在正式生产之前要通过调整,找出一个最佳延时时间。

实际中检测匀整点是否合适,常使用萨氏条干仪对试验所取的棉条条干进行测试,当并条机机后喂入棉条增加 1 根或减少 1 根时,输出棉条的条干曲线如果在标准上下的 1 格范围之内,则认为是合适的。曲线高低差越小,匀整效果越好。

当所纺纤维材料、棉条定量或回潮率发生较大变化时,必须对检测点与匀整点之间的延时重新进行校正。

3. 放大倍数

在线检测棉条粗细的波动受纤维性状的影响,它与棉条粗细的实际波动有一定的差异,必须通过放大倍数进行补偿,以决定匀整机构的调节量。放大倍数过大、过小,都会使输出棉条定量偏离设定值。放大倍数应通过试验确定。

(四) 自调匀整的应用效果

精梳条中纤维的伸直平行度已经很好,但由于精梳的周期性搭接而造成条子的不匀大。采用多道(2～3 道)并条虽然可以改善不匀,但过多的并合、牵伸会导致条子过熟、过烂,抱合力差,在粗纱机导条架上容易产生意外牵伸和粘连,导致最终成纱的纱疵增多、条干恶化。而采用带自调匀整的并条机,由于提高了匀整的效率,只需要 1 道并条,不仅缩短了工序,还改善了成纱质量。

在转杯纺中，目前也用1道带自调匀整的并条机替代了原来的2道并条，大大提高了生产效率。

利用自调匀整装置对并条工序生产进行在线检测，可以实现100%的制品检测控制，且检测、反馈和控制都是在线进行，即时、快捷。而常规的离线检测取样少(远小于1%)，检测、反馈和控制在人与机械、齿轮间进行，需要停机调整，时间约3 h以上，且取样的代表性差，容易造成后续工序质量不匀率的连带性波动变化。因此，目前自调匀整已在并条、梳棉工序得到广泛的应用。

第四节　工艺设计及质量控制

一、并条机主要工艺参数作用及选择

当机器设备、原料和成纱质量要求确定之后，为得到高质量的棉条，应使并条工艺趋向最优化。并条机的主要工艺参数包括：并合根数、总牵伸倍数、部分牵伸的合理组合、罗拉加压和罗拉隔距等。这些工艺参数的合理选择不仅对熟条的质量至关重要，而且会直接影响最后成纱的质量指标。

(一) 各道并条的牵伸分配

常规纺纱通常采用2道并条；混纺纱，为保证各组分混合均匀，通常采用3道并条。常规纺纱中，根据头道并条和二道并条的总牵伸倍数的大小关系，并条工序的牵伸配置分为顺牵伸和倒牵伸。在生产实际中，顺牵伸工艺采用较多。

顺牵伸是指头道并条牵伸小、二道并条牵伸大的牵伸工艺设置。该工艺侧重改善条子的结构，即提高纤维的伸直、平行度。由于喂入头道并条的条子中前弯钩居多，因此，小的牵伸倍数有利于前弯钩的伸直，减少棉结的产生，并有利于成纱强力的提高。

倒牵伸是指头道并条牵伸大、二道并条牵伸小的牵伸工艺设置。该工艺侧重改善条子的均匀度，头道牵伸大，则二道牵伸可小，头道牵伸产生的不匀还可通过二道的并合加以改善。由于熟条的定量比半熟条略重，为平衡产量，头道并条的出条速度应适当加快。

(二) 总牵伸及前后区牵伸分配

并条机总牵伸应接近于并合数，一般为并合数的0.9～1.2倍。并合数适当减少，则牵伸倍数也相应减少，故能在一定程度上减少棉结、改善条干。

1. 头道并条的总牵伸及前后区牵伸分配

头道并条喂入的是生条，纤维排列紊乱，弯钩多，伸直平行度差，且主要是前弯钩。该道并条的重点是前弯钩的伸直。小的牵伸倍数有利于前弯钩的伸直，为2倍左右时，效果最佳；当超过3.5倍时，几乎没有伸直效果。

一般，头道并条的总牵伸应小于并合数；后区牵伸通常较大，为1.6～2.1倍，以有利于伸直前弯钩；主牵伸区的牵伸倍数在3.5倍以下。

2. 二道并条的总牵伸及前后区牵伸分配

二道喂入的是半熟条，纤维的结构状态大大改善，且后弯钩居多，牵伸倍数大则有利于后

弯钩的伸直。所以,二道并条可以采用较大的牵伸倍数,使后弯钩纤维得到较大程度的伸直,并控制质量不匀率。

一般,二道并条的总牵伸倍数略大于并合数,后区牵伸小于 1.2 倍,使牵伸集中于摩擦力界布置合理的主牵伸区,减少牵伸导致的不匀。

3. 张力牵伸

张力牵伸包括前张力牵伸和后张力牵伸。前张力牵伸倍数是牵伸机构的前罗拉与圈条器小压辊之间的牵伸倍数。影响前张力牵伸的主要因素有:纤维类别、品种(精梳、普梳)、出条速度、温湿度、集合器喇叭口的结构形式等。前张力牵伸一般为 0.99～1.03 倍,棉条一般为1.03 倍,回弹性强的涤纶纤维应小于 1 倍。

后张力牵伸倍数是导条罗拉与牵伸机构的后罗拉之间的牵伸倍数。影响后张力牵伸的主要因素是并条机的喂入机构方式,一般根据导条方式来选取后张力牵伸,见表 6-1。

表 6-1 并条机不同导条方式时后张力牵伸选取

<table>
<tr><td rowspan="6">后张力牵伸(倍)</td><td colspan="7">并条机导条方式</td></tr>
<tr><td colspan="3">高架顺向导条</td><td colspan="4">平台折向导条</td></tr>
<tr><td colspan="2">(有上压辊)</td><td rowspan="3">无上压辊
1～1.03</td><td colspan="2">给棉罗拉～导条辊</td><td colspan="2">给棉罗拉～后罗拉</td></tr>
<tr><td>纯棉</td><td>化纤</td><td>纯棉</td><td>化纤</td><td>纯棉</td><td>化纤</td></tr>
<tr><td>1.01～1.02</td><td>0.98～1.01</td><td>1.01～1.02</td><td>1～1.01</td><td>1.01～1.02</td><td>0.98～1.0</td></tr>
</table>

(三) 棉条定量的选择

棉条定量应根据生条定量、纤维种类和产品质量要求等因素加以确定。棉条定量选用范围见表 6-2。

表 6-2 并条机不同纺纱线密度时棉条定量选用

纺纱线密度(tex)	10 以下	10～20	20～30	30 以上
并条定量 G_K(g/5 m)	12.5～16.5	15～18.5	17～21.5	21～26

(四) 罗拉握持距(罗拉隔距)的选择

罗拉握持距是指前后两个罗拉钳口握持点之间的路线长度。罗拉握持距是影响牵伸区摩擦力界强度及分布范围的主要工艺参数之一。并条机的牵伸机构目前均采用曲线牵伸,为了调节上的便利,通常利用改变罗拉间隔距来调节罗拉握持距。

并条机的握持距选定主要依据棉纤维的品质长度或化纤的平均长度 L_p,在此长度基础上加经验常数 δ,即握持距 $S = L_p + \delta$。δ 的值与纤维种类、棉条定量、纤维长度及整齐度、罗拉加压、牵伸倍数等因素有关。

表 6-3 为几种常用牵伸形式的罗拉握持距选择范围。

表 6-3 并条机常用牵伸形式的罗拉握持距及罗拉加压量

牵伸形式	罗拉握持距(mm)			
	三上三下压力棒牵伸		五上三下曲线牵伸	
牵伸区	前～中罗拉	中～后罗拉	前～中罗拉	中～后罗拉

（续 表）

牵伸形式	罗拉握持距(mm)			
	三上三下压力棒牵伸		五上三下曲线牵伸	
纯 棉	L_p+(6～10)	L_p^*+(10～16)	L_p+(4～8)	L_p+(8～14)
棉型化纤纯纺/混纺	L_p+(8～12)	L_p+(12～18)	L_p+(6～10)	L_p+(10～16)
中长化纤纯纺/混纺	L_p+(10～14)	L_p+(14～20)	L_p+(8～12)	L_p+(12～18)

* L_p 指原棉的品质长度或化纤的平均长度。

实践表明：压力棒牵伸装置的前区握持距对条干均匀度影响较大，在前罗拉钳口握持力充分的条件下，握持距越小则条干均匀度越好；后区的握持距宜偏大掌握，这样有利于延长纤维伸直平行所需要的时间，提高纤维的伸直平行效果。

最佳握持距应通过实验确定，并综合各项质量指标统筹考虑。

（五）罗拉加压的选择

几种常见牵伸形式的罗拉加压如表 6-4 所示。

表 6-4　几种常见牵伸形式的罗拉加压量选择

牵伸形式	罗拉握持距(mm)							
	三上三下压力棒牵伸				五上三下曲线牵伸			
输出速度	200～600 m/mim				200～500 m/mim			
各罗拉加压量(N)	前	二	三	后	前	二	三	后
	300～500	350～400	50～100	350～400	250～300	400～500	400～500	350～450

并条机的罗拉加压，应根据牵伸形式、牵伸倍数、罗拉速度、棉条定量以及原料性能等确定，一般为 200～400 N。重加压是实现有效控制纤维运动的主要手段，它对摩擦力界的影响最大。重加压是实现并条机优质高产的重要手段。当然，重加压会带来一些负面影响，如会使电耗增加，开关车时会出现顿挫现象而破坏条干，也有可能损坏齿轮等。罗拉速度快、棉条定量重、牵伸倍数大时，加压宜重。棉与化纤混纺时，加压量应较纺纯棉时提高 20%左右；加工纯化纤时应增加 30%。

（六）压力棒

压力棒有上压式与下托式两种，实际使用的以上压式居多。压力棒的主要工艺包括前后位置与高低位置。一般并条机上设置前后两档位置参数，而高低通过调节装置调控。压力棒调节环直径愈小，其位置愈低，对纤维的控制愈强。FA306 型、FA326 型并条机压力棒不同直径的调节环使用见表 6-5。

表 6-5　FA306 型、FA326 型并条机压力棒不同直径调节环使用

调节环颜色	R	Y	B	G	W
调节环直径(mm)	12	13	14	15	16
使用方式	棉纤维	棉纤维	化纤/棉混纺	化纤	化纤

二、工艺设计实例

表 6-6 和表 6-7 所示为某公司 JC 9.7 tex 纱的并条工艺和（精梳前）预并条工艺设计实

例，配棉成分为25%长绒棉和75%细绒棉。表6-8为半制品的内控指标。

表6-6 JC 9.7 tex并条工艺

	机型	线密度(tex)	设计干重(g/5 m)	并合根数	速度(m/min)	喇叭口(mm)	牵伸			罗拉中心距(mm)	
							设计	机械	后牵伸	前～中	中～后
并条	RSB-D35C	5 208	24.00	8	350	3.5	6.67	6.71	1.16	43	48
	变换牙轮(齿)					匀整点	检测盘	集棉器	目标值	—	—
	NW1	NW2	W4	DM	DA						
	52	58	60.3	136	184	1 002	6.5	8.0	5.06	—	—

表6-7 JC 9.7 tex预并条工艺

	品种	机型	线密度(tex)	设计干重(g/5 m)	并合根数	速度(m/min)	牵伸倍数				
							设计	机械	主牵伸	压辊～罗拉	导条张力
预并	JC 9.7(25)	FA306A	5 100	23.50	5	365.7	5.000	5.053	3.531	1.02	1.016
	喇叭口(mm)	罗拉隔距(mm)		压力棒		皮辊加压(daN)				—	—
		前～中	中～后	插口	调节环	前	二	三	后	—	—
	3.4	4	10	后	Φ14 mm	12	37	40	37	—	—
	变换牙轮(齿)										
	电机轮(mm)	主轴轮(mm)	H	K	Q	G	M	T	R	X	—
	200	150	8	5	40	58	49	53	71	96	—

表6-8 企业内控标准

指标	质量 *CV*(%)	条干 *CV*(%)	质量偏差(%)
预并	≤2.0	≤4.0	±2.0
并条	≤0.6	≤2.6	±1

(一) 示例中预并条的工艺设计

1. 并合数的选取

预并条机的并合数取5根。

2. 实际牵伸倍数的计算

生条的干定量为23.5 g/5 mm。为了保证输出条与原来基本一致，设计预并后的棉条干重仍为23.5 g/5 m，则并条机的总牵伸倍数E就等于并合数，即：

$$E=(\text{喂入棉条定量}\times\text{并合数})/\text{输出棉条定量}=(23.5\times5)/23.5=5(\text{倍})$$

牵伸装置部分的实际牵伸倍数为：

$$E_1=(5/1.02)/1.016=4.825(\text{倍})$$

3. 机械牵伸倍数的计算

$$E_2=\text{实际牵伸倍数}\times\text{配合率}=E_1\times1/\eta=4.825\times1.0473=5.053(\text{倍})$$

配合率$1/\eta$是企业不同类型设备的经验数据。

4. 牵伸分配

主牵伸区的牵伸倍数 $E_{前}$ 取 3.531 倍，则后区的牵伸倍数为：

$$E_{后}=E_{总}/E_{前}=5.053/3.531=1.431(倍)$$

(二) 示例中并条的工艺设计

1. 并合数的选取

并条机的并合数取 8 根。

2. 实际牵伸倍数的计算

精梳条干定量为 20.0 g/5 m，熟条的干定量设计为 24 g/5 m，故实际牵伸倍数 E_1 为：

$$E_1=(喂入棉条定量×并合数)/输出棉条定量=(20.0×8)/24=6.67(倍)$$

3. 机械牵伸倍数的计算

$$E_2=实际牵伸倍数×配合率=E_1×1/\eta=6.67×1.006=6.71(倍)$$

4. 牵伸分配

后区牵伸倍数 $E_{后}$ 取 1.16 倍，则前区牵伸倍数为：

$$E_{前}=E_{总}/E_{后}=6.71/1.16=5.785(倍)$$

三、加工化纤的特点

化学纤维的长度长，整齐度高，摩擦系数大，另外，化纤因静电较严重而使其条子蓬松，因此，化纤在牵伸中的牵伸力大，且容易产生缠绕和堵塞现象。故工艺上一般采用“重加压，大隔距，通道光洁，防缠防堵”等原则。

此外，加工化纤时还应该注意以下几个方面：

(一) 条子定量轻

由于化纤牵伸时牵伸力大，且条子蓬松，所以纺化纤时定量应该偏轻掌握，一般控制在 21 g/5 m 以内，以降低牵伸力、减少堵塞。

(二) 出条速度低

纺化纤时出条速度应低于纺棉时。因为化纤的静电严重，更容易引起罗拉和皮辊缠绕，同时也容易引起机后喂入条子的意外牵伸。

(三) 张力牵伸

张力牵伸应该与纤维的回弹性相适应。涤纶纤维由于回弹性较大，经过牵伸，纤维被拉伸变形，当走出牵伸区后纤维条有回缩现象。故在纯涤纶并合的预并条机上，前张力牵伸宜小些，以防止意外牵伸和胶辊缠绕，一般取 1.0 倍或略小于 1.0 倍。

四、FA306 型并条机的传动与工艺计算

不同型号的并条机，其传动机构不完全相同，自动化程度、条筒规格和成条质量也不同，但它们的工艺计算方法基本相同，不外乎产量、牵伸倍数(包括张力牵伸)的计算。下面以 FA306 型并条机为例来介绍并条机的工艺计算方法。

(一) FA306 型并条机的机械传动

FA306 型并条机传动图如图 6-30 所示。

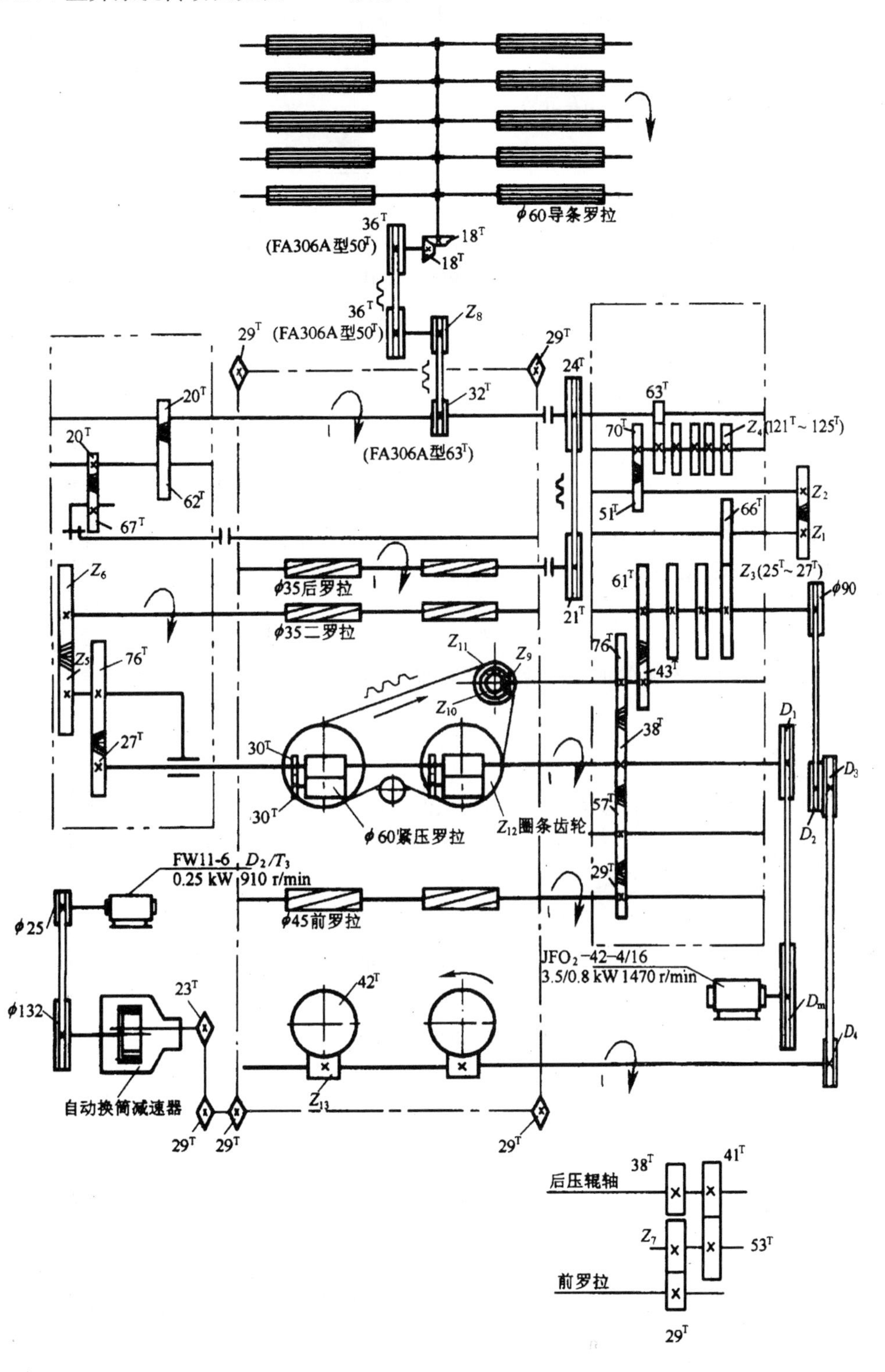

图 6-30 FA306 型并条机传动图

(二) FA306 型并条机的工艺计算

1. 产量计算

FA306 型并条机的最后输出机件是紧压罗拉，所以紧压罗拉的线速度就是最终棉条的输出速度。

(1) 紧压罗拉的线速度 v(m/min)。

$$v = n \times \frac{D_m}{D_1} \times \frac{\pi d}{1\,000}$$

式中：n 为电动机转速(1 470 r/min)；D_m 为电动机皮带轮直径(mm，有 140 mm、150 mm、160 mm、180 mm、200 mm、210 mm 和 220 mm 几种)；D_1 为紧压罗拉皮带轮直径(mm，有 100 mm、120 mm、140 mm、150 mm、160 mm、180 mm、200 mm、210 mm 几种)；d 为紧压罗拉直径(60 mm)。

(2) 理论产量 Q_0[kg/(台·h)]。

$$Q_0 = 2 \times 60 \times v \times \frac{q}{5} \times \frac{1}{1\,000} = 2 \times 60 \times n \times \frac{D_m}{D_1} \times 60.3\pi \times \frac{1}{1\,000} \times \frac{q}{5} \times \frac{1}{1\,000}$$

式中：q 为条子定量(g/5 m)。

(3) 定额产量 Q[kg/(台·h)]。

$$Q = Q_0 \times \eta$$

式中：η 为时间效率(并条机的时间效率一般为 80%～90%)。

2. 牵伸计算

(1) 总牵伸 $E_总$(倍)。

$$E_总 = \frac{紧压罗拉输出线速度}{导条罗拉喂入线速度} = \frac{60 \times 18 \times 36 \times Z_8 \times 63 \times 70 \times Z_2 \times 66 \times 61 \times 76}{60 \times 18 \times 36 \times 32 \times Z_4 \times 51 \times Z_1 \times Z_3 \times 43 \times 38}$$
$$= 506 \times \frac{Z_8 \times Z_2}{Z_4 \times Z_1 \times Z_3}$$

式中：Z_1，Z_2 是牵伸阶段变换齿轮齿数；Z_3，Z_4 是牵伸微调齿轮齿数；Z_8 是后张力牵伸变换齿轮齿数。

(2) 主牵伸(前罗拉与第二罗拉间的牵伸)E_1(倍)。

$$E_1 = \frac{45 \times Z_6 \times 76 \times 38}{35 \times Z_5 \times 27 \times 29} = 4.742 \times \frac{Z_6}{Z_5}$$

式中：Z_5，Z_6 是主牵伸变换齿轮齿数。

(3) 后牵伸(第二罗拉与后罗拉间的牵伸)E_2(倍)。

$$E_2 = \frac{35 \times 21 \times 63 \times 70 \times Z_2 \times 66 \times 61 \times 76 \times 27 \times Z_5}{35 \times 24 \times Z_4 \times 51 \times Z_1 \times Z_3 \times 43 \times 38 \times 76 \times Z_6} = 5\,033.4 \times \frac{Z_2 \times Z_5}{Z_4 \times Z_1 \times Z_3 \times Z_6}$$

(4) 张力牵伸 E_3(倍)。

前张力牵伸指紧压罗拉与前罗拉间的牵伸，以 E_3 表示：

$$E_3 = \frac{60 \times 29}{45 \times 38} = 1.0175\text{（固定不变）}$$

FA306A 型增加了变换齿轮 Z_7，其张力牵伸变为：

$$E_3' = \frac{60 \times 29 \times 53}{45 \times Z_7 \times 38} = \frac{49.9837}{Z_7}$$

后张力牵伸指后罗拉与导条罗拉间的牵伸，以 E_4 表示：

$$E_4 = \frac{35 \times 24 \times Z_8}{60 \times 21 \times 32} = 0.02083 \times Z_8$$

FA306A 型改变了带轮直径，其张力牵伸变为：

$$E_4 = \frac{35 \times 24 \times Z_8}{60 \times 21 \times 63} = 0.01058 \times Z_8$$

五、熟条质量控制

熟条的质量指标包括条干不匀率、质量不匀率、质量偏差等，指标的控制范围可参照表6-9和表 6-10。

表 6-9　熟条质量控制的参考指标

纺纱类别		回潮率（%）	萨氏条干（%）	条干不匀（CV%）	质量不匀率（%）	质量偏差（%）
纯棉	细特纱	6～7	≤18	3.5～3.6	≤0.8	±1
	中粗特纱	6.3～7.3	≤20	4.0～4.2	≤1	
涤棉		2.4±0.15	≤13	3.2～3.8	≤0.8	

表 6-10　乌斯特熟条条干不匀（CV%）2013 年公报水平

品种＼水平	5%	25%	50%	75%	95%
普梳棉熟条	2.01～2.05	2.26～2.32	2.58～2.66	2.90～3.02	3.27～3.45
精梳棉熟条	1.66～1.80	1.90～2.04	2.19～2.34	2.51～2.71	2.84～3.12
涤/棉熟条	1.75～1.91	—	2.27～2.47	—	3.01～3.18
化纤熟条*	2.19～2.73	—	2.70～3.39	—	3.37～4.20

注：各熟条线密度范围为 2.5～6.5 ktex。＊该指标系 2007 公报水平。

习题

1. 什么是牵伸？牵伸的实质是什么？牵伸的程度用什么表示？

2. 实现罗拉牵伸的基本条件是什么？

3. 什么是摩擦力界？影响摩擦力界的因素有哪些，如何影响？牵伸区中理想的摩擦力界布置应该是怎样的？

4. 什么是机械牵伸？什么是实际牵伸？什么是牵伸效率？什么是配合率？

5. 何谓引导力、控制力、牵伸力和握持力？影响其大小的因素分别有哪些？这四个力之间有何关联和区别？

6. 条子中的纤维大致分几种形态？牵伸倍数对不同弯钩纤维的伸直作用如何？
7. 并条机上主要采用哪种形式的自调匀整，为什么？
8. 什么是顺牵伸，什么是倒牵伸？它们对熟条及最后的成纱质量各有什么影响？
9. 并条设备上采用的牵伸形式有哪些，各有什么优缺点？
10. 牵伸倍数与牵伸力和纤维弯钩的伸直效果之间是什么关系？

第七章　粗　　纱

第一节　概　　述

一、粗纱的目的与任务

并条工序制成的熟条定量较重，纺成细纱需 100～400 倍的牵伸。目前大部分环锭纺细纱机尚不具备这样的牵伸能力，因此，必须在细纱工序前设置粗纱工序，以分担细纱的牵伸负担。粗纱工序的任务为：

(1) 牵伸：将熟条抽长拉细（一般采用 5～12 倍的牵伸），使之适应细纱机的牵伸能力，并进一步提高纤维的平行伸直度与分离度。

(2) 加捻：将牵伸后的须条加上适当的捻度，使其具有一定的强力，能承受加工过程中的张力，防止意外牵伸。

(3) 卷绕：将粗纱卷绕在筒管上，制成一定的卷装，便于贮运及适应细纱机的喂入。

二、粗纱的工艺过程

粗纱机分喂入、牵伸、加捻与卷绕四部分。棉型粗纱机的工艺过程如图 7-1 所示。熟条从机后条筒 1 引出，经导条辊 2 喂入牵伸装置 3。熟条被牵伸成规定线密度的须条，由前罗拉输出，并被锭翼加上捻度成为粗纱 4。粗纱 4 穿过锭翼 5 的顶孔和边孔，在锭翼顶部绕 1/4 或 3/4圈后，再进入锭翼空心臂到下部压掌上绕 2～3 圈，然后绕到筒管 6 上。筒管 6 一方面随锭翼 5 回转，另一方面随下龙筋 7 做升降运动，使粗纱有规律地卷绕在其上面。

(a) 粗纱机

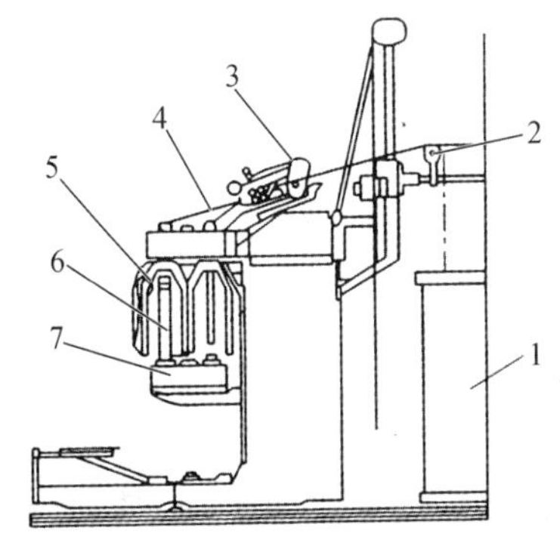

(b) 粗纱工艺过程

图 7-1　棉型粗纱机及其工艺过程

第二节　粗纱的喂入与牵伸

一、喂入机构

粗纱机采用高架喂入方式。喂入机构由导条辊、导条喇叭口和横动装置等组成。

二、牵伸机构

一般粗纱机采用三罗拉或四罗拉式的双胶圈牵伸形式，如图 7-2 所示。牵伸装置主要由罗拉、胶辊、上下销、上下胶圈、上销弹簧、隔距块、集合器、加压装置、清洁装置等组成。

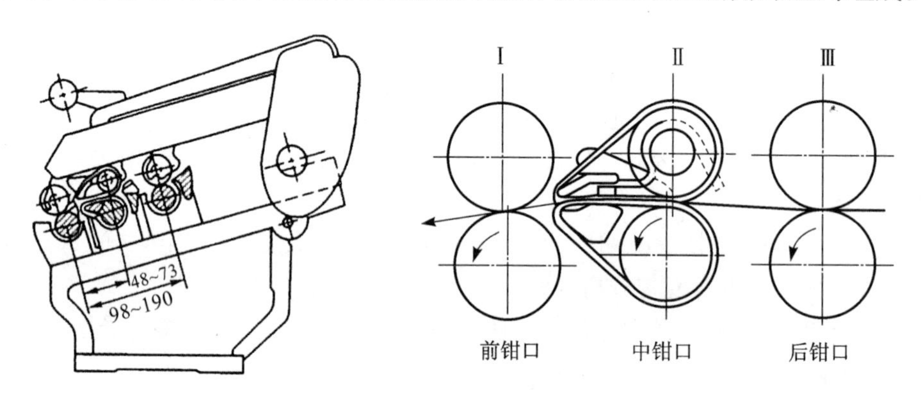

(a) 三罗拉双短胶圈牵伸

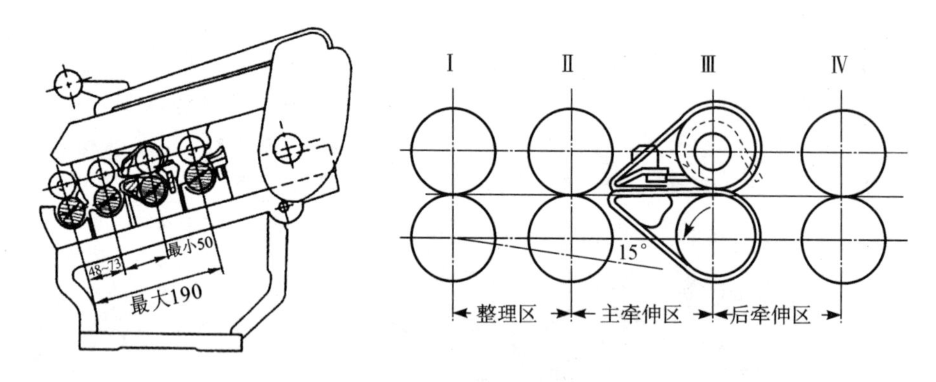

(b) 四罗拉双短胶圈牵伸

图 7-2　粗纱机牵伸装置

上销与下销分别支撑上下胶圈的前端。隔距块插在上销前缘上（图 7-3），组成胶圈钳口，受弹簧紧压，形成了摆动销钳口。为保证钳口对须条的握持可靠，加压装置须对胶辊加上足够的压力，以保证牵伸时的握持力。目前，粗纱机多采用弹簧摇架加压或气动摇架加压。

双胶圈牵伸装置特点：胶圈前端形成的钳口能接近前罗拉钳口，无控制区短，可加强对浮游纤维的运动控制，使纤维变速点分布向前集中，且较稳定。上下胶圈利用其弹力，柔性地控制纤维运动。这种摩擦力界的设置，既不妨碍快速纤维从其握持下顺利抽出，又不使短纤维提早变速，有利于控制条干均匀度。其摩擦力界分布见图 7-4。

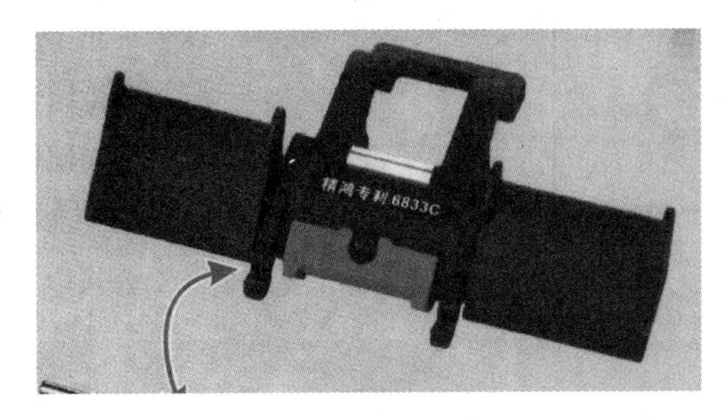

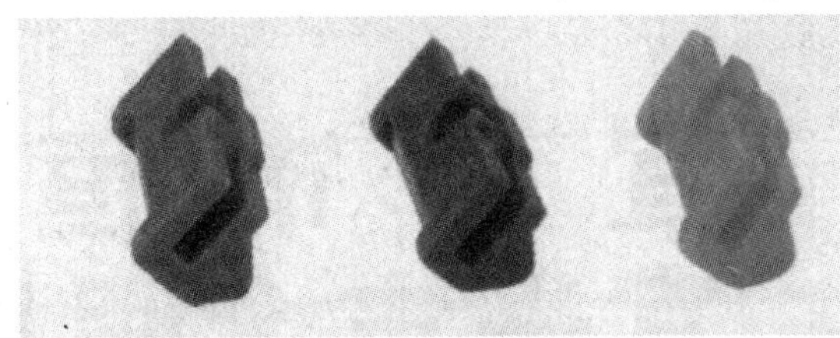

图 7-3　上销及隔距块

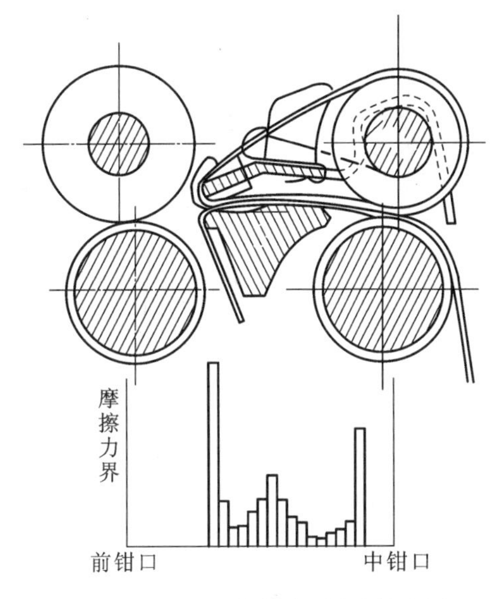

图 7-4　双皮圈牵伸装置的摩擦力界

第三节　粗纱的加捻

一、加捻的基本原理

(一) 加捻

传统的加捻是指须条一端被握持，另一端绕自身轴线回转，即形成捻回(图 7-5)。图 7-5(a)中，AB 为加捻前基本平行于纱条轴线的纤维(在纱的表面)，当 O 端被握持，O' 端绕轴线回转，纤维 AB 就形成螺旋线到达 AB' 的位置，在 O' 截面上产生角位移 θ。螺旋线 AB' 和纱轴线间的夹角 β，称为捻回角。当 $\theta = 360°$，即须条绕自身轴线回转 1 周时，这段纱条上便获得 1 个捻回，如图 7-5(b)所示。图 7-5(c)为整根须条绕自身轴线回转多圈后形成的捻回。

在近代纺纱技术中，出现了众多的新型纺纱方法，如转杯加捻、涡流加捻、空心锭加捻，甚至长丝变形中的长丝束产生交缠、网络等加捻。它们所用的加捻机件和方法与传统的不同，各具特点。因此广义的加捻定义为：凡是在纺纱过程中，纱条(须条、纱线、长丝)绕其轴线加以转动、搓动、缠绕、交结，使纱条获得捻回、包缠、交缠、网络等，从而加强纤维的相互结合，提高纱条的强力，都可以称为加捻。

(二) 加捻的实质

如图 7-5 所示，加捻时，AB 由于加捻而成为 AB'。显然，这将对内层纤维产生一个向心

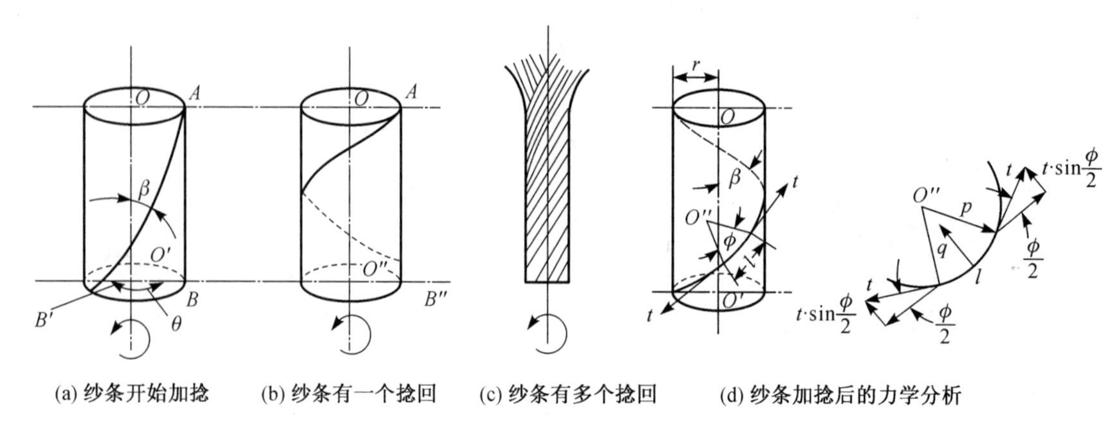

(a) 纱条开始加捻　(b) 纱条有一个捻回　(c) 纱条有多个捻回　(d) 纱条加捻后的力学分析

图 7-5　纱条加捻时外层纤维的变形

压力。由于向心压力的存在,使外层纤维向内层挤压,增加了纱条的紧密度和纤维间的摩擦力,从而改变了纱条的结构形态及其物理机械性质。因此,向心压力反映加捻程度,向心压力大,则加捻程度大。向心压力 q 与捻回角 β 的关系可表示为:

$$q = k\sin\beta \tag{7-1}$$

式中:k 可视作常量,因 $0 < \beta < \frac{\pi}{2}$,故 q 与 β 成正比。

可见,捻回角大小表示纱线加捻程度的大小,它对纱线的结构形态和物理机械性质起着重要作用。

(三) 加捻的度量

由上可知,捻回角能直接反映纱线的加捻程度,但捻回角难于测量计算。实际中常用捻度、捻系数和捻幅来衡量纱线的加捻程度。

1. 捻度

单位长度纱条上的捻回数称为捻度。特克斯(tex)制的单位长度为 10 cm,公制的单位长度为 1 m,英制的单位长度则为 1 英寸。单位长度内捻回数越多,则捻度越大。如某一长度(L)纱条上的捻回数为 n,则该纱条的捻度 T 可表示为:$T = \frac{n}{L}$。

当纱条线密度相同时,同样长度纱条上,A 纱上有一个捻回,B 纱上有 2 个捻回,见图 7-6(a);由图中可知,$\beta_B > \beta_A$。由式(7-1)可知,向心压力 $q_B > q_A$。说明 B 纱条比 A 纱条的加捻程度大,故捻度可以用来直接衡量相同线密度纱条的加捻程度。当纱条线密度不同时,同样长度纱条上,A 纱上有 1 个捻回,B 纱上有 1 个捻回,见图 7-6(b);由图中可知,$\beta_A > \beta_B$,即捻度相同时,粗的纱加捻程度大,细的纱加捻程度小。可见,不能直接用捻度来衡量不同线密度纱条的加捻程度。

2. 捻系数

将图 7-7(a)所示的捻度为 T_{tex}(捻/10 cm)、半径为 r 的纱条的 1 根捻回螺旋线展开,如图 7-7(b)所示,则:

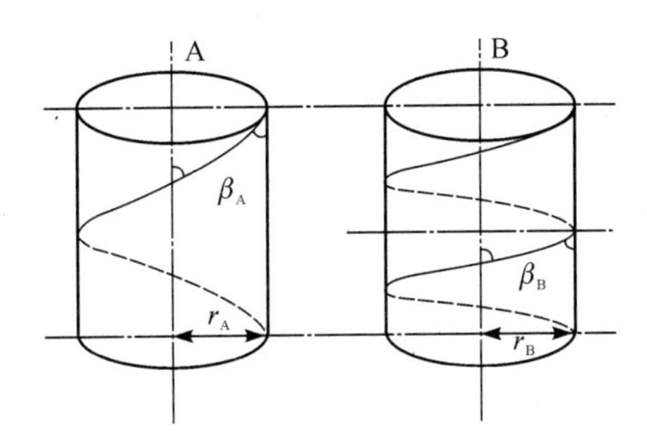

(a) 相同线密度纱条加捻时的捻度与捻回角

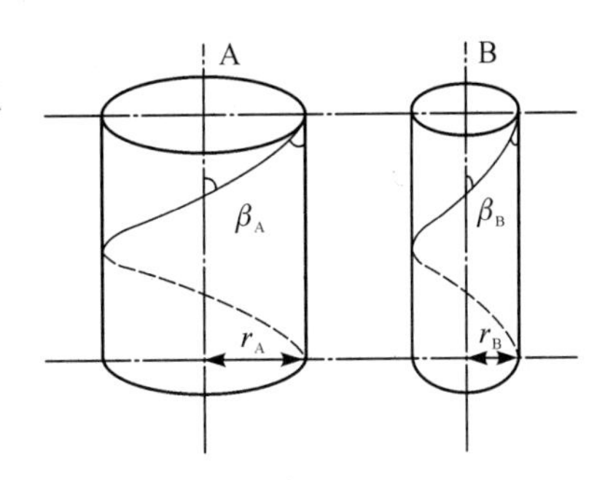

(b) 不同线密度纱条加捻时的捻度与捻回角

图 7-6 纱条的加捻程度

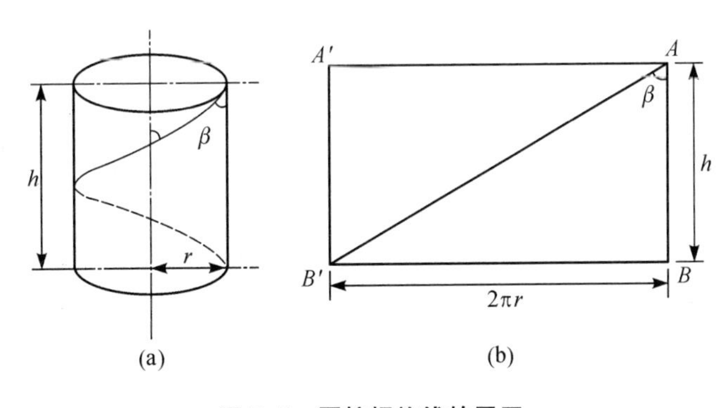

图 7-7 圆柱螺旋线的展开

$$\tan\beta = \frac{2\pi r}{h}$$

式中：h 为捻回螺旋线的螺距。

$h = \frac{10}{T_{tex}}$，代入上式得：

$$\tan\beta = \frac{2\pi r T_{tex}}{10} \tag{7-2}$$

设：纱条的长度为 L(m)，质量为 G(g)，半径为 r(cm)，密度为 δ(g/cm^3)并视作常量。

纱条的线密度 $\mathrm{Tt} = 1\,000 \times 100\frac{G}{L}$。因 $G = \pi r^2 L\delta$，则 $r = \sqrt{\frac{\mathrm{Tt}}{\pi\delta \times 10^5}}$，以此代入式(7-2)，得：

$$T_{tex} = \frac{\tan\beta\sqrt{\delta \times 10^7}}{2\sqrt{\pi}} \times \frac{1}{\sqrt{\mathrm{Tt}}}$$

令

$$\alpha_t = \frac{\tan\beta\sqrt{\delta \times 10^7}}{2\sqrt{\pi}} \tag{7-3}$$

则：
$$T_{tex}=\frac{\alpha_t}{\sqrt{Tt}} \tag{7-4}$$

上式中 α_t 称为捻系数。由式(7-4)知，捻系数 α_t 随着 $\tan\beta$ 的增减而增减。因此，采用 α_t 度量纱条的加捻程度和捻回角 β 具有同等的意义，所以，捻系数可以直接表示纱条的加捻程度，而且运算简便，线密度也容易直接测量。

当采用公制或英制时，同样可以导出捻度公式如下：

$$T_m=\alpha_m\sqrt{N_m} \tag{7-5}$$

$$T_e=\alpha_e\sqrt{N_e} \tag{7-6}$$

式中：T_m 和 T_e 分别表示公制捻度(捻/m)和英制捻度(捻/英寸)；α_m 和 α_e 分别表示公制捻系数和英制捻系数；N_m 和 N_e 分别表示公制支数(公支)和英制支数(英支)。

(四) 捻回的方向

捻度是一个矢量，它有方向性，由回转角位移的方向(螺旋线的方向)决定。当螺旋线的倾斜方向如图 7-8(a)所示时，为 S 捻(反手捻)；如图 7-8(b)所示时，为 Z 捻(正手捻)。

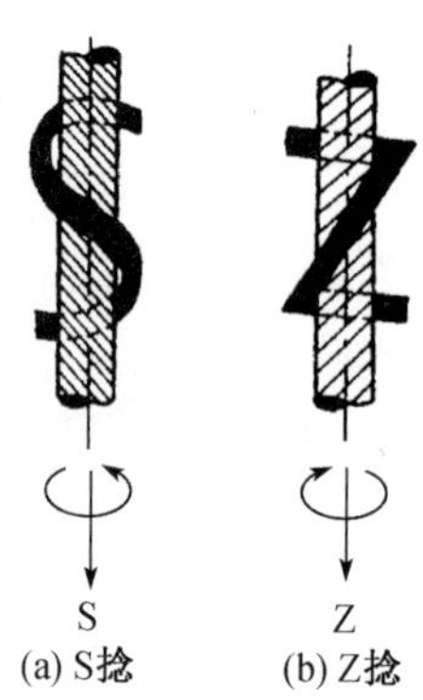

图 7-8　纱条的捻向

(五) 真捻的获得

纱条上获得真捻的方法，一般有以下三种：

(1) 如图 7-9(a)所示，A 点和 B 点之间的须条是断开的，B 端一侧的纱尾呈自由状态，A、B、C 分别为喂入点、加捻点和卷绕点。当 B 点随加捻器以转速 n 回转时，B 端左侧呈自由状态的须条在理论上也随加捻器以 n 回转，没有加上捻回，只在 BC 段的纱条上产生倾斜螺旋线捻回，BC 段获得的捻度 $T=\frac{n}{v}$，即为成纱捻度。这种方法是将加捻与卷绕分开进行，只要保证在 B 的左侧不断喂入呈自由状态的纤维流，就能连续纺纱，属于连续式的自由端真捻成纱方法，生产率高，如转杯纺纱、摩擦纺纱、涡流纺纱等。

(2) 如图 7-9(b)所示，C 点不在 AB 轴线沿线上，而是转向 90°，A、B、C 分别为喂入点、加捻点和卷绕点。纱条以速度 v 自 A 向 C 运动，当 B 点以转速 n 绕 C 点回转时，AB 段纱条上便产生倾斜螺旋线捻回，AB 段获得的捻度 $T_1=\frac{n}{v}$。由于 B 点相对于 C 点不能使 BC 段纱条产生轴向回转，没有获得捻回，故 B 点与 C 点的转速差实现了纱条的卷绕作用，因此由 C 点卷绕的成纱捻度 T_2 等于由 AB 段输出的捻度 T_1，即 $T_2=T_1=\frac{n}{v}$。这种方法是加捻和卷绕同时进行，能进行连续纺纱，又因在喂入点 A 至加捻点 B 的须条没有断开，属于连续式的非自由端真捻成纱方法，生产率较高，如翼锭纺纱和环锭纺纱等。

捻度稳定定理：在稳定生产(加捻)过程中，单位长度上的捻度(或捻回数)是恒定的，即该长度纱条在一定时间内得到的捻回数等于从该长度上输出的捻回数。

以图 7-9(b)为例，在稳定状态下，AB、BC 段上在单位时间内加上的捻回数应该分别等于其输出的捻回数。

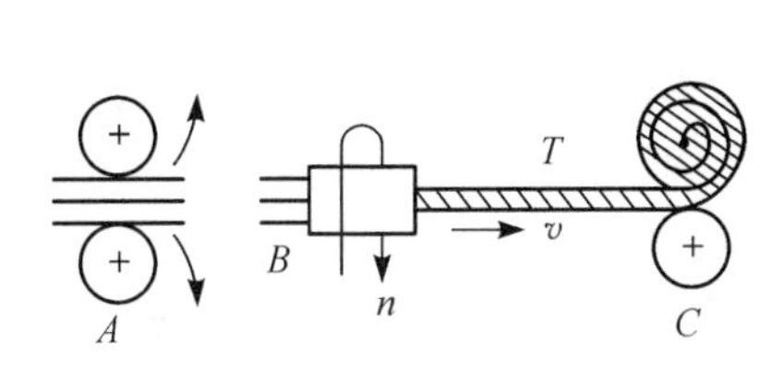

(a) 自由端加真捻

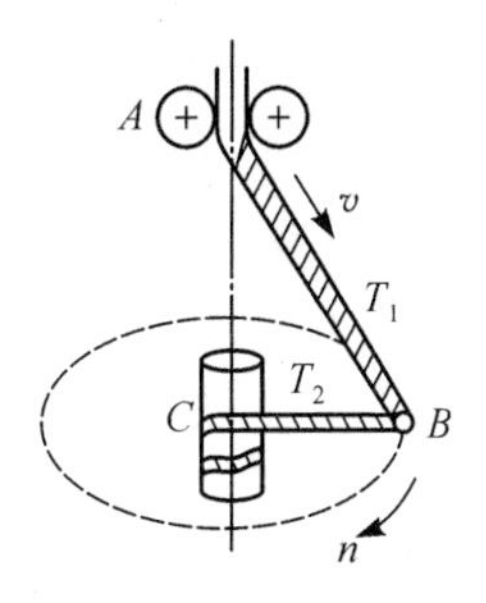

(b) 连续纱条加真捻

图 7-9 真捻的获得

在 AB 段，单位时间 t 内加上的捻回数由加捻器回转所致，为 nt；而输出的捻回是由有捻纱条带出 AB 段的，为 vtT_1。因此，稳定状态下有 $nt = vtT_1$，$n = vT_1$，即 $T_1 = \frac{n}{v}$。

在 BC 段，单位时间内加上的捻回仅仅是由 AB 段输出的，B 点的加捻器回转相对于 BC 段是平动而不是转动，并没有给 BC 段加上捻回；而 BC 段输出的捻回为 vtT_2。因此，稳定状态下有 $vtT_1 = vtT_2$，即 $T_2 = T_1 = \frac{n}{v}$。

(六) 假捻

1. 静态假捻过程

如图 7-10 所示，须条无轴向运动且两端分别被 A 和 C 握持，若在中间 B 处施加外力，使须条以转速 n 绕自身轴线旋转，则 B 的两侧产生大小相等、方向相反的扭矩 M_1 和 M_2，B 的两侧获得数量相等、捻向相反的捻回；一旦外力除去，两侧的捻回便相互抵消。

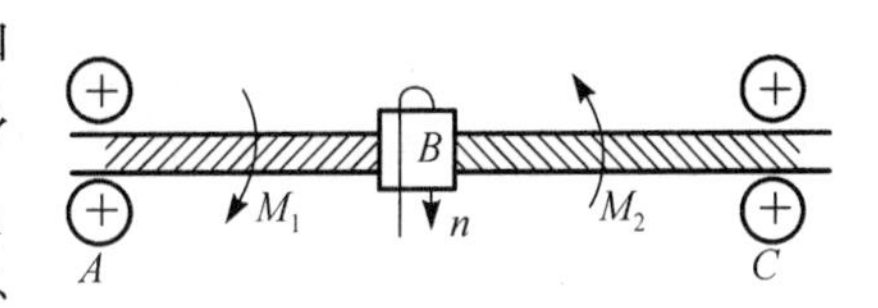

图 7-10 静态加捻过程

2. 纱条沿轴向运动时的假捻过程

如图 7-11 所示，须条沿 AC 方向运动，当 B 点以转速 n 回转时，AB 段和 BC 段将加上数量相等、方向相反的捻回，对应的捻度为 T_1 和 T_2。根据捻度稳定定理，在稳定状态下，任何一段须条上单位时间中加上的捻回数应该等于输出的捻回数，则对于 AB 段：$nt = T_1vt$，$T_1 = n/v$；对 BC 段：$T_1vt - nt = T_2vt$，$T_2 = 0$。即须条通过 B 点由 A 向 C 运动时，AB 段所得的捻回在进入 BC 段后被这段反向捻回所抵消。结果是最终的须条上没有捻度存在。因此，B 即为假捻器。须条 AB 段上的捻度大小及方向取决于假捻器 B 的转速大小及方向。假捻器的作用为仅使纱条局部段产生捻回，而不影响纱条的最终捻回。

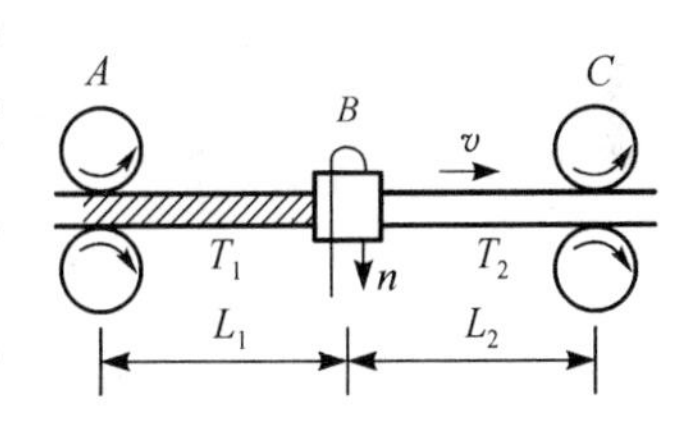

图 7-11 动态假捻过程

(七) 捻回的传递与分布

1. 捻回的传递

须条的捻回是由加捻点处产生的，然后沿轴向向握持点传递，由于纱条是非完全弹性体，因此传递过程中有捻回损失。

影响捻回传递的因素有纱条的扭转刚度、纱条长度、纱条张力及传递过程中受到的摩擦阻力等。

2. 须条上捻度的分布

假设加捻须条为圆柱体，纱条的抗扭刚度与纱直径的 4 次方成正比。实际上，纱条的粗细是不均匀的，即各截面的直径不相等，因此，由于纱条各处的抗扭力矩不同，在一定的加捻扭转力矩下，各纱条截面上获得的捻回不同。捻回也会根据纱条上各截面的抗扭刚度差异而在纱条上进行传递。纱条上的捻度根据纱的粗细而形成一定的分布。纱条截面粗的部位抗扭刚度大，则捻度少，截面细的部位则捻度多。

当纱条所受外力发生变化，如截面粗细改变时，各截面在外力作用下就产生新的扭转力矩和变形，使捻回重新发生转移，自行调整，达到新的平衡，获得新的捻度分布。这种现象称为捻度重分布。例如，在细纱的后牵伸区对具有捻度的粗纱进行牵伸时，牵伸须条上会出现捻度的重分布。

3. 捻陷

如图 7-12 所示，由于加捻点 B 和握持点 A 之间摩擦件 C 的影响，使 BC 段的捻度在传递到 AC 段的过程中有一部分损失，其传递效率为 $\eta < 1$。

根据捻度稳定定理，BC 段在单位时间 t 内得到的捻回与输出的捻回相等。

BC 段在 t 时间内得到的捻回是加捻器旋转加给 BC 段的捻回数，即 nt；而输出的捻回是指 t 时间内输出的纱条上的捻回数，T_2vt。即 $nt - T_2vt = 0$，故 $T_2 = \frac{n}{v}$。

同样，AC 段在单位时间 t 内得到的由 BC 段传来的捻回 $vtT_2\eta$ 与输出的捻回 T_1vt 相等，即 $T_1vt = T_2vt\eta$，故 $T_1 = T_2\eta$。

由结果可见，摩擦件 C 使某段纱条（AC）上的捻度比正常纱段捻度减少（图 7-13），但对最终输出纱条上的捻度无影响。这种现象称为捻陷。

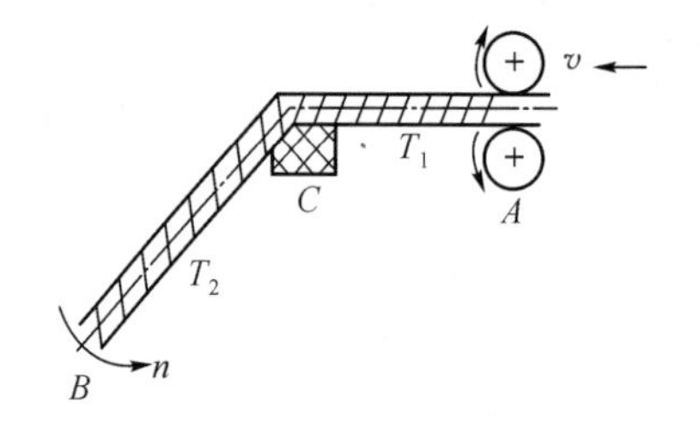

图 7-12　捻陷

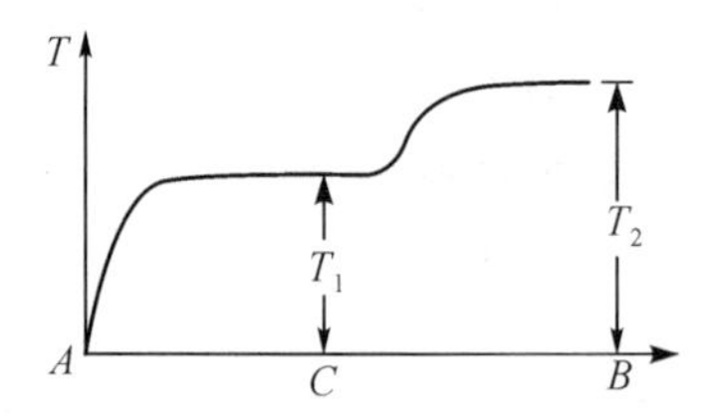

图 7-13　捻陷时纱条上的捻度分布

4. 阻捻

如图 7-14 所示，同样在加捻区 AB 之间有摩擦件 C，在单位时间 t 内，摩擦件 C 的摩擦阻力阻止捻回 T_2 从 BC 段完全传至 AC 段，故 AC 段上只有 $T_2vt\lambda$ 捻回传递过去，λ 为阻捻系数，$\lambda < 1$。

根据捻度稳定定理，AC 和 BC 段在单位时间 t 得到和输出的捻回数应该相等，即：

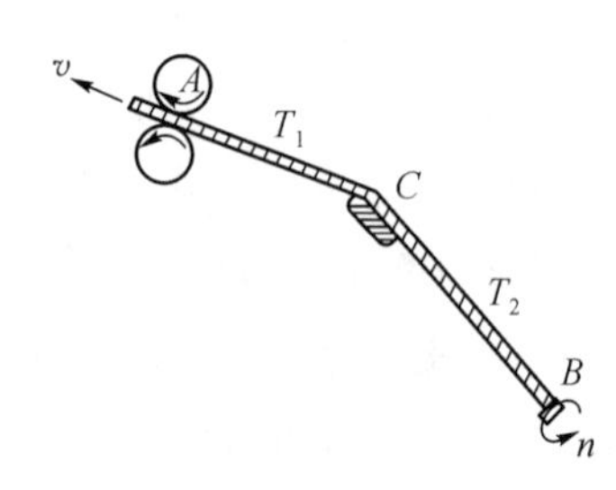

图 7-14　阻捻

BC 段：　$nt - \lambda T_2vt = 0$，故 $T_2 = \frac{n}{\lambda v}$。

AC 段：　$\lambda T_2vt - T_1vt = 0$，故 $T_1 = \frac{n}{v}$。

由此可见，摩擦件 C 对某段（BC）纱条有增捻作用，这种现象称为阻捻，但对最终输出纱条的捻度无影响。

二、粗纱加捻机构及作用

（一）粗纱加捻的目的

一是增加粗纱强力，使之能够满足卷绕和退绕过程中的张力要求，减少意外伸长或断头。

二是施加适量的捻度，有利于粗纱在细纱机牵伸中纤维运动的控制。

（二）加捻机构组成及加捻过程

1. 组成

如图 7-15 所示，粗纱机的加捻机构主要由锭子、锭翼等组成。

2. 加捻过程

从前罗拉 1 输出的纱条，穿过锭翼顶孔 2，由锭翼边孔 3 穿出，在锭翼顶端绕 1/4 或 3/4 圈后，进入锭翼空心臂 4，从其下端穿出的粗纱在压掌 5 上绕 2～3 圈，经压掌导纱孔绕向筒管 6。锭翼转 1 转，粗纱被加上 1 个捻回。

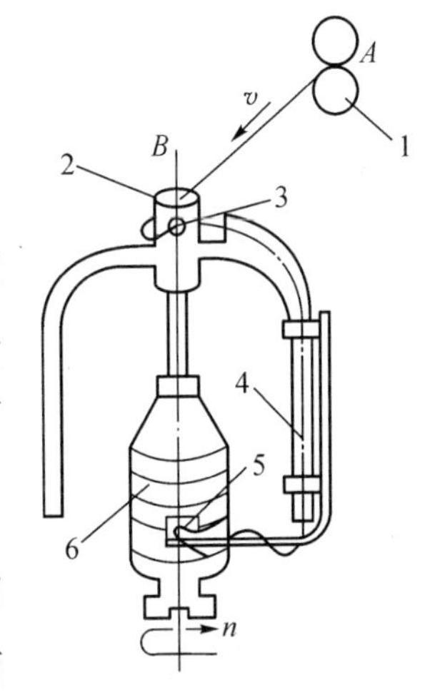

图 7-15 粗纱机加捻卷绕示意图

（三）假捻的应用

由图 7-16 可见，由于锭翼顶孔 B 点的摩擦作用，将阻碍纱条的捻度向 AB 段传递，B 点为捻陷点，使 AB 段的捻度降低为 $\frac{n}{v}\eta$。而 AB 段的纱条本身就长，且抖动大，捻度的降低更容易导致该段纱产生意外伸长甚至断头。另一方面，由于顶孔直径大于纱条直径，锭翼回转时，孔顶边缘的转动线速度大于纱条的表面速度，这样顶孔边缘对纱条圆周方向上产生摩擦力，使纱条产生一个附加转动。因此，锭翼顶孔 B 点既是捻陷点又是假捻点，纱条附加转速为 n'，则由于附加转速 n' 产生的附加捻度为 $\frac{n'}{v}$。最终，AB 段的捻度为锭翼加捻传递至 AB 段的捻度加上纱条附加旋转所产生的捻度 $T_{AB}=\frac{n}{v}\eta+\frac{n'}{v}$。

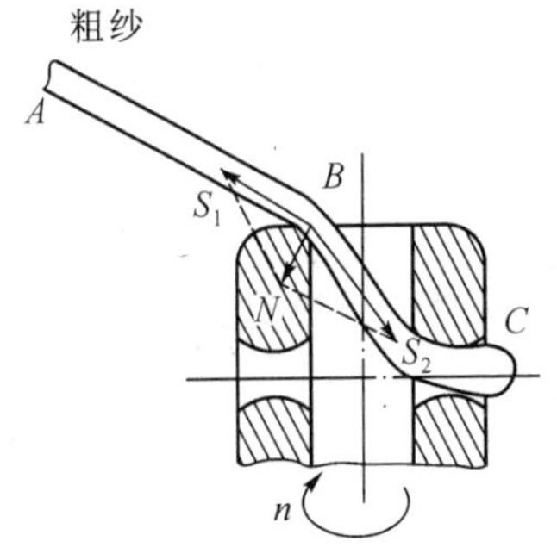

图 7-16 粗纱机假捻器的应用

如果附加捻度大，可以增加 AB 纱段的强度。因此，为增加锭翼顶孔处纱条的假捻效果，减少意外伸长和断头，可在锭翼顶孔刻槽或加装假捻器。

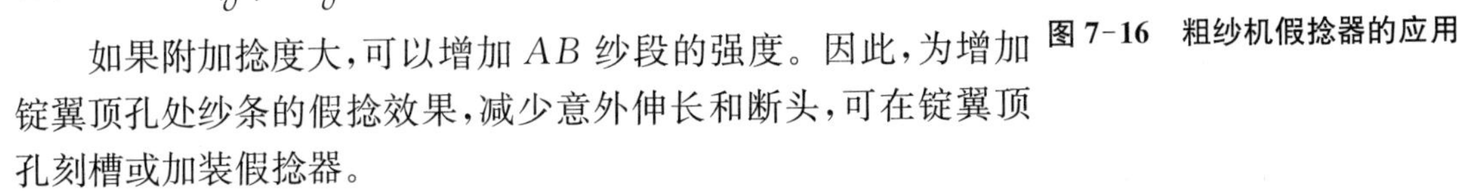

第四节 粗纱的卷绕

粗纱加捻后还必须卷绕成适当的卷装形式，以便搬运、存储及后道工序的顺利退绕。粗纱的卷装形式如图 7-17 所示。粗纱逐层一圈挨一圈地绕在筒管上，为防止两端纱圈脱圈，卷绕高度逐层递减，形成两端为圆锥体、中间为圆柱体的卷装形式。

一、粗纱卷绕过程

为了实现正常卷绕，单位时间内前罗拉输出的纱条长度必须与筒管卷绕长度相等，即：

$$N_w = \frac{v_F}{\pi D_x}$$

式中：N_w为管纱的卷绕转速(r/min)，$N_w = N_b - N_s$（目前粗纱一般为管导，即筒管转速大于锭翼转速）；N_b为筒管的回转速度(r/min)；N_s为锭翼的回转速度(r/min)，即锭子转速；v_F为单位时间内前罗拉输出纱条的长度(mm/min)；D_x为管纱的卷绕直径(mm)。

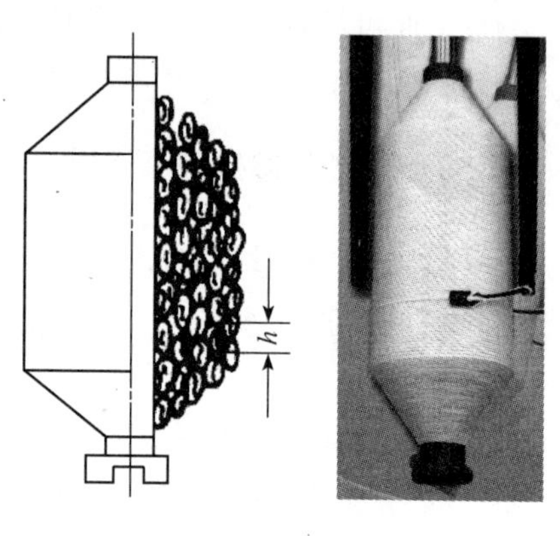

图 7-17　粗纱的管纱卷装

则：

$$N_b = N_s + N_w = N_s + \frac{v_F}{\pi D_x} \tag{7-7}$$

在卷绕过程中，前罗拉的输出速度不变，而随着管纱的卷绕直径逐层增大，管纱的卷绕转速逐层降低，但在同一层纱内的卷绕速度是相同的。

由式(7-7)可知，筒管的转速由锭子转速和变速两个部分组成，锭子转速是恒速，筒管的变速为卷绕速度。筒管的转速要随着卷绕直径的增大而逐层减小。

筒管在周向卷绕的同时，还要沿轴向做往复运动，使粗纱在筒管轴向紧密排列，而往复运动是由升降龙筋带动筒管做升降运动而实现的。为了实现正常卷绕，单位时间内龙筋升降的距离必须和筒管轴向卷绕圈距相适应，即：

$$v_L = \frac{v_F}{\pi D_x} \cdot h \tag{7-8}$$

式中：v_L 为龙筋升降速度(mm/min)；h 为粗纱轴向卷绕圈距(mm)。

由式(7-8)可知，在卷绕过程中，当粗纱线密度不变时，轴向卷绕圈距是常量，因此，升降龙筋的升降速度在同一卷绕纱层内相同，随管纱的卷绕直径的增加而减小。

管纱为了形成两端呈圆锥体的形状，升降龙筋的升降动程需要逐层缩短，以使管纱各卷绕层高度逐层缩短。

二、粗纱卷绕机构

粗纱机通过变速机构和成形机构及辅助机构来实现其卷绕方程式(7-7)和(7-8)，以及图7-17 所示的粗纱管纱成形。

(一) 传统粗纱机(有锥轮粗纱机)传动简图

图 7-18 所示为传统粗纱机(有锥轮粗纱机)的传动简图。其中：

(1) 粗纱机变速机构采用一对锥轮(俗称铁炮)进行变速。它控制着筒管卷绕的变速部分及龙筋的升降速度，其运动速度随卷绕直径增加而逐层递减。

(2) 差动装置是将主轴的恒定转速和变速机构传来的变动转速合成在一起,通过摆动机构传向筒管。

(3) 摆动装置是将差动装置的输出合成转速传给筒管。

(4) 成形装置是控制粗纱卷绕成形的机械式控制机构或机电式控制机构。为了控制粗纱卷绕和龙筋的升降运动,满足成形的要求,每当粗纱卷绕一层至筒管两端时,成形装置应迅速而准确地同时完成以下三项动作:

① 使锥轮皮带向主动锥轮(上铁炮)的小端移动一小段距离,以改变筒管的卷绕速度和龙筋的升降速度。

② 改变一对换向齿轮与伞形齿轮的啮合,以改变龙筋升降运动的方向。

③ 缩短龙筋升降动程,使粗纱管两端呈圆锥形。

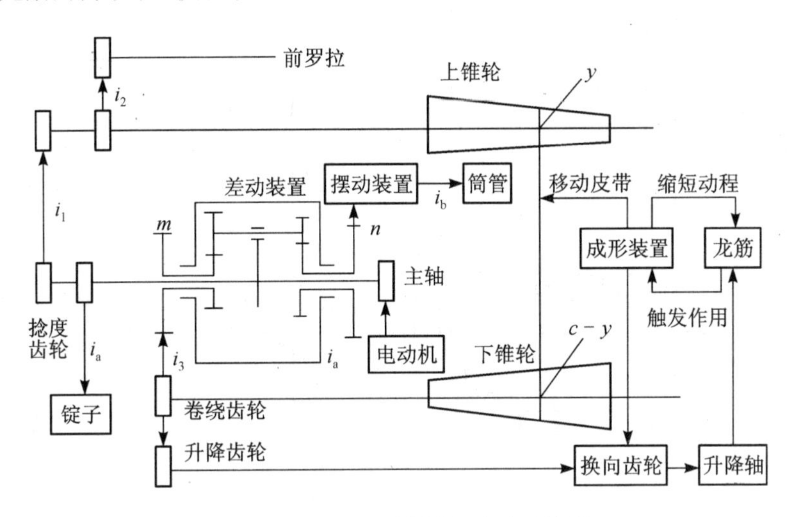

图 7-18 FA401 型粗纱机传动系统图

(二) 无锥轮粗纱机的传动

传统粗纱机传动系统过于繁琐,调节不便。随着计算机技术、变频调速技术及传感技术等在粗纱机上的应用,现代新型无锥轮粗纱机上取消了锥轮,其功能由工控机通过数学模型控制电机,实现粗纱同步卷绕成形的要求;同时取消了传统粗纱机中的成形机构、差动机构、换向机构、摆动机构和张力微调机构等,简化了传动系统机构。目前典型机型有二电机粗纱机和四电机粗纱机。

以四电机粗纱机为例,通常用四台电机分别传动锭翼、罗拉、筒管和龙筋。

1. 无锥轮粗纱机的传动控制

如图 7-19 所示,四电机粗纱机由 M_1、M_2、M_3、M_4 四台伺服变频电机分别控制锭翼转速、罗拉转速、龙筋升降速度和筒管卷绕速度四个部分。

2. 无锥轮粗纱机的传动数学模型

(1) 粗纱的卷绕方程。由式(7-7)和式(7-8)可知,粗纱机的卷绕方程为:

$$n_b = n_s + \frac{v_F}{\pi D_x};\ v_L = h \times \frac{v_F}{\pi D_x}$$

(2) 一落纱中粗纱卷绕直径的变化。在卷绕中,随着粗纱不断地卷绕在筒管上,筒管的卷绕直径逐步增大。

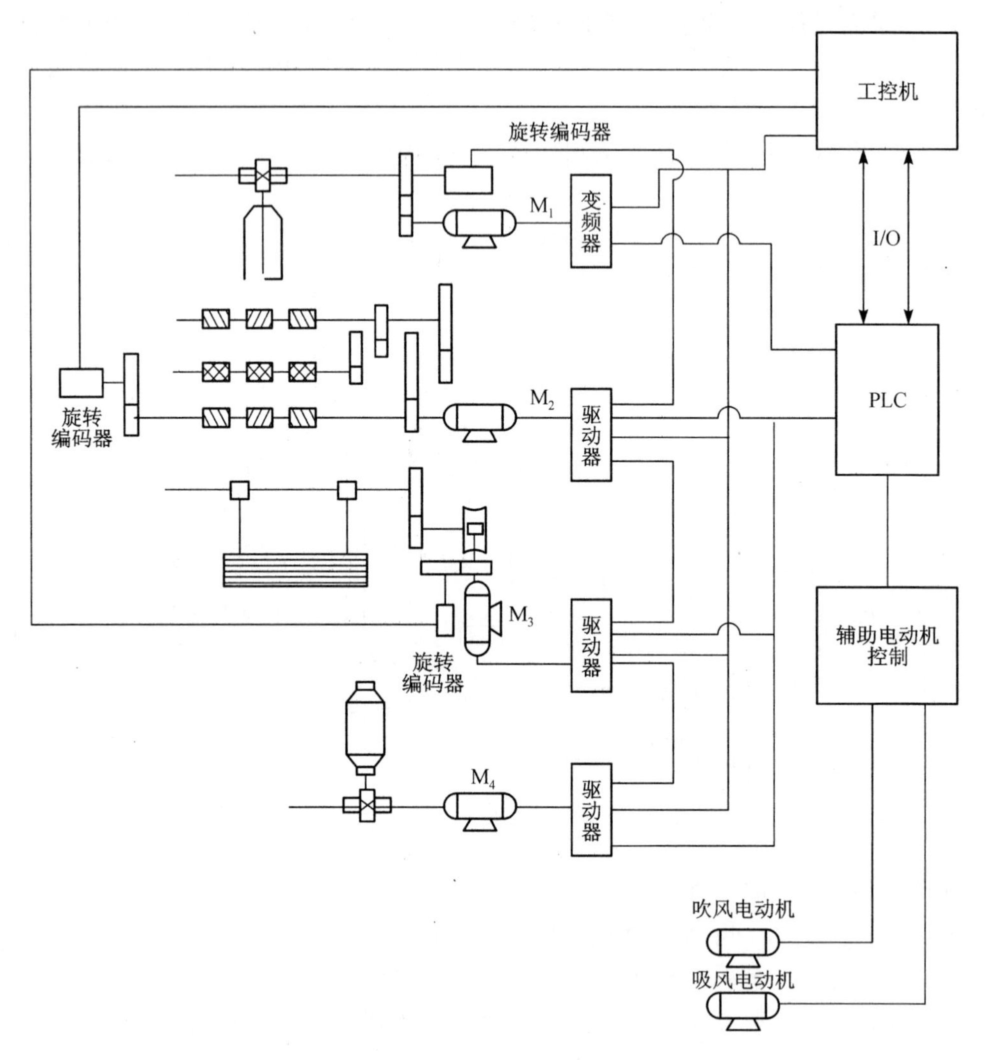

图 7-19 无锥轮粗纱机的传动系统

根据实验，粗纱每层绕纱厚度以等差级数递增规律增加，因此：

$$\delta_n(\text{第 } n \text{ 层粗纱厚度}) = \delta_1 + (n-1)\Delta$$

$$D_x = D_0 + 2n\delta_1 + (n-1)\Delta$$

式中：D_x 为卷绕第 n 层粗纱时的卷绕直径；D_0 为空筒管直径；δ_1 为粗纱始绕厚度；Δ 为粗纱每层厚度的增值差；n 为粗纱卷绕的层数。

由此可得，无锥轮粗纱机的筒管卷绕方程为：

$$n_b = n_s + \frac{v_F}{\pi[D_0 + 2n\delta_1 + (n-1)\Delta]} \tag{7-9}$$

式(7-9)为无锥轮粗纱机计算机软件设计筒管转速的主要依据。

粗纱始绕厚度主要与粗纱的定量有关,可按下式计算:

$$\delta_1 = 0.159\,6\sqrt{\frac{W}{\gamma}}$$

式中:W 为粗纱定量(g/10 m);γ 为粗纱密度(g/cm^3)。

不同原料,其粗纱密度也不同。混纺纱可按混纺比加权计算其粗纱密度。

粗纱每层厚度的增值差 Δ 与锭翼结构、一落纱中压掌压力变化等有关,但对固定机型而言,Δ 的影响规律是一致的。Δ 一般为 δ_1 的 0.3%~0.4%。Δ 主要影响中、大纱时的筒管转速,即影响中、大纱的卷绕张力,因此,Δ 应在 δ_1 设定后做相应设定或调整。h_1 为粗纱始绕高度,一般 $h_1 = (3 \sim 7)\delta_1$。

粗纱的轴向卷绕密度为:$H = 125.3\sqrt{\frac{\gamma}{W}}$ (圈/10 cm);

粗纱的径向卷绕密度为:$R = 626.6\sqrt{\frac{\gamma}{W}}$ (层/10 cm)。

三、粗纱的张力

(一) 张力的形成与分布

1. 粗纱张力的形成

粗纱自前罗拉输出至筒管的行程中,必须克服锭翼顶端、空心臂及压掌等处对其运动的摩擦阻力;其次,为了正常卷绕,筒管的卷绕速度通常略大于前罗拉的输出速度,使粗纱在卷绕过程中保持一定的张紧,这种张紧程度称为粗纱张力,其目的是保证成形良好及提高纤维的伸直度、纤维间的紧密度。

2. 粗纱张力的分布

图 7-20 所示为前罗拉至筒管各段纱条上的张力分布。图中:a 点为前罗拉钳口;bc 表示粗纱从锭翼顶端到侧孔处的包围弧,θ_1 为对应的圆心角;cd段表示空心臂;de 段表示粗纱对压掌的包围弧,其对应的圆心角为 θ_2;f 为筒管上的卷绕点。

T_a 为 ab 段粗纱受的张力,习惯上称为纺纱张力;ef 段的张力称为卷绕张力。

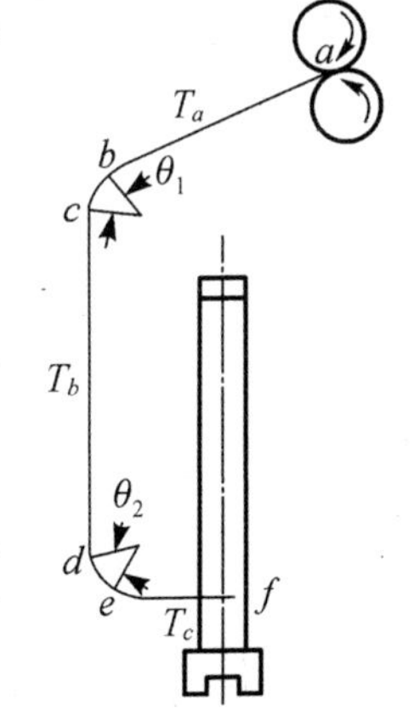

图 7-20　粗纱张力及其分布

由欧拉公式可知:

$$T_b = T_a e^{\mu\theta_1}$$

$$T_c = T_b e^{\mu\theta_2} = T_a e^{\mu(\theta_1+\theta_2)} \qquad (7-10)$$

式中:μ 为机件对粗纱的摩擦系数。

由式(7-10)可知 $T_c > T_b > T_a$,即纺纱张力最小,卷绕张力最大。通常用纺纱张力来表示粗纱的张力,此段的粗纱松弛下垂时,表示粗纱张力小,此段粗纱绷紧时,表示粗纱的张力大。

(二) 粗纱张力的影响

粗纱为弱捻制品,粗纱张力太大,易产生意外牵伸,恶化条干,甚至断头;张力太小,成形松烂,使搬运、储存和退绕困难。

当粗纱张力不匀时(小纱、中纱、大纱间张力的差异;不同粗纱机台之间,同一机台前排、后排之间,不同锭之间张力的差异),会使粗纱长片段质量产生差异,从而直接影响细纱的质量不匀率和质量偏差。

(三) 粗纱张力的度量

当粗纱捻度一定时,张力大则伸长率大,因此,粗纱张力一般用粗纱的伸长率来间接表示,以同一时间内筒管上卷绕的实测长度与前罗拉输出的计算长度之差对前罗拉输出的计算长度之比的百分数表示,即:

$$\varepsilon = \frac{L_2 - L_1}{L_1} \times 100\%$$

式中:ε 为粗纱伸长率(%);L_1为前罗拉输出粗纱的计算长度;L_2为同一时间内筒管上卷绕粗纱的实测长度。

当粗纱伸长率超出规定范围时,要对粗纱张力进行调整。棉纺中,粗纱的伸长率一般控制在 1.5%~2.5%,前后排和大小纱之间的伸长率差异控制在 1.5%以下。

(四) 粗纱张力的调整

1. 传统粗纱机的张力调整

(1) 调整轴向卷绕密度。粗纱轴向卷绕密度在卷绕第一层时以能隐约见到筒管表面即可,防止过稀或过密引起粗纱的嵌入与重叠,从而影响筒管直径的变化规律,进而影响筒管线速度的变化规律。

(2) 调整小纱张力,即调整粗纱的张力水平。当张力微调时,调整铁炮皮带初始位置;当调整幅度较大时,调整卷绕牙的齿数。

(3) 调整大纱张力。通过调整成形牙齿数来调整一落纱张力的变化趋势。

(4) 由图 7-20 可见,通过调整 θ_1 或 θ_2,可以在一定程度上调整纺纱张力和卷绕张力的比例。

此外,适当提高粗纱捻度,或有效地应用粗纱假捻器,也可以在一定程度上控制粗纱伸长率。

2. 无锥轮粗纱机的张力调整

无锥轮粗纱机由微机通过参数调整来完成张力调节。

(1) 筒管直径 D_0,即卷绕起始直径,主要影响第一层纱及小纱的张力。

(2) 每层厚度 δ,主要影响大纱的张力。

(3) 张力系数 ρ,主要影响大、中、小纱的张力。

(4) 特征系数 K,主要影响中纱的张力。

一般 $\rho = 1.02$ 和 $K = 0.45$,机器已经设置完成,不需调整,特殊情况下再调整。

在无锥轮粗纱机上有 3 个 CCD 张力传感器对前罗拉输出的纱条进行张力检测(图 7-21)。通过检测纱条实际位置与基准位置的变化来反映粗纱张力的大小,然后由电控装置进行在线调节。

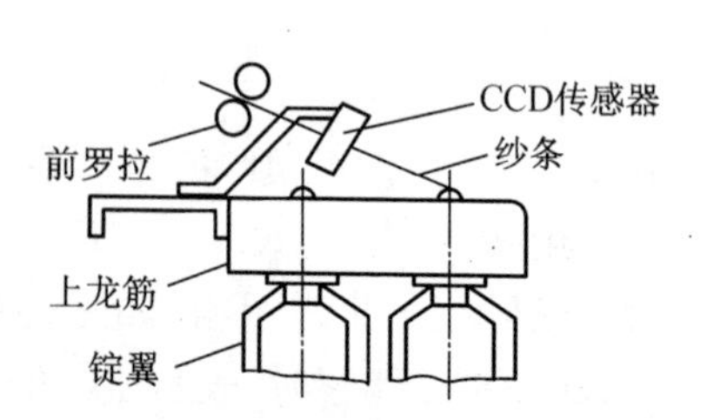

图 7-21 粗纱机的 CCD 张力检测示意图

第五节 粗纱工艺设计及质量控制

一、主要工艺参数作用及选择

(一) 粗纱定量

粗纱定量应根据熟条定量、细纱机牵伸能力、细纱线密度、纺纱品种、产品质量要求,以及粗纱设备性能和生产供应平衡等因素综合确定。粗纱定量选用范围见表 7-1。

表 7-1 粗纱定量选用范围

纺纱线密度(tex)	30 以上	20～30	10～20	10 以下
粗纱干定量(g/10 m)	5.5～10.0	4.1～6.5	2.5～5.5	2.0～4.0

(二) 锭速

锭速主要与纤维特性、粗纱卷装、捻系数、锭翼形式和设备性能等有关。化纤纯纺、混纺时,由于粗纱捻系数较小,锭速比表 7-2 中的数据降低 20%～30%。

表 7-2 纯棉粗纱锭速选用范围

纺纱线密度(tex)		30 以上	10～30	10 以下
锭速范围(r/min)	托锭式	600～800	700～900	800～1 000
	悬锭式	800～1 000	900～1 100	1 000～1 200

(三) 牵伸

1. 总牵伸

粗纱机的总牵伸应根据细纱线密度、熟条定量、粗纱机的牵伸效能并结合细纱机的牵伸能力等决定。粗纱机配置较低的牵伸倍数有利于成纱质量的提高。双胶圈牵伸装置粗纱机的牵伸范围见表 7-3。

表 7-3 双胶圈粗纱机牵伸范围

纺纱线密度	粗	中细	特细
总牵伸	5～8 倍	6～9 倍	7～12 倍

2. 牵伸分配

双胶圈粗纱机的前牵伸区采用双胶圈及弹性钳口,对纤维的运动控制良好,所以牵伸倍数主要由前牵伸区承担;后区牵伸是简单罗拉牵伸,控制纤维的能力较差,牵伸倍数宜偏小掌握,以保持结构紧密的状态进入主牵伸区,有利于改善条干。四罗拉双胶圈牵伸前部为整理区,目的是使纤维在该区有序排列,该区为张力牵伸。两种牵伸装置的牵伸分配见表 7-4。

表 7-4　牵伸分配

牵伸分配	三罗拉双胶圈	四罗拉双胶圈
前区	主牵伸区	1～1.05 倍
中区	—	主牵伸区
后区	1.15～1.4 倍	1.2～1.4 倍

(四) 罗拉握持距

粗纱机的罗拉握持距主要根据纤维长度及整齐度、纤维品种、粗纱定量，并结合罗拉加压、总牵伸等因素综合考虑。如总牵伸大、加压较重，罗拉握持距可适当减小；反之，应放大。罗拉握持距参见表 7-5。主牵伸区握持距一般等于胶圈架长度加无控制（浮游）区长度。

表 7-5　罗拉握持距　　单位：mm

牵伸形式	前罗拉～二罗拉		二罗拉～三罗拉		三罗拉～四(后)罗拉	
	纯棉	棉型化纤	纯棉	棉型化纤	纯棉	棉型化纤
三罗拉双胶圈	胶圈架长度＋(14～20)	胶圈架长度＋(16～22)	L_P＋(16～20)	L_P＋(18～22)	—	—
四罗拉双胶圈	35～40	37～42	胶圈架长度＋(22～26)	胶圈架长度＋(24～28)	L_P＋(16～20)	L_P＋(18～22)

注：L_P为棉纤维品质长度或化纤主体长度(mm)。纤维长度差异较大时，胶圈架长度选择有所不同。

(五) 罗拉加压

粗纱罗拉加压主要根据牵伸形式、罗拉速度、罗拉握持距、牵伸倍数、须条定量及胶辊的状况而定，应满足握持力大于牵伸力的要求。罗拉速度低、隔距大、定量轻、胶辊硬度低、弹性好时加压轻，反之则重。罗拉加压配置见表 7-6。

表 7-6　罗拉加压配置

牵伸形式	纺纱品种	罗拉加压(cN/双锭)			
		前罗拉	二罗拉	三罗拉	四罗拉(后罗拉)
三罗拉双胶圈	纯棉	0.02～0.025	0.01～0.015	0.015～0.20	—
	化纤混纺、纯纺	0.025～0.03	0.015～0.02	0.02～0.025	—
四罗拉双胶圈	纯棉	0.09～0.012	0.015～0.02	0.01～0.015	0.01～0.015
	化纤混纺、纯纺	0.012～0.015	0.02～0.025	0.015～0.02	0.015～0.02

注：纺中长化纤时，罗拉加压可按上列配置增加 10%～20%。双胶圈上销弹簧静压力为 7～10 N。

(六) 钳口隔距

钳口隔距主要依据粗纱定量，并结合纤维性质、罗拉握持距及罗拉加压等因素选择，参见表 7-7。

表 7-7 双胶圈钳口隔距配置

粗纱干定量(g/10 m)	2.0～4.0	4.0～5.0	5.0～6.0	6.0～8.0	8.0～10.0
钳口隔距(mm)	3.0～4.0	4.0～5.0	5.0～6.0	6.0～7.0	7.0～8.0

(七) 集合器

粗纱机上使用集合器，主要是为了防止纤维扩散。集合器口径，前区与输出定量相适应，后区与喂入定量相适应。集合器规格可参考表 7-8 和表 7-9。

表 7-8 前区集合器规格

粗纱干定量(g/10 m)	2.0～4.0	4.0～5.0	5.0～6.0	6.0～8.0	9.0～10.0
前区集合器口径(宽×高/mm×mm)	(5～6)×(3～4)	(6～7)×(3～4)	(7～8)×(4～5)	(8～9)×(4～5)	(9～10)×(4～5)

表 7-9 后区集合器、喂入集合器规格

喂入干定量(g/5 m)	14～16	15～19	18～21	20～23	22～25
后区集合器口径(宽×高/mm×mm)	5×3	6×3.5	7×4	8×4.5	9×5
喂入集合器口径(宽×高/mm×mm)	(5～7)×(4～5)	(6～8)×(4～5)	(7～9)×(5～6)	(8～10)×(5～6)	(9～10)×(5～6)

(八) 捻系数

粗纱捻系数主要根据纤维长度和粗纱定量而定，还要参照所纺品种、温湿度条件、细纱后区工艺、粗纱断头情况等多种因素。

当纤维长、整齐度高、线密度小、粗纱线密度大时，捻系数应小。细纱后区牵伸工艺直接影响成纱质量，生产中往往调整粗纱捻系数来协助细纱机后区牵伸工艺的调整。当细纱机的牵伸机构完善、加压条件好时，粗纱捻系数可偏大掌握。

此外，粗纱捻系数对气候条件比较敏感：气候潮湿，粗纱发涩，捻系数应小；气候干燥，纤维发硬，捻系数应大。但有些地区，在黄梅季节，粗纱与机件的摩擦系数大，前罗拉至锭翼顶端的纱条下坠严重，粗纱发烂，此时，捻系数应增加；而在寒冷季节，粗纱与机件的摩擦系数小，捻系数减小，卷绕成形正常。粗纱捻系数的选择见表 7-10 和表 7-11。

表 7-10 纯棉粗纱捻系数的选择

粗纱线密度(tex)	200～325	325～400	400～770	770～1 000
粗纱捻系数(普梳)	105～120	100～115	95～105	85～95
粗纱捻系数(精梳)	90～100	85～90	80～90	75～85

表 7-11 几种粗纱的捻系数选择

细纱品种	棉型化纤混纺纱	涤棉(65/35～45/55)	棉腈(60/40)混纺针织纱	黏棉(55/45)混纺纱	中长涤黏(65/35)混纺纱
粗纱捻系数	55～70	60～70	80～90	65～70	50～55

二、粗纱(TJFA458A 型)工艺实例

根据所纺的细纱线密度，设计粗纱的干定量为 6.2 g/10 m，回潮率为 6.8%，则其湿定量为：

$$G_{湿} = 6.2 \times (1 + 0.068) = 6.622(\text{g}/10\ \text{m})$$

因棉的公定回潮率为 8.5%，所以，粗纱的线密度为：

$$\text{Tt} = 6.2 \times (1 + 0.085) = 672.7(\text{tex})$$

1. 牵伸倍数

设计的粗纱机实际牵伸为 $E = 6.13$ 倍，已知该粗纱机的牵伸配合率为 1.03，则该机的机械牵伸为 6.13×1.03=6.31 倍。其后区牵伸选择 1.14 倍，则其主牵伸为 6.31/1.14=5.535 倍。因此，喂入的熟条线密度为：

$$E \times \text{Tt} = 6.13 \times 672.7 = 4\,120.651(\text{tex})$$

2. 粗纱捻系数

选 $\alpha_t = 100$，则初步设计的粗纱捻度为：

$$T = \frac{\alpha_t}{\sqrt{\text{Tt}}} = \frac{100}{\sqrt{672.7}} = 3.86(\text{捻}/10\ \text{cm})$$

查该机器说明书，知机器上的捻度齿轮正好有对应 3.86 捻/10 cm 的，则最终确定粗纱的捻系数为 100。

3. 锭速

初选锭速为 1 000 r/min。查该机器说明书或传动图，知，接近 1 000 r/min 的是 1 013.7 r/min，故确定其锭速为 1 013 r/min，则相应的电机和主轴的皮带轮直径分别为 D_m=169 mm 和 D=200 mm。

4. 卷绕密度

设纯棉粗纱的密度为 0.55 g/cm^3，则粗纱的轴向卷绕密度为：

$$125.3 \times \sqrt{\frac{0.55}{6.73}} = 35.8\ (\text{圈}/10\ \text{cm})$$

径向卷绕密度为：

$$626.6\sqrt{\frac{0.55}{6.73}} = 179.1\ (\text{层}/10\ \text{cm})$$

根据轴向卷绕密度，可以计算所需的升降变化齿轮；根据径向卷绕密度，可以计算成形齿轮。

其他工艺参数，如罗拉中心距、罗拉加压、集合器孔径等，分别根据纤维长度、定量等，按表7-5～表7-9进行选择，详见粗纱工艺表7-12。

表7-12 粗纱工艺表(机型:TJFA458A,四罗拉双皮圈牵伸)

定量(g/10 m)		回潮率(%)	线密度(tex)	牵伸(倍)		牵伸配合率	捻系数	捻度(捻/10 cm)		锭速(r/min)
干重	湿重			实际	机械			计算	实际	
6.2	6.62	6.8	672.7	6.13	6.31	1.03	100	3.86	3.86	1 013

牵伸分配(倍)			罗拉握持距(mm)			皮圈钳口(mm)	罗拉加压(N/双锭)	卷绕密度	
整理	主区	后区	整理	主区	后区		整理×前×中×后	轴向(圈/10 cm)	径向(层/10 cm)
1.05	5.82	1.14	35	49	55	6.0	90×200×150×150	35.8	179.1

三、TJFA458A型粗纱机传动与工艺计算

(一) TJFA458A型粗纱机传动

TJFA458A型粗纱机传动如图7-22所示。

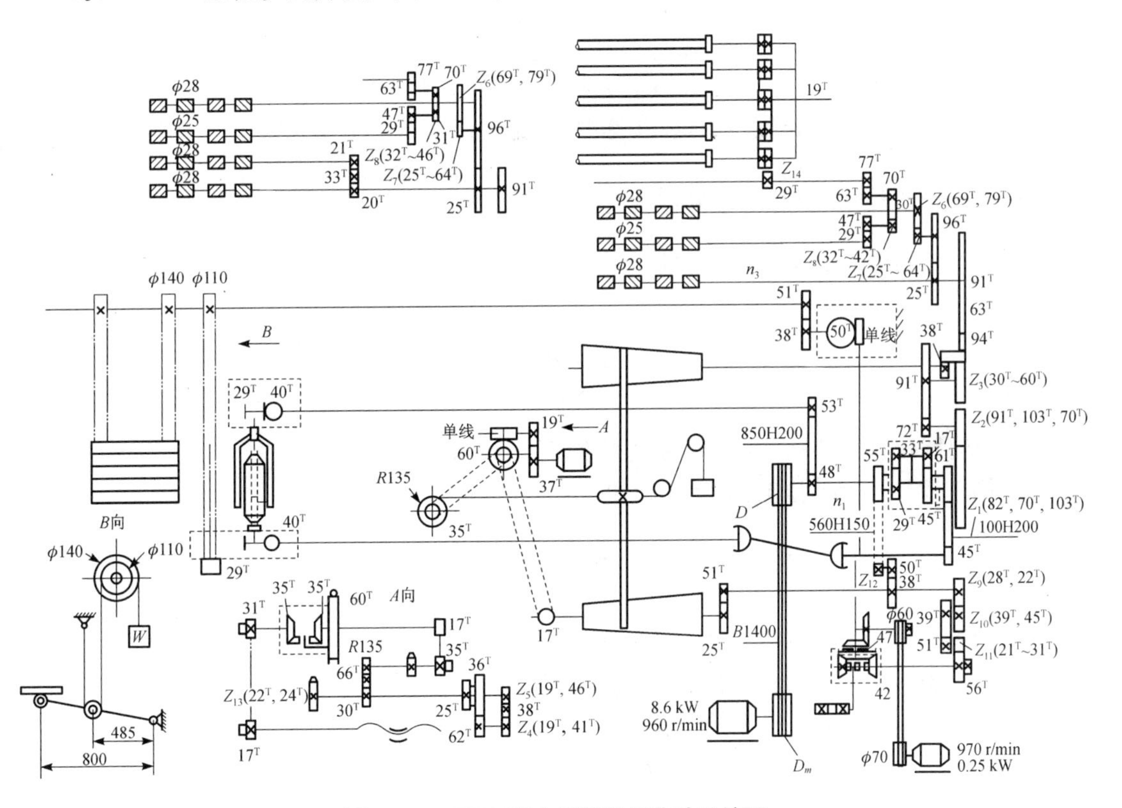

图7-22 TJFA458A型粗纱机传动系统图

(二) 工艺计算

1. 速度计算

(1) 主轴转速 n_1(r/min)。

$$n_1 = 960 \times \frac{D_m}{D}$$

电机皮带盘直径 D_m 有 120 mm、145 mm、169 mm、194 mm；主轴皮带盘直径 D 有 190 mm、200 mm、210 mm、230 mm。

(2) 锭子转速 n_2(r/min)。

$$n_2 = \frac{48 \times 40}{53 \times 29} \times n_1 = 1.2492 n_1$$

(3) 前罗拉转速 n_f(r/min)。

$$n_f = \frac{Z_1}{Z_2} \times \frac{72}{91} \times \frac{Z_3}{91} \times n_1 = \frac{0.0087 \times Z_1 \times Z_3}{Z_2} \times n_1$$

2. 捻度计算

$$T_{tex}(\text{捻}/\text{m}) = 1000 \times \frac{n_2}{n_f \times \pi \times d_f} = 1000 \times \frac{48 \times 40 \times 91 \times 91 \times Z_2}{53 \times 29 \times 72 \times Z_1 \times Z_3 \times \pi \times 28}$$
$$= \frac{163.331 \times Z_2}{Z_1 \times Z_3}$$

式中：$163.331 \times \frac{Z_2}{Z_1}$ 称为捻度常数(改变捻度时，捻度变换齿轮 Z_3 起主要调节作用，捻度阶段变换成对齿轮 $\frac{Z_2}{Z_1}$ 只是起微调作用)。

3. 牵伸计算(四罗拉双短胶圈牵伸)

(1) 总牵伸 E。

$$E = \frac{96 \times Z_6 \times d_f}{25 \times Z_7 \times d_b} = 3.84 \times \frac{Z_6}{Z_7}$$

式中：d_f 为前罗拉直径(28 mm)；d_b 为后罗拉直径(28 mm)。

(2) 第三罗拉～后罗拉牵伸(后区牵伸)E_1。

$$E_1 = \frac{31}{Z_8} \times \frac{47}{29} \times \frac{d_3 + 2 \times \delta}{d_b} = \frac{48.8059}{Z_8}$$

式中：d_3 为第三罗拉直径(25 mm)；δ 为下胶圈厚度(1.1 mm)。

(3) 第一罗拉～第二罗拉牵伸(前区牵伸)E_2。

$$E_2 = \frac{21}{20} \times \frac{d_f}{d_2} = 1.05\ (\text{固定})$$

式中：d_2 为第二罗拉直径(28 mm)。

(4) 第二罗拉～第三罗拉牵伸(中区牵伸)E_3。

$$E_3 = \frac{29}{47} \times \frac{Z_8}{31} \times \frac{Z_6}{Z_7} \times \frac{96}{25} \times \frac{20}{21} \times \frac{d_2}{d_3 + 2 \times \delta} = 0.0749 \times \frac{Z_8 \times Z_6}{Z_7}$$

也可根据总牵伸倍数等于各区牵伸倍数的乘积进行推算而得出。

(5) 导条辊～后罗拉牵伸(张力牵伸)E_4。

$$E_4 = \frac{Z_{14}}{24} \times \frac{77}{63} \times \frac{70}{30} \times \frac{d_b}{d} = 0.0524 \times Z_{14}$$

式中：d 为导条辊直径(63.5 mm)。

4. 卷绕计算

(1) 筒管轴向卷绕密度(圈/cm)。

$$P = 1.655 \times \frac{Z_{12} \times Z_{10}}{Z_9 \times Z_{11}}$$

(2) 筒管径向卷绕层数(层/cm)。

$$Q = 25.006 \times \frac{Z_5}{Z_4}$$

5. 产量计算

(1) 理论产量 $G_{理}$[kg/(台·h)]。

$$G_{理} = n_f \times \pi \times d_f \times \mathrm{Tt} \times 60 \times 10^{-9}$$

式中：Tt 为粗纱线密度(tex)。

(2) 定额产量 $G_{定}$[kg/(台·h)]。

$$G_{定} = G_{理} \times \eta$$

式中：η 为效率，一般为 80%～90%。

四、粗纱质量控制

(一) 粗纱质量指标

粗纱质量对成纱质量至关重要，因为粗纱也是半制品，故其粗纱质量控制指标没有统一标准，由各企业视情况自定。表 7-13 为粗纱质量控制指标示例。

表 7-13 粗纱质量控制指标

纺纱类别		Y311 型单根喂入条干不匀率(%)不大于	乌斯特条干不匀率(%)不大于	质量不匀率(%)不大于	粗纱伸长率(%)
纯棉纱	粗特	40	6.1～8.7	1.1	1～2.5
	中特	35	6.5～9.1	1.1	1～2.5
	细特及超细特	30	6.9～9.5	1.1	1～2.5
精梳纱		25	4.5～6.8	1.3	1～2.5
化纤混纺纱		25	4.5～6.8	1.2	−1.5～+1.5

(二) 质量控制

1. 粗纱条干不匀率

粗纱条干不匀会直接影响细纱的条干水平。控制粗纱条干，应从工艺、设备、管理等方面抓起。在设备方面，罗拉弯曲、胶辊表面损坏及轴承缺油、摇架加压失效、上下胶圈过松或过紧及跑偏等、牵伸齿轮松动或啮合不良、锭翼严重摇头、集合器不符合要求等，都会引起条干不匀。在工艺方面，罗拉握持距过大或过小、钳口隔距过大或过小、粗纱捻度不恰当等，对条干的影响也很大。此外，车间相对湿度、飞花及喂入棉条的条干严重不匀、打折或附有飞花，也会影响粗纱条干。

2. 粗纱伸长率

粗纱伸长率应控制在合理的范围内，粗纱机台与台之间或一落纱内大、中、小纱间的伸长率差异过大，将使粗纱条干恶化，并影响细纱质量不匀率。影响粗纱伸长率的因素较多，主要有锥轮皮带起始位置不当、张力变换齿轮选配不当、前后排粗纱伸长率差异过大、车间温湿度偏大等。此外，粗纱锭速增加、锭翼通道毛糙、筒管直径差异大，也会造成粗纱伸长率差异。应针对上述问题，进行相应设备或工艺的调整。

3. 质量不匀率

粗纱的质量不匀率会影响细纱质量不匀、单强不匀、条干 CV 值和细纱强力。

前道工序半制品的质量不匀率会直接影响粗纱工序，应控制在合理范围内。就粗纱本道工序而言，应控制好粗纱机台与台之间或一落纱内大、中、小纱间，以及同台粗纱机前后排锭子间、同机台锭与锭之间的伸长率差异。同时调整导条张力，防止喂入条子的意外牵伸。

习题

1. 粗纱工序的任务是什么？
2. 加捻的实质与目的是什么？
3. 衡量加捻程度的指标有哪些？各自的含义是什么？
4. 什么是阻捻、捻陷和假捻？举例说明它们在纺纱加工中的应用。
5. 利用捻度稳定定理求出阻捻、捻陷和假捻在加捻各区段的捻度分布。
6. 棉纺粗纱机常用的牵伸机构形式是怎样的？
7. 列出粗纱机的主要牵伸工艺参数。当所用纤维长度明显增长时，牵伸工艺如何调节？
8. 确定粗纱捻系数应考虑哪些因素？
9. 粗纱的卷装形式有哪几种？
10. 粗纱张力是如何形成的，一般以什么来衡量？

第八章　细　　纱

第一节　概　　述

棉纺厂生产规模是以细纱机总锭数表示的，细纱的产量是确定各道工序机台数量的依据，细纱的产量和质量水平、生产消耗（原料、机物料、用电量等）、劳动生产率、设备完好率等指标全面反映出纺纱厂的生产技术和设备管理水平，因此，细纱工序在棉纺厂中占有非常重要的地位。

一、细纱的目的与任务

细纱是纺纱的最后一道工序，细纱工序的目的是将粗纱加工成一定线密度且符合一定质量要求的细纱。为此，细纱工序要完成以下任务：

(1) 牵伸。将喂入的粗纱均匀地抽长拉细到所纺纱规定的线密度。

(2) 加捻。给牵伸后的须条加上适当的捻度，使其成纱，并具有一定的强力、弹性、光泽和手感等性能。

(3) 卷绕成形。把纺成的纱按照一定的成形要求卷绕在筒管上，以便于运输、储存和后道工序的加工。

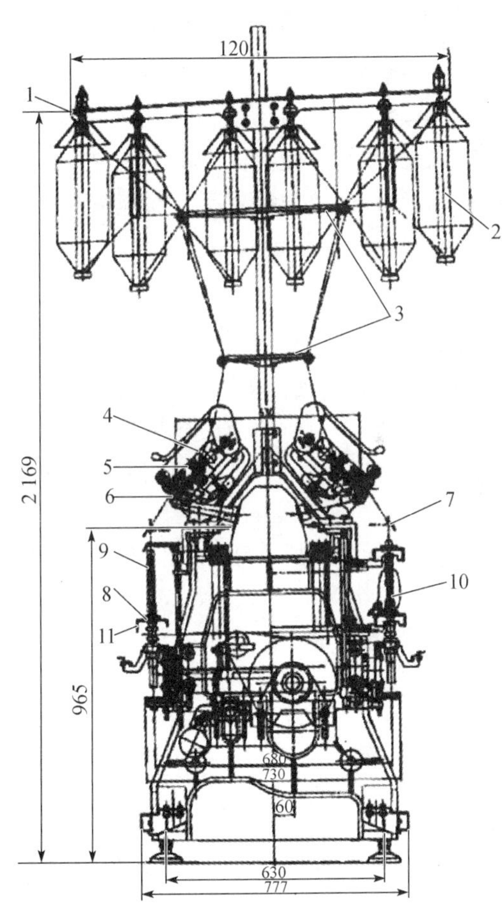

1—吊锭；2—组纱管；3—导纱杆；4—横动导纱喇叭口；5—牵伸装置；6—前罗拉；7—导纱钩；8—钢丝圈；9—锭子；10—筒管；11—钢领

图 8-1　环锭细纱机

二、细纱的工艺过程

图 8-1 是普通环锭细纱机的流程图，其工艺过程如下：

粗纱从上部吊锭 1 上的粗纱管 2 上退绕，经过导纱杆 3 和慢速往复运动的横动导纱喇叭口 4，喂入牵伸装置 5，在牵伸装置中完成牵伸过程。牵伸后的须条由前罗拉 6 输出，经导纱钩 7，穿过钢丝圈 8，绕到锭子 9 上的筒管 10 上。锭子的高速回转使张紧的纱条带动钢丝圈在钢领上高速回转，钢丝圈转 1 圈，给纱条加上 1 个捻回。由于钢丝圈的回转速度落后于筒管回转速度，即两者的速度差使前罗拉输出的纱条卷绕到纱管上。钢领板在成形机构的控制下有规律地做升降运动，保证卷绕成符合一定形状要求的管纱。

第二节　细纱的喂入与牵伸机构

一、喂入机构

细纱机的喂入机构由粗纱架、粗纱支持器、导纱杆、横动装置等组成。工艺上要求喂入部分各个机件的位置配合正确，粗纱退绕顺利，尽量减少意外牵伸。

(一) 粗纱架

粗纱架的作用是支承粗纱，并放置一定数量的备用粗纱和空粗纱筒管，有吊锭式和托锭式两种。多数细纱机采用的是六列单层吊锭形式(图 8-1)，托锭式已逐渐被淘汰。吊锭支持器的优点是回转灵活，粗纱退绕张力均匀，意外伸长少，粗纱装取时挡车工操作方便，适用于不同尺寸的粗纱管。

(二) 导纱杆

导纱杆为表面镀铬直径 12 mm 的圆钢，作用是保证粗纱退绕顺利及粗纱退绕牵引张力稳定。导纱杆的安装位置通常在距离粗纱卷装下端 1/3 处。

(三) 横动装置

横动装置引导粗纱喂入时在后钳口一定的宽度范围内做慢速的往复运动(图 8-2)，以防止须条与皮辊磨损而产生凹槽，延长皮辊的使用寿命，并保证钳口有效地握持纤维。但横动作用会导致牵伸后须条边缘游离纤维增多，成纱毛羽多。有时为减少成纱毛羽，不使用横动装置。

横动导杆上所装喇叭口的口径应根据粗纱定量合理选择，有 1.5 mm、2 mm、3 mm 等几种，在保证粗纱正常通过的条件下以偏小为宜。

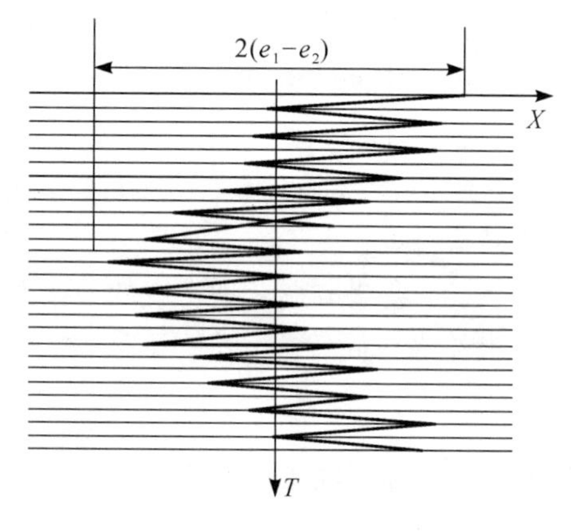

图 8-2　导纱横动轨迹

二、牵伸机构

细纱机的牵伸机构决定了细纱机的牵伸能力，影响成纱质量。

(一) 主要牵伸专件

主要牵伸专件包括罗拉、皮辊、皮圈、上下销等，共同组成罗拉钳口，握持纱条进行牵伸。

1. 牵伸罗拉

罗拉通常分为沟槽罗拉和滚花罗拉。FA506 型细纱机的两种罗拉如图 8-3 所示。

前后罗拉为梯形等分斜沟槽罗拉，使钳口线对纤维连续均匀地握持，并防止皮辊在快速回转时产生跳动。滚花罗拉用于传动皮圈的罗拉，其表面是均匀分布的菱形凸块，以防止皮圈打滑，保证罗拉对皮圈有效传动，菱形凸块不宜过尖以避免损伤皮圈。

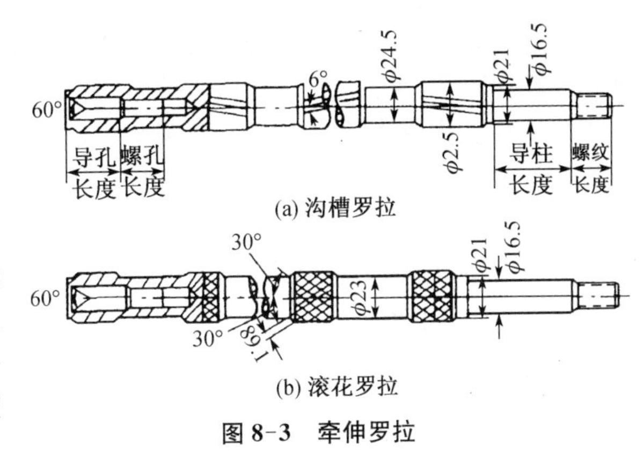

图 8-3 牵伸罗拉

2. 皮辊

细纱皮辊每两锭组成一套，由皮辊铁壳、包覆物（丁腈胶管）、芯子和皮辊轴承组成。将胶管内径胀大后紧套在铁壳上，并在胶管内壁和铁壳表面涂抹黏合剂，使胶管与铁壳粘牢。芯子和铁壳由铸铁制成，铁壳表面有细小沟纹，使铁壳与胶管之间的联接力加强，防止胶管在回转时脱落。

3. 皮圈及控制元件

皮圈及控制元件包括皮圈支持器（上下销）、钳口隔距块和张力装置等，其作用是加强对牵伸区内浮游纤维运动的控制，提高牵伸能力和成纱质量。

(1) 皮圈销。分上销和下销，用于固定皮圈位置，把上、下皮圈引向前钳口，保证皮圈钳口有效地控制浮游纤维的运动。上、下销如图 8-4 所示。

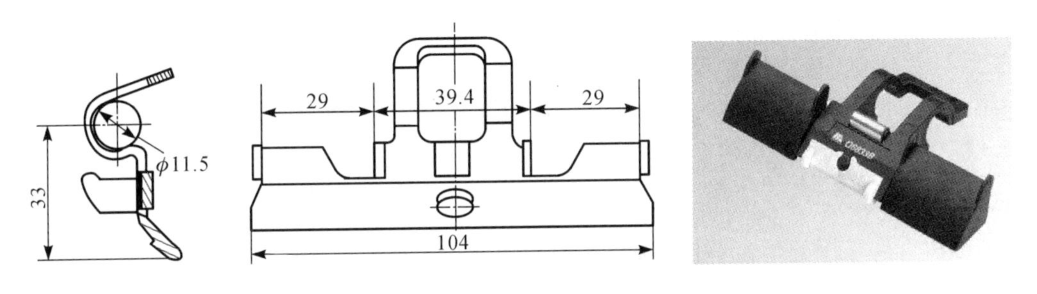

(a) 弹簧摆动上销

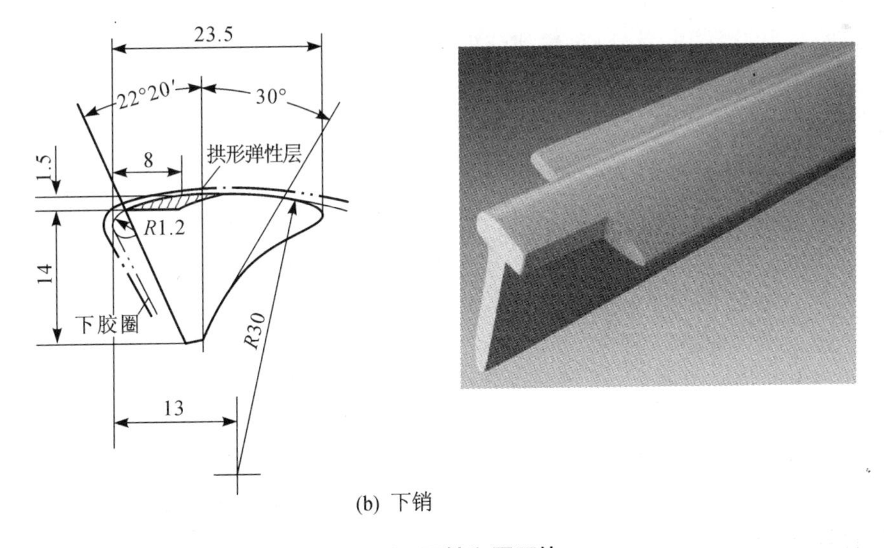

(b) 下销

图 8-4 上、下销和隔距块

图 8-4(b)所示为曲面阶梯下销。下销用普通钢材制成，表面镀铬，以减少皮圈与销子的阻力。下销固定在罗拉座上，下销最高点上托 1.5 mm，使上、下皮圈的工作面形成缓和的曲面通道，从而使皮圈中部的摩擦力界强度得到适当加强。下销的前缘突出，尽可能伸向前方钳口，使浮游区长度缩短。

(2) 隔距块。上销板中央装有隔距块，如图 8-4(a)所示，其作用是确定上、下销间的最小间隙(钳口隔距)，并使之保持统一、准确。

(二) 加压机构

加压机构是牵伸装置的重要组成部分，可分为重力加压、磁性加压、弹簧加压和流体加压四类，目前大多采用弹簧摇架加压和气动摇架加压。

1. 弹簧摇架加压

弹簧摇架加压结构轻巧，惯性小，吸震，能够产生较大的压力，加压卸压方便，不受罗拉座倾斜角的影响，工艺适应性强，尤其使牵伸装置趋向于系列化和通用化，在目前的牵伸装置中得到了广泛的应用。弹簧摇架加压机构由摇架体、加压组件、锁紧组件、紧固机构等组成。常见的弹簧摇架有圈簧加压摇架和板簧加压摇架。

2. 气动摇架加压

气动摇架加压在弹簧摇架加压的基础上，配备了一套气路系统，以压缩空气作为压力源，吸震能力强，适应机器高速运转的要求，不会产生疲劳衰退，加压充分，适应“重加压”工艺的要求，压力大小由压力表直接显示，配置稳压自动保护装置，停车时可保持半释压或全释压状态，调压简便，管理方便。常见的气动摇架加压有整体气囊间接式气动摇架加压和独立气囊直接式气动摇架加压。

(三) 牵伸形式

细纱机普遍采用的是三罗拉长短皮圈牵伸机构，分为前区牵伸和后区牵伸；根据后区牵伸形式的不同，又可分为双区直线牵伸和双区曲线牵伸。

细纱机后区牵伸的主要作用是使喂入前区的纱条具有一定的紧密度和平行伸直度，使之与前区形成合理的摩擦力界分布，达到减少粗节、细节和提高成纱条干均匀度的目的。

1. 直线牵伸

图 8-5 所示为细纱机三罗拉普通直线牵伸形式。SKF、HP、R2P 及国产 YJ2 系列的后区牵伸均属于三罗拉普通直线牵伸。

从罗拉形式看，R2P 后区牵伸形式属于大罗拉、大隔距直线牵伸，并且前区采用小罗拉中心距(42.5 mm)，具有较大的前、后区摩擦力界强度，从而提高了成纱质量。

2. INA-V 型曲线牵伸

INA-V 型牵伸加压机构属于三罗拉长短皮圈双区曲线牵伸，如图 8-6 所示。后罗拉抬高 12.5～13.5 mm，并适当前移，使后罗拉握持点前移。缩短中、后罗拉中心距，增大后区罗拉握持距，从而形成良好的摩擦力界分布。后皮辊沿其下罗拉后摆 65°，上、下罗拉中心连线与水平线的夹角为 25°～31°，喂入后区的纱条在后罗拉表面形成一段曲线包围弧，处于后区的有捻粗纱呈“V”型进入前牵伸区，因此又可称为 V 型牵伸。V 型牵伸因曲线包围弧产生的附加摩擦力界对后区纤维的积极控制，可提高细纱牵伸倍数，成纱质量好。

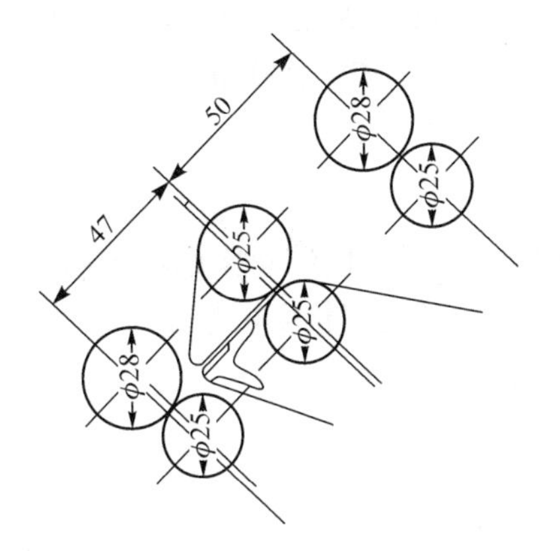

图 8-5 三罗拉普通直线牵伸

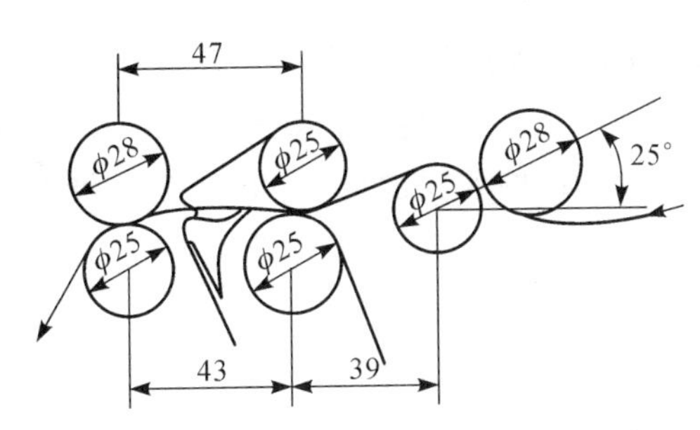

图 8-6 INA-V 型双区曲线牵伸

3. R2V 型曲线牵伸

在兼有 R2P 及 INA-V 型牵伸加压技术优点的基础上，R2V 型采用三罗拉双区曲线牵伸气动加压形式。

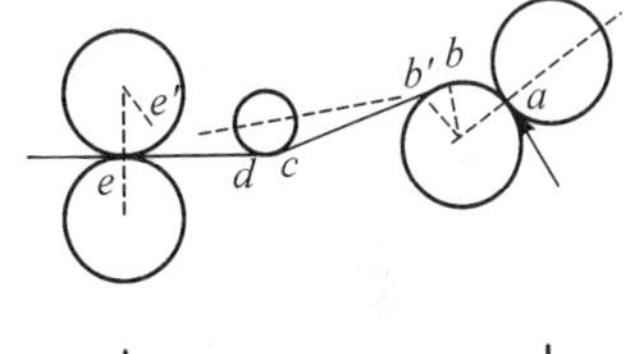

R2V 型牵伸装置的前区采用 B2P 紧隔距的优点，将前、中罗拉中心距由 43 mm 改为 41.5 mm，浮游区长度缩小到 12.6 mm；后区采用 V 型曲线牵伸，对喂入纱条的控制能力好；气动加压压力稳定，无衰退，锭差小。

4. VC 型曲线牵伸

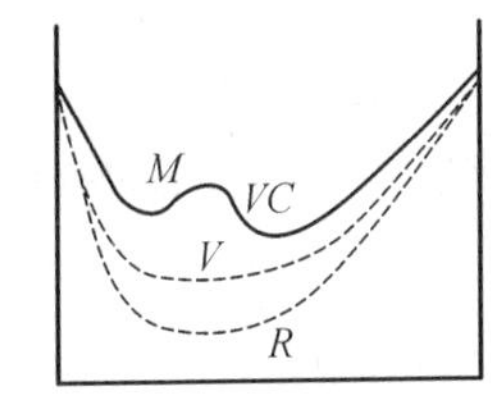

图 8-7 VC 型曲线牵伸及摩擦力界分布

VC 型牵伸是 V 型和 R2V 型牵伸的改进，配置 1 根控制辊（俗称压力棒）在后区 V 型牵伸区中部，使细纱后区牵伸由 V 型罗拉曲线牵伸发展为控制辊式 V 型罗拉曲线牵伸，其后区牵伸形式和摩擦力界分布如图 8-7 所示。VC 型牵伸使后区有了更完善的摩擦力界分布形态，牵伸潜力增大，总牵伸能力可以达到 50～100 倍，可以实现细纱大牵伸纺纱。

第三节 细纱加捻与卷绕

细纱机的加捻和卷绕是同时完成的，其加捻卷绕部分包括导纱钩、锭子、筒管、钢领、钢丝圈、钢领板、气圈环等。

一、细纱加捻

（一）细纱的加捻卷绕过程

要获得具有一定强力、弹性、伸长、光泽、手感等物理机械性能的细纱，必须通过加捻改变须条内纤维的排列状态来实现。

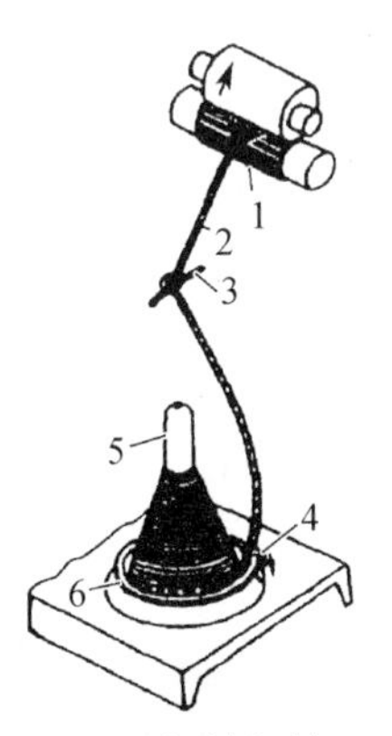

图 8-8 细纱加捻卷绕过程

细纱加捻过程如图 8-8 所示。前罗拉 1 输出的纱条 2，经导纱钩 3，穿过钢领 6 上的钢丝圈 4，绕到紧套于锭子上的筒管 5 上。锭子回转时，借助纱线张力的牵动，使钢丝圈沿钢领回转。钢丝圈带动纱条沿钢领回转 1 圈，纱条就获得 1 个捻回。同时，因摩擦阻力等作用，钢丝圈回转总滞后于筒管转动，它与筒管的转速差（即细纱的卷绕转速）使纱条卷绕到筒管上。

（二）细纱的加捻方程

环锭细纱机的加捻与卷绕是同时进行的。正常卷绕时，如果不计纱条加捻所产生的长度变化，则同一时间内前罗拉实际输出长度应和细纱筒管上的卷绕长度相等，即：

$$v_f = \frac{\pi d_x (n_s - n_t)}{1\,000}$$

或

$$n_t = n_s - \frac{1\,000 v_f}{\pi d_x}$$

式中：v_f 为前罗拉输出速度（m/min）；d_x 为纱管卷绕直径（mm）；n_s 为锭子转速（r/min）；n_t 为钢丝圈转速（r/min）。

二、细纱卷绕与成形

（一）管纱的卷绕成形

钢丝圈在钢领上的回转，一方面实现了对细纱的加捻，另一方面随着钢领板的升降完成了具有一定成形要求的卷绕。

管纱的成形要求卷绕紧密、层次清楚、不相纠缠，有利于后道工序高速（轴向）退绕。细纱管纱都采用有级升的圆锥形交叉卷绕形式（又称短动程升降卷绕），如图 8-9 所示。截头圆锥形的大直径，即管身的最大直径 d_{max}（通常比钢领直径小 3 mm 左右）；小直径 d_0 就是筒管的直径。每层纱有一定的绕纱高度 h。为了完成管纱的全程卷绕，每次卷绕一层纱后钢领板要有一个很小的升距 m（俗称为级升），一般由级升轮及凸钉式机构来完成，其级升轨迹如图 8-10 所示。在管底卷绕时，为了增加管纱的容量，每层纱的绕纱高度和级升均较管身部分卷绕时小。

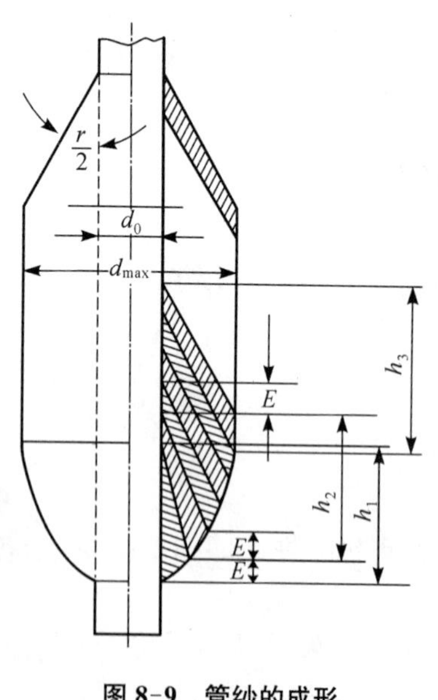

图 8-9 管纱的成形

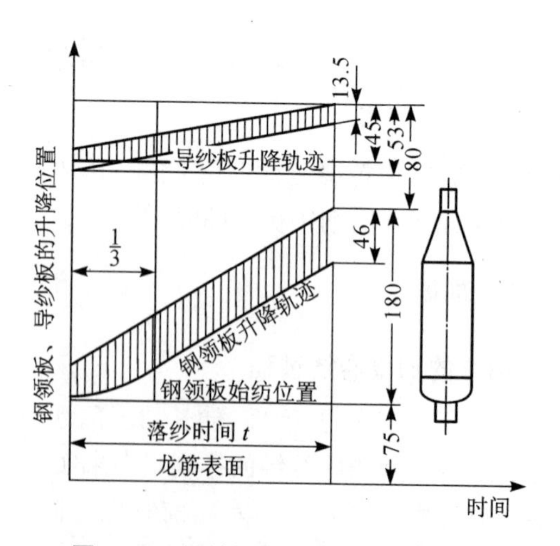

图 8-10 细纱钢领板和导纱钩的级升

从空管卷绕开始，绕纱高度和级升由小逐层增大，直至管底卷绕完成，才转为常数 h 和 m，即管底阶段卷绕时，$h_1 < h_2 < \cdots < h_n = h$，$m_1 < m_2 < \cdots < m_n = m$。为使相邻的纱层分清，不相互重叠纠缠，防止退绕时脱圈，一般钢领板向上卷绕时纱圈密些，称为卷绕层；钢领板向下卷绕时纱圈稀些，称为束缚层。这样在两层密绕纱层间有一层稀绕纱层隔开。

因此，要完成纱圈的圆锥形卷绕，钢领板的运动应满足以下要求：

(1) 短动程升降，一般上升慢、下降快。

(2) 钢领板每次升降后要改变方向，还应有级升。

(3) 管底成形阶段的绕纱高度和级升由小逐层增大。

(二) 细纱的卷绕方程

与粗纱的成形类似，细纱也有卷绕方程。由于卷绕的进行而使纱管直径不断增大，致使卷绕转速必须相应减少，以保证卷绕的线速度等于前罗拉输出的线速度。但由于细纱的卷绕速度等于锭子转速和钢丝圈的转速差，而钢丝圈是被纱条拖动而自动调节转速的，所以，细纱机上只要有卷绕机构来控制钢领板的升降速度，其卷绕方程为：

$$v_{\mathrm{H}} = \Delta \times \frac{v_{\mathrm{f}}}{\pi d_x}$$

式中：v_{H}为钢领板的升降（线）速度（m/min）；v_{f}为前罗拉的线速度（m/min）；Δ 为细纱的卷绕圈距（圈/mm）；d_x为纱管卷绕直径（mm）。

三、细纱的张力与断头

(一) 纺纱张力

细纱的断头主要与其强力及受到的张力有关。

在加捻卷绕过程中，纱线要拖动钢丝圈高速回转，必须克服钢丝圈与钢领之间的摩擦力、导纱钩和钢丝圈给予纱线的摩擦阻力，及气圈段纱线回转的空气阻力和离心力等，所以纱线必须承受一定的张力。保持适当的张力，是保证正常加捻卷绕所必需的。但张力过大，不仅会增加每锭功率消耗，而且会使断头增加；而张力过小，则会降低卷绕密度，也会因卷绕密度低而影响成纱强力，还会因气圈膨大碰隔纱板，使成纱毛羽增多，光泽较差，还会造成钢丝圈运行不稳定而增加断头。所以张力应适当，并与纱线的线密度、强力相适应，达到既提高卷绕质量、又降低断头率的效果。

细纱的张力可分为三段：前罗拉至导纱钩之间的纱线张力称为纺纱张力 T_{S}；导纱钩至钢丝圈之间的纱线张力称为气圈张力（又分为导纱钩处气圈顶端张力 T_O和钢丝圈处气圈底部张力 T_R）；钢丝圈到管纱之间的纱线张力称为卷绕张力 T_{W}（图 8-11）。

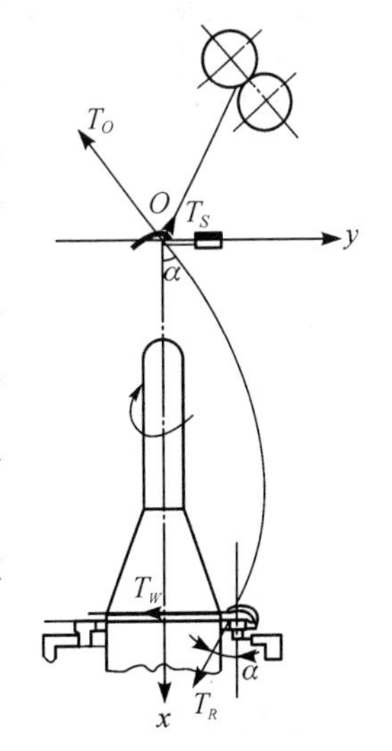

图 8-11 纱线张力分布

T_R、T_O、T_{W}、T_{S}之间是密切相关的，它们的变化规律是一致的，其表达式可推导如下所示。

$$T_O = T_{\mathrm{S}} e^{\mu_1 \theta_1}$$

$$T_{\mathrm{W}} = T_R e^{\mu_2 \theta_2} = K T_R$$

$$T_R = \frac{C_t}{K(\cos\gamma_x + \frac{1}{f}\sin\gamma_x \cdot \sin\theta) - \sin\alpha_R}$$

$$T_O = T_R + \frac{1}{2}mR^2\omega_t^2$$

式中：μ_1为纱条与导纱钩间摩擦系数；θ_1为纱条在导纱钩上的包围角；μ_2为纱条与钢丝圈间摩擦系数；θ_2为纱条在钢丝圈上的包围角；γ_x为卷绕张力T_W与y轴间的夹角；θ为钢领对钢丝圈的反作用力与x轴间的夹角；α_R为气圈底角；C_t为钢丝圈质量；R为钢丝圈回转半径,近似为钢领半径；ω_t为钢丝圈回转角速度,近似为锭子回转的角速度。

从上述各式可以看出,在加捻卷绕过程中,张力的分布规律是:卷绕张力T_W最大,T_O次之,T_R再次之,纺纱张力T_S最小。一般来说,$T_W = (1.2 \sim 1.5)T_R$。

(二) 张力与断头

1. 张力与断头的关系

在纺纱过程中,如果纱线某截面处强力小于作用在该处的张力,就发生断头,因此断头的根本原因是强力与张力的矛盾。图 8-12 所示为实测的纺纱张力T_S和纺纱强力P_S的变化曲线示意图。从图中曲线可知,纺纱张力平均值T_S比纺纱强力平均值P_S小得多,即正常情况下,纱的强力平均值远高于其所受的张力的平均值,但张力和强力都是在波动的。因此,当某一时刻由于波动而使张力超过强力时,就会产生断头。例如,高速元件质量不良、钢丝圈圈形不当、楔住或飞脱、一落纱过程中张力波动过大等,都会产生突变张力而引起断头。

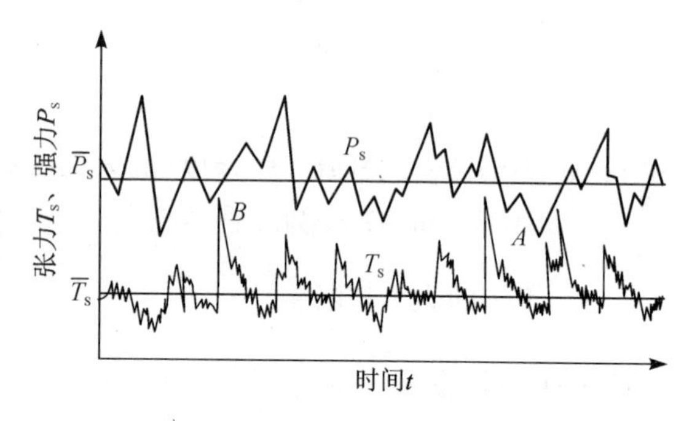

图 8-12 纺纱强力P_S与纺纱张力T_S的变化曲线

因此,降低张力较高的波峰值或提高强力较低的波谷值,即控制和稳定张力,提高纺纱强力,降低强力不匀率,尤其是减少突变张力和强力薄弱环节,是降低断头率的有效方法。

2. 纱线张力变化规律

细纱中张力的变化和影响因素可从上面的T_R表达式中看出:钢丝圈质量C_t、钢领和钢丝圈之间的摩擦系数及钢领半径R都是与纺纱张力T_R成正比的。

一落纱中,纺纱品种与纱线密度确定后,锭子速度、钢领半径、钢丝圈型号等也随之确定,纱线张力将随着气圈高度和卷绕直径的变化而变化(图 8-13)。

(1) 一落纱中,在小纱管底成形阶段,由于气圈长、离心力大、凸形大、空气阻力大,因此张力大。随着钢领板的上升,张力有减小的趋势。中纱阶段,气圈高度适中,凸形正常,张力小而大纱时,气圈短而平直,弹性调节作用差,造成张力增大。因此,卷绕直径的变化对张力的大小起主导作用。

(2) 在钢领板一次升降中,钢领板在底部时,卷绕直径大,卷绕角大,张力小;钢领板在顶部时,卷绕直径小,卷绕角小,张力大。

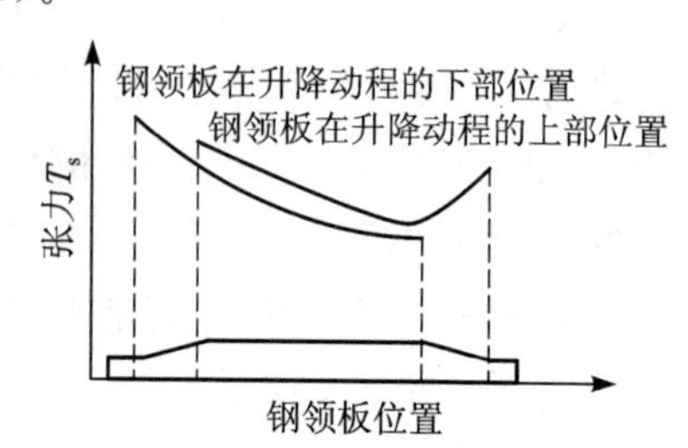

图 8-13 固定导纱钩时一落纱过程中张力T_S的变化

3. 减少细纱断头

降低细纱断头可以从两方面入手：稳定细纱张力和提高(纺纱段)强力。

(1) 稳定张力。

① 合理选配钢领和钢丝圈。钢领是钢丝圈的回转轨道，两者的配合至关重要。钢丝圈在钢领上高速回转时，其一端与钢领的内侧圆弧相接触、摩擦，因此，要求钢领圆整光滑、表面硬度高，使钢丝圈在其上的运动稳定。钢领因几何形状、制造材料及直径等不同而有所不同，一般用型号来区别，如 PG2、PG1 和 PG1/2 等，可根据需要选择，如图 8-14 所示。

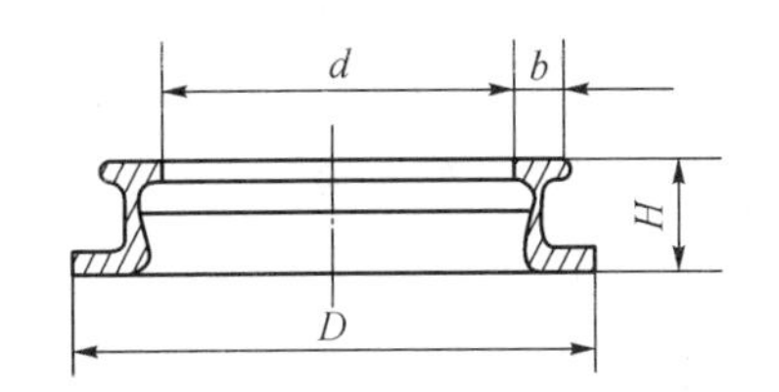

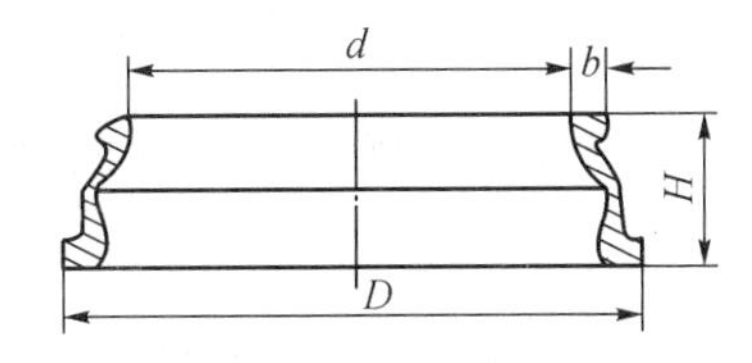

图 8-14　平面钢领(左)和锥面钢领(右)

② 钢丝圈的选择。钢丝圈的型号(几何形状)和号数(质量)对纺纱张力、断头率的影响较大，纺纱时，根据纺纱线密度、钢领型号、钢领直径、导纱钩至锭子端的距离、管纱长度、纱的强力、锭子速度、钢领状态及与钢丝圈的接触状态、气候干湿等条件进行选择。由合适的钢丝圈号数来控制纺纱张力，维持正常气圈形态和较低的断头率。新钢领上机时，钢领与钢丝圈间摩擦系数较大，钢丝圈要偏轻选用；而随着钢领的使用时间延长，生产中会出现气圈膨大、纱发毛、断头增加，应加重钢丝圈质量。

(2) 提高强力。大部分细纱断头发生在前罗拉钳口至导纱钩间的纺纱段上，而且大多发生在加捻三角区，如能提高此处的纱条强力，减少“弱环”，则能减少断头。

① 减小无捻纱段的长度。从前罗拉钳口输出的纱条在前罗拉上存在一包围角 γ(图 8-15)，其与导纱角 β、罗拉座倾角 α 之间的关系为：$\gamma=\beta-\alpha$。

γ 的值影响加捻三角区的无捻纱段的长度，即影响罗拉钳口握持的须条中伸入已加捻纱线中的纤维数量和长度，是对纺纱段动态强力颇有影响的一项参数。要减小 γ，可减小导纱角 β 或增大罗拉座倾角 α。而 α 在细纱机设计时已确定，而导纱角 β 的减小受到纱条在导纱钩上包围弧增大和由此引起的捻陷增大的限制。若 β 增大，捻陷虽小，但在导纱钩与前罗拉水平距离不变时，纺纱段长度较长，也使纺纱段捻度减少。在 α 和 β 已定的情况下，通常采用皮辊前冲来减小包围弧长度，即从 ab' 减小为 ab。但皮辊前冲会增大浮游区长度，所以前冲量一般为 2～3 mm。

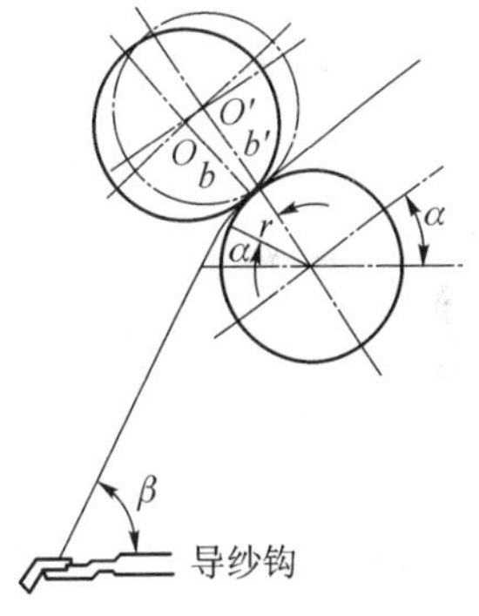

图 8-15　须条的包围弧

② 增加纺纱段纱条的动态捻度。纱线上的捻度分布由钢丝圈到前罗拉钳口是逐渐减小的，如图 8-16 所示。因为钢丝圈回转产生的捻回先传向气圈，然后通过导纱钩传向前罗拉钳口。在捻回传递过程中，由于捻回传递的滞后现象及导纱钩的捻陷作用，使纺纱段捻度 T_S 逐渐减小。特别是在靠近前罗拉钳口附近的捻度为最小，通常被称为弱捻区。

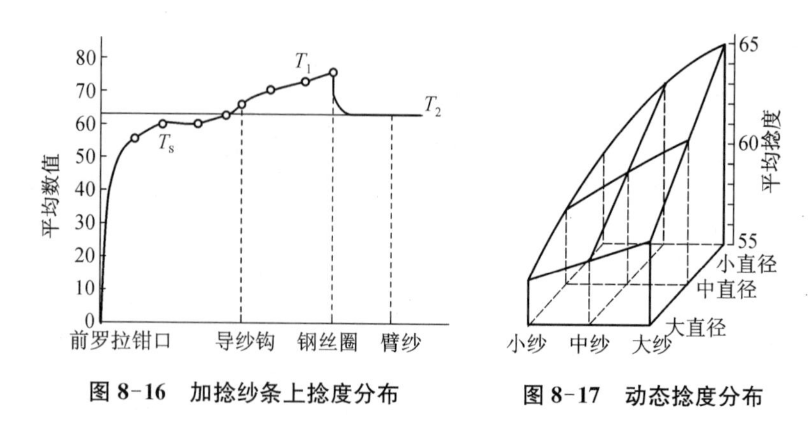

图 8-16 加捻纱条上捻度分布

图 8-17 动态捻度分布

对一落纱的 T_S进行测定，结果如图 8-17 所示，从图中可见：

① 空管始纺时捻度较少，满纱时捻度较多，中纱阶段捻度居中。

② 在钢领板短动程升降中，卷绕小直径时捻度多，大直径时捻度少。因此在小纱管底成形完成卷绕大直径时，捻度是一落纱中的最小值，此时纱线强力明显降低，这也是此处断头较多的原因。

第四节 主要工艺参数设计

细纱工艺主要是牵伸工艺和加捻卷绕工艺，合理设计工艺，可以保证纤维在牵伸过程中运动正常，使加捻卷绕过程中张力合适、断头少。

一、细纱的主要工艺参数

细纱机的主要工艺参数可分为牵伸工艺参数和加捻卷绕工艺参数两大部分。

(一) 牵伸工艺参数

1. 总牵伸

在保证成纱质量的前提下，可以适当提高细纱机的总牵伸。总牵伸的选择与成纱线密度有关，一般成纱线密度为 9 tex 以下、9～19 tex、20～30 tex、32 tex 以上时，所用的总牵伸分别为 40～50 倍、25～50 倍、20～35 倍、12～25 倍。另外，总牵伸的选择还要考虑喂入粗纱定量、喂入粗纱结构、细纱机的牵伸能力等因素。纺纱条件对总牵伸的影响见表 8-1。

表 8-1 纺纱条件对总牵伸的影响

总牵伸	纤维及其性质				粗纱性能			细纱工艺与机械			
	原料	长度	细度	长度均匀度	纤维伸直度分离度	条干均匀度	捻系数	细纱号数	罗拉加压	前区控制力	机械状态
可偏高	化纤	较长	较细	较好	较好	较好	较高	较细	较重	较强	良好
可偏低	棉	较短	较粗	较差	较差	较差	较低	较粗	较轻	较弱	较差

注：纺精梳纱与化纤纱时，牵伸倍数可偏上限选用；采用固定钳口式牵伸时，牵伸倍数偏下限选用。

总牵伸过大，可导致棉纱条干不匀率和单强不匀率提高，细纱机的断头率也会增加；但总牵伸过小，产品质量也不一定提高，反而会增加前纺的负担。

2. 后牵伸工艺

细纱机的后区牵伸与前区牵伸有着密切的关系。细纱机提高前区牵伸主要是合理布置皮圈工作区的摩擦力界，使其有效地控制纤维的运动。后区牵伸质量是前区牵伸的基础，保证前区有较均匀的喂入纱条结构、纤维间有足够的抱合程度，充分发挥皮圈牵伸的作用，以提高总牵伸能力。

一般为保证成纱条干均匀度，后区牵伸都比较小。采用后区曲线牵伸的形式，加强对后区纤维运动的控制，可适当提高后区牵伸。利用粗纱捻回产生的附加摩擦力界来控制纤维运动，可以提高成纱均匀度。在后罗拉加压足够的条件下，应适当增加粗纱捻系数。如果后区牵伸较大，粗纱捻系数宜较大；如果后区牵伸较小，粗纱捻系数可略小。常用的后牵伸区工艺参数选择见表 8-2。

表 8-2 细纱机后牵伸区工艺参数选择

项目		纯棉		化纤纯纺及混纺	
		机织纱工艺	针织纱工艺	棉型化纤	中长化纤
后牵伸(倍)	双短皮圈	1.20～1.40	1.40～1.15	1.14～1.54	1.20～1.70
	长短皮圈	1.25～1.50	1.08～1.20		
后牵伸区罗拉中心距(mm)		44～52	48～54	45～60	60～88
后牵伸罗拉加压(cN/双锭)		0.006～0.014	0.006～0.014	0.01～0.018	0.014～0.02
粗纱捻系数		90～105	105～120	56～86	48～67

3. 前牵伸区工艺

前牵伸区是细纱机的主要牵伸区，为采用较大牵伸倍数，应尽量形成合理的附加摩擦力界。前牵伸区工艺的选择一般根据所用原棉的品质及喂入半制品的质量情况、后牵伸倍数、纺纱线密度、产品质量要求、前牵伸区对纤维的控制能力等决定。

(1) 前区罗拉隔距。一般来说，双皮圈牵伸装置细纱机的前区罗拉隔距不必随纤维长度、纺纱线密度等变化而调节。前区罗拉隔距应根据皮圈架长度(包括销子最前端在内)和皮圈钳口至前罗拉钳口之间的距离来决定，由于罗拉隔距与罗拉中心距是正相关的，因此，通常用前罗拉中心距来表示前罗拉隔距，即前区罗拉中心距为皮圈架长度与皮圈钳口至前罗拉钳口之间的距离之和。

皮圈架长度通常根据原棉长度选择，以不小于纤维长度为适合。皮圈钳口至前罗拉钳口之间的距离，随销子和皮圈架的结构、前区集合器的形式及前罗拉和皮辊直径等而不同。缩小此处距离有利于控制游离纤维的运动，有利于改善棉纱条干均匀度。皮圈钳口至前罗拉钳口之间的距离，又称为浮游区长度，应当尽可能缩小。不同皮圈前牵伸区罗拉中心距与浮游区长度见表 8-3。

表 8-3 前牵伸区罗拉中心距与浮游区长度 单位：mm

牵伸形式	纤维长度	皮圈架或上销长度	前牵伸区罗拉中心距	浮游区长度
双短皮圈	棉纤维(31 mm 以下)	25	36～39	11～14
	棉纤维(33 mm 以上)	29	40～43	11～14

（续　表）

牵伸形式	纤维长度	皮圈架或上销长度	前牵伸区罗拉中心距	浮游区长度
长短皮圈	棉及化纤混纺(40 mm 以下)	33(34)	42～45	11～14
	棉及化纤混纺(50 mm 以上)	42	52～56	12～16
	中长化纤混纺(40 mm 以下)	56	62～74	14～18
	中长化纤混纺(40 mm 以上)	70	82～90	14～20

(2) 皮圈钳口隔距。弹性钳口的原始隔距应根据纺纱线密度、皮圈厚度，弹性上销弹簧的压力、纤维长度及其摩擦性能及其他工艺参数确定。固定钳口在皮圈材料和销子形式决定以后，销子开口就成为调整皮圈钳口部分摩擦力界强度的工艺参数。纺不同线密度纱时销子开口不同，线密度小，开口小；纺同线密度细纱时，因所用纤维长度、喂入定量、皮圈厚薄、罗拉加压等条件不同，销子开口稍有差异，参见表 8-4。

表 8-4　皮圈钳口隔距常用范围　　单位：mm

纺纱线密度(tex)	双短皮圈固定钳口		长短皮圈弹性钳口
	机织纱工艺	针织纱工艺	
9 以下	3.0～3.8	3.2～4.2	2.0～3.0
9～19	3.2～4.0	3.5～4.4	2.3～3.5
20～30	3.5～4.4	4.0～4.6	3.0～4.0
32 以上	4.0～5.2	4.4～5.5	3.5～4.5

(3) 罗拉加压。罗拉钳口应具有足够的握持力，如果钳口握持力小于牵伸力，则须条在罗拉钳口下会打滑、出硬头。但皮辊上加压不能过重，否则会引起皮辊严重变形及罗拉弯曲、扭震，从而造成规律性条干不匀，甚至引起牵伸部分传动齿轮爆裂等现象。当提高牵伸倍数时，由于喂入纱条变粗，摩擦力界相应加强，应增大罗拉加压。前区罗拉加压范围见表 8-5。

表 8-5　前区罗拉加压常用范围

原　料	牵伸形式	前罗拉加压(N/2 锭)	中罗拉加压(N/2 锭)
棉	重加压、曲面销、双短皮圈牵伸	100～150	60～80
	摇架加压、弹性销、长短皮圈牵伸	100～150	70～100
棉型化纤	摇架加压、弹性销、长短皮圈牵伸	140～180	100～140
中长化纤	摇架加压、弹性销、长短皮圈牵伸	140～220	100～180

(二) 加捻卷绕工艺参数

1. 细纱捻系数的选择

选择捻系数时，须根据最终产品对细纱品质的要求，综合考虑。细纱的用途不同，其捻系数也应有所不同。经纱要求强力较高，所以捻系数应选大些；纬纱和针织用纱要求光泽好、柔软，捻系数应选择小些；同线密度经纱的捻系数应比纬纱大 10%～15%；大多数针织品要求手感柔软，故捻系数应比纬纱的捻系数再小些；起绒织物用纱的捻系数也应选择小些；棉的捻系数一般(特克斯制)为 300～400，化纤的捻系数比棉小。

成纱捻系数已有国家标准。在实际生产中，适当提高细纱捻系数，可减少断头，但是细纱捻系数过高，产量会受影响。因此，在保证产品质量和正常生产的前提下，细纱捻系数选择以偏小为宜。

2. 锭子速度

随着细纱机产量的提高，锭速一般在 14 000～17 000 r/min，国外机型的最高锭速可达 25 000 r/min左右。对锭子的要求是震动小、运转平稳、功率小、磨损少、结构简单。

细纱机锭速的选择与成纱线密度、纤维特性、钢领直径、钢领板升降动程、捻系数等有关。一般线密度纺制纯棉粗线密度纱时锭速为 10 000～14 000 r/min，纺棉中线密度纱时锭速为 14 000～16 000 r/min，纺细线密度纱时锭速为 14 300～16 500 r/min，纺中长化纤时锭速为 10 000～130 000 r/min。

3. 钢丝圈选择

（1）钢丝圈型号。如果钢丝圈重心位置高，则纱线通道通畅、钢丝圈拎头轻，但因磨损位置低，易飞钢丝圈，并且可能碰钢领外壁而引起纺纱张力突变。如果钢丝圈重心位置低，其运转稳定，但纱线通道小而拎头重。

（2）钢丝圈号数。除了纺制富有弹性的纱之外，在细纱可以承受的张力范围内，一般选用稍重的钢丝圈，以保持气圈的稳定性，特别是对减少小纱断头有显著效果。当然，钢丝圈过重，反而会增加断头。大纱时的气圈张力可以通过调节导纱钩动程来解决。纯棉纱钢丝圈号数选用范围参见表 8-6。

表 8-6 纯棉纱钢丝圈号数选用范围

钢领型号	纺纱线密度（tex）	钢丝圈号数	钢领型号	纺纱线密度（tex）	钢丝圈号数	钢领型号	纺纱线密度（tex）	钢丝圈号数
PG2	96	16～22	PG1	29	1/0～4/0	PG1/2	19	4/0～6/0
	58	6～10		28	2/0～5/0		18	5/0～7/0
	48	4～8		25	3/0～6/0		16	6/0～10/0
	36	2～4		24	4/0～7/0		15	8/0～11/0
	32	2～2/0		21	6/0～9/0		14	9/0～12/0
	—	—		19	7/0～10/0		10	12/0～15/0
	—	—		18	8/0～11/0		7.5	16/0～18/0
	—	—		16	10/0～14/0		—	—

二、传动与工艺计算

（一）FA506 型细纱机的传动系统

FA506 型细纱机的传动系统如图 8-21 所示。FA506 型细纱机的传动图如图 8-22 所示。

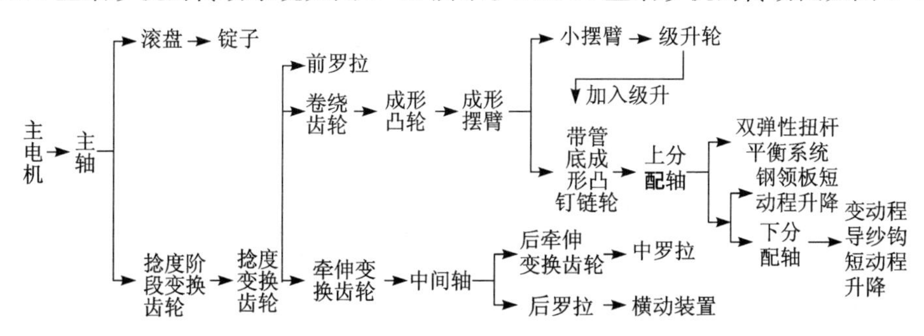

图 8-21 FA506 型细纱机的传动系统图

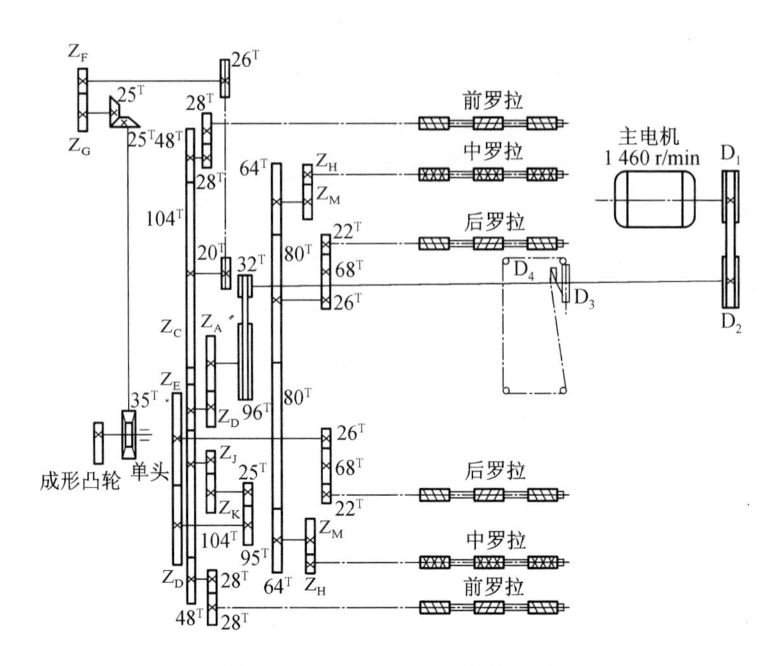

图 8-22 FA506 型细纱机传动图

(二) 工艺计算

1. 速度计算

(1) 锭子转速 n_s(r/min)。

$$n_s = n \times \frac{D_1 \times (D_3 + \delta)}{D_2 \times (D_4 + \delta)} = 1\,460 \times \frac{D_1 \times (250 + 0.8)}{D_2 \times (22 + 0.8)} = 16\,060 \times \frac{D_1}{D_2}$$

式中：n 为主电机转速(r/min)；D_1 为主电机皮带盘直径(mm)；D_2 为主轴皮带盘直径(mm)；D_3 为滚盘直径(mm)；D_4 为锭盘直径(mm)。

上式中，锭盘直径 D_4 是按 22 mm 计算的；如按 24 mm 计算，则：

$$n_s = 14\,765 \times \frac{D_1}{D_2}$$

如用同步齿形带传动，则当 D_4 分别为 22 mm 和 24 mm 时，n_s 分别为：

$$n_s = 16\,060 \times \frac{Z_1}{Z_2}；\ n_s = 14\,765 \times \frac{Z_1}{Z_2}$$

式中：Z_1，Z_2 分别为主电机轴、主轴的同步齿形带齿轮齿数。

(2) 前罗拉转速 n_1(r/min)。

$$n_1 = n \times \frac{D_1 \times 32 \times Z_A \times Z_C \times 28}{D_2 \times 96 \times Z_B \times 48 \times 28} = 10.139 \times \frac{D_1 \times Z_A \times Z_C}{D_2 \times Z_B}$$

2. 牵伸计算

(1) 后区牵伸倍数 E_b。

$$E_b = \frac{n_2 \times \pi \times 25}{n_3 \times \pi \times 25} = \frac{22 \times 88 \times Z_H}{26 \times 64 \times Z_M} = 1.5077 \times \frac{Z_H}{Z_M}$$

式中：n_2，n_3分别为中罗拉、后罗拉的转速；Z_H 为后牵伸变换齿轮齿数。

对于普通牵伸，$Z_M = 27^T$ 或 32^T，$Z_H = 22^T$ 或 27^T；对于 V 形牵伸，$Z_M = 27^T$ 或 37^T(逢单数)，$Z_H = 20^T$ 或 27^T。

(2) 总牵伸倍数 E。

$$E = \frac{n_1 \times \pi \times 25}{n_3 \times \pi \times 25} = \frac{22 \times Z_B \times 95 \times Z_K \times 104 \times 28}{26 \times Z_D \times 25 \times Z_J \times 48 \times 28} = 6.9667 \times \frac{Z_B \times Z_K}{Z_D \times Z_J}$$

式中：Z_K，Z_J 为牵伸变换对轮齿数，有 $62^T/44^T$ 与 $81^T/25^T$ 两对；Z_D，Z_B 为牵伸变换齿轮齿数(其中，Z_D 为 34^T，38^T，42^T，47^T，52^T，58^T，64^T，71^T，79^T；Z_B 为 71^T，79^T，87^T)。

3. 捻度计算

(1) 计算捻度 T_c(捻/10 cm)。

$$T_c = \frac{28 \times 48 \times Z_B \times 96 \times (250 + 0.8) \times 100}{28 \times Z_C \times Z_A \times 32 \times (22 + 0.8) \times \pi \times 25} = 20168 \times \frac{Z_B}{Z_A \times Z_C}$$

式中：Z_B/Z_A 为捻度变换对轮齿数，需成对调换(有 $88^T/32^T$，$82^T/38^T$，$75^T/45^T$，$68^T/52^T$，$60^T/60^T$ 几对供选用)；Z_C 为捻度变换齿轮齿数(31^T，39^T)。

(2) 实际捻度 T(捻/10 cm)。

计算捻度是根据机械传动计算得到的，成纱捻度为细纱的实际捻度。在考虑锭带滑溜率、捻缩率与加捻效率后，实际捻度与计算捻度有差异。实际捻度是通过捻度仪实际测试的结果。

$$T = T_c \times \frac{(1 - \text{锭带滑溜率})}{(1 - \text{捻缩率})} \times \text{加捻效率}$$

4. 卷绕变换齿轮计算

FA506 型细纱机根据选用钢领直径不同，所配备的升降凸轮也不同。当钢领直径为 35 mm和 38 mm 时，凸轮升降比为 1∶3，卷绕螺距为纱线直径的 4 倍左右，升降动程为 46 mm，通常用于纺直接纬纱。当钢领直径为 42 mm 和 45 mm 时，凸轮升降比为 1∶2，卷绕螺距为纱线直径的 4 倍左右，升降动程为 56 mm，通常用于纺经纱。

卷绕变换齿轮对 Z_F/Z_G 需成对调换，作用是调节成形凸轮的转速，从而调节钢领板的升降速度，以改变卷绕螺距。因此，当所纺细纱线密度变化时，卷绕螺距相应改变，则需要调换卷绕变换齿轮对。

(1) 卷绕螺距 Δ(mm)。如图 8-23 所示，卷绕螺距是指纱线卷绕层的螺距，其大小关系到纱线卷绕密度及退绕时是否脱圈，与纱线直径(或线密度)和品种有关。

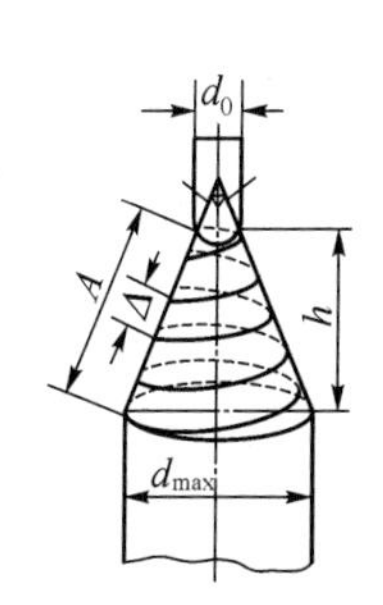

图8-23　卷绕螺距

细纱直径 d 通常按下式计算：

$$d = 0.04 \times \sqrt{\mathrm{Tt}}\ (\mathrm{mm})$$

式中：Tt 为细纱线密度(tex)。

卷绕螺距一般按 4 倍的细纱直径计算：

$$\Delta = 4d = 0.16\sqrt{\text{Tt}}(\text{mm})$$

(2) 卷绕变换齿轮。根据钢领板每一次升降，前罗拉输出长度 L 应等于同一时间内管纱上的绕纱长度 L'。现以 1∶2 纺经纱凸轮为例进行计算。

$$\begin{aligned} L &= \text{成形凸轮 1 转时前罗拉转速} \times \text{前罗拉直径} \times \pi \\ &= \frac{35 \times 25 \times Z_G \times 26 \times 104 \times 28 \times \pi \times 25}{1 \times 25 \times Z_F \times 20 \times 48 \times 28} = 7\,742.72\frac{Z_G}{Z_F} \\ L' &= \text{纱圈平均长度} \times \text{卷绕层纱圈数} \times (1 + \text{凸轮升降比}) \\ &= \pi \times \frac{d_{max} + d_0}{2} \times \frac{A}{\Delta}\left(1 + \frac{1}{2}\right) = \pi \times \frac{d_{max} + d_0}{2} \times \frac{3(d_{max} - d_0)}{2\Delta \times 2\sin\frac{r}{2}} \\ &= \frac{3\pi(d_{max}^2 - d_0^2)}{8\Delta\sin\frac{r}{2}} \end{aligned}$$

由于 $L = L'$，则：

$$7\,742.72\frac{Z_G}{Z_F} = \frac{3\pi(d_{max}^2 - d_0^2)}{8\Delta\sin\frac{r}{2}}$$

Z_F/Z_G 有 $80^T/42^T$，$77^T/45^T$，$72^T/50^T$，$70^T/52^T$，$68^T/54^T$，$66^T/56^T$，$64^T/58^T$，$62^T/60^T$ 几对可供选用。在日常生产中，除翻改品种外，卷绕变换齿轮很少变换。由于 Z_F/Z_G 与 Δ 或 $\sqrt{\text{Tt}}$成正比，故翻改品种时，可按原来的 Z_F/Z_G 计算变换齿轮齿数。

5. 钢领板级升齿轮（棘轮）计算

钢领每升降一次，级升齿轮 Z_H(棘轮)被撑过 n(1～3)齿，钢领板卷绕链条轮间歇地卷取链条(图 8-24)，使钢领板产生一次级升距 m_2：

$$m_2 = \frac{n}{Z_H} \times \frac{1}{40} \times \frac{14C}{13C} \times \pi \times 130 = 10.995\,5\frac{n}{Z_H}$$

$$Z_H = 10.995\,6\frac{n}{m_2}$$

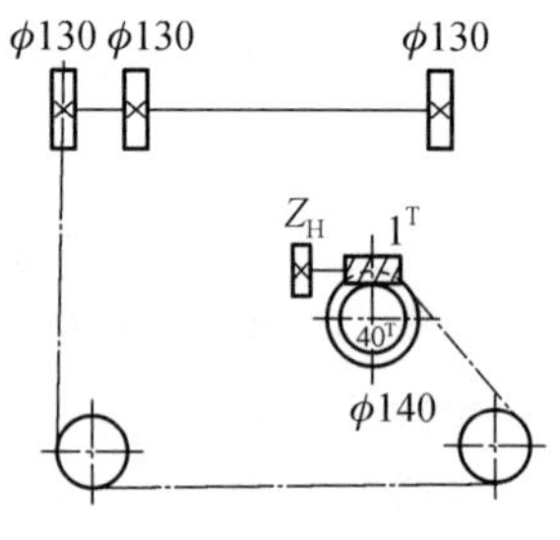

图 8-24 钢领板级升传动

m_2可近似为细纱直径的 2 倍，即 $m_2 \approx 2d$，因为钢领板每一次升降纱线在管上绕 2 层(卷绕层与束缚层)，因此在圆锥面上近似上升两层纱的直径，可按原来的 Z_H 按比例进行计算。

因 $m_2 \propto \frac{n}{Z_H}$，而 $m_2 \propto d \propto \sqrt{\text{Tt}}$，故$\frac{n}{Z_H} \propto \sqrt{\text{Tt}}$，即：

$$\frac{n'/Z'_H}{n/Z_H} = \frac{\sqrt{\text{Tt}'}}{\sqrt{\text{Tt}}}$$

式中：n/Z_H，n'/Z'_H 为改前和改后级升轮的齿数和每次升降撑过的齿数(Z_H 有 43^T，45^T，48^T，50^T，55^T，60^T，65^T，70^T，72^T，75^T，80^T)。

6. 产量计算

细纱机的产量用每千锭每小时生产的公斤数表示。

(1) 理论产量[kg/(千锭·h)]。

$$
\begin{aligned}
\text{理论产量} &= \frac{\pi d_f n_f}{1\ 000} \times 60 \times 1\ 000 \times \frac{\text{Tt}}{1\ 000} \times \frac{1}{1\ 000}(1-\text{捻缩率}) \\
&= \frac{\pi d_f n_f \times 60 \times \text{Tt}(1-\text{捻缩率})}{1\ 000 \times 1\ 000}
\end{aligned}
$$

式中：n_f为前罗拉转速(r/min)；d_f 为前罗拉直径(mm)。

通常不考虑捻缩率。

(2) 定额产量[kg/(千锭·h)]。

$$\text{定额产量} = \text{理论产量} \times \text{时间效率}$$

在正常情况下，细纱工序的时间效率一般为 96%～98%。

(3) 实际产量[kg/(千锭·h)]。

$$\text{实际产量} = \text{定额产量} \times (1-\text{计划停车率})$$

在正常情况下，细纱工序的计划停车率一般为 3%左右。

第五节 纱线质量指标及其控制

细纱的质量指标有国家标准、行业标准、企业标准以及常用的乌斯特公报。

一、国家标准

国家标准 GB/T 398—2008 规定的质量指标有 6 个，即单纱断裂强力及其变异系数、百米质量变异系数、黑板条干或乌斯特条干均匀度变异系数、一克纱内棉结粒数、一克纱内杂质粒数、十万米纱疵。细纱的质量水平按规定分为优等、一等、二等三档。普梳棉纱和精梳棉纱的质量标准分别见表 8-7 和表 8-8。

表 8-7 普梳棉纱技术要求(GB/T 398—2008)

细度[tex(英支)]	等别	单纱断裂强力变异系数(%)≤	百米质量变异系数(%)≤	单纱断裂强度(cN/tex)≥	百米质量偏差(%)≤	条干均匀度		一克内棉结粒数≤	一克内棉结杂质总粒数≤	实际捻系数		纱疵优等纱控制数(个/十万米)≤
						黑板条干均匀度 10 块板比例(优：一：二：三)≥	条干均匀度变异系数(%)≤			经纱	纬纱	
8～10(70～56)	优	10.0	2.2	15.6	±2.0	7：3：0：0	16.5	25	45	340～430	310～380	10
	一	13.0	3.5	13.6	±2.5	0：7：3：0	19.0	55	95			30
	二	16.0	4.5	10.6	±3.5	0：0：7：3	22.0	95	145			—
11～13(55～44)	优	9.5	2.2	15.8	±2.0	7：3：0：0	16.5	30	55	340～430	310～380	10
	一	12.5	3.5	13.8	±2.5	0：7：3：0	19.0	65	105			30
	二	15.5	4.5	10.8	±3.5	0：0：7：3	22.0	105	155			—

（续　表）

细度[tex(英支)]	等别	单纱断裂强力变异系数(%)≤	百米质量变异系数(%)≤	单纱断裂强度(cN/tex)≥	百米质量偏差(%)≤	条干均匀度		一克内棉结粒数≤	一克内棉结杂质总粒数≤	实际捻系数		纱疵优等纱控制数(个/十万米)≤
						黑板条干均匀度10块板比例(优：一：二：三)≥	条干均匀度变异系数(%)≤			经纱	纬纱	
14～15(43～37)	优	9.5	2.2	16.0	±2.0	7∶3∶0∶0	16.0	30	55	330～420	300～370	10
	一	12.5	3.5	14.0	±2.5	0∶7∶3∶0	18.5	65	105			30
	二	15.5	4.5	11.0	±3.5	0∶0∶7∶3	21.5	105	155			—
16～20(36～29)	优	9.0	2.2	16.2	±2.0	7∶3∶0∶0	15.5	60	55	330～420	300～370	10
	一	12.0	3.5	14.2	±2.5	0∶7∶3∶0	18.0	65	105			30
	二	15.0	4.5	11.2	±3.5	0∶0∶7∶3	21.0	105	155			—
21～30(28～19)	优	8.5	2.2	16.4	±2.0	7∶3∶0∶0	14.5	30	55	330～420	300～370	10
	一	11.5	3.5	14.4	±2.5	0∶7∶3∶0	17.0	65	105			30
	二	14.5	4.5	11.4	±3.5	0∶0∶7∶3	20.0	105	155			—
32～34(18～17)	优	8.0	2.2	16.2	±2.0	7∶3∶0∶0	14.0	35	65	320～410	290～360	10
	一	11.0	3.5	14.2	±2.5	0∶7∶3∶0	16.5	75	125			30
	二	14.5	4.5	11.2	±3.5	0∶0∶7∶3	19.5	115	185			—
36～60(16～10)	优	7.5	2.2	16.0	±2.0	7∶3∶0∶0	13.5	35	65	320～410	290～360	10
	一	10.5	3.5	14.0	±2.5	0∶7∶3∶0	16.0	75	125			30
	二	14.0	4.5	11.0	±3.5	0∶0∶7∶3	19.0	115	185			—
64～80(9～7)	优	7.0	2.2	15.8	±2.0	7∶3∶0∶0	13.0	35	65	320～410	290～360	10
	一	10.0	3.5	13.8	±2.5	0∶7∶3∶0	15.5	75	125			30
	二	13.5	4.5	10.8	±3.5	0∶0∶7∶3	18.5	115	185			—
88～192(6～3)	优	6.5	2.2	15.6	±2.0	7∶3∶0∶0	12.5	35	65	320～410	290～360	10
	一	9.5	3.5	13.6	±2.5	0∶7∶3∶0	15.0	75	125			30
	二	13.0	4.5	10.6	±3.5	0∶0∶7∶3	18.0	115	185			—

注：十万米纱疵为FZ/T 01050中规定的纱疵$A_3+B_3+C_3+D_2$之和。

表8-8　精梳棉纱技术要求(GB/T 398—2008)

细度[tex(英支)]	等别	单纱断裂强力变异系数(%)≤	百米质量变异系数(%)≤	单纱断裂强度(cN/tex)≥	百米质量偏差(%)≤	条干均匀度		一克内棉结粒数≤	一克内棉结杂质总粒数≤	实际捻系数		纱疵优等纱控制数(个/十万米)≤
						黑板条干均匀度10块板比例(优：一：二：三)≥	条干均匀度变异系数(%)≤			经纱	纬纱	
4～4.5(150～131)	优	12.0	2.0	17.6	±2.0	7∶3∶0∶0	16.5	20	25	340～430	310～360	5
	一	14.5	3.0	15.6	±2.5	0∶7∶3∶0	19.0	45	55			20
	二	17.5	4.0	12.6	±3.5	0∶0∶7∶3	22.0	70	85			—
5～5.5(130～111)	优	11.5	2.0	17.6	±2.0	7∶3∶0∶0	16.5	20	25	340～430	310～380	5
	一	14.0	3.0	15.6	±2.5	0∶7∶3∶0	19.0	45	55			20
	二	17.0	4.0	12.6	±3.5	0∶0∶7∶3	22.0	70	85			—

(续 表)

细度[tex(英支)]	等别	单纱断裂强力变异系数(%)≤	百米质量变异系数(%)≤	单纱断裂强度(cN/tex)≥	百米质量偏差(%)≤	条干均匀度		一克内棉结粒数≤	一克内棉结杂质总粒数≤	实际捻系数		纱疵优等纱控制数(个/十万米)≤
						黑板条干均匀度10块板比例(优：一：二：三)≥	条干均匀度变异系数(%)≤			经纱	纬纱	
6～6.5(110～91)	优	11.0	2.0	17.8	±2.0	7：3：0：0	15.5	20	25	330～400	300～350	5
	一	13.5	3.0	15.8	±2.5	0：7：3：0	18.0	45	55			20
	二	16.5	4.0	12.8	±3.5	0：0：7：3	21.0	70	85			—
7～7.5(90～71)	优	10.5	2.0	17.8	±2.0	7：3：0：0	15.0	20	25	330～400	300～350	5
	一	13.0	3.0	15.8	±2.5	0：7：3：0	17.5	45	55			20
	二	16.0	4.0	12.8	±3.5	0：0：7：3	20.5	70	85			—
8～10(70～56)	优	9.5	2.0	18.0	±2.0	7：3：0：0	14.5	20	25	330～400	300～350	5
	一	12.5	3.0	16.0	±2.5	0：7：3：0	17.0	45	55			20
	二	15.5	4.0	13.0	±3.5	0：0：7：3	19.5	70	85			—
11～13(55～44)	优	8.5	2.0	18.0	±2.0	7：3：0：0	14.0	15	20	330～400	300～350	5
	一	11.5	3.0	16.0	±2.5	0：7：3：0	16.0	35	45			20
	二	14.5	4.0	13.0	±3.5	0：0：7：3	18.5	55	75			—
14～15(43～37)	优	8.0	2.0	15.8	±2.0	7：3：0：0	13.5	15	20	330～400	300～350	5
	一	11.0	3.0	14.4	±2.5	0：7：3：0	15.5	35	45			20
	二	14.0	4.0	12.4	±3.5	0：0：7：3	18.0	55	75			—
16～20(36～29)	优	7.5	2.0	15.8	±2.0	7：3：0：0	13.0	15	20	320～390	290～340	5
	一	10.5	3.0	14.4	±2.5	0：7：3：0	15.0	35	45			20
	二	13.5	4.0	12.4	±3.5	0：0：7：3	17.5	55	75			—
21～30(28～19)	优	7.0	2.0	16.0	±2.0	7：3：0：0	12.5	15	20	320～390	290～340	5
	一	10.0	3.0	14.6	±2.5	0：7：3：0	14.5	35	45			20
	二	13.0	4.0	12.6	±3.5	0：0：7：3	17.0	55	75			—
32～36(18～16)	优	6.5	2.0	16.0	±2.0	7：3：0：0	12.0	15	20	320～390	290～340	5
	一	9.5	3.0	14.6	±2.5	0：7：3：0	14.0	35	45			20
	二	12.5	4.0	12.6	±3.5	0：0：7：3	16.5	55	75			—

注：十万米纱疵为FZ/T 01050中规定的纱疵 $A_3+B_3+C_3+D_2$ 之和。

二、棉纱质量水平的乌斯特公报

乌斯特公报，是乌斯特公司收集全球纺纱企业生产的纱后进行测试对比，列出全球纱线的质量(条干不匀率、粗节、细节、棉结、毛羽、强度、伸长等)水平范围(5%表示该质量水平处于全球的前5%水平，属顶尖水平；95%则表明该质量水平处末尾水平)，供生产企业和客户参考、评判。它涵盖了不同原料、不同混纺比、不同纱线种类(环锭纱、转杯纱和喷气纱，管纱和筒子纱，机织纱和针织纱，等)。

乌斯特2013公报的纱线质量有图和表两种形式。表8-9为100%棉环锭普梳针织管纱的条干质量变异系数。图 8-29 为该纱的条干质量变异系数、粗细节、毛羽指数、断裂强力、断裂伸长率等指标水平。

表 8-9　条干质量变异系数(纯棉纱规格:环锭纱、普梳、针织、管纱)　　单位:%

N_e(英支)	N_m(公支)	Tt(tex)	5%	25%	50%	75%	95%
6.0	10.2	98.4	9.2	10.3	11.4	12.5	13.7
7.0	11.9	84.4	9.5	10.6	11.7	12.8	14.1
8.0	13.5	73.8	9.8	10.9	12.0	13.1	14.4
9.0	15.2	65.6	10.0	11.2	12.2	13.4	14.7
10.0	16.9	59.1	10.3	11.4	12.5	13.6	14.9
11.0	18.6	53.7	10.5	11.6	12.7	13.9	15.2
12.0	20.3	49.2	10.7	11.8	12.9	14.1	15.4
13.0	22.0	45.4	10.9	12.0	13.1	14.3	15.6
14.0	23.7	42.2	11.1	12.2	13.3	14.5	15.8
15.0	25.4	39.4	11.2	12.3	13.5	14.6	16.0
16.0	27.1	36.9	11.4	12.5	13.6	14.8	16.1
17.0	28.8	34.7	11.5	12.6	13.8	15.0	16.3
18.0	30.5	32.8	11.7	12.8	13.9	15.1	16.5
19.0	32.2	31.1	11.8	12.9	14.1	15.3	16.6
20.0	33.9	29.5	12.0	13.1	14.2	15.4	16.7
21.0	35.6	28.1	12.1	13.2	14.3	15.5	16.9
22.0	37.3	26.8	12.2	13.3	14.4	15.7	17.0
23.0	39.0	25.7	12.3	13.4	14.6	15.8	17.1
24.0	40.6	24.6	12.5	13.5	14.7	15.9	17.3
25.0	42.3	23.6	12.6	13.7	14.8	16.0	17.4
26.0	44.0	22.7	12.7	13.8	14.9	16.1	17.5
27.0	45.7	21.9	12.8	13.9	15.0	16.2	17.6
28.0	47.4	21.1	12.9	14.0	15.1	16.3	17.7
29.0	49.1	20.4	13.0	14.1	15.2	16.4	17.8
30.0	50.8	19.7	13.1	14.2	15.3	16.5	17.9
31.0	52.5	19.0	13.2	14.2	15.4	16.6	18.0
32.0	54.2	18.5	13.3	14.3	15.5	16.7	18.1
33.0	55.9	17.9	13.4	14.4	15.6	16.8	18.2
34.0	57.6	17.4	13.5	14.5	15.6	16.9	18.3
35.0	59.3	16.9	13.5	14.6	15.7	17.0	18.4
36.0	61.0	16.4	13.6	14.7	15.8	17.1	18.5
37.0	62.7	16.0	13.7	14.8	15.9	17.2	18.5
38.0	64.4	15.5	13.8	14.8	16.0	17.2	18.6
39.0	66.0	15.1	13.9	14.9	16.0	17.3	18.7
40.0	67.7	14.8	13.9	15.0	16.1	17.4	18.8

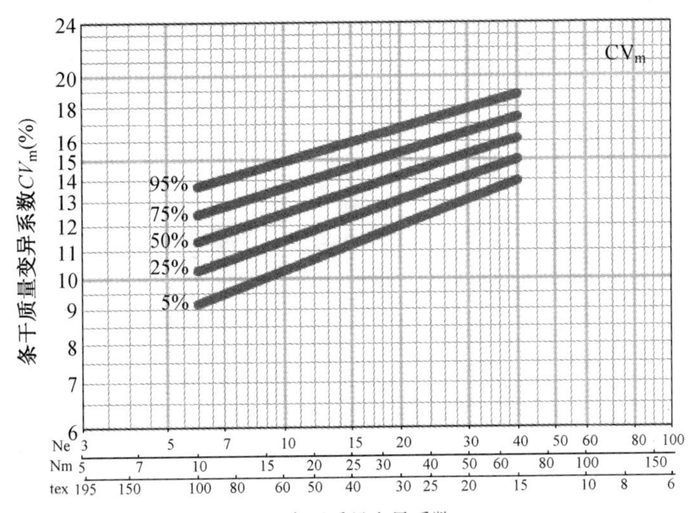

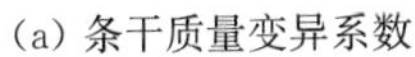
(a) 条干质量变异系数

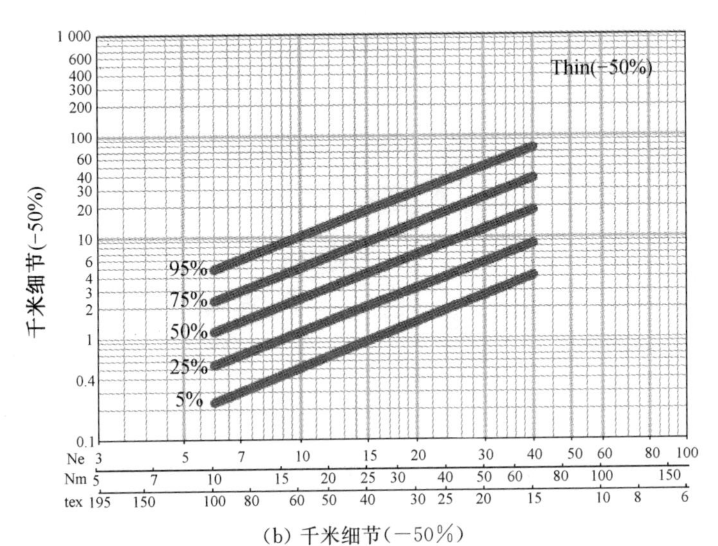

(b) 千米细节(−50%)

千米粗节(+50%)

Thick(+50%)

95%

75%

50%

25%

5%

(c) 千米粗节(+50%)

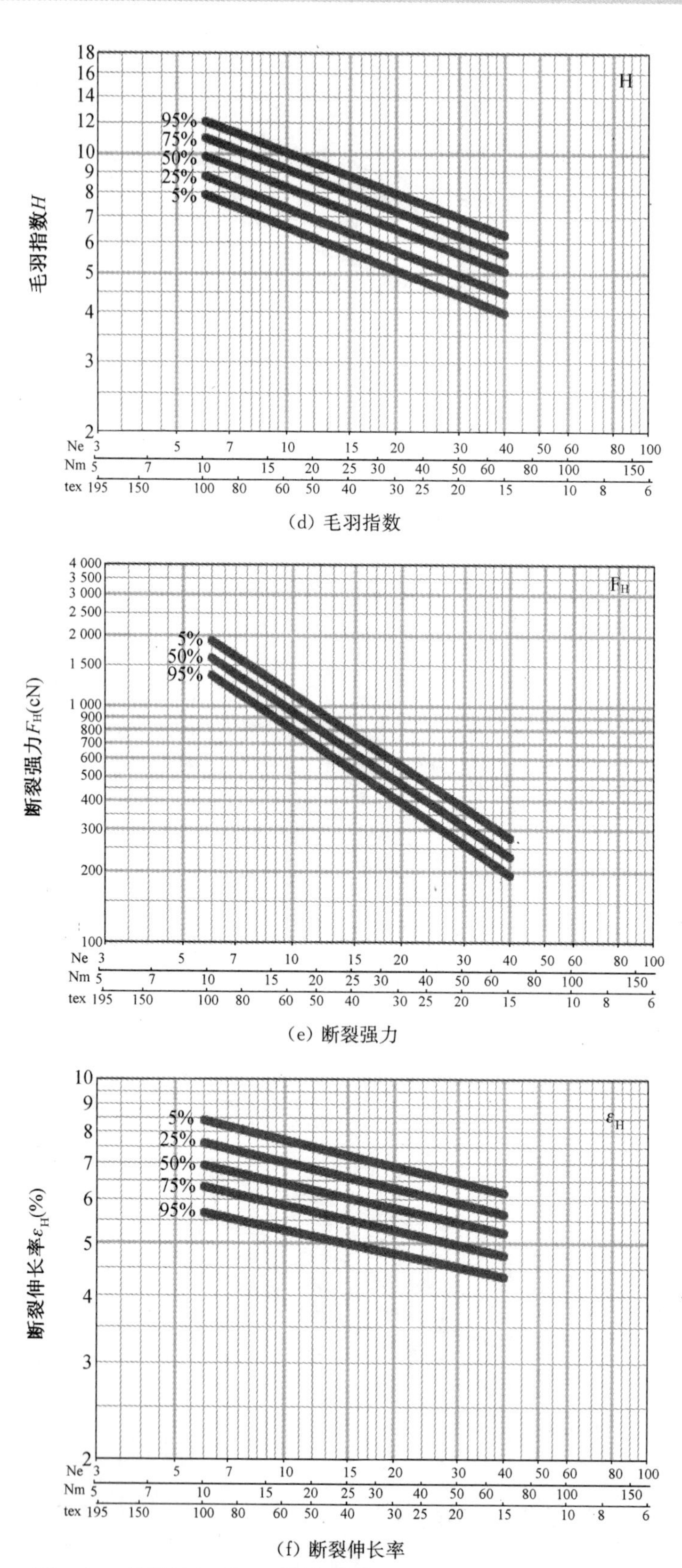

(d) 毛羽指数

(e) 断裂强力

(f) 断裂伸长率

图 8-29 纯棉纱(规格:环锭纱、普梳、针织、管纱)的乌斯特公报图

第六节 新型纺纱技术

新型纺纱技术主要包括两类：一类是成纱机理不同于传统环锭纺的纺纱技术，如转杯纺、喷气纺、喷气涡流纺、摩擦纺、传统涡流纺、自捻纺等；另一类是仍然采用环锭纺加捻机理，但在纺纱过程、成纱结构和性能上，有了很大的改革与变化，为环锭改革的纺纱新技术，如赛络纺、赛络菲尔纺、缆型纺、集聚纺等。它们也可以说是环锭纺纱技术的发展，是在传统的环锭细纱机的基础上进行革新，但其成纱机理与环锭纺相同。主要的新型纺纱技术有：

一、集聚纺(紧密纺)

传统的环锭纺由于加捻三角区的存在，在加捻过程中，加捻三角区外侧部分未受控制的边纤维会形成纱线毛羽及飞花。集聚纺纱技术是在传统的环锭纺基础上发展起来的一种环锭纺纱新技术。该技术是使前罗拉钳口输出的纤维束在前罗拉钳口下受到气压(负压)或机械装置的凝聚作用，须条的宽度减小，原有的纺纱加捻三角区消除或变小，从而使纤维被紧密地凝聚加捻到纱体中，大大减少了边纤维的散失，减少了成纱毛羽，并提高了纱的强度。

(一) 集聚纺类型

集聚纺类型可分为气压式和机械式两大类。气压式多为负压吸风式，对纤维的控制柔和、有效，减少毛羽的效果更明显，但胶圈、风机等消耗很大；机械式的机构简单，运转和维修成本低，但成纱的毛羽指标等不及前者。

1. 立达(Rieter)ComforSpin 纺纱装置

瑞士立达公司的集聚纺纱装置名称为 ComforSpin，其装置结构如图 8-30 所示。

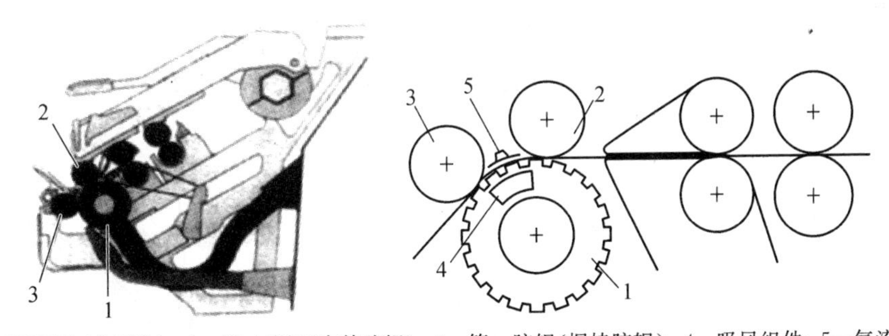

1—网眼吸风罗拉(前罗拉)；2—第二胶辊(牵伸胶辊)；3—第一胶辊(握持胶辊)；4—吸风组件；5—气流导向装置

图 8-30 立达 ComforSpin 纺纱装置

ComforSpin 纺纱装置的结构特征如下：

(1) 在原牵伸区前增加一个气动集束区。

(2) 将原来的前罗拉改为钢质空心网眼辊筒(罗拉)，直径比一般前罗拉大，其上装有两个胶辊，第一胶辊(握持胶辊)与前罗拉组成纱条加捻握持钳口，第二胶辊(牵伸胶辊)与前罗拉组成牵伸区的前牵伸钳口。第一胶辊与第二胶辊间为须条的集聚区。

(3) 前罗拉为钢质网眼辊筒,形似一个小尘笼,内有圆形截面吸聚管(负压),与吸风风机等组成吸聚罗拉,即有负压的前罗拉。圆形截面吸聚管上装有一块开了一个由后向前逐渐变窄的 V 形狭槽的工程塑料部件组成的吸气槽。V 形槽长度跟须条与前罗拉接触长度相适应,并与输出方向有一定偏斜度。当在主牵伸区须条离开牵伸钳口时,因负压的吸附作用,须条由 V 形槽控制在网眼前罗拉上,并向前输送到第一胶辊处,即握持钳口处。

2. 绪森(Suessen)Elite 纺纱装置

德国绪森公司的集聚纺纱装置名称为 Elite,其装置结构如图 8-31 所示。

Elite 纺纱装置结构特征如下:

(1) 在传统的牵伸装置前加一组气动集聚装置。

(2) 原牵伸装置不变,在前罗拉前加装一组合件,包括一个异形截面吸聚管,上套一个网格多孔胶圈(实为化纤织物)和一个前上胶辊(握持胶辊),组成加捻握持钳口。新增加的前上胶辊通过一个啮合齿轮由原来的前上胶辊传动。吸聚管上套着一个网格多孔胶圈,其上有无数微孔,允许气流通过,但纤维不能通过。胶圈由前上胶辊通过摩擦传动。

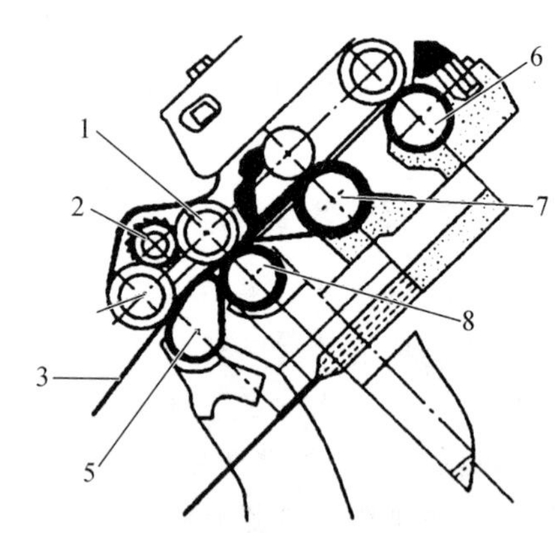

1—牵伸前上胶辊;2—传动齿轮;3—输出上胶辊;4—纱条;5—异形负压吸聚管;6—牵伸后罗拉;7—牵伸中罗拉;8—牵伸前罗拉

图 8-31 绪森 Elite 纺纱装置

(3) 异形截面吸聚管表面在每个纺纱部位都开有斜向吸气槽,便于纤维的轴向旋转并向纱轴靠拢,其结果是使纤维尾端紧贴于纱条上。吸聚管表面的流线形设计使纱线在前罗拉表面的包围弧完全消失,也就是须条离开牵伸钳口时受负压的作用被吸附在网格多孔胶圈的狭槽部位并向前输送到握持钳口,再加上握持胶辊加压很小,使纺纱三角区基本消失,因此,毛羽减少,并提高了可纺性。

3. 罗特卡夫特(Rotocraft)RoCos 纺纱装置

瑞士罗特卡夫特公司的集聚纺装置名为 RoCos,其装置结构如图 8-32 所示。

RoCos 纺纱装置结构特征如下:

(1) 在原牵伸区前增加一个机械(集合器)集束区。

(2) 在原来的前罗拉 1 上装有两个胶辊,第一胶辊 2(握持胶辊)与前罗拉组成纱条加捻握持钳口 B,第二胶辊 3(牵伸胶辊)与前罗拉组成牵伸区的前牵伸钳口 A。第一胶辊与第二胶辊间的集合器 4 为须条的集聚区。

(3) 起集束作用的集合器依靠磁性紧贴在前罗拉表面,依靠机械力的作用使须条紧密集合,避免了依靠吸风负压进行集聚时所必需的风机、吸风管和网格圈等附件。

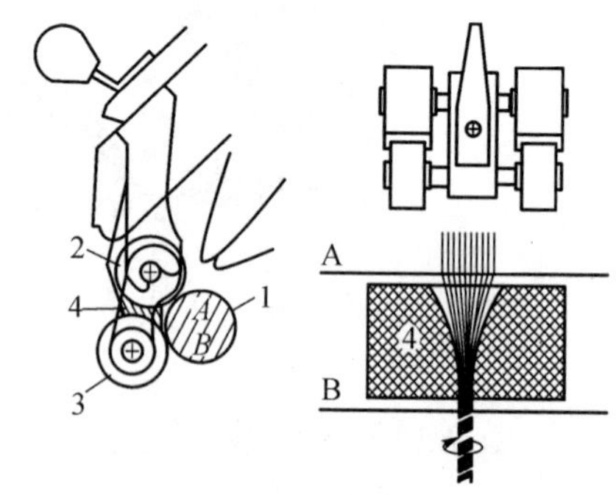

图 8-32 RoCos 纺纱装置

另外还有青泽公司、马佐里公司、丰田公司等生产的集聚纺纱装置。国内也有多家细纱机设备制造商生产了不同类型的集聚纺纱机。

上述各种集聚纺纱技术虽然结构各有不同，但都是在原有环锭纺纱的基础上，在前罗拉钳口产生对纤维的集聚作用，以减小或消除加捻三角区。这一特有的成纱机理使集聚纺纱在成纱质量、后道加工、产品风格、经济效益等方面均表现出一定的优越性。

（二）集聚纱的品质

集聚纺的纱线毛羽明显减少，尤其是 3 mm 及以上长度的毛羽更少；同时，由于原来形成毛羽的纤维都被加捻到纱中，因而提高了纱的强力。与同线密度传统环锭纱相比，一般管纱毛羽降低 50%，筒纱毛羽降低 70%左右，细纱强力可提高 5%～10%。当细纱捻度减少 15%，股线捻度减少 20%时，紧密纱强力仍可与传统环锭纱相当。

二、赛络纺

如图 8-33 所示，赛络纺是在环锭纺纱机上将两根粗纱平行喂入细纱牵伸区，两根粗纱间保持一定的间距，且处于平行状态下，被牵伸后由前罗拉输出。前罗拉输出的两束纱条分别受到初步加捻后，再汇聚，并经进一步加捻，形成纱（线）。赛络纺技术最初是应用在毛纺系统中，其成纱具有接近股线的风格和优点，以开发轻薄毛纺面料为目的，目前广泛应用于棉纺细纱机上，可以大大减少成纱毛羽，提高成纱质量。因此，在某种程度上，赛络纺纱把细纱、络筒、并纱和捻线合为一道工序，缩短了工艺流程。

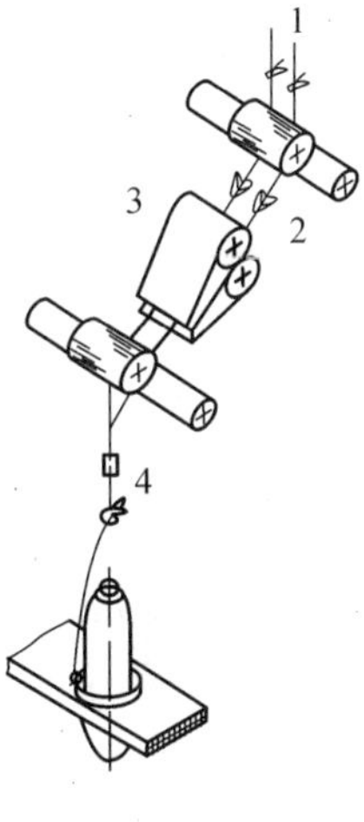

赛络纺中，两根粗纱的原料、色彩等可以相同，也可以不同。用这种方法可以纺出具有多种风格特征的纱线。

两根粗纱的间距是非常重要的工艺参数，直接影响到最终成纱的毛羽、强力和均匀度等质量指标，其值一般为 4～10 mm。纤维长度长，则粗纱间距可大。粗纱间距适当增大，则成纱的毛羽少，强力高，但条干和细节易恶化。

1—粗纱；2—间隔导纱器；3—牵伸区；4—单纱断头打断器

图 8-33 赛络纺纱示意图

因为赛络纺是在细纱机上喂入两根粗纱，所以其粗纱定量要偏轻掌握，以便减轻细纱的牵伸负担，减小细纱机的总牵伸倍数，有助于减少纤维在牵伸运动中的移距偏差，从而改善纱条均匀度，提高成纱质量。

赛络纺中，一般采用“重加压、大隔距、低速度、中钳口隔距”的工艺原则，以解决因双股粗纱喂入牵伸力过大，易出现牵伸不开、出硬头的问题。赛络纺中采用的主要工艺有：

（1）在细纱机上要重新排列粗纱架，使粗纱架数量增加 1 倍。

（2）选择适当的粗纱喂入喇叭口，使两根粗纱分开喂入；前后牵伸区内加装双槽集合器，以控制被牵伸须条的间距；安装单纱断头打断装置。适当选择细纱后区牵伸倍数，较好地控制浮游区中的纤维，使纤维间结构紧密，提高条干水平。锭速不匀是纱线产生捻度不匀的重要原因，应使锭带长度和锭带张力一致且稳定，从而减少锭速差异导致的纱线捻度不匀。采用优质的高弹性低硬度胶辊和内外花纹胶圈，选择正确的罗拉钳口压力和适宜的钳口隔距，有利于提高复合纱的质量。赛络纺纱若用于针织物，较小的捻度能使细纱结构蓬松，有利于提高纱线的染色牢度，从而使织物具有独特的染色效果。

赛络纺中，由于纱条在输出前罗拉后有一个并合（聚集），从而可以有效地减少毛羽；但并合前的两根纱条由于太细，也容易受意外牵伸而产生细节。

三、赛络菲尔纺

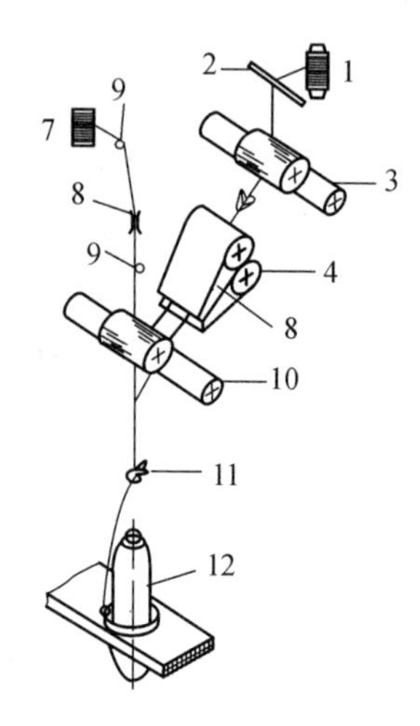

1—粗纱；2—导纱杆；3—后罗拉；4—中罗拉；5—胶圈；6—导丝杆；7—长丝；8—张力装置；9—导丝轮；10—前罗拉；11—导纱钩；12—管纱

图 8-34　成纱装置

赛络菲尔纺与赛络纺类似，只是它将赛络纺中的一根粗纱换成长丝。它是在传统环锭细纱机上加装一个长丝喂入装置，使长丝在前罗拉处喂入时与经正常牵伸的须条保持一定间距，并在前罗拉钳口下游汇合加捻成纱，如图 8-34 所示。

四、缆型纺

缆型纺是通过在传统环锭细纱机的前钳口前加装一个分割辊从而改变成纱结构的纺纱新技术，纺出来的纱有着和传统单纱不同的纱线结构，一般用在毛纺等长度较长的纤维纺纱中。如图 8-35 所示，其纺纱过程是经过牵伸的须条在出细纱机前钳口时，由分割辊将其分割成若干股纤维束；这些纤维束在纺纱张力的作用下进入分割辊的分割槽内，并在纺纱加捻力的作用下围绕自身的捻心回转，从而具有一定的捻度（纤维束加捻）；随着纱线的卷绕运动，这些带有一定捻度的纤维束向下移动，离开分割辊后汇交于一点，再围绕整根纱线的捻心做回转运动（纱线加捻），两次加捻，最后形成一种具有特殊的、不同于传统纱线结构的新型纱线。

缆型纺中分割槽的宽度、深度、形状直接关系到纺纱细度及纱线质量。

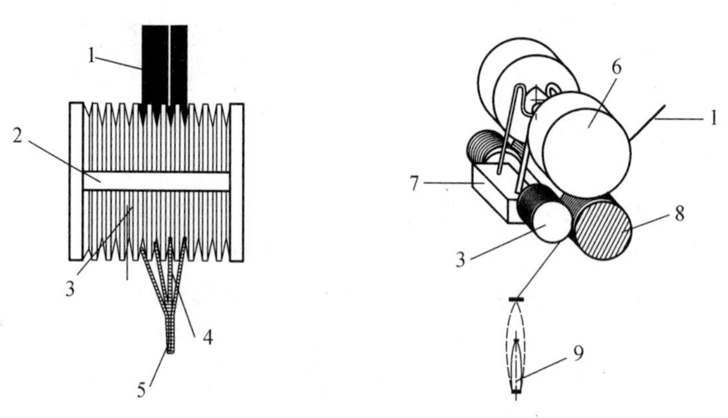

1—须条；2—过渡段；3—分割辊；4—分割后的纤维束；5—纱段；6—前胶辊；7—弹簧架；8—前罗拉；9—管纱

图 8-35　缆型纺纱原理示意图

缆型纺的捻度选择一般还是根据原料的可纺性能和产品的要求来决定，但也有一定的特殊性。缆型纺需要分束，若捻度太小，虽然有分束的现象存在，但每一股纤维束的捻度不大，纤维抱合不紧，纱线耐摩擦性能的提高不明显；而捻度太大，强大的加捻力将阻止纤维的分束，纱线也就没有缆型结构，因此缆型纺不适宜纺强捻纱。

缆型纱的特殊结构决定了它毛羽少和耐摩擦这两个特点。在原料及捻度选择合理的条件下，缆型纱的物理性能及织造效率明显优于传统的单纱。缆型纱面料的抗起球能力、弹性、透气性都明显优于传统的同品种单经单纬产品。

五、转杯纺纱

(一) 组成及工艺过程

转杯纺纱一般包括喂给、开松、凝聚、剥取、加捻和卷绕等作用。

转杯纺纱机的工艺过程如图 8-36 所示。棉条 1 由给棉罗拉 2 和给棉板 3 握持,输送给分梳辊 4,表面包有锯条的分梳辊将其分解成单纤维。转杯 6 高速回转,产生的离心力使空气从排气孔溢出(自排风式),或通过风机将空气抽走(抽气式),在转杯内形成真空,迫使外界气流从补风孔和引纱管补入,于是被分梳辊分解的单纤维随同气流通过输送管 5 被吸入转杯,气流从排气孔溢出或被抽走。纤维沿转杯壁滑入凝聚槽内,形成凝聚须条。开始纺纱时,引纱经引纱管 7 被吸入转杯,纱尾在离心力的作用下紧贴附于凝聚槽内,与凝聚槽内排列的须条相遇并一起回转加捻成纱,以后即连续成纱。引纱罗拉 9 将纱从转杯内经假捻盘 8 和引纱管 7 引出,卷绕成筒子。

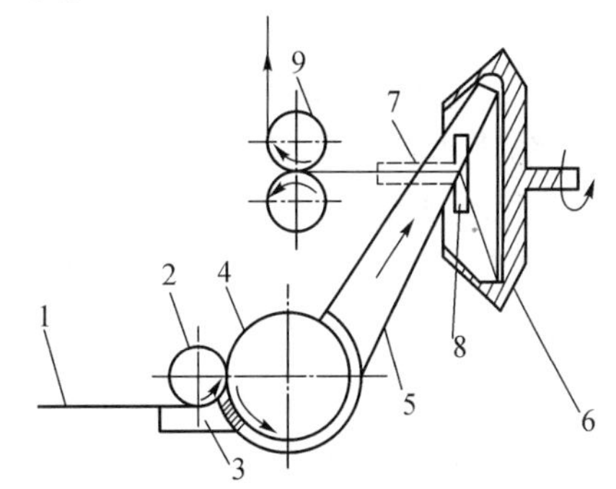

图 8-36 转杯纺纱机的工艺流程

(二) 主要工艺参数作用及选择

1. 转杯规格和速度

根据所采用机型和所纺制纤维品种、线密度及成品要求来确定转杯规格和速度。转杯规格主要包括转杯直径、转杯形式和凝聚槽形状。各种机型所配置的转杯直径是不同的,目前转杯直径在 28～66 mm 之间的有很多档。一方面,转杯直径与转杯速度有关,速度高时配置小直径转杯,速度低时配置大直径转杯,这主要是考虑降低动力消耗的原因。另一方面,应根据所纺纤维长度确定配置转杯直径,纤维长度长时采用大直径转杯,纤维长度短时采用小直径转杯,否则成纱容易产生缠绕纤维。转杯有抽气式和自排风式两种形式,各自配置在抽气式转杯纺纱机和自排风式转杯纺纱机上。

转杯速度决定了产品产量和成纱的捻度,一般抽气式转杯纺纱机的转杯速度高于自排风式转杯纺纱机的转杯速度。在纺制细特纱时,配置的转杯速度都高,这主要是因为考虑到经济效益问题。

2. 分梳辊形式、规格和速度

转杯纺纱机的分梳辊形式有锯齿辊、针辊和锯片辊等,目前采用锯齿辊较多。

根据纺制原料不同选择不同锯齿规格时,还应该与合理选择分梳辊速度综合起来考虑。对分梳辊速度的要求,既要分解纤维,又要尽可能减少纤维损伤和纤维弯钩,并有一定的排杂作用,同时还要使纤维容易转移。

不同机型采用的分梳辊转速不同,一般在 5 000～11 000 r/min 之间。

3. 捻系数

转杯纱捻系数要根据原料性能、纺纱线密度和纱线用途而定。纺细特针织纱时,适当降低捻系数;纺其他原料时,应根据纺纱可纺性和用户要求而定。一般推荐的转杯纱捻系数见表 8-11。

表 8-11　纱线种类与捻系数

纱线种类	经纱	纬纱	针织纱	针织起绒纱
捻系数	430±50	400±50	370±50	350 以下

4. 假捻盘与阻捻器

假捻盘的主要作用是起假捻(假捻效应)、阻捻等作用。在加捻过程中,由于回转纱条本身围绕其轴线回转,使回转纱条上产生瞬时捻度(假捻),同时,使回转纱条上保持较多的动态捻回,以增加剥离点处纱条的强力,达到减少成纱捻系数、降低断头、提高成纱稳定性的目的。假捻作用主要由纱条在与假捻盘接触时纱条上所受的力和力矩来决定。

假捻盘规格包括盘径、曲率半径和孔径,应根据所采用的原料和成品要求确定。纺制化纤纱、粗特纱和低捻纱时,成纱容易断头,可采用假捻效应较强的假捻盘,以减少纱线断头。

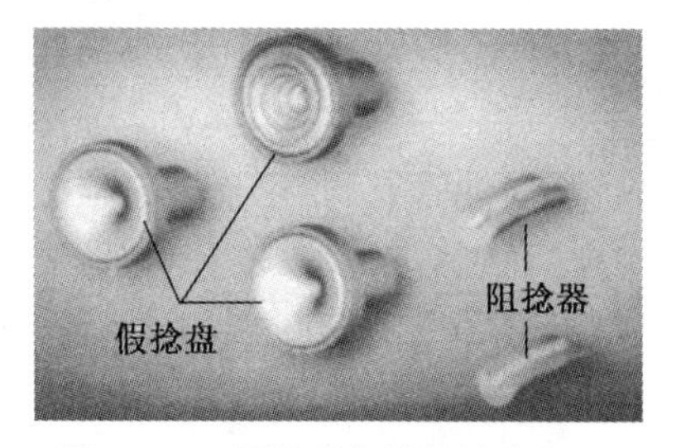

图 8-37　不同形式的假捻盘和阻捻器

阻捻器安装在引纱管的转弯处,它利用斜向沟槽对纱的前进方向形成摩擦阻力矩,阻止纱上的捻度向外传递,促使转杯内纺纱动态捻度增加,从而也可降低设计捻度,使断头减少。

不同形式的假捻盘与阻捻器如图 8-37 所示。

5. 牵伸倍数

牵伸倍数根据转杯纺落棉率、纤维损伤、捻缩、卷绕张力等综合因素而定,一般为 1.02～1.05 倍。线密度和条子定量及牵伸倍数的关系见表 8-12。

表 8-12　纺纱线密度和条子定量及牵伸倍数的关系

纺纱线密度(tex)	条子定量(g/5 m)	牵伸倍数
72～96	20～25	41～69
29～72	18～20	49～137
24～29	16～18	110～148

卷绕张力牵伸倍数由卷绕槽线速度 $v_{卷}$ 和输出线速度 $v_{输出}$ 决定,即 $v_{卷}$ 与 $v_{输出}$ 的比值一般控制在 0.98～1.08,要求卷装成形既不松弛又不因张力过大而增加断头。一般纺制纯棉中低特纱时,可采用 1 倍左右的卷绕张力牵伸;而纺纯棉细特纱和非棉原料时,要适当减小,以降低断头。

六、喷气纺纱

喷气纺纱机有两种喂入方式,即粗纱喂入和条子喂入。目前传统的喷气纺纱机大多是双喷嘴形式,主要适宜纺制涤棉混纺纱和纯涤纶纱,由牵伸、加捻、卷绕等机构组成,工艺过程如图 8-38 所示。喂入棉条 1 经三罗拉双短胶圈牵伸装置 2 牵伸后,形成规定的细度,由前罗拉输出,依靠第一喷嘴 8 入口处的负压,被吸入加捻器,接受空气喷射的加捻。加捻器由第一喷嘴 8 和第二喷嘴 9 串接而成。两个喷嘴所喷出的气流的旋转方向相反,第一喷嘴主要使前罗拉输出须条的边纤维与受第二喷嘴作用的主体须条以相反的方向旋转,须条在这两股反向旋转的气流的作用下获得包缠(加捻)而成纱。加捻后的纱条由引纱罗拉 5 引出,经电子清纱器 6 后,绕成筒子纱 7。

前罗拉输出速度略大于引纱罗拉输出速度的现象称为超喂,且超喂率一般控制在 1%～3%,使纱条在气圈状态下加捻。第一和第二喷嘴的气压对成纱质量和包缠程度有较大的影响,对压缩空气的消耗也有直接影响。一般,第一喷嘴的气压低于第二喷嘴,两者的取值范围分别为 2.5～3.5 kg/cm^2 和 4.0～5.0 kg/cm^2。

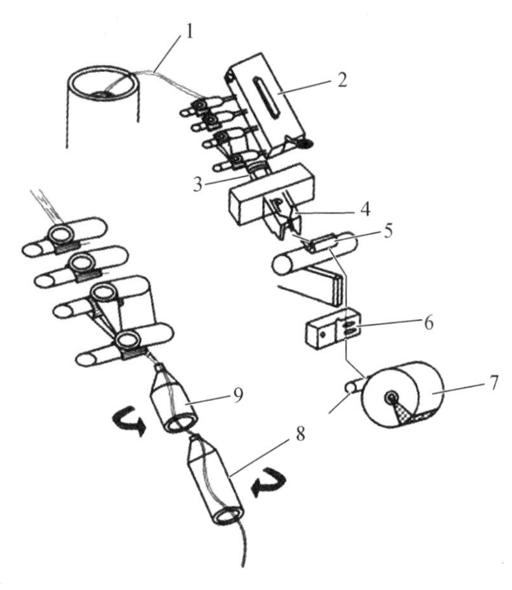

1—棉条；2—牵伸部分；3—空气喷嘴加捻器；4—喷嘴盒；5—引纱罗拉；6—电子清纱器；7—筒子纱；8—第一喷嘴；9—第二喷嘴

图 8-38 喷气纺纱机工艺过程

七、喷气涡流纺纱

(一) 组成及工艺过程

喷气涡流纺纱机是在喷气纺纱机的基础上,对喷嘴进行适当改进,可以纺制具有较高强力的纯棉纱,其外观和成纱性能与传统喷气纱有所差异。除了喷嘴以外,喷气涡流纺纱机与喷气纺纱机基本相同,其工艺过程如图 8-39 所示。棉条喂入,并经过四罗拉(或五罗拉)牵伸机构牵伸后,形成所需要的纱线支数的须条,被吸入喷嘴前端的螺旋引导面 1。螺旋引导面对纤维有良好的控制作用,同时和引导针 2 一起,防止了捻回向前罗拉钳口处传递,使得纤维须条以平行松散的带状纤维束输送到空心管前端。纺纱器的多个喷射孔 4 与锥形圆锥管道上的圆形涡流室 3 相切,形成旋转气流,并沿空心管的锥形顶端,在锥形通道内旋转下移,从排气孔排出。当纤维的末端脱离喷嘴前端的螺旋引导面和针状物的控制时,由于气流的膨胀作用,对须条产生径向的作用力,依靠高速气流与纤维之间的摩擦力,使之足以克服纤维与纤维之间的联系力,从而达到分离成单纤维的目的。须条中的纤维相互分离,产生大量的边缘纤维(头端自由纤维),从而产生自由端,覆盖在空心管 7 上,同时对短绒也有清除作用。纤维的另一端根植于纱体内,在空心管入口的集束和高速回转涡流的旋转的共同作用下,使边缘纤维(头端自由纤维)沿着空心管旋转,当纤维被牵引到空心管内时,纤维沿着空心管的回转而获得一定捻度,形成喷气涡流纱 8。

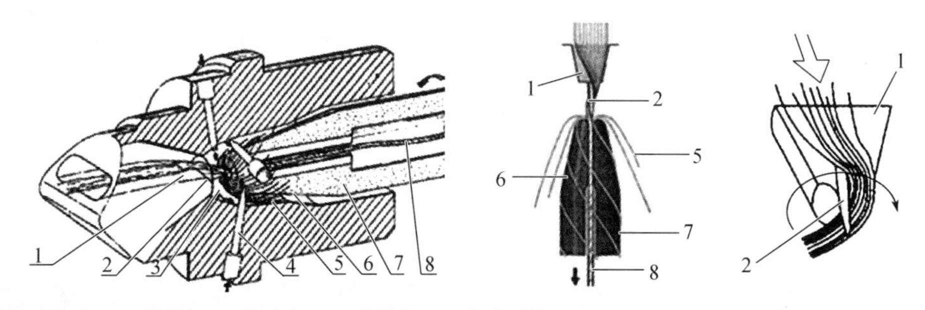

1—螺旋引导面；2—引导针；3—涡流室；4—喷射孔；5—凝聚纤维；6—圆锥形凝聚面；7—空心管；8—喷气涡流纱

图 8-39 MVS 纺纱装置

(二) 主要工艺参数作用及选择

喷气涡流纺的主要工艺参数与喷气纺基本相同，主要有纺纱速度、前罗拉钳口到喷嘴空心管前端的距离、纺纱气压、张力牵伸、喷射孔(角度、孔数、孔径)、引导针长度和空心管内径等。

1. 纺纱速度

喷气涡流纺的纺纱速度可达 400～450 m/min。纺纱速度快，纤维须条经过喷嘴的时间减少，则尾端自由纤维受到的其他不确定因素的影响减少，因此螺旋规则地包缠在纱体上，纱线的成纱结构良好。纺纱速度对成纱强力有较大影响，适当增大纺纱速度有利于成纱强力的提高；但纺纱速度过高，纤维须条在喷嘴中运动时间过短，须条在喷嘴内完不成分离、凝聚和加捻，成纱质量会有所下降。喷嘴内的纤维的滞留时间和喷射空气的量，决定纤维的变化，从而影响纱线的特性。速度高，成纱软；速度慢，纱线硬。在保证空气喷射量的前提下，可适当提高纺纱速度。

2. 前罗拉钳口到喷嘴空心管前端的距离

前罗拉钳口到喷嘴空心管前端的距离，是决定喷气涡流纺成纱性质的重要因素。喷气涡流纺要求前罗拉钳口处的纤维保持一定的宽度，以加强对纤维的控制和防止边缘纤维的散失，使扁薄须条中的纤维间能有良好的接触和控制。纤维束的分解是很重要的，纤维之间相互分离，则易于缠绕而加捻成纱。在纺纱过程中，纤维须条经牵伸机构牵伸后，形成扁带状结构，当其从牵伸机构中输出时，通常其头端位于主体纱条的芯部，即称为尾端自由纤维。这些尾端自由纤维是喷气涡流纺之所以能成纱的基础。前罗拉钳口与喷嘴间的距离，对纱线的形成有很大的影响。该距离增大，则缠绕纤维的比率增多。理论上，此隔距应小于纤维主体长度，否则加捻器吸口的轴向吸引力会引起须条中纤维的混乱。但该距离如果过小，则纤维的两端被束缚，不易实现一端自由状态，使捻度变低，虽然可见到结成束的状态，但实际上变成包缠纤维很少的纱线。前罗拉钳口与喷嘴吸口间距离也不宜过小，否则其间有棉屑等堆积，会形成疙瘩纱，断头时喷嘴被堵塞，易轧坏前罗拉的上胶辊，也会影响尾端自由纤维的产生。在一般情况下，若纺制较细的纱或选用原料的纤维长度较短，这一距离应该适当减小；反之亦然。

喷嘴与前罗拉钳口之间的隔距既影响包缠纤维的数量和包缠长度，又影响喷嘴对钳口处须条的作用，因此存在两个相互矛盾的作用。在纺纱过程中，前罗拉输出须条具有一定宽度，须条在进入喷嘴吸口时形成一定数量的边缘纤维，喷气涡流纺罗拉的高速(3 000 r/min 以上)回转形成附面层，引导牵伸区的边缘纤维的自由尾端离开纤维束，这些分离的纤维尾端在前罗拉的牵伸作用下形成较长的自由尾端而被送出前钳口，气流有助于进一步扩散扁平带状须条。

3. 纺纱气压

喷气涡流纺的喷嘴气流需要同时完成几项功能，即产生将纤维吸入喷嘴的吸引力，并在喷嘴内分离纤维，同时实时将纤维卷绕在纱体上。喷嘴的气压决定着包缠纤维的数量、包缠紧密度和耗气量，从而影响成纱强力。气压必须与喷嘴结构相配合，才能纺出较高强力的纱线。一般来说，喷嘴的气压大，则成纱强力高；但当气压过大时，易产生回流现象，不利于纤维须条顺利吸入喷嘴中。喷气涡流纺的喷嘴气压比喷气纺高，一般为 0.45～0.55 MPa。

4. 张力牵伸

张力牵伸分为喂入和卷绕张力牵伸，前罗拉、引纱罗拉和卷绕罗拉速度的合理配置，对纱线结构、成纱强力、断头、筒子成形都有明显的影响。

喂入张力牵伸也称为喂入比，即引纱罗拉线速度与前罗拉线速度之比。为了使纺纱过程中须条保持必要的松弛状态，前罗拉与引纱罗拉之间必须实现超喂。超喂作用是使纱条在喷嘴内保持必要的松弛状态，以利于纤维的分离，产生足够的尾端自由纤维，从而实现加捻。超喂比较小时，纺纱段纱条的张力较大，尾端自由纤维包缠的捻回角较小，成纱外观较光洁，成纱强力较高；反之，超喂比较大时，纺纱段纱条的张力不够，尾端自由纤维包缠的捻回角较大，成纱外观不够均匀。超喂比应小于1，为了得到较高成纱质量的纱线，一般控制在0.96～0.98。

卷绕张力牵伸也称为卷绕比，即卷绕辊线速度与引纱罗拉线速度的比值。引纱罗拉与卷绕辊间应保持适当的卷绕张力，卷绕张力大，筒子卷绕紧密，但断头多；反之，则筒子成形松软。通常卷绕比控制在0.98～1.00。

5. 喷射孔角度、喷射孔孔径和孔数

这些参数与喷气纺相类似，即喷气涡流纺中，喷射孔角度一般为40°～80°，喷射孔孔径一般选取0.35～0.45 mm，喷嘴喷射孔数一般选取4～8个。

6. 喷嘴入口引导针的长度

在纺纱过程中，经过罗拉牵伸的须条，被吸入喷嘴前端的螺旋引导面。螺旋引导面和引导针一起，给纤维以一定的束缚，防止捻回向前罗拉钳口处传递，纤维须条没有捻度，使得纤维须条以平行松散的带状纤维束向下输送，从而保证了在分离区间气流对纤维须条的分离。同时针的长度决定了对纤维束的控制能力，过短不利于对纤维的控制，过长则增加了纤维束分离的难度。因此，必须合理配置引导针的长度，从而达到良好的成纱效果。

7. 空心管内径

空心管内径影响加捻效果，并与纺纱细度有关。内径小，空心管入口处对纤维须条的控制加强，有利于尾端自由纤维的包缠加捻；内径大，则加捻作用有一定程度的减弱。空心管内径还与所纺纱线的细度有关，并且应使纱条在纱道内有足够的空间旋转，即纺细特纱时，空心管内径可小些；纺粗特纱时，空心管内径应大些。内径小，还可提高纺纱速度和低喷嘴压力时纺纱的稳定性，并能在一定程度上减少毛羽及提高纱线强力，但纱线会变硬，并且有时棉结会增加，同时纱线的匀整度会变差；内径大时，则成纱有蓬松柔软的感觉。

八、摩擦纺纱

摩擦纺纱技术是近40年来发展起来的一种新型纺纱技术，又称德雷夫(DREF)纺、尘笼纺等。

(一) 组成及工作过程

摩擦纺纱主要由开松、牵伸、加捻、卷绕等部分组成，其工作过程如图8-40所示。经过开松的纤维1，由气流输送到一个带孔且有吸气的运动件(尘笼)表面2，运动件表面的运动方向与成纱输出方向垂直。在运动件表面上，纤维被吸附凝聚成带状的纤维须条。由于须条与运动件表面接触且它们之间有吸力3，所以须条与运动件表面间产生摩擦，并随运动件表面绕自身轴线滚动而被加捻。被加捻的纱条4以一定的速度输出，纤维流在输送过程中并不连续，凝聚在运动件表面的须条就形成自由端纱尾，保证成纱上获得真捻，因而属于自由端纺纱。

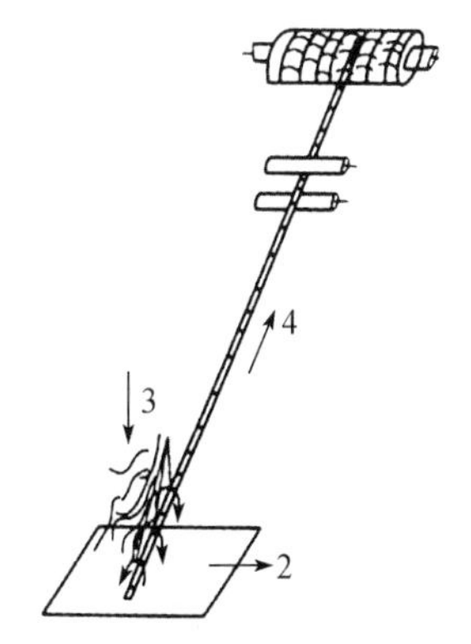

图8-40 摩擦纺基本工作过程

所获得的捻度值，一方面取决于运动件表面的速度与性能，另一方面则取决于吸气负压。吸气负压直接影响纱尾与运动件表面间的压力，同时还取决于引纱速度。代表性的 DREF-Ⅱ 型摩擦纺纱机的结构简图如图 8-41 所示。

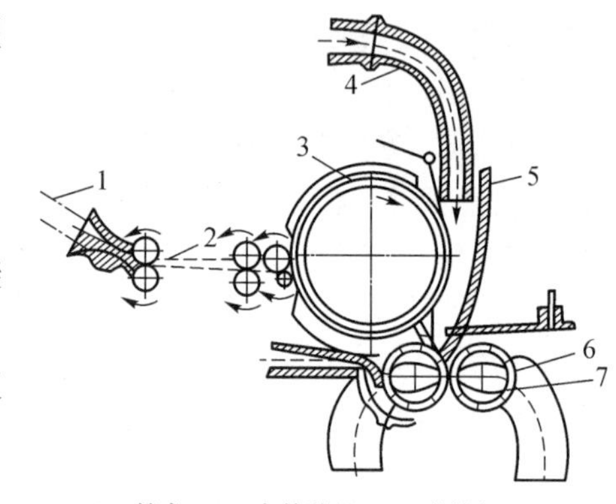

1—棉条；2—牵伸装置；3—分梳辊；4—吹风管；5—挡板；6—尘笼；7—内胆

图 8-41 DREF-Ⅱ 型摩擦纺纱机

(二) 主要工艺参数作用及选择

1. 纺纱速度(即输出速度)

摩擦纺的加捻和卷绕机构是分离的，这样可以避免高速回转的加捻部件，为提高纺纱速度创造了条件。摩擦纺的纺纱速度与所纺原料、成纱线密度、尘笼转速等有关。

2. 尘笼转速

较高的输出速度，必须有较高的尘笼转速与之配合；但过高的尘笼速度，既受电机功率、转速的限制，又易导致回转纱体径向跳动及不正常磨损。故国产摩擦纺纱机的尘笼常用速度控制在 3 500 r/min 以下，相应的输出速度保持在 200 m/min 以下，这样才能确保在尘笼加捻区内有足够的停留时间，从而获得必要的捻度。

3. 摩擦比

尘笼表面速度与纺纱速度的比值称为摩擦比。摩擦比是摩擦纺纱的一项重要工艺参数，它对成纱质量和机器的可纺性能都有显著的影响。

(1) 摩擦比与捻度。摩擦比是决定捻度的主要参数，在一定范围内两者成正比关系，选择适合的摩擦比，是保证成纱质量的重要条件。提高摩擦比的常用手段是提高尘笼转速；但当尘笼转速达到一个临界限度时，成纱捻度不再增加反而有所下降，工艺调试时一般不宜超过此限。

(2) 摩擦比与条干不匀率。试验表明，提高摩擦比可改善成纱条干均匀度；但当摩擦比提高到 3.0 以上时，条干均匀度变化趋缓。

4. 尘笼负压和气流

尘笼表面的纺纱负压，代表着尘笼吸风量，影响着通道中流场的分布和凝聚时纤维形态的变化，还决定着产生摩擦作用的正压力、须条动态直径与纤维密集度，使加捻效果发生变化，对加捻和条干均匀度都有重要影响。

5. 吸风口位置及尘笼间隙缝宽度

双尘笼双侧吸风摩擦纺纱机的尘笼截面如图 8-42 所示，图中 D 为尘笼直径，φ 为纱体的有效直径，h 为纱体高度(它与两尘笼中心连线的距离)，α 为纱体中心与尘笼中心的连线与两尘笼中心线之夹角，S 为两尘笼间的隙缝宽度，h 和 α 都可以用作表示吸风口的位置参数。

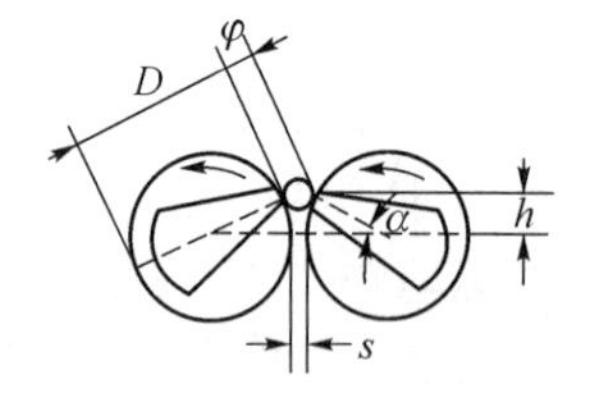

图 8-42 双尘笼摩擦纺纱机截面图

根据摩擦纺纱的原理，保证纱体获得良好的摩擦加捻的条件有以下几个方面：

(1) 适当的尘笼间隙宽度，使纱体在某一固定位置稳定加捻。

(2) 适当的吸风口位置可使纱体的成形良好，有较紧密的圆形截面，可提高加捻效率。如果吸风口高于纱体位置，则纱体不能紧贴在尘笼表面，造成纱体变形或呈松散状态，从而影响加捻效率；如果吸风口位置太低，则纱体易紧嵌在尘笼窄缝中，造成断头。

(3) 吸风口位置必须根据纱体的有效直径进行调节，纱体线密度愈大，吸风口位置应愈高。

6. 分梳辊速度

摩擦纺纱处理纤维量大，则较快的分梳辊速度对成纱质量有利。但分梳作用剧烈，则损伤纤维严重。据资料介绍，纺羊毛纤维(直径为 19.7 μm，长度为 35.7 mm)试验中，经分梳辊后纤维长度减短 23%，比转杯纺的损伤纤维程度严重。因此，应正确合理地选择分梳辊速度，以减少纤维损伤，提高成纱质量。在加工细度较细、强度较低的纤维时，分梳辊速度不宜过快。

习题

1. 环锭细纱机的牵伸机构有哪些类型？各有什么特点？
2. 环锭细纱机卷绕成形机构的运动应满足哪些要求？为什么？
3. 简述环锭细纱机纺纱过程中张力的变化规律，细纱断头的实质是什么？减少纺纱断头有哪些措施？
4. 写出棉纺细纱机的主要组成及工艺过程，简述其主要工艺参数作用及选择原则和控制棉纱质量的措施。
5. 写出集聚纺的类型及各纺纱装置和集聚纺纱线的特点，分析其减少成纱毛羽的原理。
6. 写出转杯纺纱机的主要组成及工艺过程，简述其主要工艺参数作用及选择。
7. 写出喷气纺纱机的主要组成及工艺过程，简述其主要工艺参数作用及选择。
8. 分析各种新型纺纱技术的成纱原理及成纱结构与性能。

第九章　后　加　工

第一节　概　　述

细纱工序不是纺纱工程的终点，除纬纱是由细纱车间直接送到织布车间外，其他品种还需根据加工要求进行适当的后加工，如有的需要定形，高档和特殊的产品需要烧毛。细纱经过后加工，成品有单纱和股线，卷装形式有管纱、筒子纱、绞纱及大小包等，以便包装、贮藏、运输和满足后部工序的需要。细纱工序以后的各道加工工序统称为后加工工序。

一、后加工工序的任务

（一）改善产品的外观质量

为了清除纱、线的疵点、杂质，后加工设备配有清纱装置等。为了使纱或股线表面光滑圆润，有的捻线机上装有水槽，进行湿捻加工。质量要求高的股线要经过烧毛，以除去表面毛羽、增进光泽。表面要求光滑的产品要经过上蜡等辅助工艺。花式捻线能使结构形态多样化，产生环、圈、结、节等花式效应。

（二）改善产品的内在性能

并线和捻线加工能改变纱线的结构，从而改变其内在性能。选用不同品质的单纱，经一次或两次合股加捻，配以不同股数、捻向、捻系数及不同的工艺过程和辅助装置，可达到提高股线的条干均匀度和强力、提高耐磨性和耐疲劳性、满足一定的弹性和伸长率的要求、改善光泽和手感等目的。

（三）稳定产品的结构状态

这主要指稳定纱线捻回，使股线中的单纱张力均匀。如单纱捻回不稳定，则容易“扭结”或造成“纬缩”疵点，股线也会因捻向、捻系数的选择不当而出现“扭结”现象。对捻回稳定性要求高的纱线，必要时可进行热湿定形处理。并纱机上装有张力装置，以控制各单纱的张力，使股线中各股单纱的张力均匀，以避免出现“包芯”结构，并改善股线的强力、弹性、伸长等。

（四）制成适当的卷装形式

为了满足捻线和织造等加工的需要，除自用纬纱外，必须将容量较小、不适于高速退绕的细纱管纱在络筒机（包括并纱机）上卷绕成大容量且适于高速退绕的筒子纱。有的纱线还可以先摇成松散的绞纱。为便于储存和运输，可以将绞纱和筒子纱按照一定的规格打包。

二、后加工工艺流程

根据产品的要求和用途，棉纺系统有以下几种后加工工艺流程：

(一) 单纱的后加工工艺流程

管纱→络筒→筒子包
管纱→络筒→摇纱→成包

(二) 股线的后加工工艺流程

管纱→管纱直接并纱→捻线→线筒→摇纱→成包
管纱→络筒→并线→捻线→线筒→摇纱→成包
管纱→络筒→并捻联合→线筒→摇纱→成包

(三) 较高档股线的后加工工艺流程

管纱→络筒→并线→捻线→线筒→烧毛→摇纱→成包

根据需要，可进行一次或两次烧毛。有时需定形，一般在单纱络筒后或股线线筒后进行。

(四) 缆线的工艺流程

所谓"缆线"是指经过超过一次并捻的多股线。第一次缆线工序称为初捻，而后的捻线工序称为复捻。如多股缝纫线、绳索工业用线、帘子线等，一般多在专业工厂进行复捻加工。

第二节 络 筒

络筒工序的任务和目的有两个：一是将前道工序运来的纱线加工成容量较大、成形良好、有利于后道工序加工的半制品卷装——筒子纱；二是清除纱线上的疵点和杂质。

络筒应满足以下工艺要求：

① 尽量保持纱线的物理性能(弹性、伸长率和强度)；

② 张力力求均匀，以保证卷绕条件不变；

③ 筒子成形正确，卷绕密度适当，确保退绕轻快；

④ 结头小而牢，在后道工序不脱开；

⑤ 清除粗节纱和其他纱疵；

⑥ 尽量减少络筒下脚。

一、络筒机的组成及工作过程

络筒机有普通络筒机和自动络筒机两种，自动络筒机以其高速、自动化而成为目前的发展趋势。

(一) 普通络筒机

普通络筒机主要由张力与清纱装置、打结与捻接装置、卷绕机构、防叠装置、断纱自停装置和传动装置组成。

图 9-1 所示为普通络筒机的工艺流程图。纱线自管纱 1 上退绕下来，经导纱器 2、圆盘式

张力装置 3,穿过清纱器 4 的缝隙;再经由导纱杆 5 和断头探纱杆 6,通过槽筒 7 的沟槽引导,卷绕到筒子 8 上。其中,各导纱器用来改变纱线的前进方向,并对其施加一定张力;张力装置是对纱线施加张力的主要器件;清纱器用来清除纱线杂质和疵点;断头探纱杆则依靠纱线张力停留在平衡位置,不使断头自停装置起作用。当纱线断头时,探纱杆失去纱线压力而上升,断头自停装置抬起筒子托架,使筒子脱离槽筒表面,停止卷绕。槽筒一方面通过摩擦传动带动筒子回转,另一方面依靠其表面的沟槽引导纱线,使纱线逐层均匀地卷绕到筒子上。另外,为了提高结头质量,此类络筒机也有装备空气捻接器的。

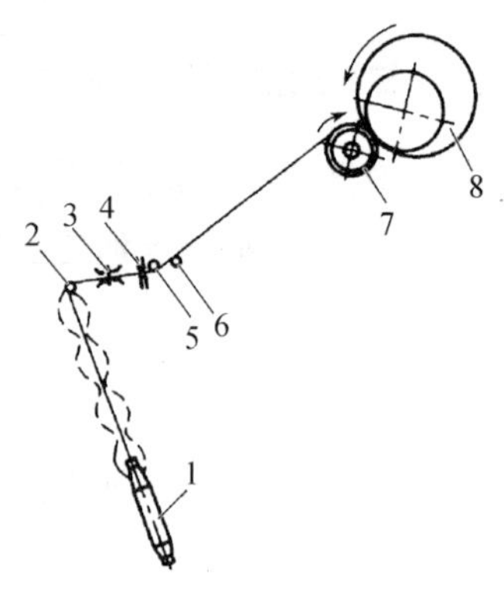

图 9-1 普通络筒机工艺流程

(二) 自动络筒机

自动络筒机主要由车头控制箱、机架、络纱锭及其包含的电子清纱器和捻接器、电脑系统、气流循环系统等组成。如图 9-2 所示,纱线从纱管上退绕下来,经过气圈控制器 1(稳定管纱退绕张力)、前置清纱器 2(检查纱疵)、纱线张力装置 3、捻接器 4、后置电子清纱器 5(检查捻接)、切断夹持器 6、上蜡装置 7、捕纱器 8 和导纱槽筒 9 后,卷绕到筒子上。

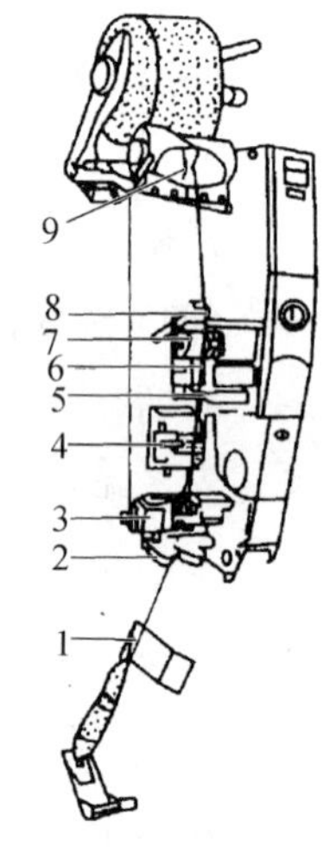

图 9-2 自动络筒机工艺流程

二、络筒工艺设计

络筒工艺设计的主要内容包括:张力装置形式和张力盘加压质量的选择;清纱装置形式及清纱缝隙的选择(或剪切区的确定);筒子卷绕密度和络筒速度的选择;以及确定结头类型及打结要求;等等。

(一) 工艺设计要点

1. 纯棉平布类

(1) 粗平布。粗平布的特点是纱线粗、纤维短、杂质多、强力高、条干均匀度差。对粗平布的外观要求是平整、白净。因此,络筒工艺设计的要点是,尽量除杂,清除大粗节,张力不宜太大,络筒速度不宜太高,避免条干恶化。

(2) 中平布。中平布的特点是纱线中等粗细、强力和条干较好、杂质因原棉品级和纺纱工艺而不同。对中平布的外观和风格要求是平整、均匀、丰满、棉结杂质少。因此,络筒工艺应尽可能除去杂质,切除大粗节,张力适中,成形良好。

(3) 细平布。细平布的特点是纱线较细、强力较低、原棉品级较好、杂质较少。对细平布的外观和风格要求是平整、光洁、细软。因此,络筒工艺应注意,张力不宜太大,防止条干恶化,纱路要通顺,能除去小部分杂质,防止起毛,要切除大粗节和细节。

(4) 普梳府绸类。普梳府绸的特点是纱线细、强力低、原棉品级好、纱条含杂较少。对织物的外观和风格要求是匀整、光洁、颗粒凸出、手感软、有丝绸感。络筒工艺设计的要点是,张力偏小设置,能除去部分杂质和绒毛,要切除部分粗节,防止起毛,成形良好,股线纱要防止扭结。

(5) 精梳府绸类。精梳府绸的特点是纱线特别细、强力低、杂质少、条干好。对精梳府绸的外观和风格要求是布面光洁、匀整,颗粒清晰凸出、排列整齐,手感滑爽、柔软、有丝绸感。络筒工艺的要点是,张力小,防止过分伸长和增加毛羽,清除少量杂质和粗细节,并注意减少扭结。

2. 涤棉细布、府绸类

涤棉细布、府绸的特点是涤棉纱的吸湿性差，容易积聚静电，弹性优，抗捻性强。涤纶纤维光滑，杂质少，竹节纱多。对涤棉细布、府绸类织物的要求是细薄、洁白、挺括、滑爽。因此，络筒工艺应注意，卷绕张力偏小设置，防止条干恶化，尽可能切除竹节纱，减少扭结，防止毛羽增加。

3. 斜卡类

斜卡织物的特点是纱线一般采用粗、中特纱或股线，强力和条干均好，杂质视原棉品级和纺纱工艺而不同。对斜卡类织物的要求是纹路清晰、匀整、峰谷分明，斜纹的纹路应做到匀、深、直。因此，络筒工艺应注意，张力中等偏小设置，不损伤纱线的伸长和弹性，注意减少扭结，适当清除杂质。

(二) 工艺参数设计

1. 络筒速度

络筒速度直接影响到络筒的产量。络筒机理论产量与络筒速度成正比。而络筒机的实际产量除与络筒机理论产量有关外，还取决于机器效率。在其他条件相同时，络筒速度高，机器效率一般要下降，故车速过高，反而会使络筒机的实际产量降低。因此，对于纱线强力较低或纱线条干不匀的情况，络筒速度应取低些。例如，同样线密度的毛纱的络筒速度较毛涤混纺纱和棉纱要低一些。当纱线中的纤维易产生摩擦静电而导致毛羽增加时，应适当降低络筒速度。例如同样线密度的化纤纯纺纱的络筒速度应较纯棉纱低些。

络筒速度的确定在很大程度上还要考虑络筒机的机型。自动络筒机材质好、设计合理、制造精度高，所适应的络筒速度一般达 1 000 m/min 以上；而 1332MD 型络筒机所能达到的络筒速度一般只有 600 m/min。

2. 络筒张力

络筒张力一般根据卷绕密度进行调节，同时应保持筒子成形良好，通常为单纱强力的 8%～12%。

3. 清纱设定值

采用电子清纱装置时，可根据后道工序和织物外观质量要求，将各类纱疵的形态按截面变化率和纱疵所占长度进行分类，清纱限度的设定是通过数字拨盘完成的，具体的方法与电子清纱装置的型号有关。

机械式清纱装置的清纱功能和效果都较差，只适应对清纱要求不高的纱线品种，仅在一些普通络筒机上应用，上机时按纱线直径来调整纱线通过缝隙的尺寸。

纱线直径 d 与线密度 Tt 的关系如下：

$$d = 0.0357\sqrt{\frac{\mathrm{Tt}}{\delta}}\ (\mathrm{mm}) \tag{9-1}$$

式中：δ 是纱线的密度(g/cm^2)。

确定清纱缝隙的尺寸，应考虑络筒速度。络筒速度高时，清纱缝隙应大一些。

4. 筒子卷绕密度

筒子卷绕密度应按筒子的后道用途、所络筒纱的种类加以确定。染色用筒子的卷绕密度较小,为 0.35 g/cm^{3}左右;其他用途的筒子卷绕密度较大,为 0.42 g/cm^{3}左右。适宜的卷绕密度有利于筒子成形良好,且不损伤纱线的弹性。

络筒张力对筒子卷绕密度有直接影响,张力越大,筒子卷绕密度越大。因此,实际生产中是通过调整络筒张力来改变卷绕密度的。

5. 卷绕长度

在有些情况下,要求筒子上卷绕的纱线达到规定的长度。比如在整经工序中,集体换筒的机型要求筒纱长度与整经长度相匹配,这个筒纱长度可通过工艺计算而得到。在络筒机上,则要根据工艺规定的绕纱长度进行定长。

自动络筒机上采用电子定长装置,定长值的设定非常简便,且定长精度较高。随着络筒的进行,当卷绕长度达到设定值时,由切刀将纱切断,由满筒信号灯发出信号指示络筒。在实际生产中,随纱线线密度、筒子锥角与防叠参数的不同,实际长度与设定长度不会完全相同,需根据实际情况确定一个修正系数。经修正后,络筒长度与设定长度的差异较小,一般不超过 2%。

普通络筒机上一般没有专设定长装置,只能通过控制卷绕直径的办法进行间接定长,精度较差。

(三) 工艺设计示例

1. 涤棉细布和府绸类织物

涤棉细布和府绸类织物的络筒工艺示例如下:

(1) 张力装置形式:光盘式。

(2) 张力圈+垫圈质量:6~9 g。

(3) 清纱装置形式:电子式。

(4) 清纱范围:一般机织用棉纱短粗节的有碍纱疵可定在纱疵样照的 A_4、A_3、B_4、B_3、C_4、C_3、D_4、D_3和 D_2九级;针织用纱短粗节的有碍纱疵可定在 A_4、A_3、B_4、B_3、C_4、C_3、D_4、D_3和 D_2九级;本色涤棉纱短粗节的有碍纱疵可定在 A_4、A_3、B_4、B_3、C_4、C_3、D_4、D_3和 D_2九级。

(5) 络筒速度:600~650 m/min。

(6) 结头形式:空气捻接或自紧结。

(7) 卷绕密度:0.45~0.5 g/cm^3。

2. 斜卡类织物

斜卡类织物的络筒工艺设计可参考如下:

(1) 张力装置形式:粗线密度纱采用磨盘式;细线密度纱采用光盘式。

(2) 张力盘(包括垫圈)质量:粗线密度纱为 16~18 g;中线密度纱为 11~14 g;细线密度纱为 8~10 g。

(3) 清纱装置形式:棉类织物用缝隙式;涤棉纱用梳针式或电子式。

(4) 清纱缝隙尺寸:中/粗线密度纱为 $2d$;细线密度纱为 $1.5d$(梳针式为 $5\sim6d$);精梳纱为 $2.0\sim2.5d$;股线为 $2.5\sim3d$。

(5) 络筒速度:棉纱采用 650~720 m/min;涤棉纱采用 600 m/min。

(6) 打结要求:棉纱采用织布结或捻接;涤棉纱采用自紧结或捻接。

(7) 卷绕密度:棉纱为0.39~0.43 g/cm³;涤棉纱为0.54~0.60 g/cm³。

第三节 并 纱

并纱工序的任务是:

(1) 将两根或多根单纱在相同的张力下并合在一起,为捻线做好准备。

(2) 并纱机上的清纱装置可除去单纱上的飞花、棉结、粗节和其他杂质,使股线外观光洁匀整。

(3) 卷绕成容量较大的筒子,便于后道工序加工。

一、并纱机组成及工作过程

并纱(线)机有普通并纱(线)机和高速并纱(线)机两种。

(一) 普通并纱机

并纱(线)机按其卷绕成形装置的构造不同,通常可分为急行往复式、槽筒式等几种。目前国内采用的多为槽筒式。槽筒式并线机主要由卷取、成形、防叠、断头自停和张力装置等组成。

并纱机工艺过程如图9-3所示。纱管2插于机架两侧的铁锭1上,单纱通过导纱杆3、张力装置4、断头自停装置5、导轮6、导纱杆7,然后由槽筒9的沟槽导引,经摩擦传动交叉卷绕在筒管8上。

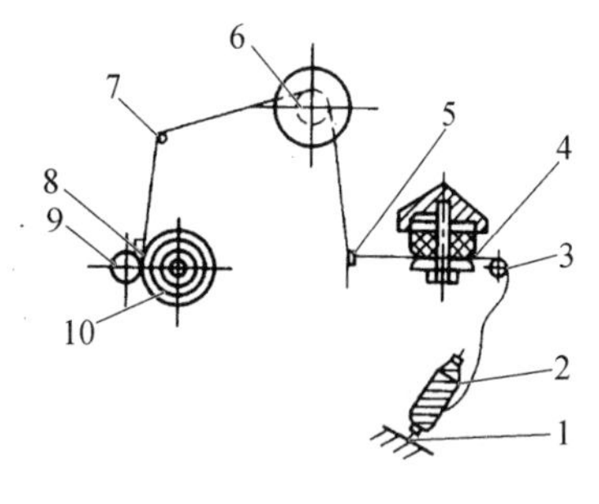

图9-3 并纱机工艺过程

(二) 高速并线机

高速并线机主要由卷取、导纱、清纱、张力、断头探测、切纱、夹纱等装置组成,其工艺过程如图9-4所示。喂入单纱筒子1放在搁架上,在纱筒之间装有隔纱板。纱线由筒子退绕后,经过气圈控制器2、导纱器3,依次穿过清纱器4、纱线张力装置6、断头探测器5、切纱与夹纱装置7,由支撑罗拉10支撑,并由导纱装置8导向卷绕成筒子9。

高速并纱机普遍采用定长自停、空气捻接、变频电机直接传动、变频防叠等技术,以提高并纱质量。

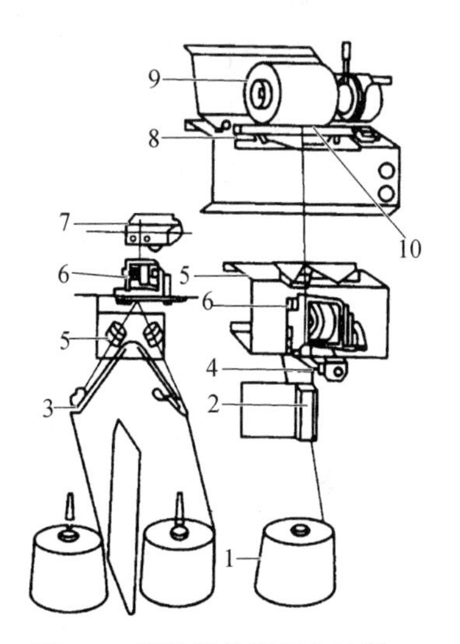

图9-4 高速并线机工艺过程

二、并线工艺设计

(一) 清纱器隔距

清纱隔距根据纱线的种类和线密度确定。纱线的直径可根据式(9-1)计算而得到。

(二) 圆柱形无边筒子的平均卷绕速度

并纱机卷绕线速度与并线的单纱线密度、单纱强力、纺纱原料、单纱筒子的卷绕质量、并纱股数、车间温湿度等因素有关。

一般并纱机采用交叉卷绕，形成圆柱形无边筒子，其卷绕速度可按下式近似计算：

$$v=\sqrt{v_1^2+v_2^2}=\sqrt{(\pi d n_1 \eta)^2+(2n_2 l)^2}\times\frac{1}{1\,000}\quad(\mathrm{m/min})$$

式中：d 为卷绕辊筒直径(mm)；l 为导纱动程(mm)；n_1 为卷绕辊筒转速(r/min)；n_2 为导纱器往复次数(次/min)；η 为滑溜系数(卷绕速度高时，可忽略不计)。

并纱机的型号不同，其卷绕速度也不同。并纱机的卷绕速度一般为 200～800 m/min。

(三) 张力

并纱时应保证各股单纱之间张力均匀一致，使纱筒子成形良好，并使生产过程顺利。并纱张力与卷绕线速度、单纱强力、纱线品种等因素有关，一般控制在单纱强力的 10%左右。

(四) 品质控制

并纱筒子质量要求除与络筒相同以外，还需保证并线股数正确，各股单纱张力均匀一致，没有分纱现象。

第四节　捻　　线

单纱加捻时内外层纤维的应力不平衡，很难充分利用纱中所有纤维的强力，而且单纱不能较全面地满足较多物理性能方面的要求。捻线工序的任务是将两根或两根以上的单纱捻合在一起，通过改善纱线中各纤维的受力情况来提高纱线的品质，使得到的股线能够较全面地满足后道工序中物理性能方面的要求。

一、捻线机组成及工作过程

捻线机有环锭捻线机和倍捻机，后者因生产效率高而成为目前的发展趋势。

(一) 环锭捻线机

环锭捻线机主要由喂纱机构(包括筒子架、横动装置、罗拉等部件)、成形机构、加捻卷绕和升降机构(包括叶子板和导纱钩、钢领和钢丝圈、锭子和筒管、锭子掣动器、锭带和辊筒等部件)等机构组成。除无牵伸机构外，环锭捻线机与环锭细纱机各机构的作用及部件机构基本相同。

图 9-5 所示为环锭捻线机的工艺过程。左边纱架为捻线专用，喂入并纱筒子；右边纱架为并捻联合用，喂入圆锥形筒子。以右边纱架为例来介绍其工艺过程。从圆锥形筒子轴向引出的纱，通过导纱杆 1，绕过导纱器 2，进入下罗拉 5 的下方，再经过上罗拉 3 与下罗拉 5 的钳口，绕过上罗拉 3 后引出，并通过断头自停装置 4 穿入导纱钩 6，再绕过在钢领 7 上回转的钢丝圈，加捻成股线后卷绕在筒管 8 上。

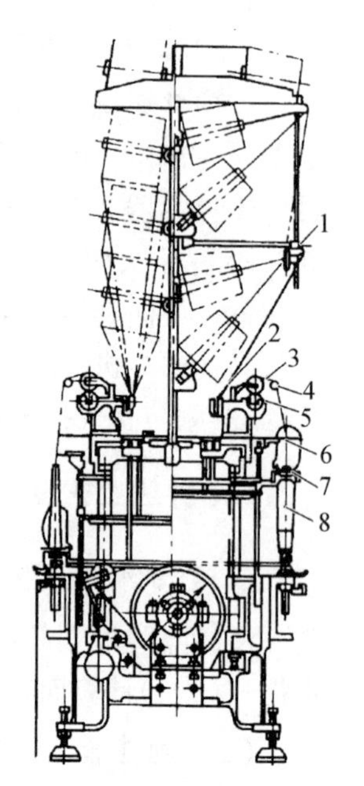

图 9-5　环锭捻线机工艺过程

（二）倍捻机

倍捻机的工艺过程及原理如图 9-6 所示。并纱筒子置于空心锭子中，喂入（无捻）纱线 1 借助退绕器 3（又叫锭翼导纱钩）从喂入筒子上 2 退绕输出，从锭子上端进入纱闸 4 和空心锭子轴 5，再进入旋转着的锭子转子 6 的上半部，然后从储纱盘 8 的纱槽末端的小孔 7 中出来，这时无捻纱在空心轴内的纱闸和锭子转子内的小孔之间进行了第一次加捻，即施加了第一个捻回。经过一次加捻的纱线，绕着储纱盘 8 形成气圈 10，受气圈罩 9 的支承和限制，气圈在顶点处受到猪尾形导纱钩 11 的限制。纱线在锭子转子及猪尾导纱钩之间的外气圈进行第二次加捻，即施加了第二个捻回。经过加捻的股线通过超喂辊 12、横动导纱器 13，交叉卷绕到卷绕筒子 14 上。卷绕筒子 14 夹在无锭纱架 15 上的两个中心对准的夹纱圆盘 16 之间。

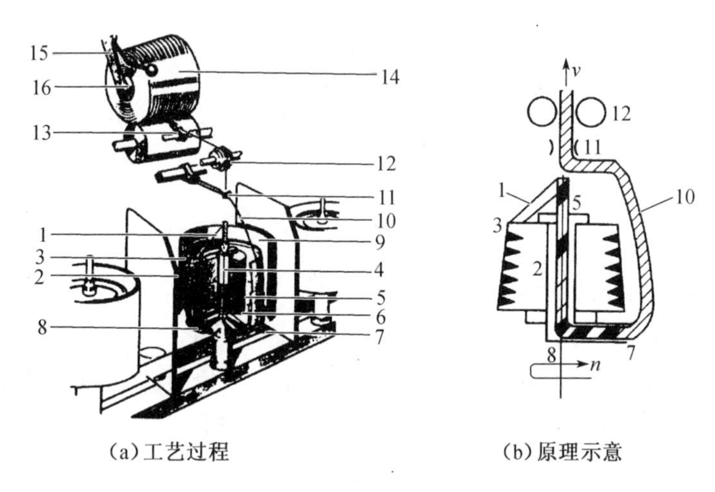

图 9-6 倍捻机工艺过程及原理示意图

二、股线捻合

（一）捻合原理

捻合是将两根或两根以上的单纱进行合股加捻，形成股线。股线的性质取决于股线中纤维所受应力的分布状态和结构上的相互关系，通常可以用捻幅来描述股线中纤维应力分布和结构的变化。

1. 捻幅

股线加捻的程度可用捻幅表示。单位长度的纱线加捻时，截面上任意一点在该面上相对转动的弧长称为捻幅。

如图 9-7(a)所示，纱条 AA_1 因加捻而倾斜，移至 AB_1 位置，则$\widehat{A_1B_1}$就是 A_1 在截面上的位移。当纱条为单位长度时，$\widehat{A_1B_1}$即为该纱的捻幅，它表示纤维因加捻而与纱线轴线的倾斜程度，以 P_0表示。

为计算方便，令 $\widehat{A_1B_1}=\overline{A_1B_1}$，则 $\tan\beta=\dfrac{\overline{A_1B_1}}{h}=P_0$，所以，$P_0$可以表示加捻程度。另，由第七章的式(7-2)可推知，$\tan\beta=2\pi rT$，所以 $P_0=2\pi rT$。

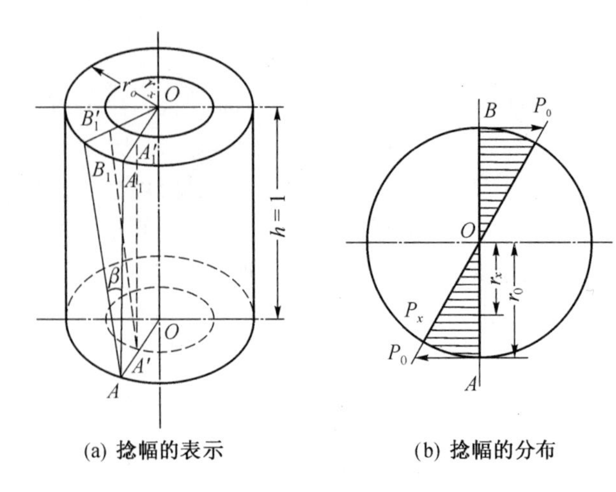

(a) 捻幅的表示　　(b) 捻幅的分布

图 9-7　股线的捻幅

如图 9-7(b)所示，设纱的捻幅为 P_0，即纱的表面捻幅为 P_0，则股线的截面内任意一点的捻幅 P_x为：

$$\frac{P_x}{r_x}=\frac{P_0}{r_0};\ P_x=P_0\frac{r_x}{r_0}$$

即捻幅 P_x与该点距纱中心的距离 r_x成正比。

2. 双股线反向加捻时股线捻幅的变化

为简化分析，假定股线中单纱为圆形，双股纱反向加捻时股线捻幅的变化如图 9-8 所示。图 9-8(a)表示两单纱中原有的捻幅，图中表层的捻幅为 P_0，半径为 r 处的纤维的捻幅为 P'_0；图 9-8(b)表示股线加捻时形成的捻幅，表层纤维的捻幅 P_1，距 O_2点 R 处的捻幅为 P'_1；图 9-8(c)表示单纱捻幅和股线加捻（将上述两点重叠，即 $R=r+r_0$）后的捻幅为 P_x，则有下述关系：

$$P_x=P'_0-P'_1$$

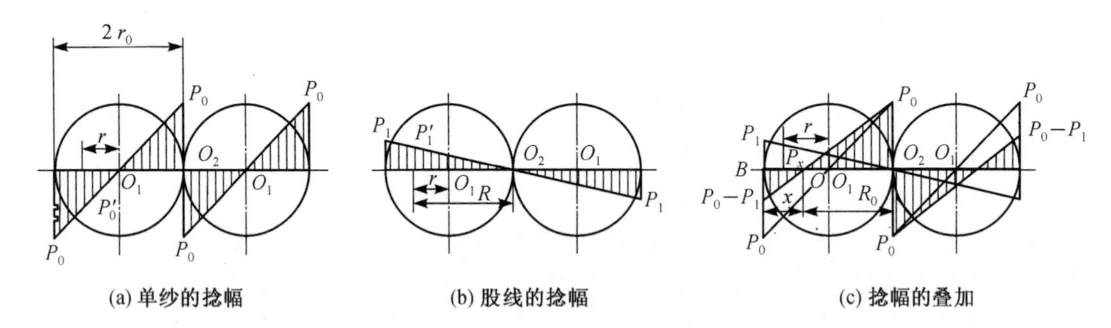

(a) 单纱的捻幅　　(b) 股线的捻幅　　(c) 捻幅的叠加

图 9-8　双股线反向加捻时捻幅变化

因为 $P'_0=P_0\dfrac{r}{r_0}$，$P'_1=\dfrac{r_0+r}{2r_0}$，则：

$$P_x=P_0\frac{r}{r_0}-P_1\frac{r_0+r}{2r_0}$$

将 $r=R-r_0$ 代入上式，则有：

$$P_x=\frac{R}{2r_0}(2P_0-P_1)-P_0 \tag{9-2}$$

在 B 点，$R=2r_0$，则综合捻幅 $P_B=P_0-P_1$；在 O_2 点，$R=0$，则综合捻幅 $P_{O_2}=-P_0$，即股线中心的捻幅与单纱捻幅相同。

当某点的捻幅为零(此点称为捻心)，即 $P_x=0$ 时，则有：

$$R=\frac{2r_0P_0}{2P_0-P_1}=R_0$$

即图 9-8(c)中 O 点就是捻心。

双股纱反向加捻能使内外层纤维的捻幅差异减小，如图 9-9 所示。

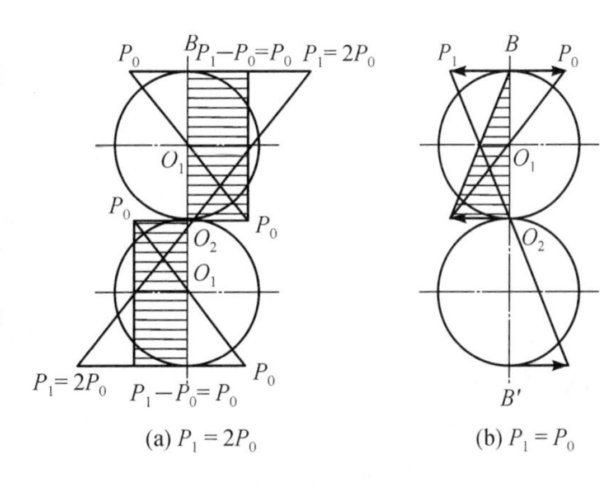

图 9-9 双股线反向时捻幅分布加捻

由式(9-2)可知，当 $P_1=2P_0$ 时，$P_x=-P_0$，即 O_2B 线上各点捻幅相等，如图 9-9 (a)所示，由于股线中各纤维的受力均匀，强力利用系数达到最高，即股线的强力最高。此时，股线和单纱捻系数的关系可推导如下：

由上可知，$\tan\beta=P$，$\tan\beta=2\pi rT$，则：

$$P=2\pi rT \tag{9-3}$$

当 $P_1=2P_0$ 时，代入式(9-3)，得：

$$2\pi r_1T_1=4\pi r_0T_0$$

式中：T_1 为股线捻度；T_0 为单纱捻度；r_1 为股线半径；r_0 单纱半径。

即：

$$2\pi r_1\frac{\alpha_1}{\sqrt{\mathrm{Tt}_1}}=4\pi r_0\frac{\alpha_0}{\sqrt{\mathrm{Tt}_0}}$$

又由于 $r_1=2r_0$ 和 $\mathrm{Tt}_1=2\mathrm{Tt}_0$，则：

$$\frac{\alpha_1}{\sqrt{2\mathrm{Tt}_0}}=\frac{\alpha_0}{\sqrt{\mathrm{Tt}_0}}$$

式中：α_1 为股线捻系数；α_0 为单纱捻系数；Tt_1 为股线线密度(tex)；Tt_0 为单纱线密度(tex)。

即：

$$\alpha_1=\sqrt{2}\alpha_0\approx 1.414\alpha_0$$

对双股线反向加捻，当股线的捻系数为单纱捻系数的$\sqrt{2}$倍时，双股线的强力达到最大。同样可以推导出，在三股线反向加捻系数中，也是当 $P_1=2P_0$，即股线捻系数 α_1 为单纱捻系数 α_0 的$\sqrt{3}$倍时，股线强力最大。

当 $P_1=P_0$ 时，股线表面的捻幅为零，股线中心的捻幅为 P_0，如图 9-9(b)所示。此时，股线表面的纤维平行于轴向排列，光泽最好，手感最柔软。股线和单纱捻系数的关系可推导如下：

双股线时，同上可知：

$$2\pi r_1 T_1 = 2\pi r_0 T_0$$

即：

$$2\pi r_1 \frac{\alpha_1}{\sqrt{\mathrm{Tt}_1}} = 2\pi r_0 \frac{\alpha_0}{\sqrt{\mathrm{Tt}_0}}$$

又由于 $r_1 = 2r_0$，和 $\mathrm{Tt}_1 = 2\mathrm{Tt}_0$，则：

$$\frac{2\alpha_1}{\sqrt{2\mathrm{Tt}_0}} = \frac{\alpha_0}{\sqrt{\mathrm{Tt}_0}}$$

即：

$$\alpha_1 = \frac{\sqrt{2}}{2}\alpha_0 \approx 0.707\alpha_0$$

对双股线反向加捻，当股线的捻系数为单纱捻系数的$\sqrt{2}/2$倍时，双股线的光泽和手感达到最好。同样可以推导出，在三股线反向加捻系数中，也是当 $P_1 = P_0$，即股线捻系数 α_1 为单纱捻系数 α_0 的$\sqrt{3}/2$ 倍时，股线的光泽和手感最好。

3. 双股纱同向加捻时股线捻幅的变化

双股纱同时加捻时，股线捻幅变化的分析方法与反向加捻相同，只是股线加捻的方向与反向加捻时相反，故只需改变式(9-2)中 P_1 的符号即可得综合捻幅 P_x，如图 9-10 所示。

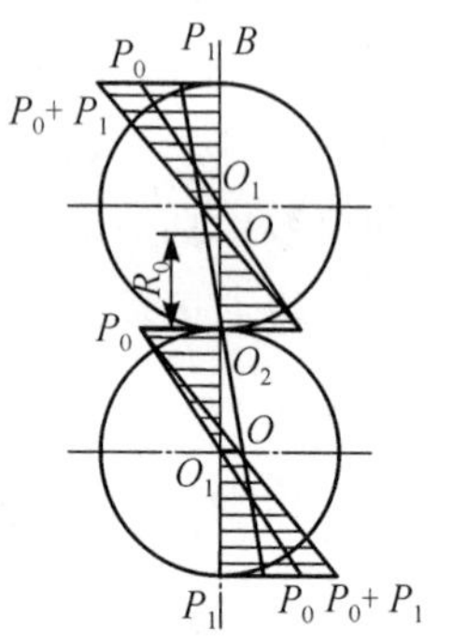

图 9-10　双股线同向加捻时捻幅变化

$$P_x = \frac{R}{2r_0}(2P_0 + P_1) - P_0 \tag{9-4}$$

在 B 点，$R = 2r_0$，则综合捻幅 $P_B = P_0 + P_1$；在 O_2点，$P_{O_2} = -P_0$。同理，捻心为：

$$R_0 = \frac{2r_0 P_0}{2P_0 + P_1}$$

由式(9-4)可知，当 $R < R_0$ 时，股线 P_x为负值，且随着 R 增大而逐渐减小；当 $R > R_0$ 时，P_x为正值，且随着 R 的增大而增加。小于 R_0处的综合捻幅较单纱原有的捻幅小，大于 R_0处的综合捻幅较单纱原有的捻幅大。故内外层纤维的捻幅差异很大，其应力与变形的差异很大，外层纤维的捻幅增加，股线的手感较硬。

(二) 合股加捻对股线性质的影响

股线的性质与单纱物理性能、股线合股数、捻向、加捻强度等有关。当单纱物理性能确定后，股线合股数、捻向和加捻强度就是影响股线性质的主要因素。总体来说，股线的性质比单纱有明显改善。

1. 条干不匀率降低

根据并合原理，n 根单纱并合后，其条干不匀率降低为单纱条干不匀率的 $1/\sqrt{n}$，有时甚至股线的外观条干比理论计算值更好，因为单纱上的粗节或细节被隐藏在线芯，外观不易察觉。

2. 强力增加

n 根单纱并合后，未经加捻，其强力一般达不到原单纱强力的 n 倍。这是由各单纱的伸长率不一致所致。股线是一个整体而且条干比较均匀，因此在加捻过程中，原有的纤维扭曲程度和各纤维间的受力不均衡可以得到改善，纤维和纱线之间的捻合压力增大，从而提高了抗断裂能力。所以股线的强力常常超过组成它的单纱强力总和，一般双股线中的单纱平均强力是原单纱强力和的 1.2～1.5 倍（增强系数），三股线的增强系数为 1.5～1.7 倍。增强系数取决于捻度、捻向、单纱线密度、加捻方法和捻合股数等。

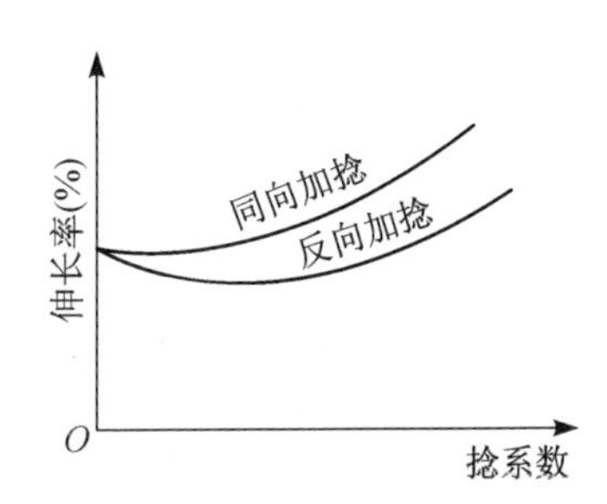

图 9-11 股线捻系数与伸长率的关系

3. 弹性及伸长率变化

当股线反向加捻时，由于外层纤维的捻幅减小，伸长稍有下降。随着捻系数增加，当 $P_1 > P_0$ 时，外层纤维的捻幅开始增加，故伸长又开始增加。当股线同向加捻时，纤维平均捻幅随捻系数增加而增加，所以股线的伸长也增大，且在数值上比反向加捻时大，如图 9-11 所示。

4. 耐磨性提高

在加工过程中，纱线的耐磨性主要表现在轴向运动时纱线与机件接触的耐磨程度。由于股线条干均匀、截面圆整，与各种导纱器、综筘等的摩擦较小，股线织物即使表面纤维局部磨损，但因其结构紧密，仍有一定强度，因此织物有较好的耐磨性能。

5. 光泽和手感改善

股线的光泽与手感取决于股线表面纤维的倾斜程度。股线表面纤维的捻幅愈大，光泽愈差，使股线发硬；反之，股线光泽愈好，手感也柔软。

纱线的光泽与表面纤维的轴向平行程度有关。单纱捻度愈多，纤维的轴向倾斜愈大，纤维受到的应力也愈大，向内压紧程度愈大，则光泽愈黯淡、手感愈硬。反向加捻可以使股线表面纤维的轴向平行度提高，向内压紧程度减小，从而改善股线的光泽和手感，如图 9-12 所示。

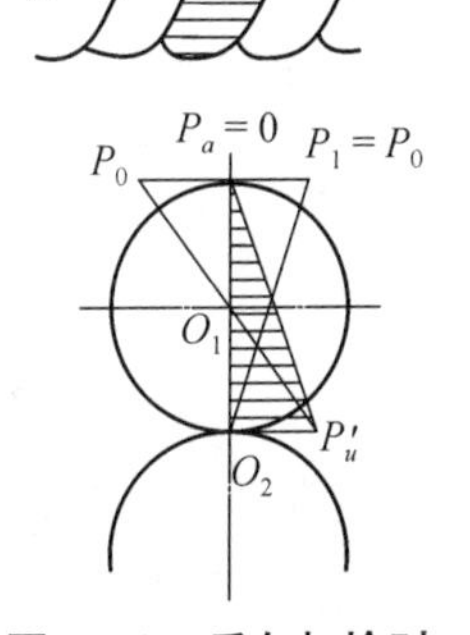

图 9-12 反向加捻时股线表面纤维排列

同时，股线条干均匀、截面圆整、表面光洁，同样可使外观和光泽获得改善。由上面的分析可知，选择合适的 α_1 与 α_0，可使股线的光泽和手感获得更好的改善。

三、工艺参数设计

捻线工艺设计包括捻向和捻度的选择、锭速的确定、卷绕成形设计等。

1. 捻向、捻系数

(1) 捻向。由上分析可知，一般股线以反向加捻为好。棉的单纱一般采用 Z 捻，股线采用 S 捻。

(2) 纱线捻比值。纱线捻比值为股线捻系数与单纱捻系数之比值。捻比值影响股线的光泽、手感、强度及捻缩(伸)。不同用途的股线与单纱的捻比值不同，通常为 0.8～1.4。

2. 股线的股数和捻向的确定

一般衣着用线两股并合已能达到要求，股数太多既不经济又粗厚，服用性能并不佳。花式线有时为了加固它的花式结构可用三股或多股线。对强力及圆整度要求高的股线,须用较多的股数,如缝纫线一般用三股。如超过五股以上,容易使某根单纱形成芯线,使单纱受力不均匀,降低了并捻效果。为此,多股时如帘子线、鱼网线等,常用复捻方式制成缆线。用复捻方式制成的缆线,强力高,而且比较紧密,其耐磨、抗挠、抗压性能较好,捻回也较稳定。

合股线的捻向对股线性质有很大影响。由前面的股线捻合理论可知,反向加捻可使捻幅较均匀,纤维的应力和变形差异小,能得到较好强力、光泽和手感,捻回稳定,捻缩也小。股线一般是反向加捻。

同向加捻时,股线比较结实,光泽及捻回稳定性较差,股线伸长大;若单纱与股线捻系数配合得当,也能得到较高的强力。同向加捻的股线,外层纤维捻幅大于内层,外紧内松,具有回挺性高及渗透性好的特点,用于编织花边、结网及一些装饰性的织物。同向加捻股线强力增加很快,所用捻系数较小,生产率较高,故要求不高的股线也有同向加捻的。

生产中单纱多用 Z 捻。在复捻时,为使捻回比较稳定,通常有两种捻向,即 ZZS 或 ZSZ。这两种方式对股线性质的影响见表 9-1。从表中可见,在复捻捻度较小时,ZZS 方式的纤维强力利用系数和断裂长度较好,捻度较大时则 ZSZ 方式的较好;用 ZZS 配置的缆线的断裂伸长率大于 ZSZ;捻回平衡方面,两种方式都能达到。不过,ZSZ 无论在初捻或复捻时,都比 ZZS 的捻度大,因而机器的生产效率低。在实际生产中,应根据缆线的用途要求确定捻向。

表 9-1 捻向配置对股线性能的影响

指标	捻向	复捻捻度(捻/m)					
		327	402	496	592	635	770
股线断裂长度(km)	ZZS ZSZ	23.6 22.2	23.6 22.1	24.6 24.3	23.3 25.4	23.2 23.4	22.3 24.0
断裂伸长率(%)	ZZS ZSZ	5.6 5.4	6.2 6.0	6.4 5.8	7.5 5.7	7.6 6.2	7.4 6.4
强力不匀率(%)	ZZS ZSZ	5.7 5.0	5.6 5.3	5.8 4.7	6.0 5.5	6.0 5.5	7.2 5.6
纤维强力利用系数	ZZS ZSZ	0.835 0.755	0.837 0.775	0.837 0.845	0.83 0.89	0.835 0.835	0.805 0.86

注:股线为 14 tex×2×3。

3. 股线捻系数

由前面的捻合理论可知,股线捻系数尤其是股线与单纱捻系数的比值与股线性质的关系密切,应根据股线不同的用途要求选用合适的股线捻比值和捻系数。

强捻单纱的股线捻比值可小些,弱捻单纱股线与单纱的捻比值可大些。一般来说,强捻单纱股线的最大强力出现较早,弱捻单纱股线的最大强力出现较迟;同样强度的股线,弱捻单纱捻比较大,强捻单纱捻比较小。所以,不同的捻比配合,对股线的某些性能有影响。

若要求股线的强力高,则股线捻系数的设置应使股线内纤维的捻幅尽量均匀,以减少纤维应力与变形差异。衣着织物的经线要求股线结构内外松紧一致,强力高,其捻比 α_1/α_0 一般为 1.2~1.4(双股线时)。

股线用的单纱捻系数一般偏低选用,但其股线捻比值及捻系数应较大。这样有利于产量的总体提高,同时又能获得较大的股线强力。

要使股线的光泽与手感良好，则股线捻系数的配置应使表面纤维的轴向性好，同时纱在轴向移动时的耐磨性也较好。股线结构外松内紧，手感较柔软，有利于提高液体渗透性。当表面纤维与线的轴向平行时，理论上$\alpha_1/\alpha_0=0.707$，实践中取$\alpha_1/\alpha_0=0.7\sim0.9$时，外层纤维的轴向性最好。但不同用途的股线，还应考虑其工艺要求与加工方法，再做具体选择。例如纬纱用线虽然要求手感柔软，但是为了保证织物的纬向强度，其捻比不能过低，一般为1.0～1.2。

湿捻时，由于并线先经过水槽浸湿，水分渗入纱线内部，毛羽紧贴股线表面，外观比较光洁，捻线过程中飞花较少。同时，湿捻股线的强力与弹性亦较好。过去，股线大部分用湿捻，但工艺复杂，容易出现疵品，如油污、水渍、发霉、泛黄等，操作和维修工作量也较大。干捻的产量较高，断头也较少，生产中衣着用线绝大多数采用干捻。

4. 锭子速度与下罗拉转速

(1) 锭子的转速与所加捻的品种有关，一般为8 000～12 000 r/min。纺中线密度线时，锭子速度较快；纺粗线密度线、特细线密度线和涤纶线时，速度较慢。根据股线捻系数及锭子速度可计算出下罗拉转速，下罗拉转速一般为60～120 r/min。

(2) 低捻线的锭速一般比正常线低一些，以减少断头及纱疵。

(3) 同向加捻(SS或ZZ)的锭速比反向加捻(ZS)的锭速低。

一般情况下，棉纱线密度与捻线机锭速的关系见表9-2。

表9-2 棉纱线密度与锭速的关系

线密度(tex)	7.5×2	9.7×2	12×2	14.5×2	19.5×2	29.5×2
锭速(r/min)	10 000～11 000	10 000～11 000	8 000～10 000	8 000～10 000	7 000～9 000	7 000～9 000

5. 卷绕交叉角

卷绕交叉角与筒子成形有很大的关系。常用的交叉角为14°32′、18°8′、21°24′。一般来讲，18°8′交叉角用于标准卷装，21°24′交叉角用于低密度卷绕的低捻线。理论上，交叉角由往复频率确定。从机械的角度看，最大的往复频率为60次/min。而且，根据经验，纱速宜设在70 m/min以下，此时断头率较低。卷绕交叉角对股线加捻也会产生一定的影响，因此在设定捻度时，应对所需捻度进行修正。

6. 超喂率

变换超喂率链轮，改变卷绕张力，可以对卷绕筒子的密度进行调节。卷绕张力还可以通过改变纱线在超喂罗拉上的包角，有效地利用纱线与超喂罗拉的滑溜率来加以控制。

7. 气圈高度

气圈高度指从锭子加捻盘到导纱杆的高度。气圈高度越小，气圈张力也越小，反之则增大。气圈张力太小，气圈就会碰击锭子的储纱，造成纱线断头；气圈张力太大，也会使纱线断头率上升。所以气圈高度必须根据纱线品种进行调整。

8. 张力

短纤维倍捻机的张力器一般均为胶囊式，通过改变张力器内弹簧，可以调节纱线的张力。不同品种的纱线加捻，需要不同的张力。适宜的纱线张力可以改善成品的捻度不匀率和强力不匀率，降低断头率。

张力调整的原则为：在喂入筒子退绕结束阶段，纱线绕在锭子上的贮纱角保持在90°以上，见图9-13。

9. 股线线密度的计算

两根或多根单纱合并加捻成股线时，其表示方法规定如下：

当单纱的支数相同时，用一根斜线划分，斜线上的数字表示单纱支数，斜线下的数字表示合股数，如：24(公支)/2，48(公支)/2 等；如用线密度(tex)表示时，则为：42 tex×2，21 tex×2等。

如果单纱的支数不同，则把单纱的支数并列而用斜线划开，如：24/48，24/85 等。

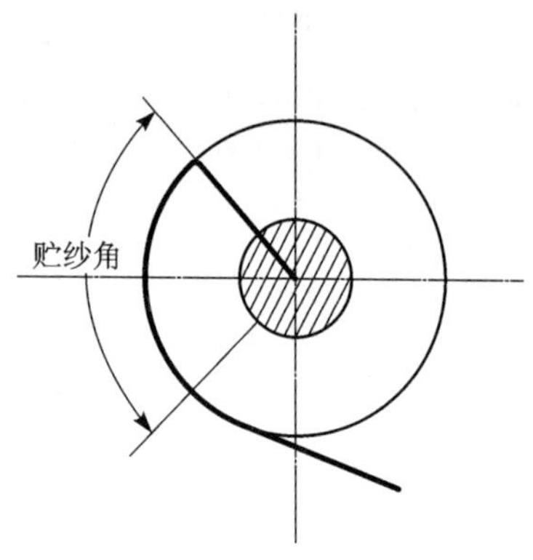

图 9-13 贮纱角示意图

多根单纱合捻时，其纱支分别为 $N_1, N_2, \cdots, N_n$，合捻后的长度为 l_0，合捻后的捻缩相应为 $K_1, K_2, \cdots, K_n$，则合捻前的长度相应为 $l_1 = l_0(1+K_1), l_2 = l_0(1+K_2), \cdots, l_n = l_0(1+K_n)$，合捻后的支数为：

$$N = \frac{l_0}{\frac{l_1}{N_1} + \frac{l_2}{N_2} + \cdots + \frac{l_n}{N_N}} = \frac{1}{\frac{1+K_1}{N_1} + \frac{1+K_2}{N_2} + \cdots + \frac{1+K_n}{N_n}}$$

当各根单纱的捻缩相同时(以 K 表示)，则合捻后的支数为：

$$N = \frac{1}{\frac{1}{N_1} + \frac{1}{N_2} + \cdots + \frac{1}{N_n}} \times \frac{1}{1+K}$$

例：设 $N_1 = 60/1$，$N_2 = 60/1$，$K = 2\%$，则

$$N = \frac{N_1 \times N_2}{N_1 + N_2} \times \frac{1}{1+K} = \frac{60 \times 40}{60+40} \times \frac{1}{1+0.02} = 23.53(\text{公支})$$

四、股线品质控制

(一) 质量偏差与质量不匀率

细纱的质量偏差和质量不匀率是股线质量偏差和质量不匀率的基础。在细纱质量偏差一定的情况下，影响股线质量偏差的主要因素是捻缩(伸)，其次是络筒、并纱时的伸长，倍捻机卷绕张力过大，也可能产生意外伸长。

股线的捻缩与细纱、股线的捻度、捻向、捻度比有关。同向加捻时，捻缩率较反向加捻时大得多；捻缩率越大，股线纺出越重，此时应适当减小细纱质量，以保证股线质量符合要求。股线反向加捻时，当捻度比较小时产生捻伸，股线质量偏轻，应适当加大细纱质量。

络筒、并纱时的张力和速度直接影响并纱筒子的伸长率，因此，降低股线质量不匀率，除控制细纱质量不匀率以外，还应控制络筒、并纱机上的张力和速度一致。

倍捻机在卷绕时，如果卷绕张力过大，加捻过的股线在长期放置或运输中，由于应力的释放，纤维产生滑移，引起股线伸长，尤其在生产低捻线时。

(二) 捻度与捻度不匀率

降低股线的捻度和捻度不匀率，有利于改善股线的强力和强力不匀率。需重点控制单纱

的短片段不匀，降低整机的锭速差异和纱线张力差异，同时要提高操作水平，防止断头和接头时产生的强捻或弱捻。

(三) 强力与强力不匀率

按照国家标准，棉纱线股线的断裂强度要比单纱提高 20%左右，股线的强力和强力不匀率除了同单纱质量有关外，在捻线机上应控制以下几个方面：

(1) 适当选择单纱与股线的捻比值，减少单纱捻度和增加股线捻度，有利于提高股线强力。

(2) 钢丝圈质量适当加重，可以提高股线强力。

(3) 均衡并纱张力。并纱的张力不匀，在股线加捻时，张力小的一根单纱会缠绕在张力大的一根单纱周围，形成“螺丝线”，影响强力。尤其在反向加捻时，位于中心的单纱产生退绕而使强力降低。采用并捻联合机生产的股线强力略有降低。

第五节 烧　毛

一、烧毛的目的

在络筒工序中，通过清纱器的作用，虽然除去了一些大的纱疵，但纱的外观并未改善，纱表面的毛羽(毛茸)甚多，并带有许多结粒。这样的纱制成织物后，织纹不清晰，布面不洁净，手感不滑爽，光泽不佳。因此，对纱的光洁度要求高时，通常采用烧毛。烧毛是采用火焰燃烧和机械摩擦的方法去除纱表面的毛羽和结粒，改善纱的外观。在绢纺中，为使绢丝表面具有一定的洁净度，呈现出绢丝特有的光泽，烧毛是一个重要的工序。

二、烧毛机组成及工作过程

烧毛机主要由退绕部分、火焰部分、钉帽摩擦部分及卷绕部分等组成，见图 9-14。烧毛的工艺过程为：纱从插在锭杆 1 上的纱管 2 上退绕，通过导丝杆 3 和导丝钩 4 后，再根据张力要求在上下两组钉帽 5 上来回穿绕摩擦。上钉排有 7 只钉帽，下钉排有 4 只钉帽，上下钉排间有火口 6。纱在火口 6 的上方绕过钉排，往复通过火焰 5～9 次，靠火焰的烧灼和钉帽的摩擦除去纱表面的毛羽和结粒，再通过导丝钩 7，以平行方式卷绕在筒管 8 上。筒管 8 借辊筒 9 的摩擦而转动。

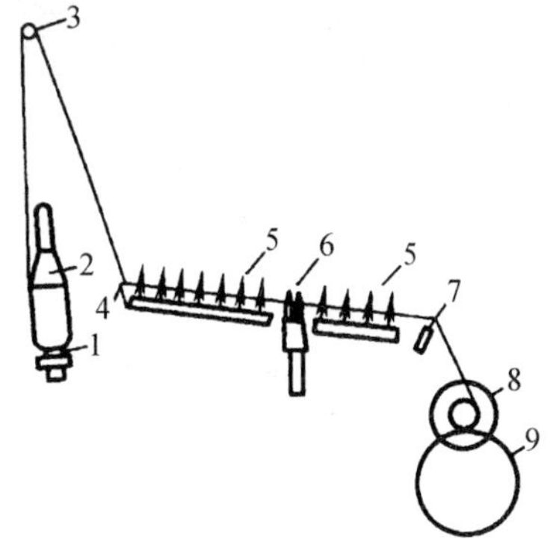

图 9-14 烧毛机简图

三、工艺参数选择

烧毛工艺参数主要是烧毛的火焰、张力、速度、通过火焰的次数和烧毛道数。

(一) 火焰

火焰与煤气质量(热值)、空气混入量、火口形式有关。在使用条缝形火口的情况下，火焰温度一般控制在 500～650 ℃，火焰高度一般在 20～30 mm。毛羽和结粒多、线密度高的纱，烧毛温度应高些。

（二）烧毛次数

烧毛次数是指纱通过火焰的次数（习惯称根数），一般为 5～9 次（根）。次数过少，则纱的洁净度达不到要求；次数过多，则纱容易受到损伤。

（三）烧毛张力

烧毛张力是影响烧毛效果的重要因素之一，张力大，则烧毛效果好，但纱的损伤大。烧毛张力一般控制在 70～160 cN。

（四）烧毛速度

烧毛速度过高，受热时间短，毛羽不易去除；烧毛速度过低，则纱会发黄，强度会降低。所以烧毛速度应根据毛羽数量来确定。烧毛速度一般为 100～150 m/min。

（五）烧毛道数

结粒、毛羽多的纱，如 1 道烧毛的洁净度不能达到要求，则要经过 2 道甚至 3 道烧毛。

四、烧毛工艺设计示例

烧毛工艺参数应该根据烧毛前纱的毛羽和结粒情况以及成品纱的洁净度要求来确定。例如，在绢纺的烧毛中，精梳工艺的绢丝纱上绵结和毛羽比圆梳工艺的多，因此需要重烧重擦。中细线密度绢丝成品纱的洁净度要求较高，因而通常要烧 2 道，而粗线密度绢丝往往只烧 1 道。细线密度绢丝与中线密度绢丝相比，烧毛张力不宜过大，要求烧毛根数少而烧毛速度稍低。

以下是四种典型绢丝烧毛工艺设计实例：

圆梳精绵纺制 4.76×2 tex(210/2 公支)、8.33×2 tex(120/2 公支)、16.7×2 tex(60/2 公支)、三种绢丝，精梳绵条纺制 7.14×2 tex(140/2 公支)绢丝。四种绢丝均在 DJ691B 型烧毛机上进行烧毛。

4.76 tex×2 绢丝的烧毛根数为 7（头道）和 7（二道），烧毛速度为 119 m/min（头道）和 100 m/min（二道），火焰温度为 600～650 ℃（头道）和 550～600 ℃（二道）。

8.33 tex×2 绢丝的烧毛根数为 9（头道）和 7（二道），烧毛速度为 138 m/min（头道）和 119 m/min（二道），火焰温度为 600～650 ℃（头道）和 550～600 ℃（二道）。

16.7 tex×2 绢丝的烧毛根数为 9（头道），烧毛速度为 100 m/min（头道），火焰温度为 600～650 ℃（头道）和 550～600 ℃（二道）。

7.14 tex×2 绢丝的烧毛根数为 9（头道）和 9（二道），烧毛速度为 138 m/min（头道）和 119 m/min（二道），火焰温度为 600～650 ℃（头道）和 550～600 ℃（二道）。

第六节　定　　形

经过加捻的纱线，特别是加上强捻后，纱线中的纤维产生了扭应力，在纱线张力较小或自由状态下，纱线会发生退捻、扭曲。为防止这种现象发生，保证后道加工顺利进行，必要时通过定形加工来稳定这些纱线的捻度。因此，定形有时也称为定捻。

纱线定形是利用纤维具有的松弛特性和应力弛缓过程，把纤维的急弹性变形转化成缓弹性变形，而纤维的总变形不变。通过加热和加湿，可以使这种应力弛缓过程加速进行，在较短时间内达到定形的效果。

一、自然定形

自然定形就是将加捻后的纱或线在常温常湿下放置一段时间，纤维内部的大分子相互滑移错位，纤维内应力逐渐减小，从而使捻度稳定下来。自然定形适用于捻度较小的纱线。例如 1 000 捻/m 以下的化学纤维纱线在常温常湿下放置 3～10 天，就能达到定形的目的。

二、加热定形

加热定形就是将加捻后的纱线放在一个密室中，利用热交换器(用蒸汽或电热丝)或远红外线，使纤维吸收热量从而温度升高，分子链节的振动加剧，分子动能增加，使线形大分子间相互作用减弱，无定形区中的分子重新排列，纤维的弛缓过程加速进行，从而实现捻度的暂时稳定。

由于合成纤维具有独特的热性质，因此加热定形必须在其玻璃化温度以上、软化温度以下进行，否则达不到定形的目的。

加热定形适用于中低捻度的化学纤维纱线，一般温度控制在 40～60 ℃，时间控制在 16～24 h。通常是利用定形箱来进行加热定形。

三、给湿定形

给湿定形就是使水分子渗入纤维长链分子之间，增加大分子之间的距离，从而使大分子链段的移动相对比较容易，加速弛缓过程的进行。棉纱线过度吸湿会使纱线的物理机械性能变差，在布面上形成黄色条纹，而且会导致管纱退解困难。纱线给湿后的回潮率要控制适当。通常棉纱回潮率控制在 8%～9%。

四、热湿定形

加捻后的纱线在热湿的共同作用下，定形速度会大大加快。一般采用热定形箱来进行定形。

用热定形箱进行定形时，一定要先对定形箱进行预热，一般在温度达到 40 ℃后再放入待定形纱线。其次，排水阀工作状态应良好，冷凝水能及时排出，否则产生的冷凝水可能会使纱线产生水迹。部分纱线的定形工艺见表 9-3。

表 9-3 热定形箱定形工艺

原料类别		温度(℃)	时间(min)	压力(kPa)
桑蚕丝	中捻	85	60	9.81
	强捻	90～100	120	9.81～14.7
涤棉混纺纱(65/35)		80～85	40～50	4.9
黏胶丝(中强捻)		85	20	—
锦纶丝		70	120	9～12
涤纶丝		90	120	9～12

上述定形方式中，热定形箱的定形效果好，原料周转期短，对所有纱线、捻度均适用，尤其适用于大卷装原料，是目前纱线定形的主要手段。

定形质量的好坏主要看捻度稳定情况及内外层纱线捻度是否基本一致。定形不足和定形过度都不符合要求，可通过定形时间和温度的搭配来调节。捻度稳定度可用式(9-5)表示：

$$P=\left(1-\frac{b}{a}\right)\times 100\% \tag{9-5}$$

式中：a 为被测纱线定形后的长度(一般取 50 cm)；b 为被测纱线一端固定，另一端向固定端平移靠近至到纱线开始扭转时两端之间的距离(cm)。

捻度稳定度控制在 40%～60%，就可以满足织造的要求。

在生产现场可粗略判断定形效果，方法是：双手拉直 100 cm 长的定形后纱线，然后双手慢慢靠近直至相距 20 cm，看下垂的纱线扭转数，如果扭转 3～5 转，则符合要求。

第七节 摇 纱

摇纱工序的目的是将络好的筒子纱按照规定的长度和圈数绕成绞纱，便于包装和储藏，或供漂白和染色使用。绒线和针织用纱常摇成绞纱。摇纱机分单面摇纱机和双面摇纱机两种：双面摇纱机占地面积小，机身也比较稳固；单面摇纱机占地面积大，但便于接头换管。

一、摇纱机组成及工作过程

摇纱机主要由纱框、横动装置、络纱装置、断头自停装置、满绞自停装置、落绞自停装置及松刹装置、集体生头装置、脚踏启动装置等组成。

摇纱工艺过程如图 9-15 所示。纱线自宝塔筒子 1 上引出，经过瓷钩 2、络针 3、玻璃杆 4，然后经横动导纱器绕于纱框 5 上。当纱框上卷绕到规定圈数时，摇纱机自动停车，人工进行分档扎绞、打结，并从机尾将绞纱取下。

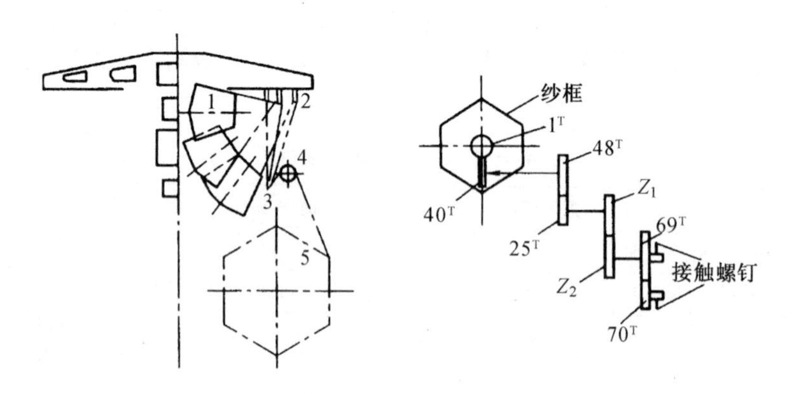

图 9-15 摇纱机工艺过程

二、绞纱品质控制

绞纱线的质量考核指标与管纱线的评等评级相同。一般以管纱线的试验数据为准，要求纱线成绞后仍能保持原有的质量水平。

三、摇纱工艺设计

（一）纱框速度

摇纱机的纱框转速一般为 250～350 r/min，视机械状态、值车工熟练程度、纱线线密度而定。

（二）纱框周长

按质量成绞时，纱框标准周长为 1.37 m，按长度成绞时为 1.372 m。由于纱线重叠、纱线横动动程等因素，纱框实际周长应小于标准周长。

（三）不同线密度按质量成绞时每绞圈数 *x* 与亨克数 *HK*

$$HK=\frac{G}{\mathrm{Tt}}\times 1\,000\times\frac{1}{840\times 0.914\,4}=1.302\times\frac{G}{\mathrm{Tt}}\quad (840\ \mathrm{yd})$$

$$x=\frac{G}{\mathrm{Tt}}\times\frac{1\,000}{1.37}$$

式中：G 为每绞纱质量（g）；Tt 为纱线线密度（tex）。

亨克（hank）和码（yd）均是英制长度，1 亨克＝840 码（yd），1yd＝0.914 4 m。

习题

1. 写出棉纺后加工的各种工艺流程。
2. 写出毛纺后加工的各种工艺流程。
3. 写出麻纺（苎麻和亚麻）后加工的主要工艺流程。
4. 写出绢纺后加工的主要工艺流程。
5. 写出络筒机（槽式及自动）的主要组成及工艺过程。简述其主要工艺参数作用及选择和质量控制。
6. 写出并线机（普通及高速）的主要组成及工艺过程。简述其主要工艺参数作用及选择和质量控制。
7. 写出捻线机（环锭及倍捻）的主要组成及工艺过程。简述其主要工艺参数作用及选择和股线质量控制。
8. 什么是捻幅？若两股单纱反向加捻，其合股捻系数与单纱捻系数关系怎样时，股线获得的强力最高？画出综合捻幅图。
9. 简述合股加捻对股线性质的影响。
10. 写出摇纱机的主要组成及工艺过程。
11. 写出烧毛机的主要组成及工艺过程。简述其主要工艺参数作用及选择和质量控制。

第十章　纺纱工艺设计

本章在前述的纺纱工艺理论的基础上，结合具体纱线品种的生产工艺设计为案例，说明棉纺的工艺设计方法。

第一节　纺纱工艺设计的内容和步骤

一、纺纱工艺设计的内容

纺纱工艺设计包括根据纱线产品的最终用途和质量要求进行原料选配，纺纱工艺流程、设备及器材选型与配置，纺纱工艺参数的优化设计与试验，制订生产环境与操作要求、主要产品质量及消耗指标等。

二、纺纱工艺设计的步骤

根据产品情况，进行下列工作：

(1) 原料选配。

(2) 依据开清棉流程组合原则、普梳纱奇数工艺准则、精梳准备工序的偶数准则等，确定纺纱工艺流程及各工序纺纱机器型号。

(3) 采用定两头分中间法进行各工序工艺定量及分工序总牵伸倍数设计，平衡各工序的输出速度设计。

(4)～(9)为分工序进行的工艺设计：

(4) 开清棉、梳理、精梳工序的主要开松分梳隔距设计。

(5) 并合与牵伸工艺设计。

(6) 粗纱、细纱、捻线加捻工艺(捻系数)设计。

(7) 主要工艺专件器材选配，主要有梳棉针布、牵伸的胶辊与胶圈、锭子、钢领、钢丝圈等。

(8) 具体上机工艺变换齿轮及参数计算配置。

(9) 各工序质量指标、各工序温湿度控制指标、工艺上机实验方案设计。

(10) 工艺试验报告、产品工艺设计及审批表。

第二节　纺纱工艺设计实例

本节以 J C 5 tex×2(120^{s}/2)纯棉精梳纱线(针织用)、J T/C 65/35 13 tex(45^{s})涤棉混纺

纱等5个具体品种的纱线工艺设计为案例，详细说明纺纱工艺的设计方法。

一、纺纱产品

(1) J C 5 tex×2(120^{s}/2)为纯棉精梳特高支针织股线。

(2) J T/C 65/35 13 tex (45^{s})为高支精梳涤棉混纺无梭织机用纱。

(3) J C 18.2 tex(32^{s})纯棉精梳高支针织纱。

(4) R 18.2 tex(32^{s})纯黏胶普梳针织纱。

(5) C 29 tex(20^{s})纯棉普梳机织纱。

二、原料选配

(1) J C 5 tex×2(120^{s}/2)纯棉精梳特高支针织股线，用棉参照GB 19635—2005，选用100%长绒棉，品级1级、2级各占50%(品级1、2级表明纤维成熟正常)，纤维长度为38 mm，纤维马克隆值控制在A级3.9～4.2，棉花的标准含杂率≤3%。

(2) J T/C 65/35 13 tex(45^{s})产品，涤纶选用国产线密度1.4 dtex、长度38 mm；用棉参照GB 1103—2007《细绒棉》，选用细绒棉，1、2级原棉各占40%，3级原棉占20%，纤维长度均为29 mm，棉纤维的马克隆值控制在3.9～4.2，棉花的标准含杂率≤2.0%。

(3) J C 18.2 tex(32^{s})纯棉精梳高支针织纱，属高支纱线，工艺设计时用棉参照GB 19635—2005，选用100%细绒棉，品级2、3级各占50%，纤维长度为28～30 mm，纤维马克隆值控制在A级3.9～4.2，棉花的标准含杂率≤3%。

(4) R 18.2 tex(32^{s})纯黏胶普梳针织纱，属化纤纯纺高支纱线，原料采用1.4 dtex/38 mm国产棉型黏胶短纤维，纤维主要技术指标参考G/BT 14463。

(5) C 29 tex(20^{s})纯棉普梳纱，属于中支纱，用棉参照GB 19635，选用100%细绒棉，品级3、4级各占50%(品级3、4级表明纤维成熟正常)，纤维长度为27～29 mm，纤维马克隆值控制在A级3.9～4.2，棉花的标准含杂率≤3.5%。

三、纺纱方法和纺纱工艺流程、纺纱机器型号确定

由于本设计的5个纱线产品的用途不同，其中高支与特高支纱线应采用环锭纺纱工艺，中支纱可采用环锭纺与转杯纺两种纺纱方式。

(一) 纺纱工艺流程确定

(1) J C 5 tex×2(120^{s}/2)为纯棉精梳特高支针织股线，采用棉精梳纱纺纱工艺流程：

原棉→配棉→开清棉→梳棉→精梳准备→精梳→并条→粗纱→细纱→自动络筒→
　　倍捻捻线→络筒→成包

由于精梳条纤维伸直平行分离度好，且并条机带自调匀整，故精梳后的并条仅需1道并条，多道并条反而可能带来黏条、不匀等问题，精梳后并条的并合数、总牵伸、定量等工艺同常规品种的末道并条即可。

(2) J T/C 65/35 13 tex (45^{s})为高支精梳涤棉混纺无梭织机用纱，应采用棉型化纤/精梳棉混纺工艺流程：

原棉→配棉→开清棉→梳棉→精梳准备→精梳 ⎫
　　　　　　　　涤纶→开清棉→梳棉 ⎭→混一并→混二并→混三并→粗纱→

细纱→自动络筒

(3) J C 18.2 tex纯棉精梳高支针织纱、R 18.2 tex纯黏胶普梳针织纱及C 29 tex纯棉普梳纱，均属于棉型中高支纱，可采用环锭纺及转杯纺两种方式；但从转杯纺纱经济指数分析，18.2 tex纯棉纱多采用环锭纺，C 29 tex根据最终产品要求可采用环锭纺或转杯纺。本设计中，J C 18.2 tex纯棉精梳高支针织纱基本与C J 5 tex×2(120ˢ/2)纯棉精梳特高支针织股线所采用的棉精梳纱纺纱工艺流程相近；R 18.2 tex纯黏胶普梳针织纱采用棉型纯化纤纱工艺流程，C 29 tex分别采用纯棉普梳环锭纺与转杯纺两种流程设计。具体设计如下：

① J C 18.2 tex纯棉精梳高支针织纱工艺流程如下：

原棉→配棉→开清棉→梳棉→精梳准备→精梳→并条→粗纱→细纱→自动络筒→成包

② R 18.2 tex纯黏胶普梳针织纱工艺流程设计如下：

化纤选配→开清棉→梳棉→头道并条→二道并条→粗纱→细纱→自动络筒→成包

③ C 29 tex纯棉普梳机织纱工艺流程如下：

原棉→配棉→开清棉→梳棉→头道并条→二道并条→

⎧(环锭纺)粗纱→细纱→自动络筒→成包
⎩(转杯纺)转杯纺→成包

(二) 纺纱机器型号确定

根据各产品纺纱流程确定机器设备型号，确定原则是立足现实，尽量选用国际上先进、成熟的机型。

开清棉流程组合原则：精细抓取、充分混合、逐渐开松、早落防碎、以梳代打、少伤纤维；在成卷流程与清梳联选择上，优先选用先进、成熟、性价比高的短流程清梳联。

在棉纺工艺中，开清棉一般采用短流程，即“1抓+1开+1混+1清+1除”工艺路线。开清棉流程中，关键是正确进行轴流开棉机与多辊筒清棉机的组合使用。根据生产实际，依据纺纱品种和配棉，实际选用轴流开棉机与多辊筒的组合方式，见表10-1。

表10-1　轴流开棉机与系列辊筒清棉机的配套使用

纺纱品种	配棉成分	配棉含杂率(%)	开棉机和清棉机配套型号
纯棉特细特精梳纱	长绒棉	≤2.0	FA103A + JWF1124系列
			FA113系列 + JWF1124系列
纯棉细特精梳纱	长绒棉+细绒棉	≤2.5	FA113系列 + JWF1124系列
	中绒棉	≤2.5	FA103A + FA109A系列
纯棉中特纱	细绒棉	≤3.5	FA103A + FA109A系列
		3.5～5.0	FA113系列+ FA109A系列
纯棉粗特纱	细绒棉+落棉+回用棉	3.5～8.0	FA113系列+ FA109A系列
粗特纱	再生棉	—	FA103A + FA111系列
化学纤维	—	—	FA111A系列/JWF1124A系列

根据本章的产品要求，选用的清梳联工艺流程及机器型号如下：

1. 纺制长绒棉的清梳联工艺流程

往复式抓棉机JWF1012→火星金属探测器AMP2000→重物分离器TF45A→凝棉器FA051A(5.5)+单轴流开棉机FA113B→配棉器TF2212→(多仓混棉机FA028C-120+F1124-120单辊筒清棉机+吸铁装置TF34)→强力除尘器JWF1051A→配棉器TF2202→(清梳联输棉箱FA177B+梳棉机FA221D+圈条器TF2512)

流程特点:根据皮辊长绒棉的含杂特点,开清棉流程的清棉部分采用FA113B单轴流开棉机与JWF1124单辊筒清棉机配套使用,减少对纤维损伤。所有型号的梳棉机均可选用,优先选用新型高产FA221D型梳棉机。

2. 纺制细绒棉的清梳联工艺流程

往复式抓棉机JWF1012→火星金属探测器AMP2000→重物分离器TF45A→凝棉器FA051A(5.5)+双轴流开棉机FA103A(或单轴流开棉机FA113)→配棉器TF2212→(多仓混棉机FA028C-120+多辊筒清棉机FA109A-120+吸铁装置TF34)→JWF1051A强力除尘器→配棉器TF2202→(清梳联输棉箱FA177B+梳棉机FA221D+圈条器TF2512)

流程特点:纺高支纯棉纱时,因原棉含杂率较低,开清棉流程的清棉部分采用FA103A型双轴流开棉机与FA109A系列三辊筒清棉机配套使用,减少对纤维的损伤;当纺制纯棉中低支纱或纯棉转杯纱时,可将开清棉流程中的FA103A双轴流开棉机替换为植针密度大、速度高的FA113单轴流开棉机,以提高对高含杂原料的处理能力,保证产品质量与效率。所有型号的梳棉机均可选用,优先选用新型高产FA221D型梳棉机。

3. 纺制棉型化纤的清梳联工艺流程

(1) 涤纶短纤维的流程。

往复式抓棉机JWF1012→火星金属探测器AMP2000→凝棉器FA051A(5.5)→配棉器TF2212→(FA028C-160多仓混棉机+FA111A-160单辊筒清棉机+TF34A吸铁装置)→凝棉器FA051A(5.5)+喂棉用变频离心风机TV425C→配棉器TF2202A→(清梳联输棉箱FA177B+梳棉机FA221D+圈条器TF2512)

(2) 黏胶短纤维的流程。

往复式抓棉机JWF1012→火星金属探测器AMP2000→凝棉器FA051A(5.5)+双轴流开棉机FA103A→三通自动配棉器TF2212→(多仓混棉机FA028C-120+单辊筒开棉机FA111-120+吸铁装置TF34A)→凝棉器FA051A(5.5)+喂棉用变频离心风机TV425C→配棉器TF2202A→(清梳联输棉箱FA177B+梳棉机FA221D+圈条器TF2511)

流程特点:采用宽幅多仓混棉机和宽幅单辊筒(梳针)清棉机,既能满足高产要求,又少伤纤维;与纯棉流程相比,采用凝棉器FA051A(5.5)+喂棉用变频离心风机TV425C组合代替JWF1051A强力除尘器,减少落棉率,提高制成率。所有型号的梳棉机均可选用,优先选用FA221D梳棉机。由于梳棉机本身带有自调匀整系统,可以满足生条的条干与质量不匀率,故可以省略梳棉后涤纶生条的常规预并工序。

① JC 5 tex×2(120^s/2)纯棉精梳特高支针织股线精梳后工艺流程及单机选择:生条→FA306并条机→FA356A条并卷联合机→CJ40精梳机→FA326A(+Uster短片段自调匀整)精梳后并条→TJFA458A粗纱机→EJM138JLA细纱机→Orion M/L自动络筒机→RF231B并纱机→RF321倍捻机→Espero M/L络筒机

主要特点：精梳准备工艺为预并条→条并卷工艺，精梳后并采用加短片段自调匀整的单道并条，可以有效控制熟条的条干均匀度。

② J T/C 65/35 13 tex (45^s)高支精梳涤棉混纺无梭织机用纱，棉纤维梳棉后工艺流程及单机选择：

生条→FA306 预并条机→FA356A 条并卷联合机→CJ40 精梳机→棉精梳条

棉精梳条与涤纶生条混合后工艺流程及单机选择：

棉精梳条
涤纶生条 } →FA306 混一并→FA306 混二并→FA326A 混三并→→TJFA458A 粗纱机→EJM138JLA 细纱机→Espero M/L 络筒机

主要特点：精梳准备工艺为预并条→条并卷工艺，精梳后采用 3 道混并以解决涤棉混合不匀，且涤纶条的预并因梳棉机具有自调匀整而省去。

③ J C 18.2 tex(32^s)纯棉精梳高支针织纱梳棉后工艺流程及单机选择：

生条→FA306 预并条机→FA356A 条并卷联合机→CJ40 精梳机→FA326A(＋Uster 短片段自调匀整)精梳后并条→TJFA458A 粗纱机→EJM138JLA 细纱机→Orion M/L 自动络筒机

④ R 18.2 tex(32^s)纯黏胶普梳针织纱梳棉后工艺流程及单机选择：

生条→FA306 头道并条机→FA326A(＋Uster 短片段自调匀整)二道并条→TJFA458A 粗纱机→EJM138JLA 细纱机→Orion M/L 自动络筒机

⑤ C 29 tex(20^s)纯棉普梳机织纱梳棉后工艺流程及单机选择：

生条→FA306 头道并条机→FA326A(＋Uster 短片段自调匀整)二道并条机

→ { (转杯纺)F1604 转杯纺纱机
(环锭纺)TJFA458A 粗纱机→EJM138JLA 细纱机→Orion M/L 自动络筒机

四、各工序工艺定量、分工序并合及总牵伸、各工序的输出速度设计

(一) 定两头、分中间法

定两头指首先分别确定梳棉机生条定量和细纱机总牵伸，分中间指的是合理分配并条机、粗纱工序的牵伸倍数。

生条定量影响着梳棉机的梳理质量，定量过大，产量虽高，但梳理不充分，棉束、棉结显著增加，一般为 3.5～5.0 g/m(3 500～5 000 tex)，细纱机的总牵伸为 6～60 倍，可参考表 10-2 进行选择与确定。

表 10-2　生条定量、细纱总牵伸参考选择表(未列出的产品可参考相近产品选用)

纱支分类	细纱细度[tex(英支)]	生条定量(g/m)	细纱总牵伸(倍)
特高支	7.5～5.0(80^s～120^s)	2.0～3.0	≤50 倍
高支	18～9.7(32^s～60^s)	3.5～4.5	30～35 倍
中支	36～24(16^s～24^s)	4.6～5.5	1 支 1 倍
低支	36～100(6^s～16^s)	5.6～6.5	≥12 倍
转杯纺	15～150(4^s～40^s)	5.0～6.5	35～230

(二) 定量及牵伸设计

生条、预并条、精梳条三种条子的定量及条卷、并卷、条并卷三种小卷的定量尽可能设计一致，上述 5 个产品的设计范围如下所示：

(1) J C 5 tex×2(120^s/2)为纯棉精梳特高支针织股线，生条定量按 3.0 g/m(3 000 tex)选取，细纱实际总牵伸按 $E_x=50$ 倍选取，细纱机的牵伸效率取 0.95，则机械总牵伸为 $E_{xj}=\frac{50}{0.95}=52.63$ 倍。

粗纱的定量为 g_c=细纱线密度×细纱实际总牵伸=5×50=250 tex，即 2.5 g/10 m。

粗纱机的牵伸通常为 E_c=7～10 倍，本设计选取 E_c=8 倍。

精梳后并条的条子定量为 g_{mb}=粗纱线密度×粗纱总牵伸×(1+粗纱伸长率%)=250 tex×8.0×(1+1.5%)=2 030 tex(本例中粗纱的伸长率设定为 1.5%)。

精梳后并条的并合数采用 8 根，精梳后并条的总牵伸设计为 E_b=9.06 倍，精梳条定量为 $g_{js}=2\,030\ \text{tex}\times 9.06\times\frac{1}{8}=2\,300\ \text{tex}$，即 11.5 g/5 m。精梳机落棉率的选取范围见表 10-3。

表 10-3 精梳机落棉率的选取范围

纺纱线密度(tex)	20	14.5	10	5.8	4.2
纤维长度(mm)	25.40	26.98	28.10	38.10	47.60
精梳落棉率(%)	15	17	18	20	21
精梳短绒排除率(%)	55～60	65～70	65～70	75～80	80～85

精梳小卷定量按 50 ktex 设计，精梳落棉率按 20%设计，则精梳机的实际总牵伸为 $E_{js}=\frac{50\,000\ \text{tex}\times 8}{2\,300}=173.91$ 倍，机械总牵伸为 $E_{jj}=E_{js}\times(1-20\%)=139.13$ 倍。

若设计预并条的定量与生条相同均为 3 000 tex，条并卷机的小卷定量设计为 g_{tbj}=50 ktex，即 50 g/m，条并卷机的实际总牵伸为 $E_{tbj}=3\,000\ \text{tex}\times 26\times\frac{1}{50\ \text{ktex}}=1.56$ 倍。

经计算确定的各工序定量、总牵伸设计见表 10-4。

表 10-4 J C 5 tex×2(120^s/2)各工序定量、总牵伸设计表

工序	梳棉	预并条/条并卷	精梳	并条	粗纱	细纱	络筒	并纱	捻线
定量(ktex)	3.0	3.0/50	2.3	2.03	0.25	0.005	0.005	0.010	0.010
总牵伸(倍)	133.0	6.0/1.56	139.13	9.06	8.0	52.63	—	—	—
并合数(根)	—	6/26	8	8	1	1	1	2	1
落棉率(%)	—	—	20	—	—	—	—	—	—
伸长率(%)	—	—	—	—	1.5	—	1.5	—	—
牵伸效率(%)	—	—	—	—	—	95	—	—	—

(2) J T/C 65/35 13 tex (45^s)产品属于高支纱，一般采用条混。先选择涤纶生条定量，通过混合比公式计算混纺纤维各自的喂入根数、棉精梳条的定量，最后确定细纱的总牵伸。

选取涤纶生条定量为 g_t=4 500 tex，根据已知条件，应用干混纺比例、喂入根数、喂入条定量的关系进行计算，如下式所示：

$$\frac{y_1}{n_1} : \frac{y_2}{n_2} = g_t : g_c \tag{10-1}$$

式中：y_1，y_2分别为两种混纺原料的干混纺比(%)；n_1，n_2分别为涤纶、精梳棉条两种混纺原料的混一并喂入根数，n_1+n_2等于混一并的总并合数；g_t，g_c分别为两种混纺原料的干定量(tex)。

本产品设计中涤纶与棉精梳条的干混纺比为 65%∶35%，混一并喂入根数按 6 根设计，涤纶生条定量按 g_t=4 500 tex 设计，棉精梳条定量先假定与涤纶生条定量相同，以便于计算，代入式(10-1)得到：

$$\frac{65\%}{n_1} : \frac{35\%}{6-n_1} = 4.5 : 4.5$$

解得 n_1=3.46，喂入条子根数只能取正整数，本设计取 n_1=4，n_2=2，即混一并中涤纶喂入 4 根、精梳棉条喂入 2 根；这时原假定的棉精梳条的定量应该进行修正，在式(10-1)中代入修正的喂入根数，即 $\frac{65\%}{4} : \frac{35\%}{2} = 4.5 : g_c$，得到棉精梳条定量 g_c=4.85 g/m(4 850 tex)。

涤纶与棉混纺纱的细纱实际总牵伸选取为 E_x=30 倍，细纱机的牵伸效率按 0.95 设计，则机械总牵伸为 $E_{xj} = \frac{30}{0.95} = 31.58$ 倍。

粗纱的定量为 g_c=细纱线密度×细纱实际总牵伸=13 tex×30=390 tex，即 3.9 g/10 m。

设粗纱总牵伸 E_c=7.5 倍，粗纱伸长率设定为 1.5%。

混三并后的熟条定量 g_{mb}=粗纱线密度×粗纱总牵伸×(1+粗纱伸长率)=390 tex×7.5×(1+1.5%)=2 968.9 tex，即 14.84 g/5 m。

混三并总牵伸选取为 E_{3b}=8.0 倍，并合数取 8 根，经计算得到混二并的定量为

$$g_{2b} = \frac{\text{混三并定量} \times \text{混三并总牵伸}}{\text{混三并并合数}} = \frac{2\,968.9\ \text{tex} \times 8.0}{8} = 2\,968.9\ \text{tex}$$

混一并的总牵伸与喂入根数基本相等，本产品取 E_{1b}=7.0 倍，故混一并的输出条定量为：

$$g_{1b} = \frac{\text{涤纶生条定量} \times \text{喂入根数} + \text{棉精梳条定量} \times \text{喂入根数}}{\text{混 1 并总牵伸倍数}}$$

$$= \frac{4\,500\ \text{tex} \times 4 + 4\,850\ \text{tex} \times 2}{7.0} = 3\,957.1\ \text{tex}$$

混二并的并合数取 6 根，则混二并的总牵伸 $E_{2b} = \frac{3\,957.1\ \text{tex} \times 6}{2\,968.9\ \text{tex}} = 7.997$ 倍。

精梳喂入小卷定量按 g_{tbj}=70 ktex 设计，精梳落棉率按 18%设计，则精梳机的实际总牵伸为 $E_{js} = \frac{70\,000\ \text{tex} \times 8}{4\,850} = 115.46$ 倍，机械总牵伸 $E_{jj} = E_{js} \times (1-18\%) = 94.68$ 倍。

本设计选取生条定量为 4 000 tex，预并条定量为 4 500 tex，并合数取 6 根，预并条机的总牵伸倍数为 $E_{ybt} = \frac{4\,000 \times 6}{4\,500} = 5.33$ 倍。

条并卷联合小卷定量即为精梳的喂入小卷定量，前面已设计为 $g_{tbj}=70$ ktex，则条并卷联合机的总牵伸为 $E_{tbj}=4\ 500\ \text{tex}\times 28\times\dfrac{1}{70\ \text{ktex}}=1.80$ 倍。

经计算确定的各工序定量、总牵伸设计见表 10-5。

表 10-5　J T/C 65/35 13 tex (45ˢ)各工序定量、总牵伸设计表

工序		梳棉	预并/条并卷	精梳	混一并	混二并	混三并	粗纱	细纱	络筒
定量(ktex)	涤	4.5	—	—	3.96	2.97	2.97	0.39	0.013	0.013
	棉	4.0	4.5/70	4.85						
总牵伸(倍)	涤	100	—	—	7.0	8.0	8.0	7.5	31.58	—
	棉	92.8	5.33/1.8	94.68						
并合数(根)	涤	—	—	—	4	6	8	1	1	1
	棉	—	6/28	8	2					
落棉率(%)		—	—	18	—	—	—	—	—	—
伸长率(%)		—	—	—	—	—	—	1.5	—	1.5
牵伸效率(%)		—	—	—	—	—	—	—	95	—

(3) J C 18.2 tex 纯棉精梳针织高支纱，生条定量按 4.0 g/m (4 000 tex)选取，细纱实际总牵伸按 $E_x=30$ 倍选取，细纱机的牵伸效率取 0.95，则机械总牵伸为 $E_{xj}=\dfrac{30}{0.95}=$ 31.58 倍。

粗纱的定量为 g_c＝细纱线密度×细纱实际总牵伸＝18.2×30＝546 tex，即 5.46 g/10 m。

粗纱机的牵伸通常为 $E_c=7\sim10$ 倍，本设计选取 $E_c=8$ 倍。

精梳后并条的条子定量为 g_{mb}＝粗纱线密度×粗纱总牵伸×(1＋粗纱伸长率)＝546 tex×8.0×(1＋1.5%)＝4 433.52 tex(本例中粗纱的伸长率设定为 1.5%)。

精梳后并条的并合数采用 8 根，精梳后并条的总牵伸设计为 $E_b=9.0$ 倍，精梳条定量为 $g_{js}=4\ 433.52\ \text{tex}\times 9.0\times\dfrac{1}{8}=4\ 987.71$ tex，即 24.94 g/5 m。精梳机落棉率参考表 10-3 按 18%选取。

精梳小卷定量按 70 ktex 设计，精梳落棉率参考表 10-3 按 18%设计，则精梳机的实际总牵伸为 $E_{js}=\dfrac{70\ 000\ \text{tex}\times 8}{4\ 987.71}=112.28$ 倍，机械总牵伸 $E_{jj}=E_{js}\times(1-18\%)=92.07$ 倍。

条并卷联合机小卷定量设计为 $g_{tbj}=70$ ktex，即 70 g/m，喂入条并卷联合机的预并条定量设计为 $g_{ybt}=4\ 500$ tex，则条并卷联合机的总牵伸为 $E_{tbj}=4\ 500\ \text{tex}\times 28\times\dfrac{1}{70\ \text{ktex}}=1.8$ 倍，预并条机并合数取 6 根，预并条机的总牵伸为 $E_{ybt}=\dfrac{4\ 000\ \text{tex}\times 6}{4\ 500\ \text{ktex}}=5.33$ 倍。

经计算确定的各工序定量、总牵伸设计见表 10-6。

表 10-6 J C 18.2 tex(32ˢ)各工序定量、总牵伸设计表

工序	梳棉	预并条/条并卷	精梳	并条	粗纱	细纱	络筒
定量(ktex)	4.0	4.5/70	4.988	4.433	0.546	0.018	0.018
总牵伸(倍)	133.0	5.33/1.8	92.07	9.0	8.0	31.58	
并合数(根)	—	6/28	8	8	1	1	1
落棉率(%)	—	—	18	—	—	—	—
伸长率(%)	—	—	—	—	1.5	—	1.5
牵伸效率(%)	—	—	—	—	—	95	—

(4) R 18.2 tex 纯黏胶普梳针织纱生条定量、细纱总牵伸、粗纱定量及总牵伸、末并条定量及总牵伸等工艺参数，同 J C 18.2 tex 纯棉精梳梳针织纱。

头道并条工艺设计采用 6 根并合，半熟条定量与熟条设计相同，以便于熟条筒脚在头并上回用，头道并条总牵伸为 $E_{tb} = \frac{4\ 000\ \text{tex} \times 6}{4\ 433.55} = 5.41$ 倍。

经计算确定的各工序定量、总牵伸设计见表 10-7。

表 10-7 R 18.2 tex(32ˢ)各工序定量、总牵伸设计表

工序	梳棉	头并	二并	粗纱	细纱	络筒
定量(ktex)	4.0	4.433	4.433	0.546	0.018	0.018
总牵伸(倍)	133.0	5.41	8.0	8.0	31.58	—
并合数(根)	—	6	8	1	1	1
落棉率(%)	—	—	—	—	—	—
伸长率(%)	—	—	—	1.5	—	1.5
牵伸效率(%)	—	—	—	—	95	—

(5) C 29 tex 纯棉普梳机织纱，环锭纺与转杯纺的末并及以前的各工序工艺设计应完全相同(便于简化前纺生产线，有利于生产调度)。

① 环锭纺的牵伸工艺参数设计，采用定两头、分中间法。

生条定量按 4.5 g/m (4 500 tex)选取，细纱实际总牵伸按 E_x=20 倍选取，细纱机的牵伸效率取 0.95，则机械总牵伸为 $E_{xj} = \frac{20}{0.95} = 21.05$ 倍。

粗纱的定量为 g_c=细纱线密度×细纱实际总牵伸=29×20=580 tex，即 5.8 g/10 m。

粗纱机的牵伸通常为 E_c=7～10 倍，本设计选取 E_c=7.24 倍。

末道并条的条子定量为 g_{mb}=粗纱线密度×粗纱实际总牵伸=580 tex×7.24=4 200 tex。

末道并条的并合数选 8 根，半熟条定量同生条定量，末并总牵伸为 $E_{mb} = \frac{4.5 \times 8}{4.2} = 8.57$ 倍；头道并条并合数选 6 根，则头并的总牵伸为 6 倍。

② 转杯纺的牵伸工艺参数设计。转杯纺的总牵伸一般取其工艺能力的中间值以留有充分的调节余地，本产品转杯纺按 $E_{zbs} = \frac{4\ 200}{29} = 144.82$ 倍设计。

转杯纺的机械牵伸 $E_{zbj}=\frac{E_{zbs}}{k}=\frac{144.82}{k}=140.6$ 倍

上式中，k 为牵伸系数，一般取 1.02～1.05，与分梳辊落杂等因素相关。

该产品各工序定量、总牵伸设计见表 10-8。

表 10-8　C 29 tex(20ˢ)各工序定量、总牵伸设计表

工序	梳棉	头并	二并	粗纱	细纱	络筒	转杯纺
定量(ktex)	4.5	4.5	4.2	0.580	0.029	0.029	0.029
总牵伸(倍)	133.0	6.0	8.57	7.24	21.05	—	144.82
并合数(根)	—	6	8	1	1	1	1
伸长率(%)	—	—	—	1.5	—	1.5	—
牵伸效率(%)	—	—	—	—	95	—	103

五、开清棉、梳理、精梳的主要隔距设计

(一) 开清棉工艺设计

1. JWF1012 型往复式抓棉机

该机的主要工艺参数有打手转速、打手间歇下降量、小车行进速度、刀片伸出肋条长度等。JWF1012 型往复式抓棉机的打手转速与配棉和产品品种有关，一般按表 10-9 进行选择。

表 10-9　JWF1012 型往复式抓棉机打手转速

配棉	纺纱品种	产量(kg/h)		推荐打手转速(r/min)
		JWF1012-172	JWF1012-230	
细绒＋回花＋清梳落棉	低支纱	<1 000	<1 300	1 100～1 400
细绒棉	中支纱	<800	<1 000	1 000～1 200
细绒棉	中高支纱	<700	<900	900～1 100
细绒＋长绒棉	高支、特高支纱	<600	<800	800～1 000
长绒棉	特高支纱	<500	<650	700～900

本设计中选择：打手转速 800 r/min；打手间歇下降量 2 mm/次：小车行进速度 10 m/min；刀片伸出肋条长度±0 mm。

2. 轴流开棉机

(1) FA103 双轴流开棉机。两个角钉辊筒，直径均为 605 mm，转速分别为 415 r/min 和 424 r/min；两组三角尘棒(各 23 根)，尘棒间隔距 5～10 mm(无级可调)；尘棒～打手隔距 18～23 mm，取 20 mm。

(2) FA113 单轴流开棉机。角钉辊筒直径 750 mm，转速 480～960 r/min(变频调节)；两组三角尘棒(各 36 根)，尘棒间隔距由步进电机在线自动调节。

3. FA028-160 型多仓混棉机

打手直径 250 mm，转速取 672 r/min(有 576 r/min、672 r/min、768 r/min 三档可选)；出棉罗拉转速：一档 0.034～0.34 r/min(变频可调)、二档 0.043～0.43 r/min(变频可调)，应根据前后产量调节；排尘回风风量取 4 800～5 000 m/h (4 200～5 600 m/h)，排尘连续负压为(－90 Pa)(－90～－150 Pa)。

4. FA109-160 型三辊筒清棉机

该机的工艺关键是三个辊筒转速及速比选择，可参考表 10-10 进行选择。

表 10-10 FA109-160 型三辊筒清棉机辊筒转速及速比选择

配棉	含杂率(%)	纺纱品种	第一辊筒转速(r/min)	速比 辊筒 1∶辊筒 2∶辊筒 3
低级细绒+回花+清梳落棉	≥4.0	低支纱	955	1∶1.3∶1.3
细绒棉+回花+精落	2.0～4.0	中支纱	835	1∶1.4∶1.4
细绒棉+回花	1.0～2.5	高支纱	716	1∶1.5∶1.5
细绒+长绒棉	≤1.5	特高支纱	716	1∶1.6∶1.6
长绒棉	≤1.5	特高支纱	716	1∶1.7∶1.7

产品 1 为长绒棉特高支纱，选择第一辊筒转速为 716 r/min，辊筒速比取 1∶1.7∶1.7；产品 2 为细绒棉和涤纶纺制的混纺高支纱，选择第一辊筒转速为 716 r/min，速比取 1∶1.5∶1.5；产品 3 为纯棉高支纱，工艺同产品 2；产品 4 为黏胶，采用单辊筒；产品 5 为纯棉中支纱，选择第一辊筒转速为 835 r/min，辊筒速比取 1∶1.4∶1.4。

5. FA111A-160(TF34A)单辊筒清棉机

纺棉型化纤时，该机的辊筒转速一般以 450～500 r/min 为宜。

(二) 梳棉机工艺设计

1. FA177B(顺向给棉)系列梳棉机喂棉箱工艺设计

该机喂棉箱工艺设计与梳棉机的产量有关联，可参考表 10-11。

表 10-11 FA177B 系列梳棉机喂棉箱工艺设计

配棉	棉/棉麻混纺		化学纤维				给棉罗拉
单机产量(kg/h)	≤45	>45	≤35	35～45	45～55	>55	
打手转速(r/min)	558	648	558	558	558	648	0.19～1.9
打手电机带轮直径(mm)	80	93	80	80	80	93	—
给棉电机链轮齿数(齿)	16	19	19	24	30	35	—

产品 1、2 为长绒棉特高支纱，故 FA177B 系列梳棉机单机产量≤45 kg/h，打手转速 558 r/min；产品 3、4 为高支纱，FA177B 系列梳棉机单机产量≤45 kg/h，打手转速 558 r/min；产品 5 为纯棉中支纱，FA177B 系列梳棉机单机产量>45 kg/h，打手转速 648 r/min。

2. FA221 型梳棉机工艺设计

(1) 给棉板分梳工艺长度(mm)设计。顺向喂棉时，分梳工艺长度是指给棉罗拉与给棉板出口点与给棉罗拉水平中心线的距离，也要根据所纺的纤维进行调整。

FA221 型梳棉机的给棉板分梳工艺长度与所加工的纤维长度和纤维品种相关，一般选取时参考表 10-12。

表 10-12 FA221 型梳棉机给棉板分梳工艺长度

	纤维长度(mm)						
	棉纤维				人造纤维		
	<25	25～28	28～33	33～45	<40	≥40	≥60
给棉板分梳长度(mm)	<16	16～18	17～21	19～23	17～21	17～21	19～23

产品1为长绒棉,纤维长度为38 mm,选取给棉板分梳长度为23 mm;产品2为涤棉混纺产品,棉纤维长度为29 mm,选取给棉板分梳长度为20 mm;产品4的黏胶纤维长度为38 mm,给棉板分梳长度为选取21 mm。3、5两个产品,棉纤维长度为27~29 mm,选取给棉板分梳长度为20 mm。

(2) 主要工艺件转速设计。FA221型梳棉机工艺速度选择可参考表10-13。

表10-13 FA221型梳棉机工艺速度选择

纺纱品种	化学纤维	纯棉精梳	纯棉普梳	纯棉转杯纺
锡林转速(r/min)/主电机带轮直径(mm)	354/135	354/135	354/135	354/135
刺辊转速(r/min)/刺辊带轮直径(mm)	748/260	810/240	810/240	810/240
刺辊/锡林转移速比	1∶2.44	1∶2.26	1∶2.26	1∶2.26
盖板速度(mm/min)/盖板带轮直径(mm)	130/210	201/136	201/136	151/180

纺制长绒棉产品及棉型化纤产品时,均选取锡林、刺辊转速分别为354 r/min、748 r/min,刺辊/锡林转移速比为1∶2.44;纺制细绒棉精梳产品时,选取锡林、刺辊转速分别为354 r/min、810r/min,刺辊/锡林速比为1∶2.26。

盖板速度:在一定的范围内,适当增加活动盖板的速度,可以提高活动盖板的除杂效率,并且可减少棉结。本设计中,长绒棉、细绒棉选取为201 mm/min;棉型化纤的含杂少,为减少纤维损失,其盖板速度选130 mm/min。

梳棉机出条速度:长绒棉选120 m/min,细绒棉、棉型化纤选200 m/min。

(3) 梳棉机主要梳理隔距。梳棉机主要梳理隔距包括给棉罗拉~给棉板隔距、给棉罗拉~刺辊隔距、刺辊~锡林隔距、刺辊~预分梳板隔距、锡林~活动(固定)盖板隔距、锡林~道夫隔距等,其选取原则是紧隔距,以实现强分梳。各隔距选择范围见表10-14。

表10-14 梳棉机主要梳理隔距选择表(紧隔距) 单位:mm

纺纱品种	化学纤维	纯棉精梳	纯棉普梳	纯棉转杯纺
给棉罗拉~给棉板	0.125			
给棉罗拉~检测板	0.20			
给棉板~刺辊	1.0			
刺辊~预分梳板	0.9	0.8	0.8	0.75
刺辊~锡林	0.175			
后固定盖板~锡林	0.65 0.60 0.55 0.55	0.65 0.55 0.55 0.50	0.55 0.50 0.45 0.45	0.45 0.40 0.40 0.35
前固定盖板~锡林	0.40 0.35 0.30 0.30	0.25 0.25 0.225 0.20	0.25 0.25 0.225 0.20	0.25 0.25 0.225 0.20
活动盖板~锡林※	0.30 0.275 0.275 0.25	0.225 0.20 0.20 0.175	0.25 0.225 0.225 0.20	0.30 0.275 0.275 0.25
锡林~道夫	0.125	0.10	0.125	0.125
后上罩板~锡林(进口/出口)	0.75/0.85	0.55/0.90	0.65/0.90	0.75/0.85
剥棉罗拉~道夫	0.15			
大压辊间	0.125			

※新型梳棉机采用30根活动盖板和盖板反转技术,故活动盖板与锡林间隔距一般设置4点甚至3点隔距。

本设计中的原料品种分别为长绒棉、细绒棉、涤纶和黏胶等棉型化纤，可分别参照表 10-14 中纯棉精梳和化纤来选取梳理隔距。

(三) 精梳准备及精梳工艺

本工艺设计采用目前应用较多的“预并条＋条并卷”精梳准备工艺，分别用于长绒棉、细绒棉的精梳工艺过程。

1. 精梳准备工艺

工艺道数服从精梳准备工序的偶数准则，并各有其特点。由表 10-4 可知，长绒棉精梳准备工艺设计中，总并合数设计为(26×6)＝156 根，总牵伸为 9.36 倍，特别是预并条工艺采用与头并类似的定向牵伸工艺(详见后面的并条工艺设计)。

在纯棉精梳纱及涤棉混纺中，棉精梳的准备工艺采用条并卷联合工艺，总并合数 168 根，总牵伸 9.59 倍，牵伸小并合大，有利于改善纤维伸直与均匀度，减轻精梳机梳理负担，能提高产量，并大大减少可纺纤维进入落棉的数量。

(1) 预并条工艺设计。预并条工艺与普梳纱的头并工艺类同，主要是定量、总牵伸、后牵伸、罗拉握持距、罗拉加压、压力棒工艺、输出速度等参数。

① 罗拉握持距。罗拉握持距对条干不匀率的影响较大，过大会造成纤维控制不良，条干恶化；过小则牵伸力过大，容易形成粗节和纱疵，甚至“出硬头”。一般纺化纤时牵伸力大，纤维整齐度好，握持距应偏大设定；纯棉纱的罗拉握持距应根据 YⅢ型罗拉式纤维长度分析仪的品质长度或 Uster AFIS 仪的上四分位长度、HVI 的上半部平均长度、照影仪的 2.5%跨距长度来设定。

② 罗拉加压。罗拉加压直接决定罗拉握持力，与条干不匀率密切相关，应根据前罗拉线速度、纺纱纤维性状、棉条定量、并合根数及胶辊特性等综合设定。一般而言，车速愈快，定量愈重；并合根数愈多时，应偏重掌握，但加压过重会导致能耗增加、罗拉弯曲、轴承磨损等副作用。采用气动加压时，压力可靠稳定，可适当偏轻。三上三下压力棒牵伸和五上三下曲线牵伸的罗拉握持距及加压量可参见表 6-3 和表 6-4。

本设计中预并条机采用较高的输出速度，故选择罗拉加压时以偏大为宜，具体工艺参数见表 10-15。

表 10-15　预并条工艺设计

产品规格	J C 5 tex×2	J T/C 65/35 13 tex	J C 18.2 tex
生条定量(ktex)	3.0	4.0	4.0
预并条定量(ktex)	3	4.5	4.5
并合数(根)	6	6	6
牵伸(倍)	6	5.33	5.33
罗拉加压量(N)	前罗拉×二罗拉×三罗拉×后罗拉		
	400×400×100×400		
罗拉隔距(mm)	前～中～后	前～中～后	前～中～后
	50×56	38×48	38×48
速度(m/min)	300	350	350

(2) 条并卷联合机工艺设计。条并卷联合机的主要工艺参数包括牵伸罗拉隔距、牵伸、并

合数、加压、输出速度、满卷长度等。

① 牵伸罗拉隔距。牵伸罗拉隔距与所加工的纤维长度有关，主牵伸区握持距＝纤维品质长度＋(5～8)mm，预牵伸区握持距＝纤维品质长度＋(7～13)mm。经计算，通常选取范围见表 10-16。

表 10-16　条并卷联合机牵伸罗拉隔距与纤维长度

纤维长度(mm)	主牵伸区握持距(mm)	主牵伸区隔距(mm)	预牵伸区握持距(mm)	预牵伸区隔距(mm)
24～26	34	2	38	3
26～28	34	2	39	4
28～30	36	4	39	4
30～32	38	6	40	5
32～34	40	8	40	5
34～36	42	10	41	6
36～38	44	12	43	8
38～40	46	14	43	8

② 牵伸选取。张力牵伸应尽量偏小使用，但是应防止张力过小而产生涌条和涌卷。主要张力牵伸如下：

喂入张力牵伸(后罗拉～导条辊)，选择范围为 1.02～1.06 倍，通常选取为 1.04 倍；台面压辊～前罗拉牵伸，选择范围为 0.95～1.06 倍，通常选取为 1.0～1.02；前紧压辊～台面压辊牵伸，选择范围为 0.97～1.07 倍，通常选取为 1.15～1.25 倍；前紧压辊～后紧压辊牵伸，一般为固定值 1.30 左右；后成卷罗拉～前紧压辊、前～后成卷罗拉牵伸，选择范围为 0.99～1.01 倍，通常选取为 1.001～1.005 倍；前罗拉～后罗拉牵伸，选择范围为 1.30～2.00 倍，通常选取 1.6～1.7 倍。

③ 加压量的选择。加压应根据喂入棉层的定量设定，既不能因为压力过大而影响到胶辊和罗拉轴承的寿命，也不能因压力过小而出现牵伸不开。前罗拉加压一般是 0.25～0.45 MPa，中后罗拉加压一般是 0.2～0.35 MPa，紧压辊加压一般是 0.25 MPa。

④ 并合数。在不出现小卷黏卷的前提下，适当多的并合数能够改善小卷不匀，但若出现小卷黏卷，应减少并合数和减小总牵伸。

本例中，FA356A 型条并卷联合机的工艺参数设计见表 10-17。

表 10-17　条并卷联合机工艺参数设计

产品规格		J C 5 tex×2	J T/C 65/35 13 tex	J C 18.2 tex
配棉及长度(mm)		100% 38 mm 长绒棉	100% 29 mm 细绒棉	100% 29 mm 细绒棉
预并条定量(ktex)		3.0	4.5	4.5
并合数(根)		26	28	28
小卷定量(ktex)		50	70	70
总牵伸(倍)	实际牵伸	1.56	1.8	1.8
	机械牵伸	1.58	1.8	1.8
罗拉握持距(mm)	主牵伸区	44(隔距 12)	36(隔距 4)	36(隔距 4)
	预牵伸区	43(隔距 8)	39(隔距 4)	39(隔距 4)

（续　表）

<table>
<tr><td rowspan="7">牵伸分配</td><td>后罗拉～导条辊 E_1</td><td>1.04($L=54^T$)</td><td colspan="2">1.04($L=54^T$)</td></tr>
<tr><td>前罗拉～后罗拉 E_2</td><td>1.396($I/J=55^T/68^T$)</td><td colspan="2">1.601($I/J=55^T/78^T$)</td></tr>
<tr><td>台面压辊～前罗拉 E_3</td><td>1.026($G=31^T$)</td><td colspan="2">1.026($G=31^T$)</td></tr>
<tr><td>前紧压辊～台面压辊 E_4</td><td>1.019($G=31^T$,
$F_1/F_2=23^T/34^T$)</td><td colspan="2">1.019($G=31^T$, $F_1/F_2=23^T/34^T$)</td></tr>
<tr><td>前紧压辊～后紧压辊 E_5</td><td>1.031</td><td colspan="2">1.031</td></tr>
<tr><td>后成卷罗拉～前紧压辊 E_6</td><td>1.005($C/D=59^T/98^T$)</td><td colspan="2">1.001($C/D=57^T/95^T$)</td></tr>
<tr><td>前～后成卷罗拉 E_7</td><td>1.003($A/B=86^T/95^T$)</td><td colspan="2">1.002($A/B=85^T/94^T$)</td></tr>
<tr><td rowspan="4">加压量
(MPa)</td><td>前胶辊</td><td>0.35</td><td>0.40</td><td>0.40</td></tr>
<tr><td>中后胶辊</td><td>0.3</td><td>0.30</td><td>0.30</td></tr>
<tr><td>紧压辊</td><td>0.25</td><td>0.25</td><td>0.25</td></tr>
<tr><td>成卷罗拉</td><td>0.2～0.5 渐增</td><td>0.2～0.5 渐增</td><td>0.2～0.5 渐增</td></tr>
<tr><td colspan="2">成卷速度(m/min)</td><td>60</td><td>70</td><td>70</td></tr>
<tr><td colspan="2">小卷定长(m)</td><td>200～250</td><td>200～250</td><td>200～250</td></tr>
</table>

上表中变换齿轮的的含义及选取参见本章第三节图 10-1、表 10-37 及相关工艺计算。

2. 精梳机工艺设计

精梳机工艺包括给棉工艺(给棉方式、给棉长度)、落棉率及落棉隔距、梳理工艺、牵伸工艺、接合工艺和纺纱速度六个方面。

给棉工艺:后退给棉的落棉率(15%～25%)大于前进给棉(13%～18%),重复梳理次数也大于前进给棉,故后退给棉的梳理质量好。给棉长度小(一般为 5.2 mm 或 4.7 mm),重复梳理次数增加。故当质量要求高时,可采用后退给棉及小给棉长度。

落棉隔距大,落棉多,则排除的短纤维和棉结杂质多,梳理质量好。一般在精梳机上采用调整落棉刻度与调整落棉隔距相结合,落棉隔距±1 mm,落棉率±2%～2.5%。在先行调整落棉隔距的基础上,进行顶梳刺入深度的调节。

小卷定量 60～70 g/m,小卷结构要求不黏卷、两端平齐。

毛刷转速影响锡林表面清洁度。高效精梳机由于速度高,一般情况下毛刷线速度应该为锡林表面线速度的 5～6 倍,当使用较长纤维如长绒棉时,应增大到 6.5 倍。

几种不同牵伸形式的精梳机牵伸罗拉中心距与纤维主体长度参考值见表 10-18。

表 10-18　纤维主体长度与精梳机牵伸罗拉中心距参考值

机型	牵伸形式	罗拉中心距(mm)			
		一罗拉～二罗拉	二罗拉～三罗拉	三罗拉～四罗拉	四罗拉～五罗拉
PX2J	4/5 曲线牵伸	60	L^*+(3～5)	50	42
CJ40	3/5 曲线牵伸	L+(3～5)	50	40	50
F1269	3/5 曲线牵伸	L+(5～7)	50	42	50

* L:纤维主体长度(mm)。

本设计的精梳工艺见表 10-19。

表 10-19 精梳工艺设计

纺纱产品		J C 5 tex×2	J T/C 65/35 13 tex	J C 18.2 tex
定量与落棉率	小卷定量(ktex)	50	70	70
	精梳条定量(ktex)	2.3	4.85	4.987
	设计落棉率(%)	20	18	18
每钳次给棉长度(mm)		4.7(棘轮 20^T)	5.2(棘轮 18^T)	5.2(棘轮 18^T)
给棉方式		后退	后退	后退
速度(r/min)	锡林转速	230	320	320
	毛刷转速	1 000~1 200	1 000~1 200	1 000~1 200
加压(MPa)	牵伸胶辊	前 0.25,中后均为 0.4		
	分离胶辊	均为 0.3		
隔距(mm)	落棉隔距	刻度 10	刻度 9	刻度 9
	梳理隔距	0.4		
	顶梳进出隔距	与分离胶辊间隙 0.2		
	顶梳高低隔距	+0.5		
	牵伸罗拉隔距	12	5.5	5.5
	后牵伸握持距	48	43	43
实际牵伸(倍)		173.91	115.46	112.28
机械牵伸(倍)		137.90	99.23	93.6
牵伸分配(倍)	承卷罗拉~给棉罗拉 E_1	1.098 ($F/D=20^T/53^T$)	1.125 ($F/D=18^T/57^T$)	1.125 ($F/D=18^T/57^T$
	给棉罗拉~分离罗拉 E_2	6.844	6.16	6.16
	分离罗拉~引出罗拉 E_3	1.058($F=39^T$)		
	引出罗拉~台面罗拉 E_4	1.04($G=75^T$)		
	台面罗拉~后罗拉 E_5	1.035($H=28^T$)	1.071	1.071
	后区牵伸 E_6	1.235 ($H/L=28^T/41^T$)	1.235 ($H/L=29^T/41^T$)	1.235 ($H/L=29^T/41^T$)
	前区牵伸 E_7	12.52 ($B/A=43^T/52^T$)	9.44 ($B/A=54^T/50^T$)	8.905 ($B/A=37^T/33^T$)
	牵伸区总牵伸	15.23	11.66	10.998
	大压辊~前罗拉 E_8	1.039($C=38^T$)		
	圈条压辊~大压辊 E_9	1.003($M=46^T$)		

上表中变换齿轮的的含义及选取参见本章第三节图 10-2、表 10-38 及相关工艺计算。

(四) 并条工艺设计

并条工艺主要有并合数与牵伸、牵伸隔距、加压量、定量与速度等。

1. 工艺道数及喂入棉条排列

合理的工艺道数及并合数,对改善纤维的平行伸直度及混合均匀度十分重要。当原料性质差异较大时,只能采用条子混合(如本设计中的涤棉混纺纱),一般要求对生条进行一次预并条，一方面改善条子中纤维的伸直平行度，同时可以降低条子的质量不匀，保证纱线的混合比例准确。喂入条的排列顺序对混合均匀程度及纺纱过程的难易程度也有相当的影响。除此以外，喂入条子中的纤维弯钩亦是影响并合数和工艺道数的关键，一般普梳纱工艺道数服从奇数工艺准则（即从梳棉到细纱间的工艺道数为奇数），精梳准备工序的工艺道数符合偶数准则。精梳条中纤维已基本伸直平行，过多的并合数容易引起条子发毛、发烂及意外牵伸，故精梳后可以使用单道带有短片段自调匀整的并条机。

并合工艺道数选择可参见表 10-20。

表 10-20 并合工艺道数选择

产品品种	精梳棉纱		普梳纱	转杯纺	化纤混纺/色纺	
	预并	精梳后并			预并	混并
梳棉机＋自调匀整	1	1			0	3
普通并条	1	2	2	2	1	3
并条＋短片段自调匀整	1	1	2	1～2	1	3
喂入条排列顺序	6 根喂入顺序：○●○○●○			8 根喂入顺序：○●○○●○●○		

表中示例为 T/C(65％/35％)，○●分别代表涤纶条和棉条。

2. 牵伸设计

(1) 总牵伸。并条机的总牵伸应接近并合数，其选用范围为并合数的 0.9～1.1 倍，实际设计时应结合工序定量和机器结构综合考虑。本工艺设计着重于提高纤维伸直度，故采用顺牵伸：即头道总牵伸小，二道并条总牵伸大于头道；化纤混纺、纯纺时牵伸应适当大于纺棉时。

普梳纱头并（精梳准备预并条）采用纤维定向工艺。所谓头并定向牵伸工艺，是指使生条中较为杂乱无章的弯钩纤维经牵伸后能够沿其轴向定向排列的并条牵伸工艺，目的是有效降低因头并牵伸不良而造成的半制品中棉结增加，主要内容为：并合数少，一般≤6 根；总牵伸≤并合数，一般为 5～6 倍；后牵伸大，一般为 1.7～2.0 倍，有利于前弯钩纤维伸直；后牵伸区罗拉中心距≈纤维排列图上最长纤维长度。尤其在纤维短、短绒率高、伸直度差时，采用头并定向牵伸工艺，效果更好。

末道并条中，前区牵伸大，有利于充分伸直后弯钩纤维，提高条子中的纤维平行度；后区采用小牵伸，末并后牵伸常采用<1.1 倍的张力牵伸，可消除后区牵伸波，改善熟条的条干均匀度。

(2) 张力牵伸。前张力牵伸（前罗拉输出钳口至圈条压辊间的张力牵伸）以棉网能顺利集束下引不涌头为准，一般控制在 0.99～1.03 倍。纺纯棉产品时前张力牵伸≥1.0 倍，纺化纤产品前张力牵伸≤1.0 倍，参见表 6-1。

3. 并条输出速度设计

并条输出速度根据纺纱实践经验设定，一般分为三种情况：纯棉普梳纱条，输出速度控制在最高工艺速度的 65％～75％；纯棉精梳条，为避免棉条喂入断头，输出速度一般≤300 m/min；涤棉精梳混纺纱，为避免高速状况下缠绕牵伸部件及棉条喂入断头，一般输出速度≤400 m/min。

4. 压力棒工艺配置

参见第六章表 6-5。

5. 罗拉握持距和加压

参见第六章表 6-3 和表 6-4。

6. 喇叭头口径

主要依据棉条定量确定，合理选择孔径可使棉条抱合紧密、表面光洁、减少纱疵。根据棉条的定量 D_m(g/5 m)，可参考下式进行选择：

$$\text{喇叭头口径(mm)} = (0.6 \sim 0.65)\sqrt{D_m} \tag{10-2}$$

本设计的并条工艺见表 10-21。

表 10-21　并条工艺设计表

纺纱产品	JC 5 tex×2	J T/C 65/35 13 tex			JC 18.2 tex	R 18.2 tex		C 29 tex	
	精梳后并	混一	混二	混三	精梳后并	头并	二并	头并	二并
定量(ktex) 喂入	2.5	T4.5/C4.85	3.96	2.97	5.07	4.0	4.43	4.5	4.5
定量(ktex) 输出	2.03	3.96	2.97	2.97	4.8	4.43	4.43	4.5	4.2
并合数(根)	8	T4/C2	6	8	8	6	8	6	8
输出速度(m/min)	240 (f=25 Hz, $Z_1/Z_2=30^T/34^T$)	333 (D_m/D_1=180/150)	297 (f=50 Hz, $Z_1/Z_2=24^T/44^T$)	240 (f=25 Hz, $Z_1/Z_2=30^T/34^T$)	416 (D_m/D_1=210/140)	384 (f=40 Hz, $Z_1/Z_2=30^T/34^T$)	485 (D_m/D_1=210/120)	481 (f=50 Hz, $Z_1/Z_2=30^T/34^T$)	—
总牵伸 E(倍)	8.89	7.0	8.0	8.0	8.89	5.41	8.0	6.0	8.59
牵伸区牵伸 E_1(倍)	8.624 ($Z_3/Z_4=60^T/80^T$)	6.60 ($Z_1/Z_2/Z_3/Z_4=52^T/46^T/26^T/123^T$)	7.55 ($Z_1/Z_2/Z_3/Z_4=48^T/50^T/27^T/122^T$)	7.65 ($Z_3/Z_4=60^T/71^T$)	8.624 ($Z_3/Z_4=60^T/80^T$)	5.11 ($Z_1/Z_2/Z_3/Z_4=58^T/40^T/26^T/124^T$)	7.65 ($Z_3/Z_4=60^T/71^T$)	5.69 ($Z_1/Z_2/Z_3/Z_4=56^T/42^T/26^T/121^T$)	8.21 ($Z_3/Z_4=63^T/80^T$)
后牵伸 E_3(倍)	1.3 ($Z_8=26^T$)	1.33 ($Z_5/Z_6=53^T/51^T$)	1.33 ($Z_5/Z_6=53^T/51^T$)	1.3 ($Z_8=26^T$)	1.7 ($Z_5/Z_6=53^T/71^T$)	1.3 ($Z_8=26^T$)	1.7 ($Z_5/Z_6=53^T/71^T$)	1.3 ($Z_8=26^T$)	—
前张力牵伸 E_2(倍)	1.017 ($Z_9=49^T$)	1.017 5	1.017 ($Z_9=49^T$)	1.017 5	1.017 ($Z_9=49^T$)	1.017 5	1.017 ($Z_9=49^T$)	—	—
后张力牵伸 $E_4 \times E_5$(倍)	1.028 ($Z_5/Z_6/Z_7=75^T/74^T/78^T$)	1.042 ($Z_8=50^T$)	1.028 ($Z_5/Z_6/Z_7=75^T/74^T/78^T$)	1.042 ($Z_8=50^T$)	1.028 ($Z_5/Z_6/Z_7=75^T/74^T/78^T$)	1.042 ($Z_8=50^T$)	1.028 ($Z_5/Z_6/Z_7=75^T/74^T/78^T$)	—	—
罗拉中心距(mm) (1～2)×(2～3)	48×53	48×53	48×53	48×53	40×45	48×53	48×53	39×44	39×44
加压量(N)	导向辊×前罗拉×中罗拉×后罗拉×压力棒/200×400×400×400×100								
压力棒位置	蓝环	蓝环	蓝环	蓝环	黄环	蓝环	黄环	黄环	黄环
喇叭口孔径(mm)	2.07	2.89	2.50	2.50	2.94	2.94	2.94	3.13	3.13

上表中变换齿轮的的含义及选取参见第六章及本章第三节图 10-3、表 10-39 和表 10-40 及相关工艺计算。

(五) 粗纱工艺设计

粗纱工艺主要包括定量、牵伸、捻系数、罗拉隔距、加压及卷绕工艺等。

1. 粗纱定量设计

应根据细纱工序的牵伸能力、纺纱品种、质量要求、粗纱机器设备状况而确定。粗纱定量太轻,粗纱在卷绕过程中和细纱机喂入过程中容易出现意外牵伸,造成细节。粗纱定量过重,会造成细纱机牵伸负担过重,对条干不利。初次选择粗纱定量时,一般根据细纱线密度确定。粗纱机锭速主要根据粗纱定量、纤维品种、捻系数、锭翼形式及粗纱机状态进行确定,可参考表10-22。

表 10-22 粗纱定量、锭速、总牵伸选择范围表

纺纱线密度(tex)			≥30	20～30	9.0～20	≤9.0
粗纱定量(ktex)			0.55～1.0	0.41～0.65	0.25～0.55	0.2～0.4
锭速(r/min)	悬锭	纯棉	800～1 000	900～1 100	900～1 100	1 000～1 200
		化纤纯纺、混纺	600～800	675～825	675～825	750～900
	托锭	纯棉	600～800	700～900	700～900	800～1 000
		化纤纯纺、混纺	450～600	525～675	525～675	600～750
总牵伸(倍)	三上三下双胶圈式牵伸		5～8	6～9	6～9	7～12
	四上四下双胶圈式牵伸		5～8	6～9	6～9	7～12
	三上四下曲线式牵伸		4～7	5～8	5～8	—

粗纱总牵伸在纺制化纤纯混纺产品时可适度增大。

2. 粗纱机的牵伸加捻工艺设计

(1) 粗纱牵伸。粗纱的牵伸工艺主要有总牵伸与后牵伸、牵伸区的握持距、牵伸罗拉的加压量、胶圈钳口隔距。

在粗纱工序定量确定之后,粗纱机的牵伸受到牵伸形式、纤维性质、熟条质量等因素的影响,对于纺制普梳纱线及化纤纯混纺纱线而言,由于属于前弯钩喂入,为了使前弯钩能够得到充分伸直,故总牵伸应偏小掌握,其选择通常如表10-22所示。粗纱后区牵伸属简单罗拉牵伸控制纤维的能力较差,其喂入棉条中纤维伸直平行度比并条时高,其临界牵伸为1.15～1.25倍。粗纱的后牵伸取值通常为1.15～1.35倍,且尽可能偏小掌握,以改善粗纱的条干均匀度。

一般而言,化学纤维纯纺、混纺纱和精梳纱,粗纱总牵伸可偏高选择,四罗拉比三罗拉可略高。

目前四罗拉双短胶圈得到了广泛的使用,该牵伸形式又称为D型牵伸,其前区为集束区。集束区不牵伸,牵伸区不集束,有利于条干均匀,且集束区须条宽度收拢、光滑并呈圆形,可减少前区无捻包围弧和成纱毛羽。

粗纱机按所纺制的纤维长度不同,主牵伸区须配置不同规格的胶圈架长度。一般,棉型纤维配34～35 mm胶圈架,45～55 mm的中长纤维配43～45 mm胶圈架,60～65 mm的中长纤维配55～60 mm胶圈架。棉纺粗纱机上,棉和棉型化纤的胶圈架长度(纤维长度≤40 mm)为35 mm。

为了减小粗纱的弱捻区和粗纱断头率,工艺设置时皮辊较罗拉有一定的前移量,三上三下式双短胶圈前移3 mm,四上四下式双短胶圈前移2 mm;为减小胶圈打滑,上胶圈罗拉中心一般较中罗拉中心后移2 mm。

粗纱握持距、罗拉加压、钳口隔距的选择可参考表 7-5～表 7-7。

(2) 粗纱捻系数设计。粗纱的捻系数(捻度)是细纱机牵伸工艺的重要参数,直接影响细纱机后区牵伸力和成纱的条干不匀率。粗纱捻系数的选择应考虑到细纱的后区牵伸工艺,还要考虑粗纱的定量、纤维长度、细度等。一般来讲,当细纱后牵伸区的隔距长、牵伸大、粗纱定量轻、粗纱锭速高、纤维短粗时,粗纱捻系数可偏大,其选择可参见表 10-23。

表 10-23 粗纱捻系数选择参考范围

纤维品种		纤维长度(mm)	粗纱定量(ktex)				
			0.2～0.4	0.4～0.6	0.6～0.8	0.8～1.0	1.0～1.2
纯棉		27～29	100～104	97～100	94～97	91～94	88～91
		29～31	97～100	94～97	91～94	89～91	85～88
		35～38	91～94	89～91	87～89	81～84	84～87
棉型化纤纯纺	黏胶	38	62～68	55～62	52～55	48～52	43～48
	涤纶		58～64	5 1～58	48～51	44～48	41～44
棉型化纤混纺	涤/棉 50/50	38	64～70	56～64	53～56	49～53	46～49
			67～73	59～67	56～59	52～56	49～52
中长化纤混纺		45～50	56～62	50～56	45～50	41～45	—
		55～65	52～58	46～52	41～46	28～41	—

近年来,随着悬锭的应用和粗纱锭速的不断提高,为了减少成纱细节和细纱后牵伸区的捻回重分布对成纱条干均匀度带来的不利影响,粗纱捻系数设计较传统工艺有明显增大的趋势。

(3) 粗纱卷绕密度设计。粗纱卷绕密度的设计原则为:纱圈排列整齐,圈层之间不嵌入、不重叠。由第七章可知,粗纱的轴向卷绕密度 H 和粗纱径向卷绕密度 R 分别为:

$$H = 125.3\sqrt{\frac{\gamma}{W}}\ (\text{圈}/10\ \text{cm});\ R = 626.6\sqrt{\frac{\gamma}{W}}\ (\text{层}/10\ \text{cm})$$

式中:γ 为粗纱密度(g/cm^3);W 为粗纱定量(g/10 m)。

通常,粗纱密度 γ 为:纯棉 0.45～0.60 g/cm^3;涤纶 0.60～0.70 g/cm^3;腈纶 0.40～0.50 g/cm^3。当遇到多纤维混合时,应根据干混纺比例,加权平均计算粗纱的密度 γ 值。

本例设计的粗纱工艺见表 10-24。

表 10-24 粗纱工艺设计表

工艺项目		产品规格				
		J C 5×2 tex	J T/C 65/35 13 tex	J C 18.2 tex	R 18.2 tex	C 29 tex
定量(ktex)		0.25	0.39	0.546	0.546	0.58
粗纱机型号		TJFA458A	TJFA458A	TJFA458A	TJFA458A	TJFA458A
锭速(r/min)		1 000	800	1 013.4	1 013.4	1 013.4
加捻	捻度(捻/10 cm)	7.07 ($Z_1/Z_2/Z_3=70^T//103^T/34^T$)	3.30 ($Z_1/Z_2/Z_3=103^T/70^T/37^T$)	4.91 ($Z_1/Z_2/Z_3=103^T/70^T/49^T$)	2.78 ($Z_1/Z_2/Z_3=103^T/70^T/40^T$)	4.71 ($Z_1/Z_2/Z_3=103^T/70^T51T$)
	捻系数	113.0	65.17	114.7	64.96	113.4

（续　表）

工艺项目		产品规格				
		J C 5×2 tex	J T/C 65/35 13 tex	J C 18.2 tex	R 18.2 tex	C 29 tex
总牵伸（倍）	实际	8.0	7.5	8.0	8.0	7.24
	机械	7.79($Z_6/Z_7=69^T/34^T$)	7.57($Z_6/Z_7=69^T/35^T$)	7.79($Z_6/Z_7=69^T/34^T$)	7.79($Z_6/Z_7=69^T/34^T$)	7.16($Z_6/Z_7=69^T/37^T$)
	后区	1.25($Z_8=39^T$)	1.22($Z_8=40^T$)	1.25($Z_8=39^T$)	1.25($Z_8=39^T$)	1.19($Z_8=41^T$)
罗拉中心距（mm）	1～2	40	42	36	36	36
	2～3	47	49	59.5	59.5	58.5
	3～4	70	75	53	53	52
隔距块（mm）		3.5(棕色	4.0(绿色)	5.5	5.5	6.0
加压（$\times10^{-2}$cN/双锭）1×2×3×4		15×20×15×15	15×25×20×20	12×20×15×15	12×20×15×15	12×20×15×15
卷绕密度	轴向（圈/cm）	5.96($Z_9/Z_{10}/Z_{11}/Z_{12}=22^T/45^T/21^T/37^T$)	4.64($Z_9/Z_{10}/Z_{11}/Z_{12}=22^T/45^T/27^T/37^T$)	4.06($Z_9/Z_{10}/Z_{11}/Z_{12}=28^T/39^T/21^T/37^T$)	4.06($Z_9/Z_{10}/Z_{11}/Z_{12}=28^T/39^T/21^T/37^T$)	3.88($Z_9/Z_{10}/Z_{11}/Z_{12}=28^T/39^T/22^T/37^T$)
	径向（层/cm）	29.35($Z_4/Z_5=23^T/27^T$)	23.9($Z_4/Z_5=22^T/21^T$)	19.8($Z_4/Z_5=29^T/23^T$)	19.8($Z_4/Z_5=29^T/23^T$)	19.4($Z_4/Z_5=31^T/24^T$)
伸长率（%）		1.5				
上罗拉定位		前上罗拉中心+2 mm，第三上罗拉中心−2 mm				

上表中变换齿轮的含义及选取参见第七章及本章第三节图 10-4、表 10-41 及相关工艺计算。

（六）细纱的工艺设计

1. 细纱牵伸工艺设计

目前应用较广泛的细纱机共有四种牵伸形式，分别为 SKF 的 PK2000 系列的 3/3 长短胶圈牵伸装置、HP-A310(A320)系列的 3/3 双短胶圈牵伸装置、RIETER 的 R_2P 3/3 长短胶圈牵伸装置、3/3 罗拉长短胶圈 V 型牵伸装置等。以上四种牵伸装置各有其优点，但其牵伸工艺设计基本相同，即前区牵伸“重加压、强控制”、后区牵伸“大隔距、小后牵伸”。

(1) 总牵伸。细纱机总牵伸，对于粗纱机及相应前纺设备台数的配置的影响很大，也直接影响企业效益。细纱总牵伸取决于纺纱质量要求、牵伸形式与牵伸能力、纺纱原料和粗纱质量（条干不匀率及内在结构）。一般掌握的原则是：纺制精梳纱、化纤纱时，因为喂入粗纱中短纤维率低，纤维分离度、伸直平行度好，可以加大总牵伸；在保证成纱质量即条干 *CV*(%)、粗节(km)、细节(km)在预定的控制范围内，应尽量加大总牵伸，以提高经济效益。综合考虑细纱机目前常用的四种牵伸形式、纤维性状、纺纱线密度、喂入粗纱性能等因素，细纱总牵伸选取范围见表 10-25。

表 10-25 细纱总牵伸选取范围

纺纱品种		牵伸装置形式			
		3/3 长短胶圈			3/3 双短胶圈
		SKFPK2000	RIETER R_2P	V 型牵伸	HP-A310(A320)
总牵伸(倍)	<9 tex	30～60	30～60	30～60	30～50
	9～19 tex	22～45	22～45	22～45	22～40
	20～30 tex	15～35	15～35	15～35	15～30
	≥32 tex	12～25	12～25	12～25	10～20
	短纤普梳	10～20	10～20	10～20	～50
	棉普梳纱	20～35	20～35	20～35	
	棉精梳纱	20～40	20～40	20～40	
	棉/化纤混纺	25～45	25～45	25～45	>70
	棉型化纤纯纺	25～50	25～50	25～50	50～70
后牵伸(倍)	棉	1.15～1.30	1.15～1.30	1.3～1.50	1.15～1.30
	棉型化纤纯纺			1.3～1.60	
	棉/化纤混纺			1.60～1.80	

(2) 细纱前区工艺设计。细纱前区工艺参数包括前～中罗拉中心距(浮游区长度)、胶圈架长度、胶圈隔距、罗拉加压等。

① 前～中罗拉中心距设计。前～中罗拉中心距直接影响胶圈的浮游区长度(指上销或下销前缘至输出罗拉握持点的最短距离),它对成纱条干优劣十分重要。缩小浮游区不仅可以加强对短纤维的控制,同时可使牵伸区内纤维变速点分布向前钳口集中,有利于纤维变速稳定,减少移距偏差。这对长度整齐度较差、短纤维率较多的纯棉尤为重要。实验表明,当浮游区长度由 12 mm 缩小到 10 mm 时,受控浮游纤维量可增加 4%～5%,条干 *CV*% 可减少 1%以上。

细纱握持距确定原则:在不损伤或拉断纤维、保持牵伸力与握持力相平衡的条件下,偏紧掌握;握持距与后牵伸相适应。特别是纺纯棉时,应尽量减少前～中罗拉的中心距。常用牵伸装置形式的前～中罗拉中心距一般选用范围可参考表 8-3。

工厂常将前胶辊前移 2～4 mm,前移量大有利于加捻包围角的减小,对减少断头有利,且可适应胶辊直径的改大使用,但会增加浮游区长度,并降低前胶辊的有效压力,因此,不能前移过大。

② 胶圈架长度选用。胶圈架长度通常根据纤维长度选用,可参考表 8-3。

③ 胶圈钳口工艺设计。细纱的胶圈钳口工艺设计对于细纱前牵伸区摩擦力场的布置对浮游纤维的运动控制和变速至关重要,且直接影响牵伸过程中的控制力,对条干不匀十分敏感。实践证明,在纺纱不出现硬头的情况下,钳口较小时,牵伸力的不匀率较低,可以减少成纱棉结、细节,有利于提升纱线的条干均匀度水平,因此,胶圈钳口应尽可能偏小掌握。当纤维细而长、粗纱定量重、细纱粗、捻系数大、后牵伸小、加压轻、纺制针织纱时,细纱的胶圈钳口隔距可适当放大。根据牵伸装置不同,细纱胶圈隔距选择可参考表 8-4。

(3) 罗拉加压选择。罗拉加压是影响罗拉钳口握持力的主要因素。罗拉钳口握持力是指胶辊或胶圈与罗拉钳口对须条的动摩擦力。握持力大可有效防止牵伸不开而“出硬头”。提高罗拉钳口握持力的主要途径是增加罗拉加压和改善胶辊状态。

但罗拉加压过重会引起胶辊变形，罗拉弯曲、扭振，耗电增加，甚至齿轮和机件损坏，造成规律性条干不匀。因此，在满足顺利牵伸的前提下，罗拉加压不宜过重，纺化学纤维时应偏重选用。细纱罗拉加压量选择可参考表 8-5。

（4）细纱后区牵伸工艺设计。

① 细纱后牵伸。细纱机后区牵伸对成纱条干 *CV*%值及粗细节的影响很大。影响后区牵伸的工艺参数有粗纱捻系数、后区中心距和后罗拉加压。应按产品质量要求合理选择细纱后区牵伸。

机织纱，粗节容易显现，因此后区牵伸宜偏大选用；针织纱对细节十分敏感，后区牵伸宜偏小选用。然而，后区牵伸与后区中心距、粗纱捻系数密切关联。为了使针织纱尽可能减少细节，特别是长细节，常推荐采用细纱后区小牵伸、粗纱大捻系数、细纱大后区隔距、细纱小浮游区长度的所谓“两大两小”的针织用纱工艺。常用后区牵伸范围推荐：机织用纱 1.2～1.4 倍；针织用纱 1.15～1.25 倍。若后罗拉加压足够，后隔距放大，后区牵伸可减小至 1.06～1.15 倍数。V 形牵伸的后区牵伸范围为 1.2～1.8 倍。典型机型的细纱机后牵伸选择参照表 10-27。

② 中后罗拉握持距。中后罗拉握持距即后区握持距，不能小于原料成分中长度最长一组纤维的品质长度（或 2.5%跨距长度、上半部平均长度），以免纤维拉断或造成牵伸不开，通常比品质长度长 5～10 mm。当粗纱捻系数偏大、后区牵伸偏小、后罗拉加压偏轻及粗纱定量偏重时，握持距应偏大考虑。中后罗拉握持距根据纤维长度选择，一般为：纤维长度 25～34 mm，则握持距 42～52 mm；纤维长度 35～38 mm，则握持距 52～55 mm；纤维长度 42～50 mm，则握持距 56～62 mm；纤维长度 51～65 mm，则握持距 64～75 mm。

典型的“两大两小”工艺配置见表 10-26，典型的细纱总牵伸与后牵伸、罗拉握持距工艺见表 10-27。

表 10-26　典型的“两大两小”工艺配置

项　目	纯棉纱		棉型化纤纯纺/混纺
纱别	针织纱	机织纱	—
粗纱捻系数	105～120	90～105	—
后区牵伸(倍)	1.04～1.30	1.20～1.40	1.14～1.50
罗拉中心距(mm)	48～60	44～56	50～65
后罗拉加压(cN/双锭)	0.01～0.014	0.008～0.014	0.014～0.018

表 10-27　总牵伸与后牵伸、罗拉握持距典型工艺

牵伸形式	纤维类别	后牵伸(倍)	握持距(mm)	
			前区	后区
粗纱 SKFPK1500	C，≤40 mm	1.06～1.19	49	60
	T/C，38 mm	1.2	49	60～80
	化纤，40～51 mm	1.06～1.19	56	60～80

（续　表）

牵伸形式	纤维类别	后牵伸(倍)	握持距(mm)	
			前区	后区
细纱 SKFPK2025	C，≤40 mm	1.10～1.14	44	58～60
	T/C，38 mm	1.2	44	58～60
	化纤，40～51 mm	1.1～1.14	53	60～70
R_2P 系列			总牵伸(倍)	
	普梳棉纱，<27 mm	1.14～1.19	≤35	
	精梳棉纱，27～31.8 mm	1.14～1.19，1.19～1.29	≤45，45～60	
	精梳棉纱，>31.8 mm	1.12～1.16，1.23～1.29	≤45，45～60	
	棉型化纤，≤40 mm，混纺	1.10～1.19	≤45	
	化纤，40～50 mm，纯纺	1.06～1.10	≤40	
	化纤，50～60 mm，纯纺	1.06～1.16	≤40	
V 型牵伸	棉	1.3～1.5	50	
	化纤	1.3～1.6	50～70	
	混纺	1.6～1.8	>70	
	<40 mm	罗拉握持距：前区×后区 40 mm×43 mm		
	40～50 mm	罗拉握持距：前区×后区 50 mm×52 mm		
	50～60 mm	罗拉握持距：前区×后区 60 mm×68 mm		

2. 细纱加捻卷绕工艺设计

细纱加捻卷绕工艺包括细纱锭速选择、细纱捻系数与捻缩设计、钢领/钢丝圈选用、卷绕升降动程等内容。

(1) 细纱锭速选择。细纱锭速是企业生产能力和管理水平的重要标志，现代棉纺企业充分兼顾细纱锭速与断头二者之间的矛盾，细纱锭速一般选择 15 000～20 000 r/min。

(2) 细纱捻系数设计。

细纱捻系数主要根据织物品种风格要求确定，部分常用棉纱的捻系数设计范围及示例见表 10-28。

表 10-28　部分常用棉纺纱线的捻系数设计范围及示例

纱线用途		纺纱线密度(tex)	捻系数(α_t)	设计示例	
				产品	捻系数
纯棉普梳	梭织	8.4～11.6	340～400	—	—
		11.7～30.7	330～390	14×14 府绸	330
		32.4～194	320～380	—	—
	针织起绒	10～9.7	<330	14～18.5	310～330
		32.8～83.3	<310	19.7～29.5	300～330
		98～197	<310	—	—

（续　表）

纱线用途		纺纱线密度(tex)	捻系数(α_t)	设计示例	
				产品	捻系数
纯棉精梳	梭织	4.0～5.3	340～400	J C 9.8×J C 9.8 精梳细布	320
		5.3～16	330～390	J C 14×J C 14 府绸	325
		16.2～36.4	320～380	—	—
	针织起绒	13.7～36	<310	14.5～18.5	300～330
涤棉混纺	梭织	单纱织物	330～380	(J T/C 13+J T/C 13) ×16 牛津纺	345
		股线织物	320～360	—	—
	针织	内衣	300～330	—	—
	经编	—	370～400	—	—
棉涤混纺	针织 梭织	7.4～14.5	≥330	—	—
		15～30	≥330	—	—
黏胶短纤纯纺	针织 梭织	12～15	270～330	—	—
		16～30	260～330	—	—
		32～60	250～330	—	—
涤黏混纺	针织 梭织	12～15	300～350	—	—
		16～30	290～340	—	—
		32～60	280～330	—	—
莫代尔纯纺	针织 梭织	12～15	270～320	—	—
		16～30	260～310	—	—
		32～60	250～300	—	—

影响细纱捻缩率的因素较多，主要是细纱捻系数，捻系数大则捻缩率高。一般当捻系数为300～400时，细纱捻缩率为2%～3%；当捻系数为450左右时，细纱捻缩率增至5%左右。

(3) 钢领及钢丝圈的选择。钢领、钢丝圈是棉纺环锭细纱机加捻卷绕的核心工艺部件，正确选用钢领、钢丝圈，对于降低细纱断头与消耗、提高产品质量与生产效率非常重要。

① 纺纱钢领选用。常用的棉纺细纱机钢领主要有平面钢领(PG)与锥面钢领(ZM)两个系列，用于纺制3～100 tex纯棉纱及棉型化纤纯纺、混纺纱，可配套使用的钢丝圈线速度一般为32～38 m/s；锥面钢领主要用于纺制11～19.6 tex涤棉混纺纱及部分纯棉中号纱，与其配套使用的钢丝圈线速度一般为40～45 m/s。

PG1/2主要用于线密度为14.5～4.8 tex的高支及特高支纱线，常用钢领内径为33 mm、35 mm、38 mm；PG1主要用于线密度为30～14.5 tex的中高支纱线；PG2主要用于线密度为96～36 tex的中低支纱线。

② 钢丝圈选用。钢丝圈号数与一落纱的断头关系十分密切。通常，一落纱细纱断头规律为：小纱50%，中纱20%，大纱30%。若钢丝圈选用偏重，则小纱断头集中于管纱始纺期，大纱断头集中于管纱满纱期；若钢丝圈选用偏轻，则小纱断头集中于管底成形完成前后，大纱断头有减少的趋势。棉纺常用纺纱线密度、钢领与钢丝圈的配套选用可参考表8-6。

与纯棉纱比较，涤纶纯纺纱的钢丝圈规格较同线密度纯棉纱增加4～6号；纯黏胶短纤纱的钢丝圈规格较同线密度纯棉纱增加1～3号；涤棉混纺纱、涤黏混纺纱的钢丝圈规格较同线密度纯棉纱增加2～4号；黏棉混纺纱的钢丝圈规格较同线密度纯棉纱增加1～2号。在钢领走熟、钢领衰退、钢领直径减小、升降动程加大等情况下，应加重钢丝圈号数，相反则应减小。

综合以上各项，得到5个产品的细纱工艺设计方案，见表10-29。

表10-29　细纱工艺设计表

纺纱品种	J C 5 tex×2	J T/C 65/35 13 tex	J C 18.2 tex	R 18.2 tex	C 29 tex
粗纱定量(ktex)	0.25	0.39	0.546	0.546	0.58
细纱机型号	EJM138JLA				
锭速(×10⁴ r/min)	1.8(f=47.56)	1.8(f=47.56)	1.7(f=44.92)	1.7(f=44.92)	1.6(f=42.28)
	锭速变化曲线按锭速与绕纱长度比例对应的10点参数值直接输入显示仪面板				
前罗拉速度(r/min)	134.6	228.7	264.0	294.0	299.3
牵伸形式	SKFPK2025				
总牵伸(倍) 实际	50	30	30	30	20
总牵伸(倍) 机械	51.3 ($Z_D/Z_E/Z_G/Z_F=34^T/126^T/134^T/45^T$)	33.6 ($Z_D/Z_E/Z_G/Z_F=46^T/114^T/134^T/46^T$)	31.5 ($Z_D/Z_E/Z_G/Z_F=46^T/114^T/134^T/49^T$)		21.0 ($Z_D/Z_E/Z_G/Z_F=59^T/101^T/132^T/50^T$)
后牵伸(倍)	1.147 ($Z_H=59^T$)	1.188 ($Z_H=57^T$)	1.188 ($Z_H=57^T$)		1.188 ($Z_H=57^T$)
罗拉中心距(mm)	(前～中)×(中～后)				
	44×60	44×60	44×55	44×60	44×55
胶圈架	OH62(短)				
胶辊位置	前罗拉+2 mm心中罗拉−2 mmx后罗拉±0				
罗拉加压	(前×中×后)15 daN.双锭×10 daN.双锭×10 daN.双锭				
胶圈钳口隔距(mm)	2.2(黄)	2.5(淡紫)	2.9(白)	2.9(白)	3.5(灰)
捻系数/捻度(捻/10 cm)	351/157.05 $Z(Z_C/Z_B/Z_A=86^T/40^T/39^T)$	334.5/92.8 $Z(Z_C/Z_B/Z_A=68^T/58^T/36^T)$	324/75.91 $Z(Z_C/Z_B/Z_A=68^T/58^T/44^T)$	290.5/68.1 $Z(Z_C/Z_B/Z_A=68^T/58^T/49^T)$	339.4/63.02 $Z(Z_C/Z_B/Z_A=68^T/58^T/53^T)$
钢领型号/规格	PG1/2/3654	PG1/2/3854	PG1/2/4254	PG1/2/4254	PG1/4554
钢丝圈速度(m/s)	33.93	37.699	37.38	37.38	37.62
钢丝圈型号	OSS 16/0～18/0	W26 19/0～12/0	WSS 5/0～7/0	WSS 6/0～8/0	6903 1/0～4/0
升降动程(mm)	180				
捻缩率/牵伸效率	2.37%/95%	2.08%/95%	2.0%/95%	2.0%/95%	2.0%/95%

上表中变换齿轮的的含义及选取参见本章第三节图10-5、表10-42及相关工艺计算。

(4) 转杯纺C 29 tex纺纱工艺设计。转杯纺纱工序的工艺设计要点为：

① 转杯纺纱的转杯及转速设计，是转杯纺工艺设计的第一要点，通常指转杯的结构、转速、适纺产品等。纺纱线密度与转杯转速、转杯凝聚槽形式、转杯直径的选择参考表10-30。

表 10-30　纺纱线密度、转杯直径、转速及凝聚槽型选择

纺纱线密度(tex)	转杯直径(mm)	转杯转速(×10⁴ r/min)	转杯凝聚槽型	适纺纤维长度及原料要求(mm)
28～250	66	3.6～4.0	S	38～60
50～118	56	4.0～6.0	S	≤40
32～118	46	5.5～7.0	S	
21～118			U	
19～98			T	
23～42			V	
30～118	40	6.5～8.0	S/U	
17～92			T/G	
17～42	33	8.5～10	S /T /G	
15～38	31	9.0～12.0	T/G	
15～30	30	10.5～13	K/G	优质原料与条子
10～30	28	13～15	K/G	高品质精梳条

② 分梳辊的齿形与转速。分梳辊是将条子梳理分解为单纤维并排除杂质的基本元件，其工艺性能直接影响到纺纱质量，其主要工艺是分梳辊的齿形与转速设计，可参考表 10-31。

表 10-31　分梳辊的齿形与转速工艺

原料种类	分梳辊型号			
	OB20　OK40	OB187　OK74	OB174　OK61	OS21　OK36
分梳辊转速(r/min)	7 000/8 000	7 000/8 000	7 500～7 500	8 000～9 000
纯棉纱	●	○	×	×
纯黏胶	×	●	×	×
Lyocell 及混纺	●	×	×	×
Modal 及混纺	●	○	×	×
纯涤纶	×	×	×	●
纯腈纶	×	×	●	○
混纺　涤/棉、涤/黏	×	×	×	○
混纺　腈/棉、黏/棉	×	○	●	○
亚麻混纺	○	×	●	×

●优先选择；○一般选择；×不选择。

③ 转杯纺纱的加捻效率及捻度设计。从理论上分析计算，得到转杯纺纱的捻度为：

$$T = \frac{n}{10v}$$

式中：T 为特克斯制捻度(捻/10 cm)；n 为转杯转速(r/min)；v 为引纱罗拉线速度(m/min)。

转杯纺的加捻效率一般为工艺上机计算捻度的 85%左右。进行工艺设计时，应根据纱线用途，通过不同机型及产品品种的工艺试验来确定加捻效率，其工艺设计上机捻度＝纱线设计捻度/转杯纺加捻效率，工艺部件则通过实验合理选用阻捻器、假捻盘等，以提高加捻效率。转杯纺纱推荐捻系数见表 10-32。

④ 转杯纺纱的牵伸效率及牵伸。

机械牵伸＝引纱罗拉线速度/喂给罗拉线速度

实际牵伸＝喂入条子线密度/成纱线密度

实际牵伸＝机械牵伸×k

其中 k 为牵伸系数，k＝1.02～1.05，与机械滑溜、纺纱器排杂、纤维散失等因素有关。转杯纺纱喂入条子定量与总牵伸设计见表 10-32。

表 10-32　转杯纺纱喂入条子定量、牵伸、推荐捻系数

纺纱线密度(tex)	喂入条子定量(ktex)	实际牵伸(倍)	推荐捻系数		
			机织纱	针织纱	牛仔纱
14～19	3.2～4.0	110～148	371～475	371～475	418～475
19～29			361～418	361～456	399～456
29～34	4.0～4.5	49～137	342～399	342～456	361～456
36～44			—	342～437	361～437
48～64			323～380	323～418	351～418
70～120	4.5～5.5	41～69	285～361	285～399	342～399

C 29 tex 转杯纺纱的主要工艺设计见表 10-33。

表 10-33　C 29 tex 转杯纺纱主要工艺设计表

纺纱品种(tex)	29		
喂入棉条定量(tex)	4.2		
成纱定量(tex)	29		
转杯纺纱机型号	F1604		
转杯工艺参数		分梳辊工艺参数	
转杯转速(r/min)	65 170 (D_1/D_2＝197 mm/150 mm)	分梳辊转速(r/min)	7 685(D_3＝124 mm)
转杯规格	直径 40 mm(T 型凝聚槽)	分梳辊锯齿	OK40
加捻工艺参数		牵伸工艺参数	
实际捻度(捻/10 cm)	63.14	机械牵伸(倍)	140.61
实际捻系数	340	实际牵伸(倍)	144.83
设计捻度(捻/10 cm)	74.28 Z	牵伸系数 k	1.03
设计捻系数	400	引纱速度(m/min)	87.74
变换齿轮	$Z_1/Z_2/Z_3/Z_4/Z_5/Z_6$＝$32^T/44^T/32^T/60^T/47^T/47^T$		

(七) 络筒、并捻工艺设计

1. 络筒工艺设计

自动络筒的主要工艺参数包括络筒速度、定长、络纱张力、电子清纱工艺参数(棉结、短粗节、长细节、长粗节)的清除门限设定。

(1) 络筒速度。络筒机的络纱速度一般选择 500～700 m/min，自动络筒机的络筒速度一般选择 800～1 600 m/min。

(2) 络纱定长。络纱定长应根据客户要求确定，影响因素主要有整经机要求定长、针织圆机产品定长、筒子定重等，一般<600 000 m。配用于自动络筒的电子清纱器、空气捻接器及工艺见表 10-34。

表 10-34　配用于自动络筒的电子清纱器、空气捻接器及工艺

型号	检测方式	适用线密度(tex)	清除纱疵范围						
			棉结	短粗节		长粗节		细节	
			N(%)	S(%)	L_S(cm)	L(%)	L_L(cm)	T(%)	L_T(cm)
Uster Quantum Clearer	电容+光电	4～100	+100～+500	+50～+300	1～10	+10～+200	10～200	−10～−80	5～200
Uster PQLY Maticupm1	电容	4～100	+50～+300	+10～+200	1～10	+10～+200	10～200	−10～−80	5～200
Trichord Clearer	电容+光电	4～100	+50～+900	+5～+99	1～200	+5～+99	5～200	−5～−99	10～200
Yarn Master TK930F/S/H	双光电	4～66	3 d～7 d	1.5 d～4 d	0.5～10	1.1 d～2 d	5～200	−0.1 d～−0.6 d	10～200
DQQS−5A/15/18	电容	8～58	—	+70～360	1～10	+40～+120	8～50	−30～−75	8～50
精锐 21	—	8～58	—	+50～300	1～10	+10～+200	8～200	−10～−85	8～200

空气捻接器

品种	线密度(tex)	MESDAN 捻接器			
		型号	捻接腔	型号	捻接腔
纯棉纱	5.4～49.2	490L	31S/32Z	4941E	31S/32Z
	29.5～98.4		91S/90Z		—
涤棉混纺纱	5.4～59.1		37S\38Z		—
棉混纺纱	3.3～59.1	4901	71S/72Z		38Z/37S
棉、毛、化纤包芯纱	20～83.3	—	—		13Z/13S
纯棉、纯化纤、混纺纱	48.2～236	4901	71S/72Z		
纯棉单纱、股线	5.9×2～59×2	4923E	25S3/25Z3	+加湿喷雾空捻	
棉包芯纱、丝光棉	14.8～73.8		24S3/24Z3		
棉混纺股线	9.8×2～36.9×2		27 S3/27 S2		
转杯纺纱	14.8～50.1		53W3		

2. 并纱、倍捻工艺设计

(1) 并纱、倍捻工艺主要参数设计。

① 并纱工艺参数主要有卷绕线速度 v(m/min)、卷绕筒子定长、并纱筒与导纱钩往复导纱速比等，在新型并纱机上，可以实现单锭变频无级调节及根据纱线线密度在界面直接设定。

② 股线捻度一般参考股线用途而定；捻向一般单纱为 Z 捻，则股线为 S 捻，亦可以根据纱线要求而定。

③ 捻线锭子速度与所加工的股纱线密度相关，股线线密度≤9.7×2 tex 时，倍捻机锭速

一般取 10 000～11 000 r/min；股线线密度为 9.7×2～14.5×2 tex 时，锭速一般取 8 000～10 000 r/min；股线线密度为 14.5×2～29.5×2 tex 时，锭速一般取 7 000～9 000 r/min。

④ 捻线结构参数。捻比值指股线捻系数与单纱捻系数的比值，影响股线光泽、手感、强力和捻缩，一般选择见表 10-35。

表 10-35　股线与单纱的捻比值

股线产品用途	质量要求	捻比值
梭织	毛羽少、强力高、紧密	1.2～1.4
针织汗衫	紧密、爽滑、光洁	1.3～1.4
针织棉毛衫、袜子	柔软、光洁、结头少	0.8～1.1
高速缝纫线	紧密、光洁、强力高、疵点及结头少	双股 1.2～1.4；三股 1.5～1.7
刺绣线	柔软、光泽好、结头小而少	0.8～1.0
黏胶纯纺、混纺	紧密光洁	≈1.3
股线线强力最大	双股线捻系数≈1.414 单纱捻系数，三股线捻系数≈1.732 单纱捻系数	

自动络筒、并纱、捻线工艺设计见表 10-36。

表 10-36　自动络筒、并纱、捻线工艺设计表

纺纱品种	J C 5 tex	J C 5 tex×2	J T/C 65/35 13 tex	J C 18.2 tex	R 18.2 tex	C 29 tex
络筒工艺设计						
络筒机型	Espero-M/L					
速度(m /min)	600	1 000	1 200	1 500	1 500	1 800
定长(km)	350	150	150	110	110	70
电子清纱工艺设定(配置 Uster Quantum-2 电子清纱器)						
棉结	+200%					
短粗节	+200%×5 cm					
长细节	−30%×35 cm					
长粗节	+40%×30 cm					
空气捻接器	MESDAN					
型号/捻接腔规格	4941E32Z	4923E25S3	490L38Z	490L32Z	4941E51W	4941E32Z
并纱工艺参数设计						
机型	FA706					
速度(m/min)	346(变频)					
并合数(根)	2					
捻线工艺设计						
倍捻机型	EJP834-165					
捻系数/捻度(捻/10 cm)/捻向	496.3/148/S					
锭速(r/mim)	9 090D=240 mm)					

除上述纺纱工艺设计外，纺纱中所使用的主要纺纱专件、器材，如梳棉机针布型号与规格、精梳机锡林针布型号与规格、胶辊、胶圈等，也需要合理选择，本书不做专门叙述。

第三节　传动及工艺计算

一、FA356A 条并卷机传动与工艺计算

（一）FA356A 条并卷机传动图

FA356A 条并卷机传动图如图 10-1 所示。

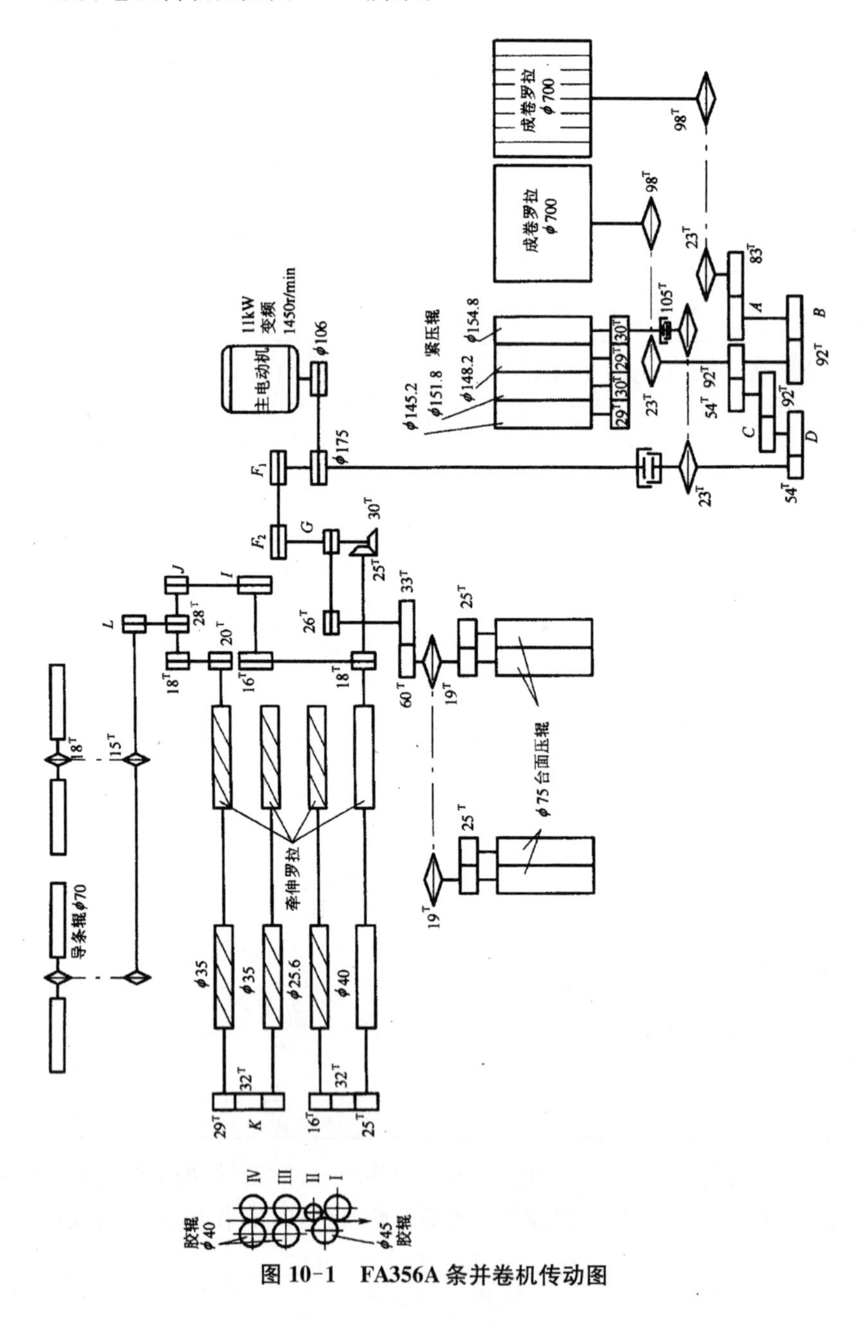

图 10-1　FA356A 条并卷机传动图

(二) FA356A 条并卷机工艺变换件

FA356A 条并卷机工艺变换件见表 10-37。

表 10-37　FA356A 条并卷机工艺变换件

名称及代号	齿数及变换范围
前成卷罗拉齿轮 A/B	$82^T \sim 93^T/91^T \sim 103^T$
前成卷罗拉齿轮 C/D	49^T，50^T，$52^T \sim 59^T/82^T$，83^T，$86^T \sim 88^T$，$90^T \sim 93^T$，$95^T \sim 98^T$
台面张力调节齿轮 $F_1/F_2/G$	$22^T \sim 25^T/33^T \sim 37^T/29^T \sim 32^T$
牵伸齿轮 I/J	44^T，$55^T/64^T$，66^T，68^T，70^T，72^T，74^T，76^T，78^T
牵伸分配齿轮 K	$26^T \sim 28^T$
喂入张力调节齿轮 L	$53^T \sim 55^T$

(三) 工艺计算

1. 速度计算

(1) 成卷罗拉转速 n(r/min)。

$$n = 1\ 450 \times \frac{f}{50} \times \frac{106 \times 54 \times C \times 54 \times 92 \times A \times 23}{175 \times D \times 92 \times 92 \times B \times 83 \times 98} = 1.628 \times f \times \frac{C \times A}{D \times B}$$

式中：f 为变频器输出频率(Hz)。

(2) 成卷罗拉线速度 v(m/min)。

$$v = \frac{n \times \pi \times 700}{1\ 000} = 2.199n$$

2. 牵伸计算

(1) 前罗拉～后罗拉牵伸 E_1。

$$E_1 = \frac{40}{35} \times \frac{20}{18} \times \frac{J}{I} \times \frac{16}{18} = 1.128\ 7 \times \frac{J}{I}$$

(2) 喂入张力牵伸(后牵伸罗拉～导条辊牵伸)E_2。

$$E_2 = \frac{35}{70} \times \frac{18}{15} \times \frac{L}{28} \times \frac{18}{28} = 0.019\ 3 \times L$$

(3) 台面压辊～前罗拉牵伸 E_3。

$$E_3 = \frac{75}{40} \times \frac{25}{30} \times \frac{G}{26} \times \frac{33}{60} = 0.033\ 1 \times G$$

(4) 前紧压辊～台面压辊牵伸 E_4。

$$E_4 = \frac{154.8}{75} \times \frac{60}{33} \times \frac{26}{G} \times \frac{F_2}{F_1} \times \frac{23}{105} = 21.373 \times \frac{F_2}{G \times F_1}$$

(5) 前紧压辊～后紧压辊牵伸 E_5。

$$E_5 = \frac{29}{30} \times \frac{154.8}{145.2} = 1.031$$

(6) 后成卷罗拉～前紧压辊牵伸 E_6。

$$E_6 = \frac{700}{154.8} \times \frac{105}{23} \times \frac{54}{D} \times \frac{C}{92} \times \frac{54}{92} \times \frac{23}{98} = 1.669 \times \frac{C}{D}$$

(7) 前成卷罗拉～后成卷罗拉牵伸 E_7。

$$E_7 = \frac{700}{700} \times \frac{98}{23} \times \frac{92}{B} \times \frac{A}{83} \times \frac{23}{98} = 1.1084 \times \frac{A}{B}$$

(8) 总牵伸 E。

$$E = E_1 \times E_2 \times E_3 \times E_4 \times E_5 \times E_6 \times E_7 = 0.02845 \times \frac{L \times J \times F_2 \times C \times A}{I \times F_1 \times D \times B}$$

条并卷机的总牵伸 $E = 1.298 \sim 2.550$ 倍。

(9) 预牵伸(第三罗拉～后罗拉)E_8。

$$E_8 = \frac{29}{K}$$

3. 产量计算

(1) 理论产量 $G_{理}$[kg/(台·h)]。

$$G_{理} = \frac{60 \times v \times \mathrm{Tt}}{1000 \times 1000}$$

式中：v 为成卷罗拉输出速度(m/min)；Tt 为小卷线密度(tex)。

(2) 定额产量 $G_{定}$[kg/(台·h)]。

$$G_{定} = G_{理} \times \eta$$

式中：η 为条并卷机的效率，为 80%～90%。

二、CJ40 型精梳机传动与工艺计算

(一) CJ40 型精梳机传动图

CJ40 型精梳机传动图如图 10-2 所示。

(二) 工艺变换件

CJ40 型精梳机工艺变换件见表 10-38。

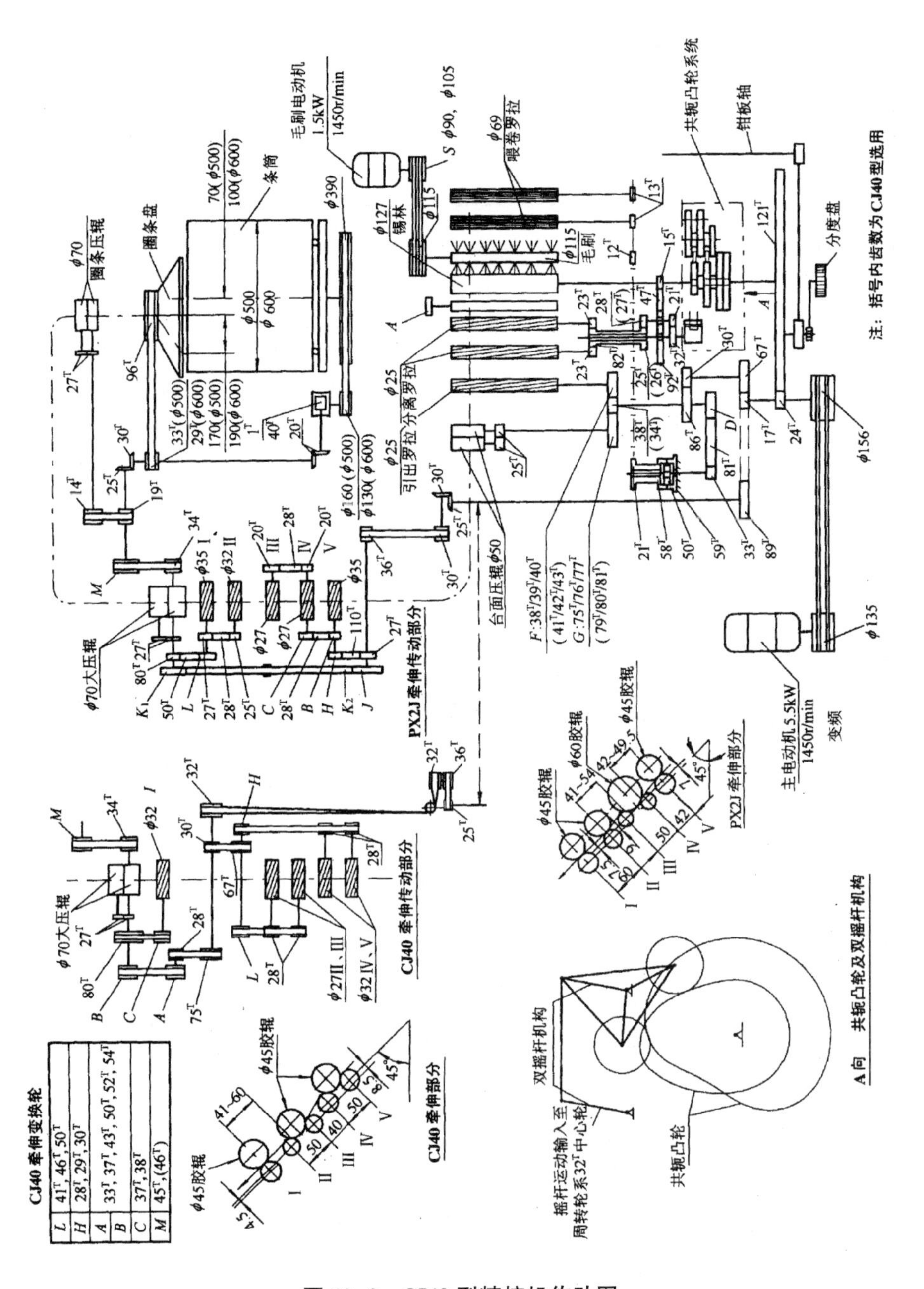

图 10-2 CJ40 型精梳机传动图

表 10-38 CJ40 型精梳机工艺变换件

名称及代号	规格	名称及代号	规格
给棉罗拉棘轮 A	16^T，18^T，19^T，20^T	台面张力齿轮 H	53^T～55^T
喂卷张力齿轮 D	63^T～65^T，56^T～58^T，50^T，53^T	后牵伸齿轮 B/C	30^T～$32^T/18^T$～20^T
棉网张力齿轮 F	38^T～40^T	总牵伸齿轮 J	82^T～110^T
汇聚张力齿轮 G	75^T～77^T	牵伸调节齿轮 K_1/K_2	$28^T/100^T$，$38^T/90^T$

（续 表）

名称及代号	规　格	名称及代号	规　格
整理区牵伸齿轮 L	40^T，41^T	毛刷电机齿轮 S	90^T，105^T
输送张力齿轮 M	45^T，46^T	—	—

（三）工艺计算

1. 速度计算

（1）锡林转速 n_1（r/min）。变频控制，有 190 r/min、230 r/min、280 r/min、290 r/min、300 r/min、310 r/min、320 r/min、330 r/min、350 r/min 共 9 档供选择。

（2）毛刷转速 n_2（r/min）。

$$n_2 = 1\,450 \times \frac{S}{115} = 12.608 \times S$$

2. 喂给长度和输出长度

（1）喂卷罗拉喂入长度 L_1（mm/钳次）。

$$L_1 = \frac{121}{24} \times \frac{17}{67} \times \frac{30}{86} \times \frac{D}{33} \times \left(1 - \frac{59 \times 50}{50 \times 58}\right) \times \frac{21}{13} \times \pi \times 69 = 0.082D$$

（2）给棉罗拉给棉长度 L_2（mm/钳次）。

$$L_2 = \frac{30\pi}{A}$$

（3）有效输出长度 S（mm/钳次）。

$$S = -1 \times \frac{15}{92} \times \left(1 - \frac{32 \times 27}{21 \times 26}\right) \times \frac{82}{23} \times \pi \times 25 = 26.59$$

3. 牵伸计算

（1）喂卷罗拉～给棉罗拉牵伸 E_1。

$$E_1 = \frac{L_2}{L_1} = \frac{1\,149.362}{A \times D}$$

（2）分离罗拉～给棉罗拉牵伸 E_2。

$$E_2 = \frac{S}{\frac{30\pi}{A}} = 0.282A$$

（3）引出罗拉～张力罗拉牵伸 E_3。

$$E_3 = \frac{121}{24} \times \frac{17}{67} \times \frac{30}{86} \times \frac{34}{F} \times \frac{25\pi}{S} = \frac{44.815}{F}$$

（4）台面压辊～引出罗拉牵伸 E_4。

$$E_4 = \frac{50 \times F}{25 \times G} = \frac{2 \times F}{G}$$

(5) 第五牵伸罗拉～台面压辊牵伸 E_5。

$$E_5 = \frac{32}{50} \times \frac{G}{34} \times \frac{86}{30} \times \frac{67}{89} \times \frac{25}{36} \times \frac{32}{32} \times \frac{30}{67} \times \frac{H}{68} = 0.000\ 451 \times G \times H$$

(6) 第四牵伸罗拉～第五牵伸罗拉牵伸 E_6。

$$E_6 = \frac{32}{32} \times \frac{28}{28} = 1$$

(7) 第一牵伸罗拉～第四牵伸罗拉牵伸 E_7。

$$E_7 = \frac{32}{32} \times \frac{28}{H} \times \frac{67}{30} \times \frac{75}{28} \times \frac{A}{B} \times \frac{80}{C} = \frac{13\ 400 \times A}{H \times B \times C}$$

(8) 大压辊～第一牵伸罗拉牵伸 E_8。

$$E_8 = \frac{70}{32} \times \frac{C}{80} = 0.027 \times C$$

(9) 圈条压辊～大压辊牵伸 E_9。

$$E_9 = \frac{70}{70} \times \frac{34}{M} \times \frac{19}{14} = \frac{46.14}{M}$$

(10) 全机总牵伸 E。

$$E = E_1 \times E_2 \times E_3 \times E_4 \times E_5 \times E_6 \times E_7 \times E_8 \times E_9$$

4. *产量计算*

(1) 理论产量 $G_{理}$[kg/(台·h)]。精梳机的理论产量由锡林转速 n_1(r/min)、小卷定量 g_1(g/m)、给棉罗拉给棉长度 L_2(mm/钳次)、每台眼数和落棉率 a(%)决定。

$$G_{理} = \frac{n_1 \times 60 \times g_1 \times L_2 \times 8 \times (1 - a)}{1\ 000 \times 1\ 000} = 0.000\ 48 \times n_1 \times g_1 \times L_2 \times (1 - a)$$

(2) 定额产量 $G_{定}$[kg/(台·h)]。

$$G_{定} = G_{理} \times \eta$$

式中:η 为精梳工序的效率,一般为 90%左右。

三、FA326A 型并条机传动与工艺计算

(一) FA326A 型并条机传动图

FA326A 型并条机传动图如图 10-3 所示。

(二) 主要工艺变换件

FA326A 型并条机主要工艺变换件见表 10-39。

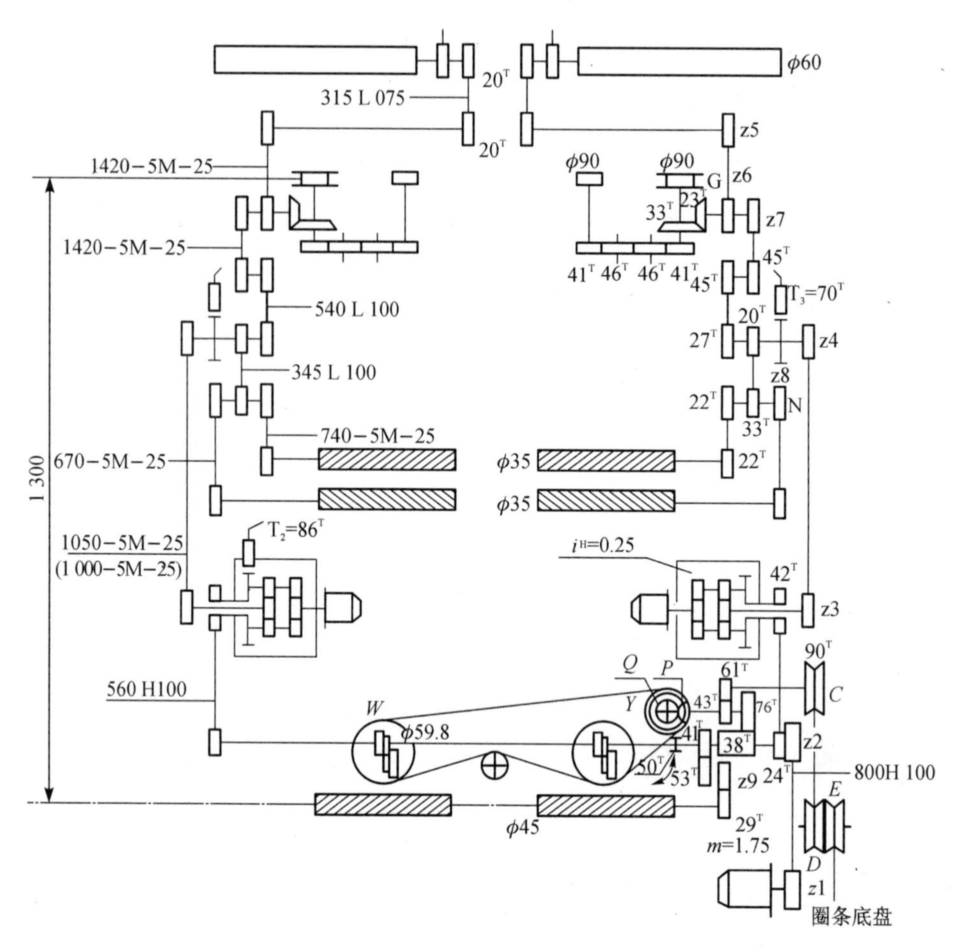

图 10-3　FA326A 型并条机（十自调匀整）传动图

表 10-39　FA326A 并条机主要工艺变换件

名称及代号	规　格
电机同步带轮 Z_1	24^T，30^T
紧压罗拉同步带轮 Z_2	44^T，34^T
牵伸变换齿轮 Z_3	$60^T \sim 73^T$
牵伸变换齿轮 Z_4	$63^T \sim 69^T$，$70^T \sim 73^T$，$80^T \sim 90^T$
导条张力变换齿轮 Z_5	74^T，75^T，76^T
导条张力变换齿轮 Z_6	72^T，74^T
检测张力变换齿轮 Z_7	$76^T \sim 78^T$
前张力变换齿轮 Z_9	$47^T \sim 50^T$
后牵伸变换齿轮 Z_8	22^T，24^T，25^T，26^T，28^T，30^T，32^T，34^T，36^T，38^T

（三）工艺计算

1. 速度计算

（1）紧压罗拉转速 n（r/min）。

$$n = N \times \frac{Z_1}{Z_2}$$

式中：N 为变频电动机输出转速（r/min）。

（2）紧压罗拉输出速度 v（m/min）。

$$v=\frac{n\times\pi\times59.8}{1000}=0.188\times n$$

变频器频率与紧压罗拉输出速度的关系见表 10-40。

表 10-40　变频器频率与紧压罗拉输出速度计算对照

带轮齿数		变频器频率（Hz）								
		25	30	35	40	45	50	55	60	65
Z_1	Z_2	紧压罗拉输出速度（m/min）								
24^T	44^T	149	178	208	238	267	297	327	356	386
30^T	34^T	240	288	336	384	432	481	528	576	624

2. 牵伸计算

（1）总牵伸 E。

$$E=\frac{20\times Z_5\times Z_7\times Z_4\times42\times59.8}{20\times Z_6\times27\times Z_3\times(1-0.25)\times24\times60}=0.086\times\frac{Z_5\times Z_7\times Z_4}{Z_6\times Z_3}$$

（2）牵伸区牵伸 E_1。

$$E_1=\frac{33\times Z_4\times42\times41\times Z_9\times45}{20\times Z_3\times(1-0.25)\times24\times53\times29\times35}=0.132\times\frac{Z_4\times Z_9}{Z_3}$$

（3）紧压罗拉～第一罗拉牵伸（前张力牵伸）E_2。

$$E_2=\frac{29\times53\times59.8}{Z_9\times41\times45}=\frac{49.817}{Z_9}$$

（4）第二罗拉～后罗拉牵伸（后区牵伸）E_3。

$$E_3=\frac{Z_8}{20}$$

（5）后罗拉～检测罗拉（凹凸罗拉）牵伸 E_4。

$$E_4=\frac{33\times Z_7\times20\times22\times35}{22\times27\times33\times22\times90}=0.013Z_7$$

（6）检测罗拉～导条罗拉牵伸 E_5。

$$E_5=\frac{90\times22\times Z_5}{60\times33\times Z_6}=\frac{Z_5}{Z_6}$$

3. 产量计算

（1）理论产量 $G_{理}$[kg/（台・h）]。

$$G_{理}=\frac{60\times p\times q\times v}{5\times1\,000}$$

式中：p 为并条机的眼数；q 为输出纤维条定量（g/5 m）；v 为紧压罗拉输出速度（m/min）。

（2）理论产量 $G_{定}$[kg/（台・h）]。

$$G_{定}=G_{理}\times\eta$$

式中：η 为效率，一般为 80%～90%。

四、TJFA458A 型粗纱机传动与工艺计算

（一）TJFA458A 型粗纱机传动图

TJFA458A 型粗纱机传动图如图 10-4 所示。

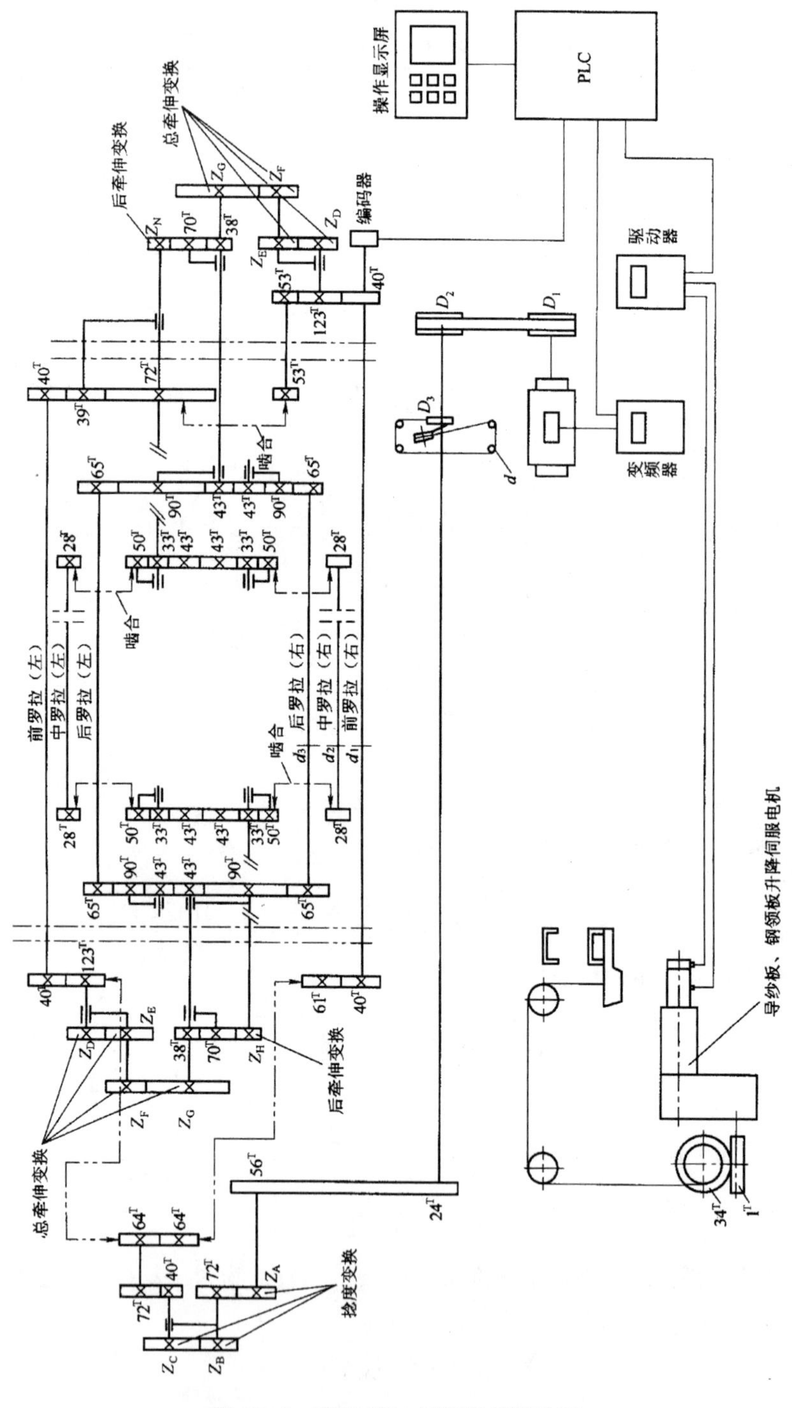

图 10-4　TJFA458A 型粗纱机传动图

（二）主要工艺变换件

TJFA458A 型粗纱机的主要工艺变换件代号及规格见表 10-41。

表 10-41 TJFA458A 型粗纱机主要工艺变换件

名称及代号	规格	名称及代号	规格
电机皮带盘 D_m(mm)	120，145，169，194	总牵伸齿轮 Z_7	$25^T \sim 64^T$
主轴皮带盘 D(mm)	190，200，210，230	后牵伸齿轮 Z_8	$32^T \sim 42^T$（三罗拉） $32^T \sim 46^T$（四罗拉）
捻度阶段齿轮 Z_1/Z_2	$70^T/103^T$，$82^T/91^T$，$103^T/70^T$	升降阶段齿轮 Z_9/Z_{10}	$22^T/45^T$，$28^T/39^T$
捻度齿轮 Z_3	$30^T \sim 60^T$	升降齿轮 Z_{11}	$21^T \sim 30^T$
成形变换齿轮 Z_4	$19^T \sim 41^T$	卷绕齿轮 Z_{12}	$36^T \sim 38^T$
成形变换齿轮 Z_5	$19^T \sim 46^T$	升降渐减齿轮 Z_{13}	22^T，24^T
牵伸阶段齿轮 Z_6	69^T，79^T	喂条张力齿轮 Z_{14}	$19^T \sim 22^T$

（三）工艺计算

1. 速度计算

（1）主轴转速 n_1(r/min)。

$$n_1 = 960 \times \frac{D_m}{D}$$

（2）锭子转速 n_2(r/min)。

$$n_2 = \frac{48 \times 40}{53 \times 29} \times n_1 = 1.249\,2 n_1$$

（3）前罗拉转速 n_f(r/min)。

$$n_f = \frac{Z_1}{Z_2} \times \frac{72}{91} \times \frac{Z_3}{91} \times n_1 = \frac{0.008\,7 \times Z_1 \times Z_3}{Z_2} \times n_1$$

2. 捻度计算 T_t(捻/m)

$$T_t = 1\,000 \times \frac{n_2}{n_f \times \pi \times d_f} = 1\,000 \times \frac{48 \times 40 \times 91 \times 91 \times Z_2}{53 \times 29 \times 72 \times Z_1 \times Z_3 \times \pi \times 28} = \frac{163.331 \times Z_2}{Z_1 \times Z_3}$$

上式中，$163.331 \times \frac{Z_2}{Z_1}$ 称为捻度常数。改变捻度时，捻度变换齿轮 Z_3 起主要调节作用，捻度阶段变换成对齿轮 $\frac{Z_2}{Z_1}$ 只是起微调作用。

3. 牵伸计算（四罗拉双短胶圈牵伸）

（1）总牵伸 E。

$$E = \frac{96 \times Z_6 \times d_f}{25 \times Z_7 \times d_b} = 3.84 \times \frac{Z_6}{Z_7}$$

式中：d_f 为前罗拉直径（28 mm）；d_b 为后罗拉直径（28 mm）。

（2）第三罗拉～后罗拉牵伸（后区牵伸）E_1。

$$E_1 = \frac{31}{Z_8} \times \frac{47}{29} \times \frac{d_3 + 2 \times \delta}{d_b} = \frac{48.8059}{Z_8}$$

式中：d_3 为第三罗拉直径(25 mm)；δ 为下胶圈厚度(1.1 mm)。

(3) 第一罗拉～第二罗拉牵伸(前区牵伸)E_2。

$$E_2 = \frac{21}{20} \times \frac{d_f}{d_2} = 1.05\text{（固定）}$$

式中：d_2 为第二罗拉直径(28 mm)。

(4) 第二罗拉～第三罗拉牵伸(中区牵伸)E_3。

$$E_3 = \frac{29}{47} \times \frac{Z_8}{31} \times \frac{Z_6}{Z_7} \times \frac{96}{25} \times \frac{20}{21} \times \frac{d_2}{d_3 + 2 \times \delta} = 0.0749 \times \frac{Z_8 \times Z_6}{Z_7}$$

也可由总牵伸等于各区牵伸的乘积推算得出。

(5) 导条辊～后罗拉牵伸(张力牵伸)E_4。

$$E_4 = \frac{Z_{14}}{24} \times \frac{77}{63} \times \frac{70}{30} \times \frac{d_b}{d} = 0.0524 \times Z_{14}$$

式中：d 为导条辊直径(63.5 mm)。

4. 卷绕计算

(1) 筒管轴向卷绕密度(圈/cm)。

$$P = 1.655 \times \frac{Z_{12} \times Z_{10}}{Z_9 \times Z_{11}}$$

(2) 筒管径向卷层数(层/cm)。

$$Q = 25.006 \times \frac{Z_5}{Z_4}$$

5. 产量计算

(1) 理论产量 $G_{理}$[kg/(台·h)]。

$$G_{理} = n_f \times \pi \times d_f \times \text{Tt} \times 60 \times 10^{-9}$$

式中：Tt 为粗纱线密度(tex)。

(2) 定额产量 $G_{定}$[kg/(台·h)]。

$$G_{定} = G_{理} \times \eta$$

式中：η 为效率，一般为 80%～90%。

五、EJM138JLA 型细纱机传动与工艺计算

(一) EJM138JLA 型细纱机传动图

EJM138JLA 型细纱机传动图如图 10-5 所示。

(二) 主要工艺变换件

EJM138JLA 型细纱机的主要工艺变换件见表 10-42。

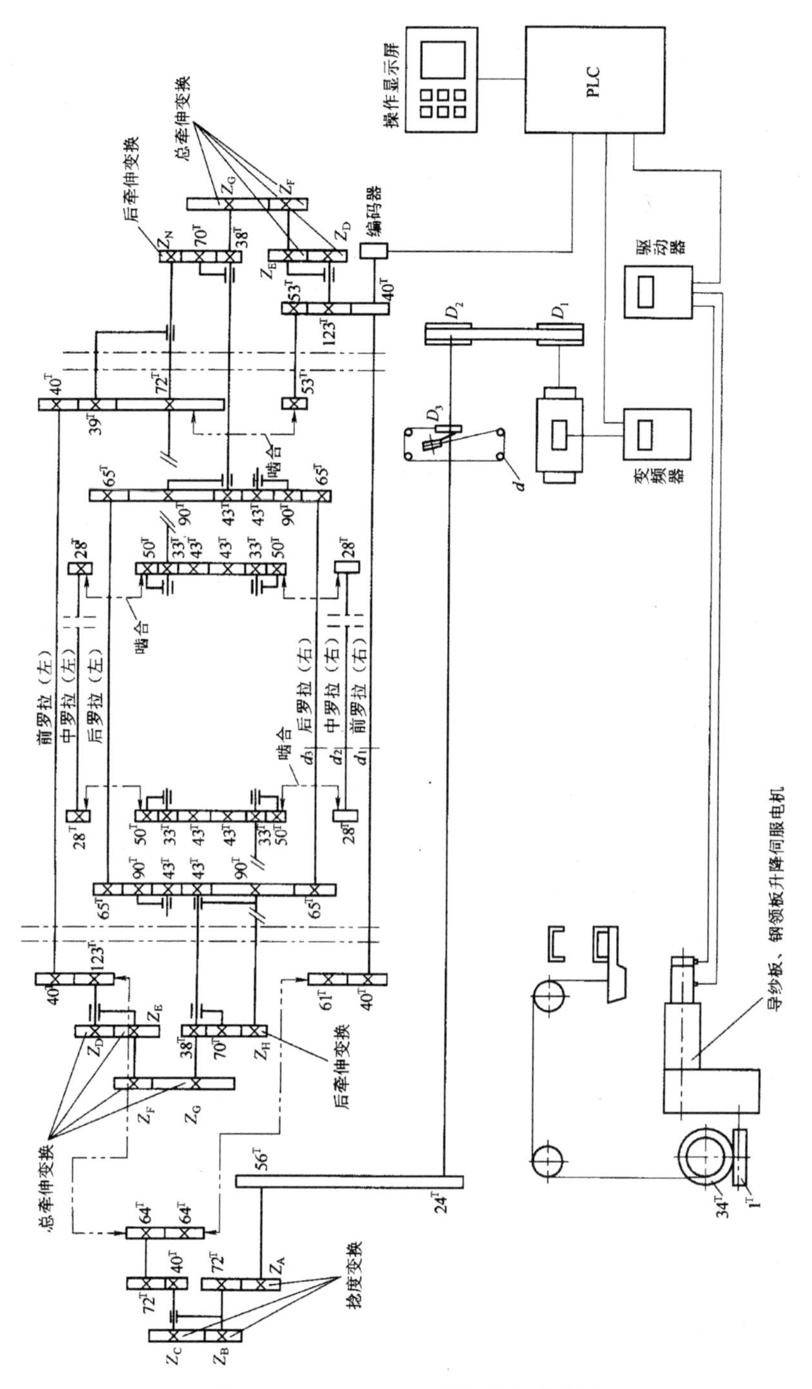

图 10-5　EJM138JLA 型细纱机传动图

表 10-42　EJM138JLA 型细纱机主要工艺变换件

名称及代号	规格
捻度变换成对齿轮 Z_B/Z_C($Z_B+Z_C=126^T$)	$86^T/40^T$，$80^T/46^T$，$74^T/52^T$，$68^T/58^T$，$64^T/62^T$，$58^T/68^T$，$52^T/74^T$，$46^T/80^T$，$40^T/86^T$
捻度变换齿轮 Z_A	34^T～42^T

（续　表）

名称及代号	规格
总牵伸变换成对齿轮 $Z_D/Z_E(Z_D+Z_E=160)$	$87^T/73^T$，$73^T/87^T$，$59^T/101^T$，$46^T/114^T$，$34^T/126^T$
总牵伸变换齿轮 Z_G/Z_F	Z_G：132^T，134^T；Z_F：$37^T \sim 53^T$
后牵伸变换齿轮 Z_H	$42^T \sim 45^T$，47^T，48^T，50^T，52^T，54^T，57^T，59^T，62^T，65^T

（三）工艺计算

1. 速度计算

（1）锭子转速 n_s(r/min)。

$$n_s = N \times \frac{f}{50} \times \frac{(D_3+\delta)}{(d+\delta)} \times \frac{D_1}{D_2} = 378.45f$$

式中：N 为主电机转速(1 480 r/min)；f 为变频器输出频率(Hz)；D_1 为电动机皮带轮节径(195 mm)；D_2 为主轴皮带轮节径(195 mm)；D_3 为滚盘直径(250 mm)；d 为锭盘直径(19 mm)；δ 为锭带厚度(0.6 mm)。

（2）前罗拉转速 n_f(r/min)。

$$n_f = N \times \frac{f}{50} \times \frac{D_1 \times 24 \times Z_A \times Z_B \times 40 \times 64}{D_2 \times 56 \times 72 \times Z_C \times 72 \times 40} = 0.156f \times \frac{Z_A \times Z_B}{Z_C}$$

2. 捻度计算 T_t(捻/m)

$$T_t = \frac{(D_3+\delta) \times 56 \times 72 \times Z_C \times 72 \times 40 \times 100}{(d+\delta) \times 24 \times Z_A \times Z_B \times 40 \times 64 \times \pi \times d_f} = 2\,848.873\,5 \times \frac{Z_C}{Z_A \times Z_B}$$

式中：d_f为前罗拉直径(27 mm)。

3. 牵伸计算

（1）总牵伸(机械牵伸)E。

$$E = \frac{123 \times Z_E \times Z_G \times 65}{40 \times Z_D \times Z_F \times 43} = 4.648\,26 \times \frac{Z_E \times Z_G}{Z_D \times Z_F}$$

（2）后区牵伸 E_B。

$$E_B = \frac{65 \times 38 \times 33 \times d_2}{43 \times Z_H \times 28 \times d_b} = \frac{67.699}{Z_H}$$

式中：d_2为中罗拉直径(27 mm)；d_b为后罗拉直径(27 mm)。

4. 产量计算

（1）理论产量 $G_{理}$[kg/(锭·h)]。

$$G_{理} = n_f \times \pi \times d_f \times 60 \times \text{Tt} \times 10^{-6} \times (1-\text{捻缩率})$$

或

$$G_{理} = \frac{n_s}{T_t} \times 60 \times \text{Tt} \times 10^{-7} \times (1-\text{捻缩率})$$

（2）定额产量 $G_{定}$[kg/(锭·h)]。

$$G_{定} = G_{理} \times \eta$$

式中：η为细纱工序的时间效率，一般为95%～97%。

六、F1604型转杯纺纱机传动与工艺计算

（一）F1604型转杯纺纱机传动图

F1604型转杯纺纱机传动图如图10-6所示。

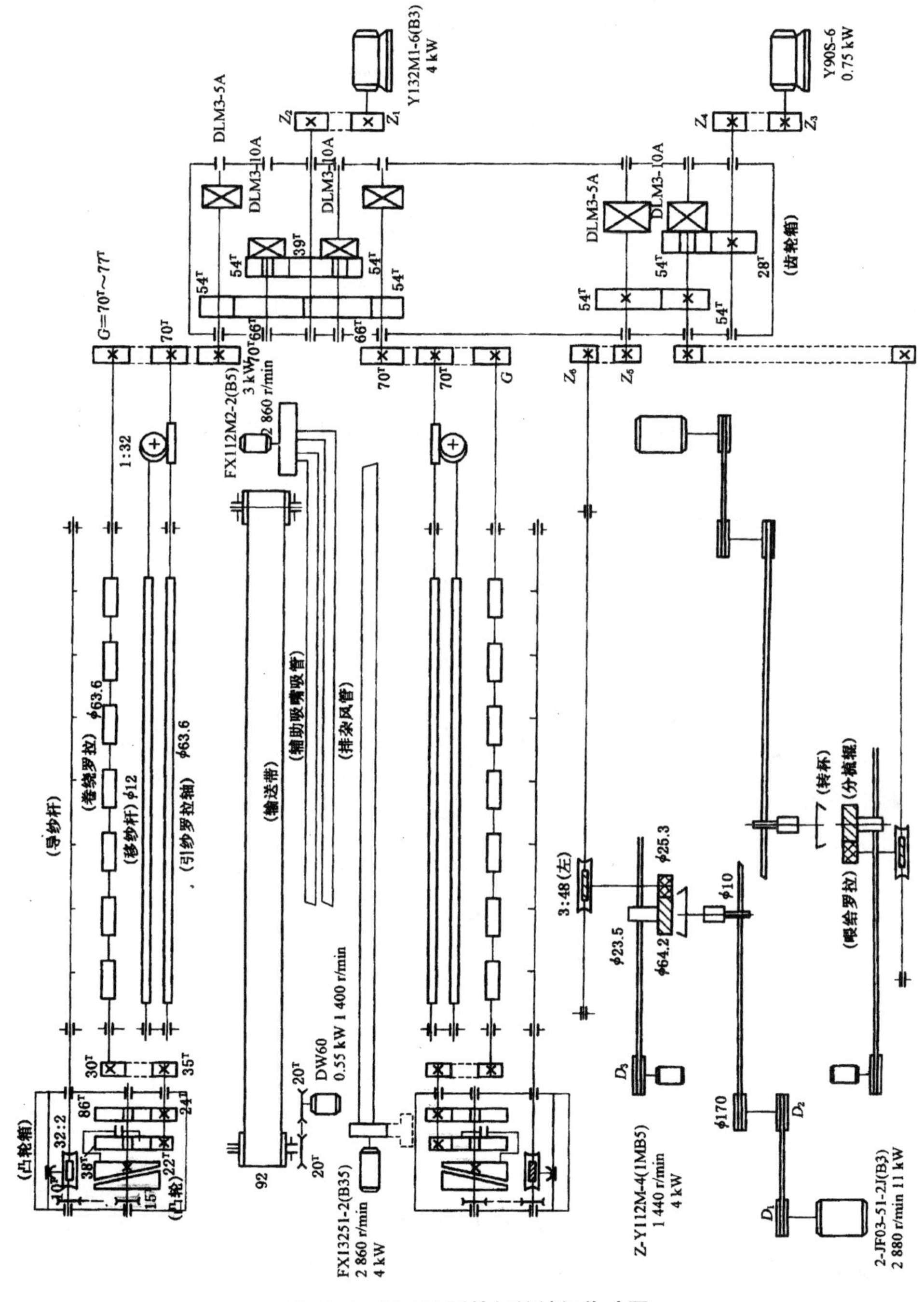

图10-6　F1604型转杯纺纱机传动图

(二) 工艺计算

1. 速度计算

(1) 转杯转速 n_1(r/min)。

$$n_1 = 2\,880 \times \frac{D_1}{D_2} \times \frac{170+\delta}{10} \quad \text{(未计滑溜率)}$$

式中:δ 为龙带厚度(mm);D_1 为电机皮带轮直径(142 mm、162 mm、178 mm、182 mm、197 mm、212 mm、227 mm、242 mm);D_2 为龙带传动轴皮带轮直径(150 mm、160 mm、175 mm、178 mm、201 mm、234 mm)。

(2) 分梳辊转速 n_2(r/min)。

$$n_3 = 1\,440 \times \frac{D_3+\delta}{23.5} \quad \text{(未计滑溜率)}$$

式中:D_3 为电机皮带轮直径(82 mm、100 mm、108 mm、116 mm、124 mm、132 mm、140 mm、150 mm、160 mm)。

(3) 其他转速。

喂给罗拉转速 n_3(r/min)、引纱罗拉转速 n_4(r/min)可通过车头速度显示器进行无级调速。

(4) 喂给罗拉喂入速度 v_3(m/min)。

$$v_3 = \pi \times \frac{25.3}{1\,000} \times n_3$$

(5) 引纱罗拉输出速度 v_4(m/min)。

$$v_4 = \pi \times \frac{63.6}{1\,000} \times n_4$$

2. 牵伸计算

(1) 喂给罗拉~引纱罗拉牵伸(主牵伸)E_1。

$$E_1 = \frac{v_4}{v_3}$$

(2) 引纱罗拉~槽筒牵伸(张力牵伸)E_2。

$$E_2 = \frac{70}{G}$$

式中:G 为张力牵伸变换齿轮齿数($70^{\mathrm{T}} \sim 77^{\mathrm{T}}$)。

(3) 总牵伸 E。

$$E = E_1 \times E_2$$

3. 捻度计算

(1) 计算捻度 T_t(捻/10 cm)。

$$T_t = \frac{1}{10} \times \frac{n_1}{v_4}$$

(2) 实际捻度 T_t'(捻/10 cm)。

$$T_t' = T_t \times 加捻效率$$

4. 产量计算

(1) 理论产量 $G_{理}$[kg/(千头・h)]。

$$G_{理} = \frac{v_4 \times 60 \times 1\,000 \times \mathrm{Tt}}{1\,000 \times 1\,000} = 0.06 v_4 \times \mathrm{Tt}$$

式中：Tt 为纺纱线密度(tex)。

(2) 定额产量 $G_{定}$[kg/(千头・h)]。

$$G_{定} = G_{理} \times \eta$$

式中：η 为时间效率(转杯纺纱机的时间效率一般为 95%～97%)。

第四节　各工序工艺质量考核指标及温湿度控制

一、工艺质量考核指标

(一) 清梳联

(1) 产量。清花机组：1 000～1 500 kg/h；梳棉机正常生产出条速度：120～230 m/min。

(2) 生条质量不匀率。5 m 片段的外不匀率(CV%)：≤2.0%～2.5%；5 m 片段的内不匀率(CV%)：≤1.5%。

(3) 棉结(AFIS 测试)。清花系统到喂棉箱筵棉的棉结增长率<90%；梳棉机的棉结去除率≥80%。

(4) 12.7 mm 以下短绒率(AFIS 测试)。清花系统到喂棉箱筵棉的短绒增长率≤1%；生条比筵棉的短绒增长率≤ 1% 。

(5) 除杂效率。清花系统除杂效率≥ 60% (原棉含杂率为 2.5%～3%时)；梳棉机除杂效率≥92%；清梳联系统除杂效率≥ 95%；落棉率(%)＝原棉含杂率×1.1 。

(6) 机械运转率≥ 95%。

(二) 精梳

(1) 精梳小卷。每米质量不匀(CV%)≤1.0%，棉条排列伸直平行，无黏卷。

(2) 精梳棉条。5 m 片段质量不匀(CV%)<1.20%；Uster 条干不匀率(CV%)<4.0%；精梳条含短绒率<8.0%；较生条的棉结、杂质清除率：棉结>20%；杂质>60%。

(三) 并条、粗纱

可参照 2013 Uster 公报 25%～5%水平制订。

（四）细纱

根据用户合同要求，参考2013 Uster公报水平制订。

二、温湿度控制

（1）清梳联工序：温度23～30℃，相对湿度55%～63%。
（2）精梳工序：温度23～30℃，相对湿度55%～63%。
（3）并条工序：温度23～30℃，相对湿度55%～63%。
（4）粗纱工序：温度23～30℃，相对湿度62%～68%。
（5）细纱工序：温度23～30℃，相对湿度56%～63%。

第十一章 毛型纤维纺纱

纤维性能对纺纱的影响很大，其中，纤维长度对纺纱的装备和工艺的影响尤为突出。目前的短纤维或天然纤维的纺纱系统，主要有两大类：一是棉型纺纱系统，适合加工长度接近棉的纤维，即纤维长度为25～50 mm；另一种是毛型纺纱系统，适合加工长度接近羊毛的纤维，即纤维长度为70～110 mm。这两种纺纱系统因纤维的长度差异大，因此，尽管其纺纱原理是一致的，但在加工设备、加工流程和加工工艺上有较大的差别。例如，毛型纤维的纺纱流程比棉型的长，梳理都采用罗拉式梳理机，并条都采用针梳机，等等。而不同的毛型纤维，如长度接近的羊毛、苎麻、绢丝等，其纺纱设备、流程则相差不大。本章主要对毛型纤维的纺纱做简要叙述。

第一节 毛 纺

羊毛纤维由于长度长，短纤维的存在对纺纱过程和成纱质量有较大的影响，因此，一般都采用精梳（或称为精纺）。而一些短的纤维或精梳的下脚则采用粗梳（或称为粗纺）。

精梳毛纺的主要工艺流程为：

初加工（开毛→洗毛→烘毛）→毛条制造（和毛→给湿加油→养生→梳毛→针梳→精梳→针梳）→条染复精梳（松球→染色→脱水→复洗烘干→混条→针梳→（复）精梳→针梳）→前纺（混条→针梳→粗纱）→后纺（细纱→络筒→并纱→捻线→蒸纱）。

如果生产匹染产品，即纺纱中不染色，织成布后再染色，则不需要条染复精梳工序。

粗梳毛纺的工艺流程为：

初加工→和毛→给湿加油→养生→梳毛→细纱→络筒→并纱→捻线。

可见，精梳毛纺的加工流程很长，生产成本高，而粗梳毛纺的流程虽短，但成纱品质不高，故出现了成本和产品质量介于两者间的半精纺。

半精纺目前主要是毛纺与棉纺相结合的工艺应用较多，加工的纤维长度为30～40 mm，其流程为：

和毛→给湿加油→养生→梳棉→并条→粗纱→细纱。

该工艺对原料的适应性广，生产流程短，产品质量好，应用领域也更广。

一、羊毛原料的初加工

从绵羊身上剪下的羊毛（套毛或散毛）称为原毛，夹带有各种杂质，如羊毛脂、羊汗、草刺、砂土等。因此，原毛首先需经过选毛、分类，然后再采用一系列机械与化学的方法（称为初加工，主要包括开毛、洗毛、炭化等），除去原毛中的各种杂质，使其成为符合毛纺生产要求的比较纯净的羊毛纤维，亦称洗净毛。

羊毛的初加工流程如下：

精纺：选毛→开毛→洗毛→烘毛→洗净毛。

粗纺：选毛→开毛→洗毛→烘毛→炭化(含草净毛→浸酸→轧酸→烘干和烘烤→轧炭和除炭→中和→烘干)→炭化净毛。

(一) 选毛

羊毛的品质不但随羊种、牧区气候环境及饲养条件不同而不同，而且同一只羊身上不同部位的羊毛品质也不相同。为了合理使用原料，必须对进厂的原毛(套毛或散毛)通过人工按不同的品级进行分选，这一工作称为羊毛分级，亦称选毛，类似于棉纺中的配棉，其目的也是合理地调配、使用原料、降低成本。

(二) 开毛

1. 开毛工艺过程

开毛是对原毛进行开松、除杂，以提高洗涤效果。因此，开毛应在尽量减少纤维损伤的前提下，将毛块开松成松散的毛束，并尽可能多地清除其中的土杂，减轻清洗工序的负担。

三锡林开毛机如图 11-1 所示。原毛由喂毛机均匀铺在喂毛帘 1 上，输送给喂毛罗拉 2。为防止缠绕，在下罗拉处安装一铲刀 10。羊毛在喂入罗拉的握持下喂入，依次接受第一开毛锡林 3、第二锡林 4 和第三锡林 5 的撕扯打击，并在离心力的作用下撞击尘格，从而达到清除部分土杂的效果。被开松的毛块随锡林的回转气流前行，进而被吸附到尘笼 6 上，部分细土杂通过尘笼孔眼被风力吸走。而松散的毛块则由输出帘 7 输出，进入下一道喂毛机。

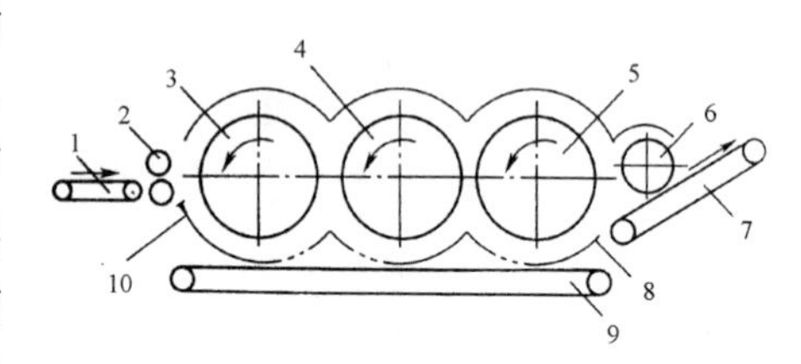

图 11-1　三锡林开毛机

2. 主要工艺参数

开毛机的主要工艺参数包括：

(1) 喂毛罗拉加压及其与锡林的隔距：喂毛罗拉的压力大，对毛块的握持作用强，开松作用好，但对纤维的损伤大；锡林与喂毛罗拉间的隔距小，开松作用强，纤维损伤大，且制成率低。

(2) 锡林的转速：转速越高，打击羊毛和分离杂质的作用越强，但越易损伤纤维。在三锡林和多辊筒式开毛机上，锡林转速(270～320 r/min)随开松作用逐步深入而逐渐提高，同时角钉排数逐渐减少，以减少纤维的损伤。

(3) 尘棒间距：锡林下的尘棒多采用圆形，直径多为 8 mm。尘棒间距一般为 8～12 mm，尘棒与锡林间的隔距一般为 12～25 mm。喂入量多、羊毛纤维长、含杂多时，间距和隔距应大。

锡林上角钉的形状及植列形式也影响开松除杂效果。

(三) 洗毛

洗毛一般在开洗烘联合机上进行。该机主要由开毛、洗毛、烘毛三部分组成，中间以自动喂毛机联接。羊毛从喂入到输出都是连续进行的，其中洗毛部分有若干个洗毛槽，每个洗槽中洗液的温度、加入助剂的种类和数量各不相同，以适应不同的工艺要求。图 11-2 为 LB023 型洗毛联合机示意图。

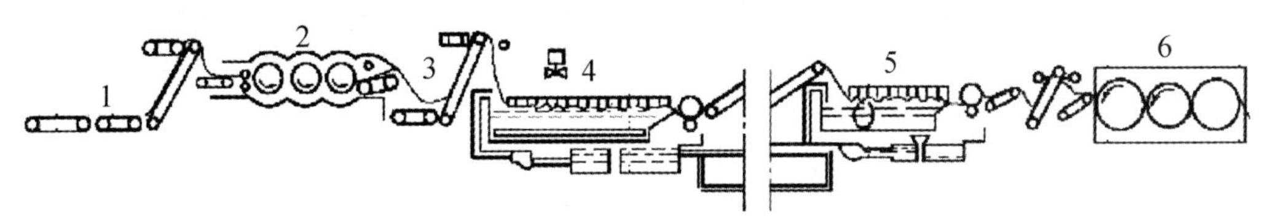

1，3—B034-100 型喂毛机；2—B034-100 型三锡林开毛机；
4，5—B0352-100 型五槽洗毛机的第一、五槽(第二、三、四槽图中未画出)；
6—R456 型圆网烘干机

图 11-2　LB023 型洗毛联合机示意图

(四) 烘干

从洗毛机压水辊出来的洗净毛，一般含有 40%左右的水分，不便于贮存和运输，也不能进行后续加工，因此必须进行烘干。

烘干羊毛的出机回潮率一般控制在(16±3)%。烘毛过程中要尽量做到烘毛均匀一致。

经过开毛、洗毛加工的羊毛称为洗净毛。洗净毛质量与毛条质量、制成率的关系极为密切。目前，洗净毛质量评定指标包括羊毛含油率、回潮率、含残碱率、含土杂率、毡并率、沥青点、洁白松散度等，见表 11-1。

表 11-1　洗净毛的质量要求

洗毛质量评级		含土杂率不大于(%)	毡并率不大于(%)	沥青点	洁白松散度	含油率(%)		回潮率(%)		含残碱率不大于(%)
						标准	允许范围	标准	允许范围	
支数毛	一等	4	2	不允许	比照标样	1	0.4～1.2	16	12～18	0.6
	二等	5	3	不允许	比照标样	1	0.4～1.2			
级数毛	一等	4	3	不允许	比照标样	1	0.6～1.4	16	12～18	0.6
	二等	6	5	不允许	比照标样	1	0.6～1.4			

(五) 炭化

1. 炭化目的与方法

羊毛上黏附有草籽、草叶等植物性杂质，有些与羊毛紧密纠结在一起，不易去除，给后道加工带来困难。为此，必须在羊毛初步加工过程中将草杂除去。

去除草杂有机械和化学两种方法。机械去草法去草不彻底，纤维长度损失较大，产量也低，所以很少采用。通常用的是化学去草方法，即炭化。

在粗梳毛纺中，常对含草杂多的羊毛用硫酸和助剂处理。

2. 炭化原理

酸虽然对羊毛纤维也有破坏作用，但相对于草杂而言，羊毛纤维更耐酸，所以可以利用这一特性，用酸处理含草杂的羊毛纤维，达到去除草杂的目的。但为了减少纤维强力损失，羊毛炭化时，必须严格控制炭化工艺条件。

3. 炭化工艺过程及炭化质量检验

(1) 散毛炭化工艺过程。此工艺常用于粗梳毛纺，使用散毛炭化联合机，其主要工序和作用如下：

① 浸酸、轧酸：在室温下将羊毛浸在浓度为 32～54.9 g/L 的酸液中 4 min 左右，使草杂吸

收足够的(稀)硫酸溶液以利于炭化,但要尽量减少羊毛的吸酸量,轧去多余酸液。

② 烘干与烘焙:先将羊毛在较低温度(一般为 65～80 ℃)下预烘,再经 102～110 ℃高温烘烤,以减少羊毛损伤,去除水分,脆化草杂。

③ 轧炭、打炭:粉碎炭化了的草杂,用机械及风力将其从羊毛中除去。

④ 中和:利用水、纯碱清洗并中和羊毛上的硫酸。

⑤ 烘干:使纤维达到所要求的回潮率,成为除去草杂质的炭化净毛。

(2) 炭净毛的质量检验。炭净毛的质量对原材料消耗和成品质量有重要影响,应做到手感蓬松,有弹性,强力损失小,清洁而富有光泽,色白不泛黄。不同质量的含草羊毛,经炭化后应符合表 11-2 的质量要求。

表 11-2　炭净毛质量要求

类别	含草杂率(%)	含酸率(%)		回潮率(%)		结块发并率(%)	含油脂率(%)
		等级	标准	标准	范围		
60 支以上外毛	0.05	1	0.3～0.6	16	8～16	3	—
58 支以下外毛	0.04	1	0.3～0.6	16	9～16	3	—
1-2 级国毛	0.07	1	0.3～0.6	15	8～15	3	—
3-5 级国毛	0.05	1	0.3～0.6	15	8～15	3	—
60 支以上精梳短毛	0.15	1	0.3～0.6	16	9～16	—	0.4～1.2 以内
58 支以下精梳短毛	0.10	1	0.3～0.6	16	9～16	—	0.4～1.2 以内
1-2 级国毛短毛	0.20	1	0.3～0.6	15	8～15	—	0.4～1.2 以内
3-4 级国毛短毛	0.10	1	0.3～0.6	15	8～15	—	0.4～1.2 以内

二、和毛加油

羊毛经过初加工后,其所含杂质有显著减少,但表面油脂的减少使纤维直接暴露,且烘干使得导电性本身就差的羊毛纤维更容易在梳理时产生静电。因此,必须在梳理前利用和毛机进行纤维松散、混合及给油加湿,以保证梳理时顺滑,并减少纤维损伤。

(一) 和毛机组成及工艺过程

和毛机主要由喂入部分、开松部分及输出部分组成,其结构与罗拉梳理机类似,但更简单,如图 11-3 所示。

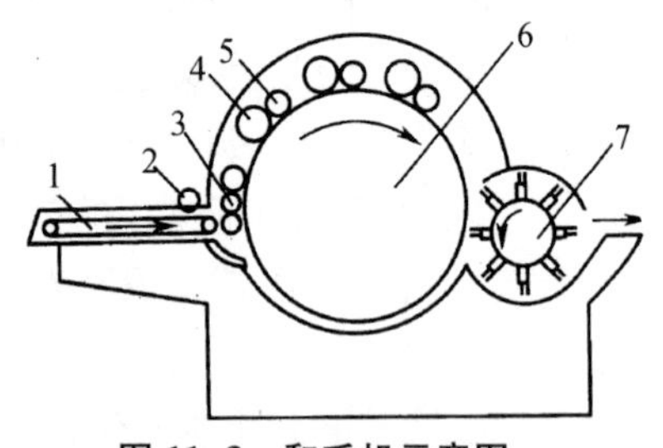

图 11-3　和毛机示意图

喂入部分包括喂毛帘 1、喂毛罗拉 3 和压毛辊 2。原料由人工或自动喂毛机均匀铺放在喂毛帘上,随着喂毛帘的运动,被送入一对装有倾斜角钉的喂毛罗拉。

开松部分包括一个大锡林 6、三个工作辊 4 和三个剥毛辊 5。这些部件上都装有鸡嘴形角钉。高速回转的大锡林抓取由喂毛罗拉喂入的原料,并与工作辊、剥毛辊对其进行撕扯和剥取(类似罗拉梳理单元的作用),使原料得到较充分的松解和混合。

输出部分的主要部件是道夫 7,其表面均匀分布、安装有八根木条,其中四根木条上装有交错排列的一排角钉,另外四根木条上装有一排角钉和一排皮条。道夫将开松后的原料输出机外。

和毛机的主要工艺参数是各机件间的隔距、速比及角钉规格。

(二) 和毛加油的质量控制

和毛工序的质量指标有回潮率及均匀度。均匀度包括混料成分均匀、色泽均匀、加油均匀。为保证和毛质量，应注意以下三个方面：

(1) 要求混料中各种纤维的松散程度基本一致，染色纤维应事先开松一次。

(2) 对原料种类多、色泽多或原料种类少、比例差异大的采用假和方法。

(3) 严格控制混料加油水量及其均匀度。

(三) 给油加湿

在纤维中加入一定量的和毛油(乳化液)，可使纤维具有较好的柔软性及韧性，使羊毛在受力时不易被拉断，减少纤维损伤，且不易产生静电。

(1) 和毛油。和毛油由润滑剂(油剂，如植物油、矿物油等)、乳化剂、柔软剂、集束剂、抗静电剂等组分经过乳化搅拌而成。和毛油可以自行配制，也可以购置商品和毛油。使用时按需要的油水比例配成乳化液。

(2) 加油量的确定。和毛油的用量，以纯油占加工原料质量(标准回潮率下)的百分比表示。加油量主要根据原料的性质及工艺要求而定，也要考虑洗净毛本身的含油率(洗净毛的含油率一般为 0.8%左右)。在不影响工艺过程的正常进行及保证产品质量的条件下，加油量应尽可能小，一般为 0.5%～1%。化纤的加油量比毛少。

和毛油通常与水混合后喷洒在纤维上。加水量则直接影响纤维的回潮率。羊毛回潮率低，空气相对湿度小时，应多加些水；反之，加水量应少一些。梳毛的上机回潮率以 16%～24%为宜。在纺纱过程中，回潮率如果低于 12%，会发生静电干扰，生产难以正常进行。在梳理过程中，水分还会挥发一部分(在两节锡林的梳毛机上，约挥发原料含水的 20%左右)。和毛加油后，一般要储放 8 h 后再使用。

三、梳毛

无论是精梳毛纺，还是粗梳毛纺，均使用罗拉梳理机来处理羊毛等混料。利用梳毛机上包覆的专用针布的锡林、工作辊、剥毛辊、道夫等机件对纤维的分梳、剥取等作用，来完成梳理工序所承担的分解单纤维、均匀混合、成条等任务。由于精纺和粗纺的原料、产品和工艺不同，其梳毛机结构也有所不同。

(一) 精纺梳毛机

1. 组成

精纺梳毛机是典型的罗拉梳理机，主要由喂入、预梳、梳理及输出四部分组成。图 11-4 所示为 B272 型梳毛机工艺简图。全机有两个胸锡林、一个主锡林、九个梳理工作区、无风轮、一个除草辊、三把打草刀，梳理及去草效果较好。

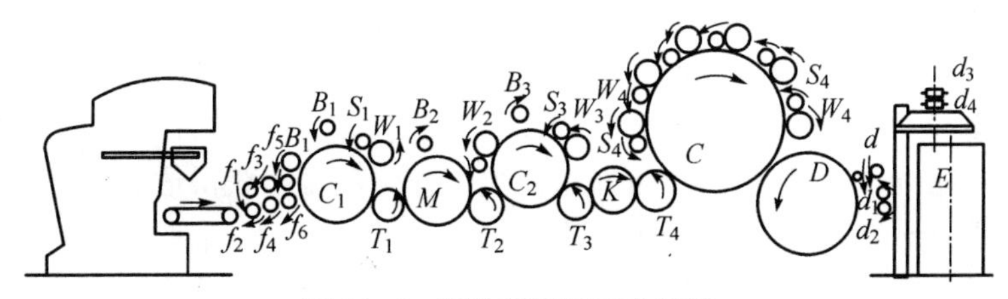

图 11-4　罗拉梳理机工艺简图

2. 主要工艺参数

梳毛机的主要工艺参数是各机件间的隔距、机件的速度及速比、毛条定量等。

(1) 隔距。梳毛机分解纤维的任务，主要在分梳作用区完成。因此，采用较小的分梳隔距，有利于加强分梳作用，并能达到降低毛粒含量的目的。但随着分梳隔距的减小，纤维在梳理过程中的断裂损伤有可能加剧。所以确定隔距时，既要充分发挥分解纤维的能力，又要使纤维损伤控制在允许范围之内。

隔距与原料性质有关。细而卷曲的羊毛，梳理比较困难，因此，应比粗羊毛采用更小的隔距，以加强梳理作用。此外，羊毛在机内逐步被分梳，由大块变为小块一直到形成纤维束，故隔距应按照羊毛在梳毛机内前进的方向逐渐变小，以保证逐步加强梳理作用。

B272 型梳毛机的隔距配置举例见表 11-3。

表 11-3　不同原料时 B272 型梳毛机各梳理机件间的隔距配置

单位:mm(1/1 000 英寸)

隔距部位 \ 原料	66 支以上细毛或 3 den 涤纶、锦纶及黏纤	60 支、64 支及以上较长的细毛或 3 den 腈纶、5 den 黏纤	60 支及以上较长的细毛或 6 den 腈纶	半细毛及 3、4 级毛	较粗长的半细毛及 3、4 级毛
喂毛罗拉～第一胸锡林	2.18(86)	2.18(86)	3.28(129)	3.28(129)	3.28～5.59(129～220)
第一工作辊～第一胸锡林	0.965(38)	1.7(67)	2.18(86)	2.67(105)	3.28(129)
第二工作辊～第二胸锡林	0.838(33)	0.965(38)	1.7(67)	2.18(86)	2.67(105)
第三工作辊～第二胸锡林	0.737(29)	0.838(33)	0.965(38)	1.7(67)	2.18(86)
第四工作辊～大锡林	0.686(27)	0.737(29)	0.838(33)	0.965(38)	1.217(48)
第五工作辊～大锡林	0.61(24)	0.686(27)	0.737(29)	0.838(33)	1.09(43)
第六工作辊～大锡林	0.533(21)	0.61(24)	0.686(27)	0.737(29)	0.914(36)
第七工作辊～大锡林	0.483(19)	0.533(21)	0.61(24)	0.686(27)	0.787(31)
第八工作辊～大锡林	0.432(17)	0.483(19)	0.533(21)	0.61(24)	0.66(26)
第九工作辊～大锡林	0.305(12)	0.381(15)	0.432(17)	0.483(19)	0.533(21)
道夫～大锡林	0.178～0.229 (7～9)	0.229(9)	0.305(12)	0.305(12)	0.305(12)
斩刀～道夫	0.229～0.381 (9～15)	0.229～0.381 (9～15)	0.381(15)	0.381(15)	0.381(15)

(2) 速比。梳毛机的速比表示各工艺部件的速度要求及其相互配合的关系，对梳毛机的产量、质量(如分解纤维程度和均匀混合作用等)有着决定性的影响。大锡林的速度(转速约 150 r/mim，线速约 500～600 m/min)是梳毛机的基本速度，一般不变。其他机件的速度都以此为基准而变化，某机件的速比是指锡林线速度与该机件的速度之比。

为了提高梳毛机的分梳效能，还可通过改变工作辊速度来获得适当的工作辊速比(一般锡林与工作辊的线速比为 20～40)。在梳毛机喂入量不变时，工作辊速度愈小，也就是工作辊速比愈大时，分梳作用愈强，毛粒减少。通常：

① 梳理细羊毛时，应采用较小的工作辊和道夫速度，以加大速比，增加纤维受锡林钢针梳理的机会；梳理粗羊毛时，可用较小的道夫和工作辊速度。

② 梳理化纤等较长纤维时，可减小工作辊和道夫速比，以减少纤维长度损伤。

随着梳理的进行，梳毛机上工作辊和道夫的速比也逐渐增加。锡林与道夫的速比一般为10～30。

(3) 出条质量。梳毛机的出条质量应视毛网的质量而定。降低喂入质量和出条质量，可使纤维获得充分梳理，减少毛粒；而适当提高出条质量，可以增加产量。一般来讲，细羊毛的条重可轻些(一般为 12～15 g/m)，粗羊毛较重些(一般为 14～18 g/m)；化纤条易梳的可重些(如黏胶一般为 9～13 g/m)，难梳、蓬松的则轻些(如涤纶一般为 7～10 g/m)；使用金属针布时可重些，使用弹性针布时可轻些。

3. 质量控制

梳毛机的质量指标主要有：

(1) 毛网状态。毛网清晰，纤维分布均匀，无破洞、破边和云斑。

(2) 毛粒含量。64 支以上细支毛条的毛粒数不超过 30 只/g，60 支毛条的毛粒数不超过 20 只/g。

(3) 质量偏差。单条成球时，条重差异在±0.5 g 以内。

(二) 粗纺梳毛机

粗纺梳毛机与精纺梳毛机类似，但比精纺梳毛机多了几个梳理机和过桥混合装置，其原因为：

(1) 混合作用要求高。粗梳毛纺工艺流程短，梳毛机输出的粗纱直接喂入细纱机，不经精梳，也无多道针梳机的反复并合、牵伸，因此原料必须在梳毛机上混合充分。此外，粗纺梳毛机加工的纤维以散毛染色居多，除了成分上的混合，对混色的要求也很高。所以在粗纺梳毛机上不仅要加强纵向混合，还要考虑横向混合。前者通过增加机台的梳理点总数，即采用二联、三联、四联直至五联的梳理机来实现；后者则是在梳理机间加上一节或两节过桥装置，通过毛网的铺叠，实现横铺直取来实现。

(2) 粗纱成条要求高。粗纺梳毛机的出条直接喂入细纱机，由于粗纺细纱机的牵伸倍数小，调节范围也小，为了保证成纱支数，梳毛机的出条不仅质量较轻，而且头数多(通常有 80 根、120 根及 144 根等)，头与头之间的差异要小，质量不匀小于 1%。这比单根出条的精纺梳毛机的要求高得多。在粗纺梳毛机上，不仅要有均匀喂入的喂入机构，而且配有严格均匀的出条机构。

(3) 预梳理部分简单。由于粗梳毛纺大多使用炭化过的原料，大量草杂已经炭化去除，机械除草的负担比精纺梳毛时轻，故除草机械也比较简单。

1. 工艺过程

以二联式粗纱梳毛机为例，如图 11-5 所示。经和毛加油的混料，送入自动喂毛机Ⅰ，定时定量地将混料经开毛角钉帘 3、称毛斗 6 和推毛板喂毛帘 7、喂毛罗拉 8 喂入预梳理机Ⅱ中。喂入的混料在其间被胸锡林 10 和工作辊 11 分梳，大块被分解为小块和束状。随后，通过运输辊 13 将小块状纤维转移给第一梳理机Ⅲ。第一梳理机的主锡林 14 和五对工作辊、剥毛辊，对块状、束状纤维进行充分的梳理混合，使其成单纤维状，然后经由风轮 15 从主锡林针隙中起出，再凝聚在道夫 17 上，被斩刀 18 剥下而形成毛网，送入过桥机Ⅳ。毛网在过桥机上经纵向及横向折叠，其中的纤维得到充分混合，然后出过桥机，进入第二梳理机Ⅴ，接受进一步梳理、混合，再通过风轮、道夫斩刀输出。输出的毛网被喂入成条机Ⅵ。在成条机中，毛网被皮带丝26切割成若干小毛带，最后经搓皮板27搓成光、圆、紧的小毛条(即粗纱)，并卷绕在木辊上形成粗纱卷。

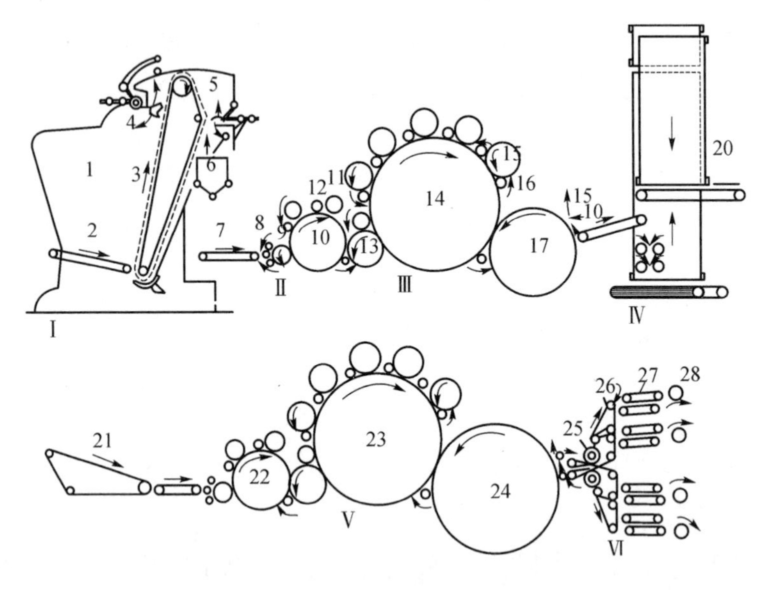

图 11-5　二联式梳毛机示意图

2. 主要工艺参数

粗纺梳毛机的主要工艺参数与精纺梳毛机类似，但具体数值有所不同。

(1) 出条速度。各种梳毛机的出条速度不尽相同，目前国产机一般为 15～20 g/min。

(2) 出条质量。梳毛机的出条质量(g/m)，取决于毛纱支数和细纱机的牵伸倍数。工厂一般用毛条定重来反映出条质量。即毛条定重为每根毛条轴上的出条质量之和，假使每根毛条轴上的毛条为 30 根，则毛条定重是出条质量的 30 倍。

(3) 喂毛周期及称毛斗每次喂毛量(g/次)。喂毛周期是自动喂毛机每次称毛的时间(一般为 20～60 s)。目前在梳毛机上纺低支纱时喂毛周期短，约为 30～40 s；纺高支纱时喂毛周期长，约为 50～60 s。

称毛斗每次喂毛量一般为 200～350 g/次，高支纱的喂入量偏小掌握。

(4) 隔距选择。粗纺梳毛机的工作辊和锡林表面多包覆有弹性针布，其隔距选择原则与精纺梳毛机相同，工作辊与锡林的隔距从喂入到出机方向一般是逐渐减小，各节梳理机的隔距也是由大到小。各种型号的梳理机加工各种原料时，隔距不完全一致，一般比精纺梳毛机略小。

(5) 速比。

① 工作辊速比：工作辊速比指锡林表面线速度与工作辊表面线速度之比，其选择原则与精纺梳毛机相同，纤维在梳理机内的松解程度越好，速比可越大。即随着梳理的进行，各工作辊速比逐渐增大，一般为 30～100。

② 道夫速比：道夫速比是指锡林表面线速度与道夫表面线速度之比，有时候直接用道夫

的转速来表征(因为锡林速度一般是恒定的)。它与产量、梳理效能及混合均匀作用有关。由于道夫与锡林之间有强烈的分梳作用,故常通过改变道夫速比来控制毛网中的毛粒数。道夫速比一般选用 20～40,后车比前车大。

速比的确定还与隔距、负荷、原料状态有关。负荷越大,速比应越小;隔距偏小,速比应小一点。

3. 质量控制

粗纺毛条的质量指标,主要有质量偏差、质量不匀、毛网状态及疵点(大肚纱、并头、细节、色泽不匀)等,一般控制范围见表 11-4。

表 11-4 粗纺毛条质量指标

细度[tex(公支)]	100 以下(10 以上)	200～100(5～10)	200 以上(5 以下)
纵向定重与标准差异(g)	±0.1	±0.15	±0.2～0.3
横向(单头)质量不匀(%)	小于 3.5,单根质量与标准质量之差超过±4 的,根数不多于 20 根(120 头)15 根(80 头)		
毛网状态	10 块黑板毛粒数小于 20 个为一级纱,20～30 个为二级纱,超过 30 个为级外纱		
其他疵点	大肚纱、并头、细节、粗纱松软、色泽不匀等		

四、精梳

(一) 精梳前准备

毛纺的精梳前准备工序一般由 2～3 道针梳组成。针梳机采用 6～8 根毛条,并合后喂入由前、后罗拉组成的牵伸装置。在牵伸装置中有许多以略大于后罗拉速度运动的针板,以控制牵伸区中的纤维运动。毛条中的纤维在牵伸过程中除受到周围纤维的摩擦作用外,还受到针板上梳针的梳理作用。梳毛条中的弯钩纤维经 2～3 次针梳后,大部分弯钩可以消除。由于反复的并合、牵伸,喂入精梳的条子均匀度和纤维伸直度有较大的改善。

毛纺中,精梳前、后都采用针梳来实现均匀、混合,精梳前的针梳称为理条,精梳后的针梳称为整条。

(二) 精梳

1. 毛型精梳机组成及工艺过程

毛型精梳机主要由以下部分组成:

(1) 喂入机构,包括条筒喂入架、导条板、喂毛罗拉、托毛铜板、给进盒和给进梳等。

(2) 钳板机构,包括上下钳板和铲板。

(3) 梳理机构,包括圆梳和顶梳。

(4) 拔取分离机构,包括拔取罗拉、拔取皮板、上下打断刀等。

(5) 清洁机构,包括圆毛刷、道夫、斩刀和落毛箱等。

(6) 出条机构,包括出条罗拉、喇叭口、紧压罗拉和毛条筒等。

毛型精梳机工作过程如图 11-6 所示。条筒中的毛条经导条辊导出,穿过导条板 1 和 2 至托毛板 3 上,由做间歇性运动的喂毛罗拉 4 经第二托毛板 5 喂入给进盒 6,并受给进梳 7 握持,进入张开的上下钳板 8。毛条进入钳板后,上下钳板闭合,握持毛条须丛,使之受到装有 19 排梳针的圆梳(即锡林)14 的梳理,分离出短纤维及杂质。

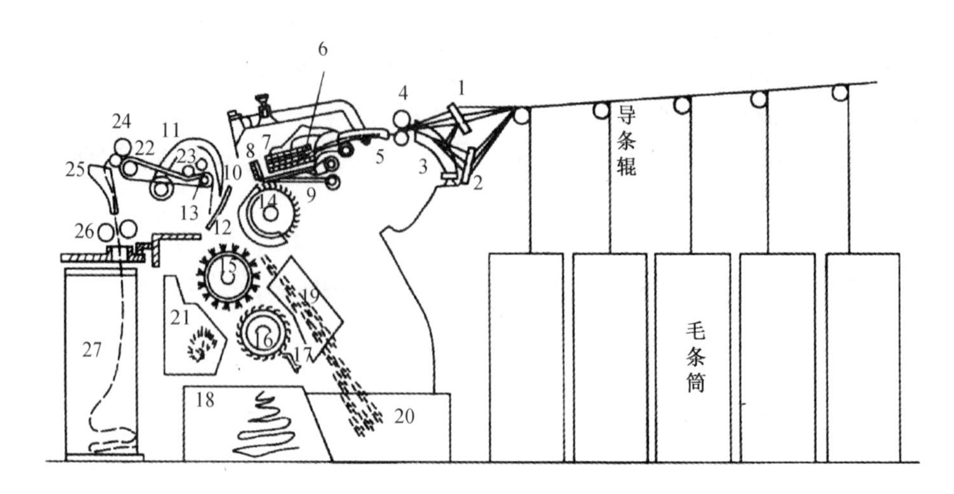

图 11-6　毛型精梳机的工作过程

纤维须丛经圆梳梳理后排出的短纤维及杂质，由圆毛刷 15 从圆梳针板上刷下，并由道夫 16 聚集，经斩刀 17 剥下，储放在短毛箱 18 中；而草杂等经尘道 19 被抛入尘杂箱 20 和 21 中。

圆梳梳理纤维须丛头端时，拔取车向钳板方向摆动，拔取罗拉 13 做反方向转动，把前一次已经梳理过的纤维须丛尾端退出一定长度，以便与新梳理的纤维头端搭接。为防止退出的纤维被圆梳梳针拉走，下打断刀 12 起挡护须丛的作用。

圆梳梳理纤维须丛头端完毕后，上下钳板张开并上抬，拔取车向后摆至离钳板最近处。此时，拔取罗拉正转，由铲板 9 托持须丛头端，送给拔取罗拉拔取，并与拔取罗拉退出的须丛叠合搭头。此时，顶梳 10 下降，插入被拔取罗拉拔取的须丛中，使纤维须丛尾端受到顶梳的梳理。拔取罗拉在正转拔取的同时，随拔取车摆动而脱离钳板，以加快长纤维的拔取。此时，上打断刀 11 下降，下打断刀 12 上升，成交叉状，压断须丛，帮助进一步分离出长纤维。

纤维须丛被拔取后，成网状铺放在拔取皮板 22 上，由拔取导辊 23 使其紧密，再通过卷取光罗拉 24、集毛斗 25 和出条罗拉 26 聚集成毛条后，送入毛条筒 27 中。由于毛网在每一个工作周期内随拔取车前后摆动，拔取罗拉正转前进的长度大于反转退出的长度，因而毛条周期性地进入毛条筒中。

2. 主要工艺参数

(1) 毛条的喂入根数与总喂入量。喂入毛条的根数与总喂入量，影响梳理效果及产量。喂入总量高，则精梳机的产量高，但梳理效果降低。B311 型精梳机喂入毛条的总根数不大于 20 根，毛条总喂入量不超过 200 g/m。当梳理细支毛及含杂草、毛粒较多的毛条或涤纶条时，喂入毛条量可偏轻掌握。

(2) 喂入长度。喂入长度影响梳理质量和产量，喂入长度长，则产量高而梳理差。加工粗长毛时喂入长度可加大，加工细短毛时喂入长度可减小。喂毛长度一般为 5.8～10 mm。

(3) 拔取隔距。拔取隔距是调整落毛率及梳理效果的重要手段。当所纺毛纤维长度长时，拔取隔距大；纺细短毛纤维时，拔取隔距要小。常用的拔取隔距有 26 mm、28 mm、30 mm三种。梳理粗长毛或黏胶纤维时，多用 28 mm、30 mm 这两种；加工细支毛时常采用 26 mm。

(4) 出条质量。精梳机的出条质量随原料不同而变化，一般为 17～20 g/m，加工细羊毛时为 17～18 g/m，加工粗长羊毛时为 19～20 g/m。

(5) 梳针规格。精梳锡林的梳针规格对梳理质量有较大影响，可根据原料不同分为粗毛用及细毛用两类；顶梳梳针规格也可根据原料的品种和细度有所区别。

(6) 搭接长度。分离纤维丛总长度 L 与分离纤维丛的纤维搭接长度 G 影响新、旧纤维丛的叠合，从而影响输出条的均匀度。为使输出精梳条的周期性不匀尽量小，搭接长度的范围一般为：$G=(2/3 \sim 3/5)L$。可根据工艺做进一步调节。

3. 精梳毛条质量指标

精梳毛条的品质要求通常按国家标准为分等分级的依据，国毛、外毛和化纤条都有具体的标准。其主要指标有：纤维平均直径及不匀、纤维长度及不匀、30 mm 以下短纤维率、条子定量，以及毛粒、草屑数等。

五、条染复精梳

目前精梳毛纺产品生产有匹染和条染两种染色方法。

匹染是对织成的毛织物进行染色，因此，精梳毛条可以经过针梳、粗纱和细纱直接成纱，其纺纱工艺流程较短，成本低、效率高；但由于是成品染色，染色中产生的疵点不易弥补，而且颜色单一，只适合生产单色产品。

条染是对纺纱中的纤维条进行染色，故需要经过条染复精梳工艺，适合加工多色混合产品或混纺产品，可将不同成分、不同色泽的毛条按不同比例混合搭配，纺制色彩丰富、品种多样的精纺产品。条染的成纱条干均匀、疵点少，制成品混色均匀，光泽柔和，手感和内在质量都较好。因此，纺制多色纱或者色光要求严格的高档产品时，均采用条染复精梳工艺。

(一) 条染复精梳工艺流程

条染复精梳的工艺流程，依据工厂设备情况、所加工的原料和产品品种情况，可灵活选择。色号少或混纺成分少的产品可经较短的加工工序，色号多或混纺成分多的产品应当选择较长的工艺流程。一般的条染复精梳设备配置包括毛条松毛团(球)机、毛条染色机、脱水机、复洗机、混条机和精梳机等。

条染复精梳工艺流程示例：

松毛球机→N642 型毛球染色机→Z751 脱水机→LB334 复洗机→B412 混条机→B302 针梳机→B303 二道针梳机→B304 三道针梳机→B311C 精梳机→B305 四道针梳机→B306 末道针梳机(自调匀整)。

精梳毛条在染色之前要绕成松式毛团(球)，以便于毛条装入染缸和保证毛条染色质量。绕松式毛团(球)一般在针梳机上完成。松式毛团(球)装入毛球染色机进行染色，然后经脱水，进入复洗机洗去浮色和油污，同时加入适量和毛油及抗静电剂，增加毛条的可纺性。烘干后的复洗毛条，经混条机配色、混合、均匀及针梳机梳理、顺直并变重后，进行复精梳加工，主要作用是梳松和去除毡并，使纤维进一步平行顺直。复精梳后的毛条再经过两道针梳机的并合梳理，消除毛条的周期性不匀，完成条染复精梳的加工过程。

(二) 毛球染色(条染)

为提高毛条染色均匀度，减少染色时间和便于毛团(球)装入染色机的染缸芯轴，毛条在染色之前先经松毛团机绕成松式毛团。此项加工一般用针梳机完成。毛团质量一般控制在2.5～4.0 kg,卷绕张力为正常卷绕张力的1/2～2/3。

根据所染原料不同,条染分为常压染色和高温高压染色。常压染色用于染毛条、黏纤条、腈纶条和锦纶条等。高温染色用于染涤纶条或涤毛混梳条。

(三) 复洗

毛条经染色后,纤维表面留有浮色,要经复洗洗去条子的浮色和油污。复洗工序通常为三槽。第一槽中加入洗剂和助剂,进行清洗;第二槽为清水槽;第三槽根据所洗的是毛条还是化纤条,加入适量的和毛油或抗静电剂,并配以适量柔软剂,最后将毛条烘干。复洗工序的主要工艺参数,如水温、洗剂和助剂的浓度、换水周期等,可根据原料的性质、浮色及油污含量和染后毛条状况确定。

(四) 复精梳

复精梳工序由混条、针梳、精梳、两道针梳(末道针梳带自调匀整)组成。

混条机将复洗后的各种不同颜色、不同原料的条子,按产品要求的成分和颜色进行充分混合,并加适量和毛油。实际生产中,可根据混合成分和混色的复杂程度,选择混条的混合次数。针梳机将混条后的毛条并合、牵伸并改变条重和卷装形式,以适应精梳机的喂入和加工。精梳机对混合条进一步梳理顺直,去除前面加工中产生的毛粒、毡并、短毛和杂质等。精梳后的针梳则通过对条子的并合及自调匀整装置,改善毛条结构,使毛条更均匀。

1. 复精梳的工艺道数

工艺道数视加工品种和复杂程度选择,工艺流程的确定原则如下:

(1) 色号多,则混合次数应多。

(2) 混纺成分多,则混合次数应多。

(3) 原料成分或颜色成分差异较大,则混合次数应多。

2. 混条工艺

(1) 混条设计。根据产品要求和生产实际情况,选择各种纤维条的搭配混合,主要考虑纤维细度、长度、离散系数、颜色、混比等因素,既要满足产品风格和质量要求,又要经济合理、便于加工。如纺纯毛高支纱,应选择较细的羊毛,保证纱线横截面合理的纤维根数,提高纱线强力,降低细纱断头率。如果几个批号的毛条混配,各批条子间纤维平均细度差异不能超过1 μm,纤维平均长度应在70 mm以上,各批号间纤维平均长度差异应小于10 mm。

加工混纺产品时,化学纤维的细度应比羊毛的平均细度细,长度应比羊毛的平均长度长。这样,既可使羊毛纤维大多分布在纱线表面,体现羊毛的手感和风格,又使化学纤维藏而不露地弥补羊毛纤维的长度、细度缺陷,既保证纺纱顺利,又提高纱线强力和条干均匀度。

(2) 混条方法。条染产品的混条要在复精梳之前完成,经复精梳和前纺多道混并梳理,达到色泽均匀、光色纯正的要求。

匹染产品的混条主要是原料成分的混合均匀,在前纺工序完成。

(五) 色条、复洗条和复精梳条质量指标及控制

条染复精梳条的主要质量指标是染色牢度、色差控制、毛粒毛片、质量不匀、含油及回潮等,见表11-5。

表 11-5 条染复精梳质量指标

品种	物理指标				外观疵点		染色指标			
	单重(g/m)	质量不匀(%)	回潮率(%)	含油率(%)	毛粒(个/g)	毛片(个/g)	浮色(级)	摩擦牢度(级)	本身色差(级)	混合色差(级)
纯毛	20±1	3.5	16±2	1左右	2.0	不允许	4-5	4-5	4-5	4-5
黏胶	20±1	3.5	13±2	0.2～0.4	2.5		3	4-5	4-5	4-5
涤纶	20±1	3.5	<2	0.2～0.4	2.5		3-4	4-5	4-5	4-5
锦纶	20±1	3.5	2～6	0.2～0.4	2.5		3-4	4-5	4-5	4-5

六、毛纺针梳

在精梳毛纺中，针梳机反复应用于制条与前纺。针梳的作用类似于棉纺中的并条，使毛条内的纤维伸直平行，改善毛条的均匀度。

毛条制造中，在精梳工序之前，一般经 2～3 道针梳机，实现精梳前的准备，亦称理条。在精梳之后，再经过 2～3 道针梳机，实现对精梳毛条的均匀化，亦称整条。二者所用针梳机的结构基本相同，仅整条部分随半制品变细，梳箱规格有所变化，针排更为细密。

(一) 针梳机的组成及工艺过程

针梳机的工艺过程如图 11-7 所示。毛条由毛球或条筒退绕后，经导条辊、导条棒进入由后罗拉、前罗拉、梳箱组成的牵伸机构，再经卷绕成形机构，形成一定卷装(毛球或条筒)。针排形成较长的中间控制区，对长度离散较大的羊毛纤维起可靠的控制作用，减少短纤维在牵伸区内的不规则运动。

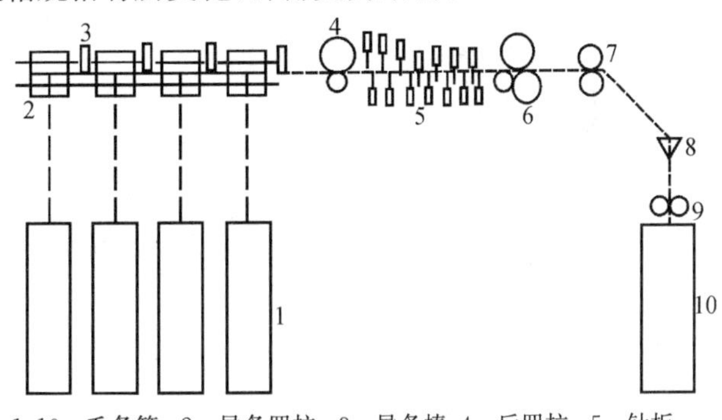

1,10—毛条筒；2—导条罗拉；3—导条棒；4—后罗拉；5—针板；6—前罗拉；7—出条罗拉；8—喇叭口；9—圈条压辊

图 11-7 针梳机工艺简图

(二) 主要工艺参数

针梳工艺选择是毛条制造工艺设计中的重要组成部分，包括：根据不同的原料确定其加工流程；确定各道针梳机的牵伸倍数、出条质量和并合根数；为了保证产品质量，还必须考虑各道针梳机的隔距、前后张力牵伸、罗拉加压和针板规格等参数。

1. 牵伸倍数

通常，各道针梳机的牵伸倍数是逐渐加大的，一般为 6～8 倍。

针梳机的后张力牵伸是指后罗拉到针板之间的牵伸，前张力牵伸是指出条罗拉与前罗拉之间的牵伸。这部分牵伸直接影响梳理作用和条干均匀度，一般为 0.95～1.04 倍。前张力牵伸主要影响条干；而后张力牵伸不仅影响条干，而且关系到针板负荷。针梳机的后张力牵伸一般略小于 1 倍，即后罗拉的速度常比针板的速度快，从而使纤维在进入针板之前呈松弛状态，以利于针板上的钢针刺入须条，减少纤维的损伤；但后张力牵伸过小，会使纤维层浮于针面，不能得到有效的梳理。在生产中，常通过上机实验来确定适宜的后张力牵伸。

2. 出条质量

针梳机的出条质量主要是控制三针和末针的出条质量。三针的出条喂入精梳，其质量有限制，一般为 7～12 g/m。毛条太重时，钳板夹不牢，会产生拉毛现象。末针的下机毛条是成品(精梳)毛条，其质量应符合标准规定。

3. 隔距

针梳机的隔距分总隔距和前隔距两种。总隔距应大于最长纤维的长度，它一般是不变的。前隔距指前罗拉中心线到第一块针板的钢针之间的距离。前隔距太大，无控制区就大，纤维易扩散，会影响条干均匀度，并且毛条发毛；如前隔距太小，容易牵伸不开，并损伤纤维。应根据纤维长度、条子定量调整前隔距。纤维长、定量重时，前隔距可大些；纤维短、定量轻时，前隔距可小些。前隔距一般为 35～55 mm。随着纤维伸直度的提高，各道针梳的前隔距逐渐增加。

4. 罗拉加压

罗拉加压与原料种类和牵伸倍数有关。加工羊毛时，压力可小些(78.4～98 N)；加工化纤时，压力应增大(98～117.6 N)。

5. 针板规格

针板是针梳机上梳理纤维和控制纤维运动的重要部件。针板的号数应随原料品种和加工流程而变化，随着针梳的进行，针越来越细密。高速针梳机采用扁针，以加强对纤维的控制作用。

(三) 质量控制

针梳毛条质量指标主要是质量偏差(±0.5～±1.5 g/m)、条干不匀、质量不匀(3%～4%)及毛粒含量等。

七、粗纱

毛纺的粗纱机主要有无捻粗纱机和有捻粗纱机两种，目前，精纺中主要采用无捻粗纱机。

(一) 有捻粗纱机

1. 组成和工艺过程

毛型有捻粗纱机的组成和工艺过程与棉纺粗纱机类似。其特点在于：

(1) 毛纺有捻粗纱机的牵伸机构为三罗拉双胶圈滑溜控制牵伸机构。其上、中胶辊为凹槽结构，套上胶圈后形成对纤维较柔和的弹性握持，既可控制较短纤维，又可使长于隔距的纤维顺利通过，扩大隔距的适用范围，保证粗纱条干均匀。

(2) 罗拉直径和罗拉隔距范围大。纺纱罗拉直径及罗拉隔距取决于所纺纤维的长度和细度，毛型纤维较棉型纤维长、细，因此毛型粗纱机的罗拉直径和隔距范围大。

2. 主要工艺参数

毛型有捻粗纱的适纺原料范围较广，对油水含量及车间温湿度等纺纱条件的适应性较好，纱条抱合力强，粗纱退绕时不易断头，细纱牵伸易于控制。

(1) 定量：0.25～1.2 g/m。

(2) 捻系数。与棉纺粗纱一样，捻系数过小，粗纱抱合力差，容易造成卷绕和退绕时的意外伸长，细纱断头率高，纱线条干不匀率大；捻系数过大，会造成细纱机牵伸困难，产生牵伸硬头、橡皮纱等疵点。应根据纤维性能、细纱工艺参数和车间温湿度等合理选择毛纺的粗纱捻系数，一般公制捻系数为 14～22。纤维较细、长度较长、离散较小、卷曲较多时，可选较小捻系数；化纤纱、混纺纱的捻系数可比纯毛纱小；色纱可比白纱的捻系数小；等等。

(3) 牵伸倍数。纺制纯化纤纱时可用较大的牵伸倍数，纺混纺纱时次之，纺纯毛纱时有捻粗纱的牵伸倍数一般为 5～10 倍。

(4) 粗纱卷绕张力。有捻粗纱正常的卷绕张力应使粗纱伸长率控制在 3%以内。同机台的大小纱之间、前后排锭子之间，不同机台之间的粗纱伸长差异率，都应控制在 1.5%以下。

(二) 无捻粗纱机

1. 组成及工艺过程

无捻粗纱机主要由喂入、牵伸、搓捻、卷绕成形四部分组成。FB441 型粗纱机工艺过程如图 11-8 所示。喂入架上的毛条 1，经导条辊 2 和分条架 3，进入牵伸机构的后罗拉 4。进入牵伸区的毛条先受到两对轻质辊 5 和 6 的控制，完成预牵伸；然后在针圈 7 和前罗拉 8 之间受到梳理和牵伸，再由前罗拉 8 输出。输出须条由搓捻皮板 9 搓成光、紧、圆的粗纱，由卷绕辊筒 10 卷绕成圆柱形的卷装。

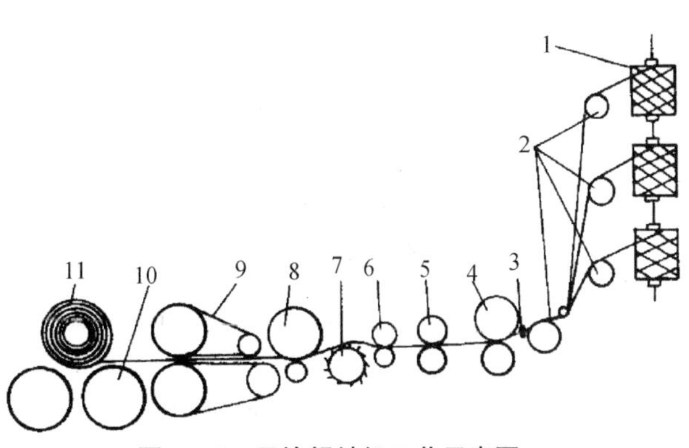

图 11-8　无捻粗纱机工艺示意图

2. 主要工艺参数

无捻粗纱表面光洁、毛羽少，纺纱强力高，缩率小。无捻粗纱机的主要工艺参数如下：

(1) 牵伸倍数。纯纺时牵伸倍数宜小一些，一般控制在 9.6～12.5 倍；纺混纺纱时牵伸倍数可稍大一些，一般为 10～13 倍；纺纯化纤时，牵伸倍数可适当放大，一般为 12～16 倍。

(2) 出条质量。出条质量的选择在细纱机允许牵伸范围内尽量偏重，以增加粗纱在卷绕及退绕过程中抗意外牵伸的能力，一般为 0.12～0.67 g/m。

(3) 皮辊加压。毛纯纺和混纺时皮辊加压一般为 450～550 kPa；化纤纺纯时皮辊加压一般为 550～650 kPa。

(4) 无捻粗纱的搓捻程度。影响粗纱搓捻程度的因素有上下搓条板隔距、搓捻次数和粗纱出条速度等。搓条板隔距应与粗纱的粗细相适应，通常按纱条每米搓捻次数来选择粗纱搓捻程度。如 FB473 型搓捻粗纱机的搓捻次数达 1 100 次/min，而纱条搓捻次数可在 4～7 次/m范围内调节。

一般纤维越短，抱合力越小，其搓捻强度应高一些；而对细度细而卷曲度高的羊毛，搓捻强度可选低一些；混纺时，由于羊毛纤维与化学纤维的细度和长度存在一定差异，其搓捻强度宜大些，以增强两种纤维的抱合力；纺纯化纤时，如化纤的长度长、细度细，则搓皮板的搓捻次数可选低一些，以避免增加毛粒。

(三) 粗纱质量指标

精纺粗纱的主要质量指标是质量不匀率和条干不匀率及含油率。一般要求粗纱质量不匀率低于 3%，条干不匀率在 18%以下。粗纱含油率过高，细纱机易绕罗拉、胶辊和胶圈；含油率过低，静电严重，同样不好纺。一般白羊毛的含油率控制在1.0%～1.5%，条染纯毛的含油率控制在1.0%～1.2%，纯化纤控制在 0.4%～0.6%。粗纱回潮率也是粗纱质量控制指标。实践证明，当纤维处于放湿状态时，比较好纺，因此必须保证上机毛条处于放湿状态。

粗纱表面疵点指标主要有毛粒、毛片和飞毛，一般根据产品要求控制。

八、细纱

毛纺的细纱分为精纺细纱和粗纺细纱，它们所有的原料性状有差异，加工设备也有所差别。

(一) 毛精纺细纱

1. 特点

毛精纺细纱机与棉纺细纱机的基本结构、工作原理及工艺过程基本相同。该机也由喂入、牵伸和加捻卷绕及成形四部分组成。它与棉纺细纱机的主要区别在于机器部件尺寸和罗拉隔距较大；另外，为了适应加工的纤维较长、长度离散度较高的特点，牵伸机构通常采用三罗拉双胶圈滑溜牵伸形式。

2. 主要工艺参数

细纱主要工艺参数如下：

(1) 牵伸倍数。全毛产品的牵伸倍数选择 15～20 倍时其条干较好，羊毛混纺产品的牵伸倍数选择 15～25 倍。选择时还应考虑纤维的状况，条染产品应比匹染产品的牵伸倍数小（同种原料状态下），深色产品的牵伸倍数比浅色产品小；混纺产品中各组分纤维的比例不同，牵伸倍数也应不同。

(2) 总隔距。总隔距应根据纤维长度确定。纤维长度长，隔距应选择大一些；反之，应选择小一些。由于总隔距在生产中调节不便，通常不改变，所以应根据所使用原料状况及品种情况灵活掌握，一般选择 200 mm 左右。

(3) 中皮辊凹槽深度。中皮辊凹槽深度直接影响对纤维的控制力，在生产中应根据纺纱原料、纺纱细度、纤维长度等确定。精梳毛纺产品无捻粗纱的中皮辊凹槽深度选择 0.5～1.0 mm，有捻粗纱选择 0.75～1.5 mm。

(4) 前胶辊加压。前胶辊加压取决于所需要的牵伸力，压力不足易造成牵伸不开，并出现硬头或皮筋纱，直接影响毛纱条干。在生产中前胶辊加压一般根据所加工品种及支数而定。纯毛产品的前胶辊压力应比羊毛与化纤的混纺产品小，细特纱应比中粗特纱小。通常，前皮辊压力选择 225～274 N/双锭较好。

(5) 捻系数。毛纺细纱捻系数的确定原则与棉纺一样，主要根据产品风格和纤维性状选择。

表 11-6 几种产品的捻系数

		线密度		单纱捻系数		捻比值
		tex	公支	tex 制	公制	股线/单纱
全毛白纱	双股	25～14.3	40～70	260～295	80～90	1.4～2.0
	单纱	33.3～25	30～40	310～554	95～170	—
全毛色纱	双股	33.3～12.5	30～80	270～310	85～95	1.4～2.0
	单纱	33.3～25	30～40	275～326	85～100	
毛 50/涤 50 白纱	双股	33.3～10	30～100	225～295	70～90	1.4～2.0
	单纱	33.3～20	30～50	260～420	80～130	—
毛 50/黏 50 白纱	双股	33.3～20	30～50	225～295	70～90	1.3～2.0
	单纱	33.3～20	30～50	270～390	85～120	—
黏/涤(股)	双股	14.3～20	50～70	260～295	80～90	1.5～2.0

3. 精梳毛纱品质控制

精梳毛纱的品质有技术性能和外观两项，分别以其中最低一项的指标作为评等、评级的依据。技术性能分等为一等、二等，低于二等为等外。外观指标分一级、二级，低于二级为级外。

(1) 技术性能。技术性能主要以支数偏差率、质量变异系数、捻度偏差率、捻度变异系数作为分等依据，以平均强力、低档纤维含量、含油率及染色牢度为保证条件。

(2) 外观。外观检验分为条干均匀度和外观疵点（毛粒等）两项。

(二) 毛粗纺细纱

1. 机器组成

毛粗纺细纱机有走锭和环锭式两种，其中环锭式主要有以下三个组成部分：

(1) 喂入机构。毛粗纺环锭细纱机的喂入机构为双辊筒单轴式喂入机构，其主要任务是使粗纱顺利而连续地退卷，并喂给牵伸机构。

(2) 牵伸机构。毛粗纺环锭细纱机的牵伸机构由前罗拉（品字形）、后罗拉及前后罗拉之间的针圈或假捻器组成。

(3) 加捻卷绕机构。毛粗纺环锭细纱机的加捻卷绕机构与毛精纺环锭细纱机基本相同。

2. 工艺过程

毛粗纺环锭细纱机的工艺过程如图 11-9 所示。毛卷轴 1 经退卷筒 2 摩擦传动，其上的纱条经分条器 3 进入后罗拉 4 及压辊 5 之间，然后经针圈 7 进入前罗拉 8 和 9 之间。从前罗拉输出的须条，经导纱钩 10 和钢丝圈 11 绕在纱管 12 上。

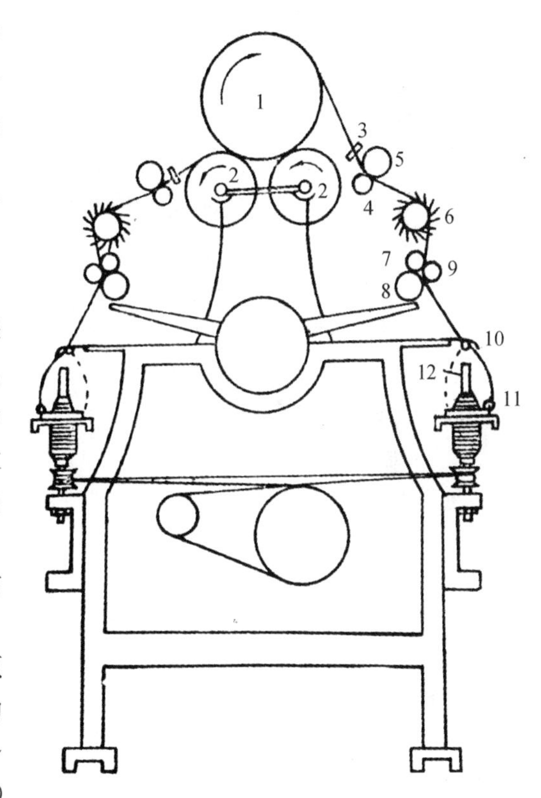

图 11-9　BC584 型细纱机工艺过程

3. 主要工艺参数

(1) 牵伸倍数。细纱机的牵伸倍数的选择原则是纺纱线密度愈小，牵伸倍数愈大；原料品质高时，可提高牵伸倍数。常用的牵伸倍数为 1.2～1.6 倍。在纺纱线密度不变的条件下，加大细纱机的牵伸倍数，相应地可以增加梳毛机的出条质量，有利于提高梳毛机的产量。

(2) 钢丝圈号数。钢丝圈号数取决于所纺纱的线密度，并应考虑锭速的高低。

(3) 捻系数。粗梳毛纱捻系数根据主要原料情况、纱线用途和产品特征加以选择。常用的捻系数（公制）：经纱为 120～160，纬纱为 110～120，再生纤维纱为 150～190，锦毛混纺纱为 70～110。

(4) 锭速。锭速关系到产量，又影响到断头率，故应根据纺纱线密度、原料性状、捻度及细纱机型确定。一般纺纱线密度较大时，锭速低些，纺纯毛纱时比混纺纱低些。

4. 粗梳毛纱品质控制

粗梳毛纱内在质量以物理指标的检验结果评等,检验的指标主要有线密度标准差、质量不匀率、捻度标准差、捻度不匀率、强力不匀率。

粗梳毛纱外观质量以条干均匀度和外观疵点的检验结果评级。毛纱条干均匀度检验结合外观疵点(主要指大肚纱、接头不良、小辫子纱、双纱、油纱、羽毛纱、毛粒等)与规定条干标样比照评定。

九、后加工

毛纺后加工一般指细纱工序后将细纱进一步整理及加工成股线的各工序。

(一) 工艺流程

精纺毛织物多采用股线织造,其后加工工艺流程为:

(细纱)→并线→捻线→蒸纱→络筒→筒子股线;或:(细纱)→自动络筒→高速并线→倍捻→蒸纱→筒子股线。

(二) 并线、捻线、络筒

棉纺并纱(线)机、络筒机等可与毛纺通用,但工艺参数略有差别。

1. 工艺参数选择

(1) 络筒。

① 络纱张力:以单纱强力的8%~10%为宜。

② 络纱速度:一般为600~1 000 m/min。

(2) 并线。并线工艺与络纱相似,但其张力和速度应小于络纱。

(3) 捻线。

① 捻向:股线的捻向选择,主要根据纱线的用途确定。

② 捻系数:股线捻系数的选择,既要考虑与细纱捻系数、捻向的配合,又要考虑产品的种类、风格、手感、光泽、外观等因素。股线与单纱的捻比值一般为1.25~1.8,股线的公制捻系数一般为100~180。

2. 品质控制

毛纺并线、捻线、络筒的品质控制项目与棉纺基本相同,控制方法可参照棉纺。

十、蒸纱

毛纺中普遍采用蒸纱定捻。蒸纱的工艺参数(温度和时间)对蒸纱的质量有直接影响。对于捻度大或同向捻的纱,蒸纱时间应长些,温度应高些;对于细特纱,蒸纱时间应长些,温度应高些;对于合股纱,蒸纱时间应长些;纯毛纱的蒸纱时间可短些。毛纱的蒸纱温度一般为80~85 ℃,时间为25~35 min;涤纶纱的蒸纱温度应高些,时间应长些。蒸纱后,应在室内通风处,存放16~24 h再使用。

第二节　麻　　纺

麻纤维是韧皮类植物纤维和叶片类植物纤维的总称:韧皮纤维是指从植物茎秆的韧皮中

提取的纤维；叶纤维是指从植物的叶片中提取的纤维。

麻纤维的种类很多，但应用较广、有完整纺纱体系、已形成行业的主要是苎麻纺、亚麻纺和黄(红)麻纺。其中，黄麻和红麻因纤维粗硬，其产品主要用作包装材料，纺纱流程短、要求低，本书不做介绍。

麻纤维的化学成分主要有纤维素、半纤维素、果胶、木质素、水溶物、脂蜡质、灰分等。其中，纤维素的含量通常为60%～80%。各成分的含量，随麻的品种、土壤、雨量、温度、日光、肥料、收割等生长和收获条件的变化而不同。在纺纱加工前，通常要对原麻进行脱胶，尽量去除非纤维素的物质，以便利于纺纱。脱胶有微生物脱胶和化学脱胶两种基本方法。

微生物脱胶是利用微生物来分解胶质，主要有两种途径：一种是将某些脱胶细菌或真菌加在原麻上，它们利用麻中的胶质作为营养源而大量繁殖，在繁殖过程中分泌出一种酶，从而分解胶质；另一种是将已提取的酶剂稀释在水中，再将麻浸渍于其中而进行脱胶。

化学脱胶通常是对原麻进行碱液煮练而脱胶的。因为原麻中的纤维素和胶质成分对碱作用的稳定性不同，纤维素对碱的作用较稳定，不易受碱的影响，而果胶、半纤维素等容易溶解在碱液中。化学脱胶可以较快地去除原麻中绝大部分胶质，达到脱胶的要求。

蒸汽爆破技术、超声波技术等现代物理技术应用于麻纤维脱胶已引起关注。这些新的脱胶方法简便快捷、无污染、对纤维无损伤，值得深入研究。

一、苎麻纺纱

苎麻的长麻纺纱流程为：

原麻→脱胶→软麻→分磅堆仓→开松→梳麻→精梳准备→精梳→针梳→粗纱→细纱→后加工。

由于苎麻纤维的长度差异大，在精梳中会产生约50%的落麻(短麻)。这些落麻通常采用棉纺路线进行纺纱加工。

(一) 苎麻脱胶

1. 化学脱胶法

以稀酸(通常用硫酸)浸渍原麻进行预处理，再将麻放在碱(NaOH)溶液中，在高温高压(或常压)下煮练，最后采用打纤(又称敲麻)以去除已分解但仍附着在纤维上的胶质。典型的两煮一漂法化学脱胶流程为：

原麻→浸酸→水洗→一煮→水洗→二煮→打纤→漂白→酸洗→水洗→脱水→给油→脱水→烘干→精干麻。

有时，为进一步提高精干麻质量，在二煮后再进行精练，即采用Na_2CO_3再煮几个小时。

2. 生化脱胶法

虽然生物脱胶具有化学污染少的优点，但耗时长，脱胶不彻底。苎麻脱胶目前只能采用生物脱胶与化学脱胶相结合的方法，即先用生物酶(或细菌)分解部分胶质(去除70%～80%的胶质)，再用少量碱液进行煮练以补充脱胶。

3. 精干麻品质要求

脱胶后的精干麻要求色泽一致，无异味，手感柔软、松散。根据其纤维线密度、强度、残胶率和白度等进行分类，线密度低、强度高、残胶少的为优质品。

(二) 软麻与开松

由于烘干后的苎麻精干麻纤维干燥、板结，在梳麻、纺纱加工前必须经过梳前准备，相当于棉纺的开清棉工程。该工程主要由下列工序组成：

机械软麻→给湿加油→分磅→堆仓→开松。

1. 机械软麻

机械软麻是依靠软麻机上一定数量的沟槽罗拉，将纤维反复搓揉，从而增加纤维的柔软度和松散度，并有利于乳化液的渗透，也利于梳麻、纺纱的进行。

(1) 软麻机的工艺过程。图 11-10 所示为苎麻 CZ141 型往复式直型软麻机。精干麻由人工连续地铺放在喂麻帘子 1 上，通过带沟槽且做往复回转运动的软麻罗拉工作区 2，纤维被反复搓揉，从而增加纤维的柔软度和松散度，然后走向出麻帘子 3。出麻帘子上方装有自动给湿喷嘴 4(也有上下方均装喷嘴进行双面喷油的)，把一定数量的乳化液喷射到精干麻上。

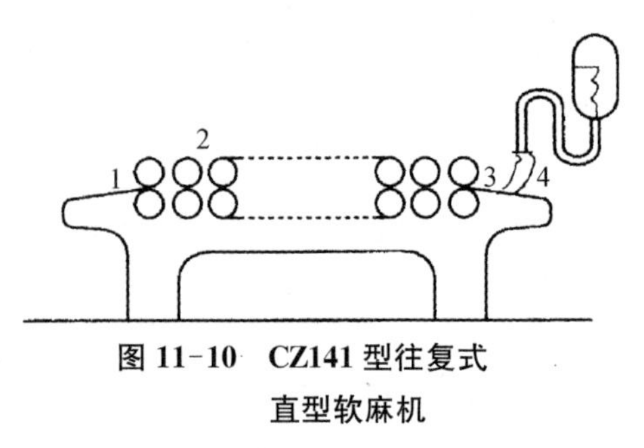

图 11-10　CZ141 型往复式直型软麻机

(2) 软麻程度调整。根据精干麻性状和成品的要求，可通过调整罗拉压力、单位时间精干麻喂入量和软麻次数，来调整对精干麻的软麻程度。

2. 给湿加油

给湿主要使精干麻达到一定的回潮率，减少梳纺时的静电现象；加油可增加纤维的柔软度和润滑性，在一定范围内能减少纤维间的摩擦系数，改善纤维表面性能。给湿加油一般采用油和水制成的乳化液，在软麻机的输出端喷入精干麻。

3. 分磅与堆仓

(1) 分磅。分磅是把软麻给湿后的精干麻分成一定质量的麻把，以便于开松机上定量喂入。

(2) 堆仓。分磅后的麻送到具有一定温湿度的麻仓内堆放 3～7 天，称为堆仓。堆仓与毛纺的养生类似，主要是使油水在麻的各部位渗透、均匀分布，并消除软麻时纤维产生的内应力。

麻仓内温度，冬季不低于 15 ℃，夏季在 25 ℃以上；相对湿度为 60%～70%。出仓时的回潮率一般控制在 13%～16%。

4. 开松

(1) 开松的目的。经软麻、给湿加油、堆仓后，精干麻的回潮率提高，柔软度增加，但纤维长度过长，长度不匀率大，而且纤维板结，不够松散，不适合梳麻机细致梳理的要求，需对精干麻先进行初步开松，即：利用植在木板上的较粗的针，将纤维扯散并拉断成合适的长度，制成适合梳麻机喂入的卷装。开松机的结构类似于梳理机。

(2) 开松工艺过程及主要工艺参数。图 11-11 所示为苎麻 FZ002 型开松机，它与罗拉梳理机类似。麻把按规定铺放在喂麻帘 1 上，由沟槽罗拉 2 喂入，经喂麻辊 3 初步开松后，由锡林 5、剥麻罗拉 6、工作罗拉 7 等进行扯松，再经道夫 10、牵伸罗拉 11、出条罗拉 13 输出成卷。

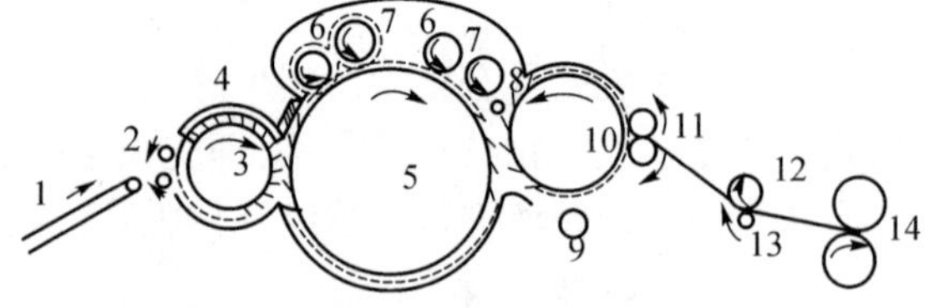

1—喂麻帘；2—沟槽罗拉；3—喂麻辊；4—铁托板；5—锡林；6—剥麻罗拉；7—工作罗拉；8—托辊；9—道夫托辊；10—道夫；11—牵伸罗拉；12—上压辊；13—出条罗拉；14—自动成卷

图 11-11　FZ002 型开松机

开松机的主要工艺参数类似于梳理机，包括针板规格、速度和隔距等。尤其是锡林与铁托板之间的隔距，对纤维的扯断长度和松解程度有较大影响，一般采用3～6 mm。

(3) 开松麻卷的质量指标。开松麻卷中纤维平均长度在70 mm以上，纤维长度标准差系数在75%以下，40 mm以下短纤维率应小于35%；开松麻卷每米质量不匀率应小于10%；成卷前，麻网质量应均匀，云斑少，卷曲和缠结纤维少。

(三) 梳麻

梳麻是指进一步将麻梳理成单纤维状态，使纤维充分混合，清除细小杂质，并制成麻条，供后道使用。

1. 梳麻工艺过程

梳麻机与梳毛机的结构类似，但由于麻纤维粗硬，比毛纤维容易分离，因此结构比梳毛机简单，如图11-12所示。其工艺过程也类似于梳毛。

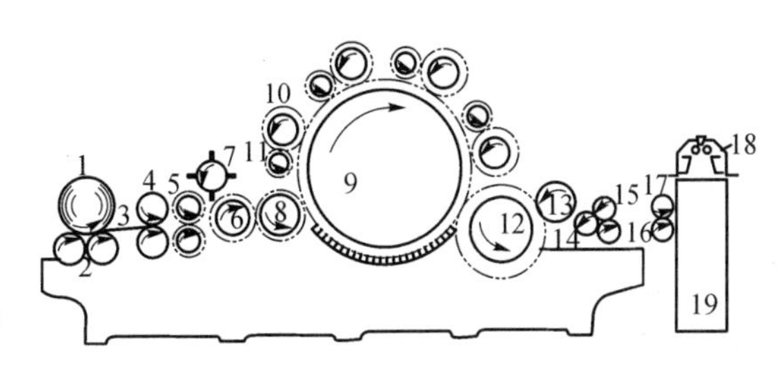

1—麻卷；2—退卷罗拉；3—喂麻板；4—沟槽罗拉；5—喂给针辊；6—分梳罗拉；7—毛刷；8—转移罗拉；9—锡林；10—工作罗拉；11—剥麻罗拉；12—道夫；13—剥取辊；14—转移辊；15—上、下压辊；16—喇叭口；17—大压辊；18—圈条；19—麻条筒

图11-12　CZ191型梳麻机

2. 主要工艺参数作用及选择

与梳棉和梳毛类似，梳麻机的工艺参数主要是隔距、速度(速比)和锡林纤维负荷量等。

3. 梳麻条的质量控制

梳麻条的质量指标见表11-7。

表11-7　梳麻条质量指标

质量不匀率(%)	麻粒(粒/g)	40 mm以下短纤维率(%)	长度不匀率(%)
<5.5	<50	<35	<75

(四) 精梳前准备

苎麻精梳前准备的要求与棉纺和毛纺的精梳前准备基本相同，一般精梳前准备工序均采用2道(偶数)。

(五) 精梳

1. 苎麻精梳的特点

苎麻因纤维长度长、长度差异大，故长麻纺都采用精梳。精梳主要是消除麻条中的短纤维及麻粒。为了较彻底地排除短纤维，尤其是麻粒，在成纱质量要求高时，通常还采用复精梳，即在头道精梳后加针梳和复精梳工序。

苎麻精梳机的结构和工艺过程与毛精梳基本相同，但其输出机构，根据苎麻纤维较粗、较硬、刚性大、抱合力差、精梳后输出的麻网结构松散且易飘浮的特点，采用一对往复运动的拔取皮板，将麻网夹持后输送给紧压罗拉，以保证麻网中的纤维平顺、匀整，从而使出条顺利。

2. 主要工艺参数选择

与棉、毛的精梳类似，苎麻精梳的主要工艺参数包括喂入定量、喂入长度、拔取隔距、搭接长度等。

3. 精梳麻条质量控制

精梳麻条的质量指标主要指麻条中麻粒、硬条、短纤维含量和纤维平均长度，以及麻条质量偏差和质量不匀率等。其控制指标见表 11-8。

表 11-8　精梳麻条质量控制指标

项　目	线密度(tex)		
	低	中	高
质量偏差(%)	±1.5	±1.5	±2
质量不匀率(%)	3	4	4.5
40 mm 以下短纤维率(%)	5	8	15
麻粒数(粒/g)	6～8	8～12	15～25
硬条(根/100 g)	1 500	2 500	3 600

(六) 针梳

1. 苎麻针梳的特点

苎麻加工中采用的针梳机，其组成及工艺过程与毛纺加工时基本相同，只是由于苎麻纤维较毛纤维粗、硬、长，故针梳机的针板规格、隔距等与毛纺略有不同。

2. 苎麻针梳工艺

(1) 并条道数的选择。纺制 40 tex 以下(24 公支以上)的细纱时，采用 4 道针梳，且在第二道采用带自调匀整的 CZ423 型针梳加工工艺；在纺制 40 tex 以上(24 公支以下)的细纱时，则采用 3 道不带自调匀整的针梳加工工艺。

(2) 针梳主要工艺参数。苎麻针梳的主要工艺参数与棉并条和毛针梳类似，但具体数值不同，主要包括：麻条定量(一般控制在 7～10 g/m)、牵伸倍数(与并合数相当，一般为 8～10 倍)、无控制区距离(通常为 45～50 mm)、针板打击次数(通常用 852 次/min)和前罗拉加压(7.845×10^5～11.68×10^5 Pa)。

(3) 针梳麻条质量控制。针梳麻条的质量指标主要包括质量不匀率、短片段不匀率及麻粒含量等。其质量指标见表 11-9。

表 11-9　针梳麻条的质量指标

纱线类别	质量偏差(%)	质量不匀率(%)	条干不匀率(%)	麻粒数(粒/g)
低特纱	±2	<3.3	<18	<5
中特纱	±2	<3.3	<18	<8
高特纱	±2.5	<3.5	<18	<15

(七) 粗纱

1. 苎麻粗纱机的类型特点及工艺控制

苎麻纺粗纱机有 CZ411 型头道粗纱机和 CZ421 型末道粗纱机及 B465A(FZ)型单程粗纱机，三者的主要区别是牵伸机构形式不同。头道粗纱机采用针板梳箱牵伸机构，而二道粗纱机则采用五罗拉轻质辊牵伸机构。它们的喂入机构因喂入制品不同而有所不同，但它们的加捻卷绕机构完全一样，都采用有边筒管卷绕。由于它们的牵伸能力有限，纺高特纱时(133.3～105.3 tex)，粗纱通常需要 CZ411 型和 CZ421 型 2 道，纺中低特(40 tex 以下)苎麻纱时通常只需头道粗纱机。二道粗纱机常以 2 根或 3 根头道粗纱并合喂入，以改善其均匀度。

CZ411 型头道粗纱机和 CZ421 型二道粗纱机存在速度低、卷装小、单排锭子及牵伸能力小、产量低等缺点，已逐渐被速度高、卷装大、双排锭子及双皮圈牵伸机构的 B465A(FZ)型单程粗纱机所取代，缩短了工艺流程，提高了粗纱产质量。

B465A(FZ)型单程粗纱机与毛纺的(有捻)粗纱机 B465A 型相似，主要区别在于苎麻粗纱机的隔距较毛纺大。

2. 粗纱主要工艺参数

苎麻粗纱机的主要工艺参数与毛纺类似，但具体数值有所不同。因为苎麻比毛粗而硬，纤维长度长，抱合力小，所以，苎麻粗纱的隔距比毛(有捻)粗纱大(一般，前、后罗拉的中心距为 250～270 mm，前、中罗拉的中心距为 110～120 mm)，滑溜槽深(1.2～1.7 mm)，捻系数大(α_m 一般为 22～27)。

3. 粗纱质量控制

苎麻粗纱的质量指标控制范围见表 11-10。

表 11-10　粗纱质量指标控制范围

评定标准	控制范围
质量偏差(%)	±1 以内
质量不匀率(%)	2 以下
条干不匀率(%)	头道粗纱 30 以下，二道粗纱 35 以下

(八) 细纱

苎麻的细纱与毛纺细纱类似，区别在于苎麻纤维比毛纤维长，所以，苎麻细纱机的牵伸隔距比毛细纱机大。

苎麻细纱的主要工艺参数也与毛纺细纱类似，但具体数值略有不同。苎麻细纱的主要工艺参数包括牵伸倍数、滑溜槽深度、牵伸隔距(总隔距×前隔距)等。苎麻的细纱捻度主要根据细纱线密度和纤维性状确定，细纱线密度高、纤维细长时，细纱的捻系数可偏低掌握。苎麻细纱的公制捻系数一般为 90～120。

二、亚麻纺纱

亚麻因其单纤维长度较短(平均为 25～30 mm)，通常采用束纤维(又称工艺纤维)进行纺纱。因此，亚麻纺纱主要采用湿纺，即：对粗纱进行煮练、漂白后，在潮湿的状态下进行细纱纺纱。亚麻纺纱主要分长麻纺和短麻纺。

亚麻长麻纺纱系统所用的原料是经过沤麻和打麻加工而制得的打成麻，其纺纱加工流程为：

打成麻→给湿、养生、分束→栉梳→成条→并条(5 道)→粗纱→煮漂→湿纺细纱→后加工→亚麻长麻成品纱。

长麻纺的(栉梳)落麻、回麻采用亚麻短麻纺纱系统，其纺纱加工流程为：

落麻→开松→梳麻→并条→精梳→并条(针梳)(3～4 道)→粗纱→煮漂→细纱→后加工→亚麻短麻成品纱。

其中，亚麻短纺中的精梳落麻，还可以采用棉纺设备进行纺纱加工。

（一）亚麻脱胶

由于亚麻的单纤维很短，为了顺利纺纱，亚麻脱胶时不能把胶质去除得太彻底，必须保留部分胶质将单纤维粘连成工艺纤维，以便于纺纱加工。亚麻的脱胶通常分两步进行：一是原茎的沤麻；二是粗纱的煮漂。

1. 沤麻

通常将亚麻原茎（即亚麻植物的茎秆）放置在水中进行温水沤麻，或将亚麻原茎放置于露天进行雨露沤麻。它们都是利用水或环境中的微生物对胶质的分解作用，使韧皮与茎秆的结合松散，也使韧皮中纤维的相互结合松散。沤好的麻再经过打麻机、碎茎机等机械的作用，将麻秆与韧皮分离，韧皮中的纤维也得到较大程度的分离，形成打成麻，供纺纱厂进行纺纱加工。

2. 粗纱煮漂

将纺成的亚麻粗纱放进煮锅，利用碱和氧化剂对亚麻进行煮漂，以进一步去除胶质，并漂白纤维。如需原色亚麻，则不用漂白。

（二）亚麻的长麻纺纱

沤麻后再经过打麻，得到的打成麻可以由亚麻长麻纺系统进行纺纱加工。

打成麻的品质指标包括长度及其均匀度、纤维强度、可挠度、油性、纤维分裂度、纤维成条性、含杂、色泽和吸湿性等。一般用麻号综合表示打成麻的品质等级，麻号高表示麻纤维品质好、可纺性能高。

1. 给湿、养生、分束

为使纤维具有一定的回潮率，消除纤维的内应力，以便于纤维的梳理，梳理前须加湿、给乳与养生；再将成捆养生后的纤维打成麻，进行挑选，并分成一定量质的麻束（称为分束），以便栉梳时喂入。

2. 栉梳

栉梳实质上就是精梳，它是利用针帘将亚麻长麻束的两端分别夹持进行梳理，在去除短纤维的同时，还能将工艺纤维进一步分劈成更细的纤维。

(1) 亚麻栉梳机组成及工作过程。如图 11-13(a)所示，亚麻栉梳机的左右两侧为对称的梳理机，各有 12～22 道针帘（一般用 16 道）；栉梳机的前后为自动（准备）机，麻束在梳理机上的梳理过程如图 11-13(b)所示。

挡车工将麻束放入夹麻器 1 后，夹麻器 1 夹持着麻束沿前自动机轨道进入右梳理机的轨道 2，依次经过右梳理机的各道针帘。在每道针帘处，麻束随升降架 3 做升降运动并受到回转针帘上梳针的梳理，如图 11-13(b)所示。各道针帘上的梳针逐道变细，植针密度逐道增加，麻束在各道针帘的反复梳理下被劈细。短纤维被梳针梳下后，由毛刷 5 刷下，经剥取辊筒 6 转移，最后被斩刀 7 斩下，落入麻箱 8 中，成为机器落麻，可作为亚麻短麻纺的原料。经过右梳理机的各道针帘后，悬垂在夹麻器外的麻束端已完全被梳理好。夹麻器沿轨道 10 进入后自动机，倒麻装置 12 将已梳理好的麻束端被拖入夹麻器中，未被梳理的麻束端露在夹麻器外，再沿着轨道 14 进入左梳理机，对未梳理的麻束端进行梳理。左梳理机的结构及工作过程与右梳理机完全相同。麻束的另一端被左梳理机针帘上的 18 道针帘梳理后，夹麻器沿着轨道 16 回到前自动机，由分号工将已梳好的麻束（称为梳成麻）取出，按品质分号，并分别推放、打捆。空夹麻器由喂麻工喂入新的麻束，进入下一工作循环，重复上述过程。

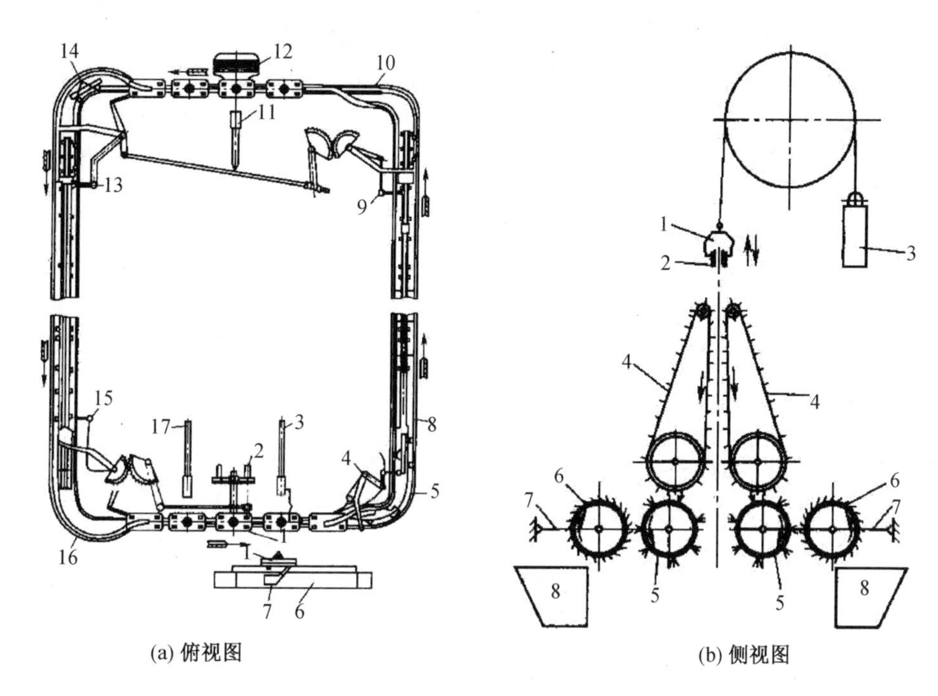

(a) 俯视图　　(b) 侧视图

图 11-13　亚麻栉梳机组成及工作过程

(2) 主要工艺参数及作用。

针帘道数：有 12 道、16 道、18 道、22 道等几种，常用 16 道。

植针规格：各道针帘的针号及针密不同，针号逐道提高(变细)，针密逐道增加。

针帘隔距：两针帘呈 V 形，即顶部隔距大(1～3 mm)、底部隔距小(约为－2.5 mm)。一般调节顶部隔距，纤维粗硬，隔距宜大。

针帘速度：针帘速度大于 12 r/min 时称为强梳或深梳工艺，小于 12 r/min 时称为弱梳或轻梳工艺，纤维粗硬，速度宜高。

麻束质量：指喂麻工喂入栉梳机的每束麻的质量，根据打成麻的麻号确定，麻号高、品质好，质量可大些，一般为每束 90～140 g。

升降架的每分钟升降次数：7.9～9.2 次/min，升降次数大则产量高。

升降高度：打成麻平均长度在 500 mm 以下时，用 600 mm；平均长度在 600 mm 以上时，用 700 mm。

栉梳车间温度要求冬季为 18～20 ℃，夏季为 18～20 ℃；相对湿度要求冬季为 60%～65%，夏季为 60%～65%。梳成麻的回潮率要求冬季为 14%～17%，夏季为 17%～18%。

(3) 亚麻栉梳条品质控制。亚麻栉梳条质量指标有麻条强度、纤维可绕度、纤维附着物含量、未梳透纤维含量、20 g 纤维内麻粒数等。

(4) 梳成麻的再梳理。栉梳机生产的梳成麻，纤维较为紊乱，且含有较多的麻屑及附着物时，须经过整梳和重梳才能达到规定要求。

3. 成条

成条的任务就是将一束束梳成麻制成具有一定细度且结构均匀的连续麻条。

(1) 成条机组成与工艺过程。亚麻成条机主要由喂入机构、牵伸机构、圈条机构组成，其工艺过程如图 11-14 所示。麻束均匀地铺放在 6 根(有的机台为 4 根)喂麻皮带上。喂麻皮带 1 由传动辊 2 传动,麻束经过喂入引导器 3,使麻束初具需要的宽度后,进入喂麻罗拉对 4 和 5,被导向针排区 6。针排区中的针排为开针式,即只有一排工作针排,它由螺杆转动而推向前方,这时纤维再经过牵伸引导器 7 后,即被牵伸罗拉 8 和 9 握持并输出。牵伸罗拉输出的 6 根麻条在并合板 10 上进行并合(图 11-15),然后经一对出麻罗拉 11 和 12 输出,经淌条板 17 送入麻条筒 15 中。当麻条纺至规定长度时,由满筒自停装置使机台停转。

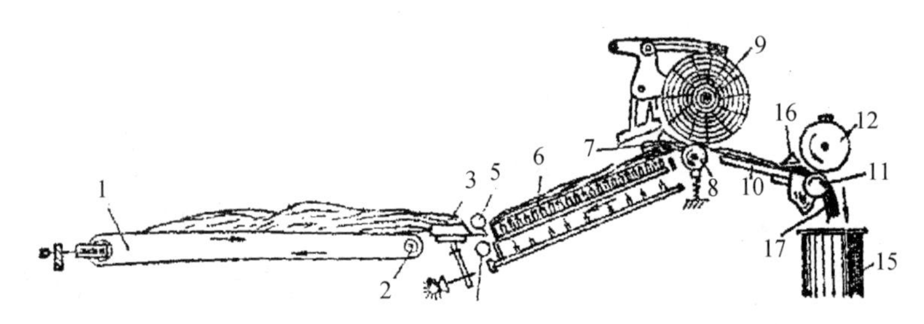

图 11-14 成条机工艺简图

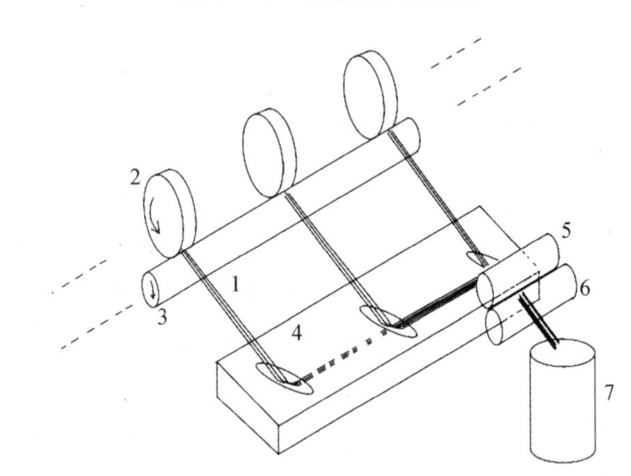

1—条子; 2, 3—牵伸罗拉; 4—并合板; 5, 6—出麻罗拉; 7—条筒

图 11-15 并合板示意图

为进一步提高生产效率,目前已有将自动成条机与栉梳机联合在一起的栉梳-成条联合机。栉梳机输出的梳成长麻麻束,直接由自动成条机铺放在成条机的喂麻皮带上,省去了中间的储存环节,也减少了人工。

(2) 成条主要工艺参数。成条机实际上与针梳机类似,其工艺参数也类似于针梳机,主要包括牵伸倍数、喂入与输出速度、针板升降(打击)次数等。

(3) 成条质量控制。成条机纺制的麻条定量控制范围没有统一的标准,为了满足支数均匀、偏差小的纺纱要求,在成条机纺制的麻条质量偏差很大时可配组使用。配组的原则是,每组 6 根亚麻条的平均支数达到规定的要求即可。

4. 并条(针梳)

成条机制成的麻条,还要经过并条机的并合、牵伸、分劈等作用,以达到后续工艺的要求。根据所纺纱支及成纱质量要求,长麻纺的并条一般要经过 4～5 道。

(1) 亚麻并条机组成及工艺过程。亚麻并条机的机构与毛纺、苎麻纺中的针梳机类似,主要区别有两点：一是亚麻的纤维长度长且粗，因此针排上的针长、粗、稀；二是亚麻并条机的输出部分有一块并合板（与亚麻成条机类似），各牵伸单元输出的麻条经并合板再次得到并合（图11-15）。

（2）主要工艺参数。

牵伸倍数：6～12倍，各道并条的牵伸倍数逐道增加。

输出速度：15～20 m/min。

针板打击次数：170～240次/min。

（3）亚麻熟条的质量控制。亚麻熟条的质量控制指标主要是条干不匀、质量不匀和质量偏差。

5. 粗纱

（1）亚麻粗纱的特点。亚麻粗纱机与棉纺、绢纺及毛纺有捻粗纱机的组成和工艺过程基本相似，不同之处主要是其牵伸装置采用单针排牵伸，粗纱筒管则带有孔眼，以方便粗纱煮漂时溶液的渗透，如图11-16所示。

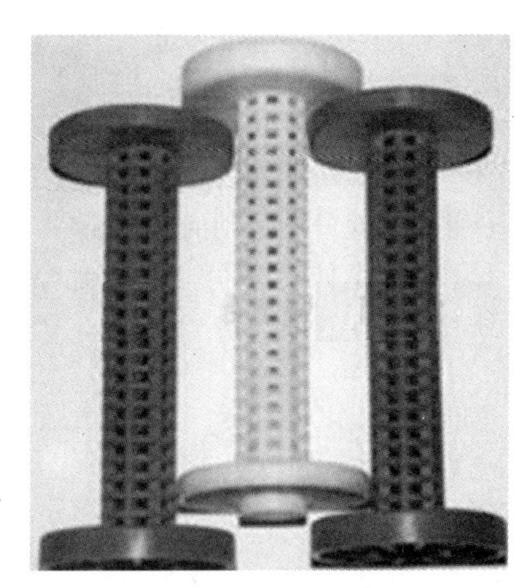

图11-16　亚麻粗纱筒管

亚麻粗纱机按加工纤维长度可分为长麻粗纱机和短麻粗纱机，它们的结构相似，主要区别在于牵伸机构隔距和针排不同。

（2）主要工艺参数。

牵伸倍数：长麻一般是9～13倍，短麻一般是5～8倍。

锭速：500～750 r/min。

粗纱捻系数（公制）：长麻一般为19～23，短麻一般在30～35。通常，漂白纱的捻系数大，本色纱的捻系数小。

（2）质量控制。与其他纺纱系统一样，亚麻粗纱的质量指标主要是质量不匀和条干不匀。为使煮漂时溶液易于渗透，粗纱卷绕密度一般控制在（0.34～0.35±0.02）g/cm^3。

6. 粗纱煮漂

在最后的成纱（细纱）工序前，对粗纱进行煮练，可进一步去除纤维中的胶质，使纤维松散，以利于细纱牵伸时顺利地将纤维进一步分裂劈细；如最终产品需要将亚麻纤维部分或全部漂白，还应在煮练时增加漂白工序。

与苎麻的脱胶类似，亚麻的化学脱胶也是采用酸、碱等，将非纤维素的部分（即胶质）去除；但与苎麻的全脱胶不同，由于亚麻的单纤维长度短，为保证纺纱时所需要的纤维长度，亚麻的煮练是半脱胶，因此，酸、碱的用量少，残留的部分胶质将单纤维黏接成满足纺纱要求的工艺纤维。另外，亚麻中的色素多，采用双氧水难以全部漂白，通常还要采用亚氯酸钠。

（1）亚麻煮漂的流程。亚麻本色纱不需要漂白，只需用酸、碱进行煮练。如果需要漂白，视对漂白程度的要求而采用半漂和全漂工艺：半漂一般只用1道漂白，如亚氯酸钠漂白（亚漂）或双氧水漂白（氧漂）；全漂则先亚漂再氧漂。

亚麻煮漂的工艺流程为：粗纱→预酸处理→煮练→热水洗→酸洗→（漂白）→冷水洗。

（2）煮练工艺。

轻煮工艺：指粗纱练煮后的质量损失在11%以下的工艺。采用的碱液浓度为2～3 g/L，温度为 100～105 ℃，时间为 1.5 h。

强煮工艺：指粗纱练煮后的质量损失在 15%以上的工艺。采用的碱液浓度为 3～5 g/L，温度为 105～110 ℃，时间为 1.5～2 h。

煮练的浴比一般为 1∶10～1∶15。

7. 细纱

（1）亚麻细纱的特点。亚麻细纱机与棉纺、毛纺、绢纺细纱机一样，主要是将粗纱抽长拉细成符合要求的细纱，并做成一定卷装，供后道工序使用。

亚麻纺纱基本采用湿纺细纱机，这是它与其他纺纱系统的最大差别。粗纱在进入牵伸机构前，先通过特制的水槽进行浸湿，使粗纱在完全湿润的状态下进入牵伸区受到牵伸作用，由于湿润状态下胶质黏性降低，各单纤维间的联系力减弱，有利于工艺纤维被牵伸、分劈，从而使组成最终成纱的纤维（束）变细，提高了最终成纱的质量。因此，湿纺细纱比干纺细纱的条干均匀，强度高，毛羽少。

亚麻湿纺细纱机的牵伸装置有胸板式、单皮圈和轻质辊式等，如图 11-17 所示。这些牵伸装置对纤维运动的控制不够理想，使得成纱的不匀较大，难以纺较高支的纱。目前已有双皮圈牵伸装置，可以更好地控制牵伸区中的纤维运动，使成纱细度更高，成纱质量也得到改善。

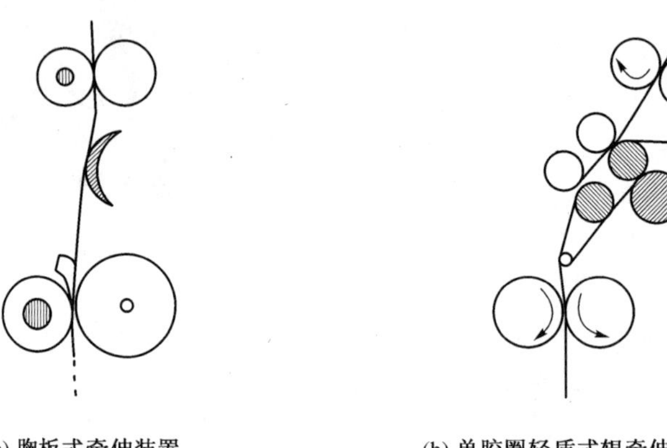

(a) 胸板式牵伸装置　　(b) 单胶圈轻质式辊牵伸装置

图 11-17　亚麻湿纺的牵伸装置

亚麻长麻与短麻的细纱机基本一样，只是牵伸隔距有所不同。

（2）湿纺细纱的主要工艺参数。湿纺细纱机的工艺参数主要有：

牵伸倍数：6～11 倍。

牵伸隔距：用总隔距×前隔距表示，长麻为 166 mm×（78～89）mm，短麻为（115～125）mm×（55～70）mm。

锭速：5 000～8 000 r/min。

水槽温度：20～35 ℃。

细纱的公制捻系数根据纱的用途和原料情况有所不同，一般长麻纱为 85～120，短麻纱为 95～120。

（3）亚麻纱的质量指标。亚麻湿纺纱的质量指标有断裂长度、断裂强力变异系数 $CV\%$、百米质量变异系数 $CV\%$、条干均匀度、100 m 纱内麻粒总数和 400 m 纱内粗节数。

8. 细纱的干燥

亚麻湿纺细纱的回潮率高达70%～100%，因此必须对湿纺细纱进行干燥，以防止细纱发霉变质，并便于储存。

干燥机温度一般为90～100 ℃，高于110 ℃时容易使纱变黄并损伤强力，干燥时间一般在6 h左右。干燥后纱的回潮率一般为4%～7%，平衡回潮率为10%左右。

(三) 亚麻短麻纺纱

亚麻长麻在栉梳中产生约50%的落麻(又称机器落麻、短麻)，其纤维长度与苎麻类似，故除了粗纱煮漂和细纱湿纺外，亚麻的短麻通常采用的纺纱工艺和设备与苎麻长麻基本类似。

在亚麻短纺中，联合梳麻机加工前也由类似苎麻开松机的机械对短麻进行开松成卷加工。

联合梳麻机的结构和原理与罗拉梳麻机类似。

第三节 绢 纺

绢纺是将养蚕、制丝及丝织业的下脚料(疵茧和废丝)纤维加工成纱。绢纺使用的原料为养蚕、制丝及丝织业的下脚料(疵茧和废丝)，种类繁多，质量差异较大，主要可分为桑蚕原料、柞蚕原料和蓖麻(木薯)蚕原料等。桑蚕原料最多，柞蚕原料次之，蓖麻(木薯)蚕原料最少。

绢纺工艺有新工艺和老工艺两种，两者主要是梳理工艺不同。老工艺又称圆梳工艺，是利用圆梳对纤维进行梳理(精梳)，效率低，劳动强度大。新工艺则称精梳工艺，是利用毛型的罗拉梳理和精梳机对纤维进行梳理，生产效率高，但质量不如老工艺。它们的流程分别为：

老工艺(圆梳)：精干绵→给湿→选配→开绵→切绵→圆梳(Ⅰ、Ⅱ、Ⅲ道)→排棉→配绵→延展(2道)→制条→针梳→粗纱→细纱→后加工。

新工艺(精梳)：精干绵→给湿→配绵(调和)→开绵→罗拉梳绵→皮圈牵伸→针梳→直型精梳→针梳→粗纱→细纱→后加工。

一、精练

由于绢丝中含有丝胶、油脂等杂质，所以在纺纱前要通过精练。精练的目的是去除绢纺原料中的大部分丝胶和油脂及尘土等杂质，制成较为洁净、蓬松的单纤维(精干绵)。

绢纺原料的精练工程包括精练前处理、精练及精练后处理三个工序。

(一) 精练前处理

绢纺原料品种多，质量差异大，即使同一种原料，也因产地和处理方法不同而不同，因此必须进行包括原料选别、扯松和除杂三项工作的精练前处理，以利于制订精练方法和精练工艺，以及精练的顺利进行。

(二) 精练

绢丝的精练分为化学精练和生物精练。

1. 化学精练

化学精练是利用化学药剂的作用，促使绢纺原料脱胶、去脂。

脱胶是利用丝胶易溶于水，以及抵抗化学药剂的能力较弱的特点，使丝胶溶于水中而被去除。

去油脂主要是通过表面活性剂的乳化作用，洗涤的基本原理同洗毛的原理。

根据精练时加入的化学药剂，化学精练可分为皂碱（碳酸钠等）精练和酸（硫酸）精练。酸精练的脱胶效果较差。

2. 生物精练

生物精练是利用酶使丝胶、油脂水解而去除。

根据生物酶的来源，生物精练可分为腐化练和酶制剂练。

腐化练：它是常用的除油效果较好的一种方法，利用微生物的新陈代谢作用所分泌的酶，使丝胶、油脂水解。

酶制剂练：将生物体中的酶做成制剂，直接作用于原料，使丝胶、油脂水解。

（三）精练后处理

精练后处理包括洗涤、脱水和干燥等工序。

（四）精干绵品质指标

精干绵品质指标见表 11-11。还可以通过目光、手感、嗅觉进行直观检验，主要从精干绵的色光、蓬松度、手扯强力、均匀度、绵结数、油味等方面进行。

表 11-11 精干绵品质指标

项目	残胶率（%）	残油率（%）	洁净度（度）	回潮率（%）
数值	3～7	<0.5	<30	6～9

（五）给湿、配绵

烘干后的精干绵在纺纱加工前要加乳化液和抗静电剂，以提高其抗静电性。

为充分利用原料，各种绢纺原料分别经过精练脱胶制成的精干绵，在纺纱前要进行选配，根据原料的来源、性质和所纺绢丝的质量要求，将若干种精干绵（包括茧衣）按一定的比例配成混合绵，即调合绵球。

二、开绵

开绵相当于棉纺的开清和毛纺的和毛开松，主要是把纤维整理成合适的长度和松散度，以便后续的梳理加工。

开绵机对调合球中的各种精干绵进行开松，使大块精干绵变为小块、小束，并使纤维具有一定平行顺直度；去除精干绵中的部分杂质；使配绵调合球中的各种精干绵混合，并制成厚薄均匀的开绵绵张。

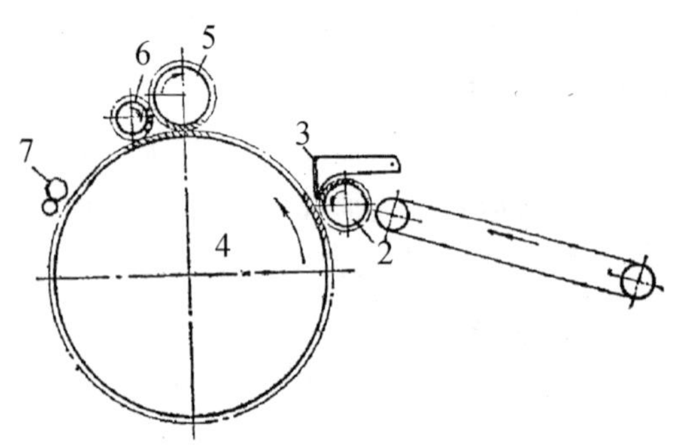

图 11-18 开绵机工艺简图

开绵机由喂绵刺辊 2、持绵刀 3、锡林 4、工作辊 5、毛刷辊 6、剥绵罗拉 7 等组成（图 11-18）。精干绵在喂绵刺辊、持绵刀组成的钳口握持下，被高速回转的锡林开松、梳理，并逐步转移到锡林上，部分杂质在此排出。浮在锡林针面上的纤维在工作辊处得到补充开松，毛刷辊将锡林针面上的纤维压入针根，以保持锡林针面清洁，同时清洁工作辊针面。当一个调合球精干绵全部绕到锡林上后关车，沿锡林针面无针区将绵张横向剪断，由剥绵罗拉剥下输出，手工绕成球状，称为开绵(茧)球。

三、圆梳

圆梳是对绵纤维的两端分别进行握持梳理，所以，它的实质是精梳。在圆梳前，开绵绵张先由切绵机将纤维切成一定的长度，并制成一定规格的棒绵，以便圆梳梳理。切绵也有开松、混合及去除部分杂质的作用。

(一) 切绵

开绵绵张由头道切绵机制成棒绵，供头道圆梳机梳理。头道圆梳机上产生的落绵，如需继续用圆梳加工，可把它喂入二道切绵机，再次制成棒绵，供二道圆梳机梳理。二道圆梳机的落绵，由三道切绵制成棒绵后，供三道圆梳机梳理。一般头道切绵使用中切机，二、三道切绵使用小切机。

如图 11-19 所示，切绵机由喂绵机构 1、2、3、锡林 2、毛刷辊 5、定长自停装置等组成。纤维在一对喂绵罗拉 2 和一对喂绵针辊 3 组成的钳口握持下，被高速回转的切绵锡林开松梳理，并逐步转移到锡林上，部分杂质在此排出。毛刷辊将锡林针面上的纤维压入针根，以保持锡林针面清洁，同时清洁下喂绵针辊。当绵层喂入一定长度后，定长自停装置停止喂绵，手工将纤维在针排处定长切断，用木棒将纤维一端卷起，制成棒绵，如图 11-20 所示。

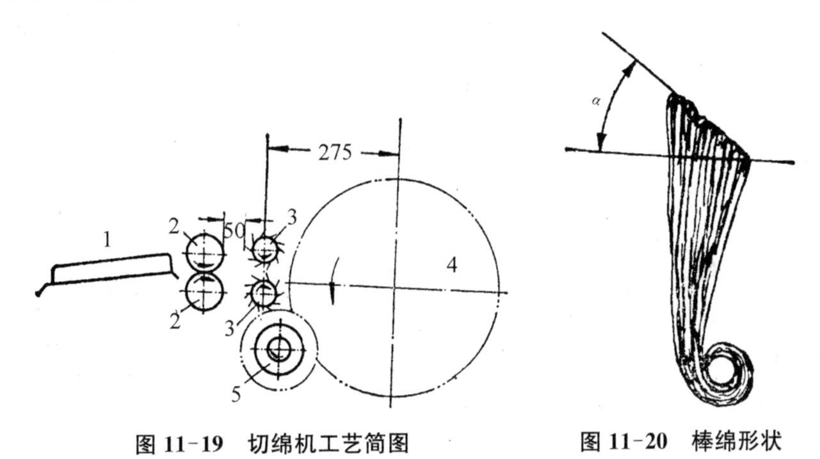

图 11-19　切绵机工艺简图　　　图 11-20　棒绵形状

三道圆梳的落绵，其长度与棉接近，可用粗梳毛纺设备加工成䌷丝纱，目前已越来越多地采用棉纺设备进行加工。

(二) 圆梳

绢纺圆型精梳机加工的是切绵机制成的棒绵。圆梳是将棒绵上的纤维进行细致缓和的梳理，制成精绵。

如图 11-21 所示，圆梳机由装有若干块夹绵板 6 的大锡林 1 和包有弹性针布的前、后梳理辊筒 2 和 3 与毛刷辊 4 等组成。夹绵板的启合由弹簧加压装置控制。操作工在操作位 5 将棒绵嵌入夹绵板，使夹持纤维露出一定长度。随着锡林回转，棒绵上的纤维在夹绵板夹持下，分别经过前、后梳理辊筒，棒绵的两面均受到梳理。当梳理后的棒棉回转到操作位 5 时，操作工将棒绵翻转，已梳理好的一端被嵌入夹绵板，另一端露出，再次随锡林回转，分别受到前、后梳理辊筒的梳理，得到精绵。被前、后梳理辊筒梳下的纤维，靠毛刷压入辊筒梳针根部，定时剥取，以保持针面清洁。圆梳工艺的机器自动化程度低，操作工劳动强度高。

圆梳梳出的精绵中，绵结、杂质少，纤维伸直平行度好。头道圆梳制得的Ⅰ号精绵质量最好，尤其适合纺细特绢丝。由于圆梳工艺是逐级反复提取精绵，二、三道圆梳机制得的Ⅱ号、Ⅲ号精绵质量，以及产量和梳折（制成率），逐道迅速下降。各道精绵的质量指标见表 11-12。

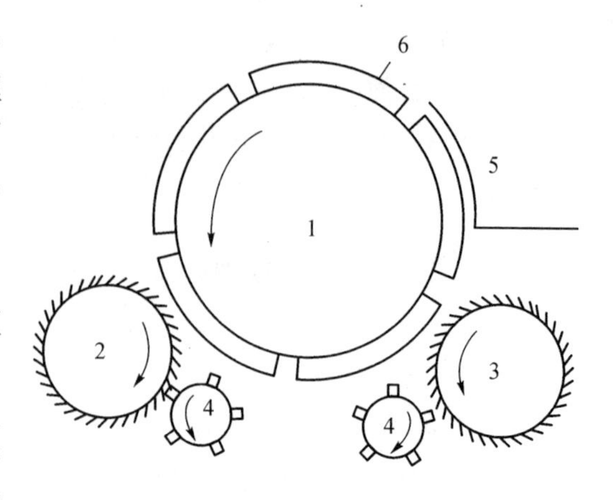

图 11-21　圆梳机工艺简图

表 11-12　各道精绵的质量指标

项　目	Ⅰ号精绵	Ⅱ号精绵	Ⅲ号精绵
纤维平均长度(mm)	≥63	≥50	≥40
短纤率(%)	≤11	≤17	≤24
绵结数(粒/0.1 g)	≤20	≤28	≤32
洁净度(分)	≥97	≥95	≥92
含油率(%)	≤0.5		

上述指标的数值，根据不同的调和球成分、比例及用途，控制标准有所不同。

（三）排绵和选配

圆梳得到的精绵由人工进行排绵、挑拣，其作用一是去除精绵中毛发、杂纤维、草屑、大绵结、杂质，二是去除生丝、并丝。

各道圆梳机制成的精绵品质差异较大，不仅在长度、整齐度、短绒率等方面有明显差异，在色泽、绵粒、纤维强力等方面也存在差异。因此，在后续的纺纱加工前，为稳定绢丝品质，减少质量波动，还应考虑纤维平均长度、长度整齐度和短纤维率等因素，进行精绵选配。

四、梳绵

由于圆梳和切绵的自动化程度低，劳动强度高，因此，新工艺是借鉴毛型的梳理和精梳，结合绢纺的特点进行改进与调整，以替代切绵和圆梳。与切绵、圆梳的老工艺相比，罗拉梳绵和精梳的机械化程度高，劳动强度低，纤维长度整齐度高，但制得绵网中绵结较多，机物料消耗也多，还需进一步完善。

绢纺罗拉梳绵机主要借鉴精纺梳毛机，对开绵绵张进一步开松梳理，使其成为具有一定平行顺直度的单纤维，并在此基础上去除部分杂质，实现单纤维间的混合，最后制成满足一定质量要求的绵条。其结构和工艺过程可参见毛纺梳理机。

五、精梳前准备

梳理得到的绵条在精梳前需经过精梳前准备工序。绢纺精梳前准备与毛纺、麻纺等一样，采用 2 道针梳，针梳机的结构与工艺参数毛纺、麻纺针梳机类似，但由于纤维性状不同，具体数值有些不同。

六、精梳

绢纺新工艺使用的精梳机由毛纺精梳机移用过来，根据绢丝纤维的特点，梳针规格略有差异。绢纺精梳工艺参数也与毛精梳类似，但具体数值略有不同。

精梳绵条质量比圆梳略差，一般控制为：纤维平均长度>70 mm；短纤维率<4%；绵结数<50 粒/0.1 g。

七、延展与制条

圆梳得到的精绵，要经过 2 道延展机和 1 道制条制成连续的条子，供后道的针梳机加工。

(一) 延展

延展的主要作用是将一定质量的精绵制成定长的绵带，以控制绵带支数；同时，精绵间进行混合，纤维有平行顺直作用。延展机主要由喂入机构、牵伸机构、绕绵机构三部分组成(图 11-22)，其工艺过程为：将一份混合绵中的精绵片，按一定搭接长度依次平铺在喂绵板上，送入针板式牵伸机构；纤维经牵伸后输送至大皮板上，然后绕在一定直径的木辊筒上；当一份精绵喂好后，由人工扯断绵带，绕成球状，称为精绵球。

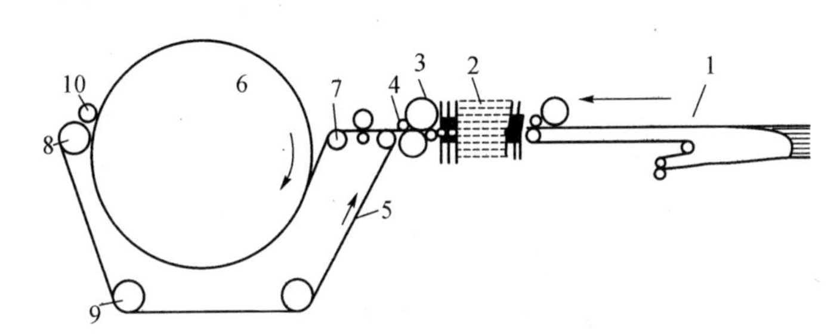

1—喂绵皮带；2—梳箱；3—前罗拉；4—铜罗拉；5—大皮板；
6—木辊筒；7，8—前后导辊；9—张力辊；10—压辊

图 11-22　CZ231 型延展机工艺简图

延展的品质要求：绵带中纤维的状态应光洁、伸直、无杂质，绵带质量偏差控制在±2 g/球范围内。

(二) 制条

制条机的主要作用是将延展绵带接长、拉细成连续的纤维平行伸直的绵条。制条机主要由喂入机构、牵伸机构、成条机构三部分组成(图 11-23)，其工艺过程为：将延展绵带按规定搭头长度搭接铺放在喂绵皮板上，经过针板式牵伸机构的牵伸后，呈极薄的绵网，经喇叭口汇集成绵条，圈入条筒中。

制条的质量指标主要是条子的质量不匀率(≤4%)和条干不匀率(萨氏条干≤25%～40%)。

八、并条(针梳)

绢纺中针梳机的作用和结构与毛纺和麻纺中的相同，新、老工艺的绵条都要经过 3～4 道针梳，以制得均匀、光洁的条子。

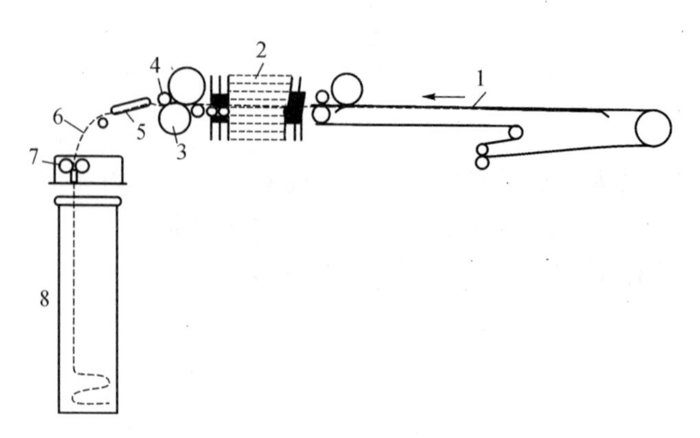

1—喂绵皮带；2—梳箱；3，4—前罗拉；5—集绵板；6—喇叭口；7—圈条器；8—条筒

图 11-23 CZ241 型制条机工艺简图

针梳条的品质指标主要是质量偏差率(1.0%～1.5%)、质量不匀率(≤1%～3%)和条干不匀率(萨氏条干≤10%～25%)。

九、粗纱

与苎麻的粗纱一样，绢纺粗纱也有两道(延绞、粗纺)和单程(双皮圈式)粗纱机两种形式。

(一) 延绞

使用针辊牵伸的粗纱机时，由于牵伸机构的牵伸能力小，故在其前先采用一道延绞机，它类似于毛纺的无捻粗纱机，主要是分担部分牵伸任务，还有分散集束纤维及通过条子并合改善质量不匀的作用。

如图 11-24 所示，绵条在后罗拉 1 和铁压辊 2 的握持下，进入牵伸区，依靠针辊 3、4、5 表面细而密的钢针插入须条，控制、分梳纤维。针辊上方的小压辊 6，借自重压在须条上，使之沉入针面。前罗拉 7、8 和胶辊 9 组成握持纤维的钳口。针辊下方的毛刷辊 10，用以清除针辊上缠绕的纤维，防止针辊绕绵。纤维由前钳口输出后，进入由一对搓条皮板 11 和 12 组成的搓捻机构中。搓捻后的须条通过 S 形集合器 13、紧压罗拉 14 和 15、出条管 16，最后进入绵条筒 17 中。

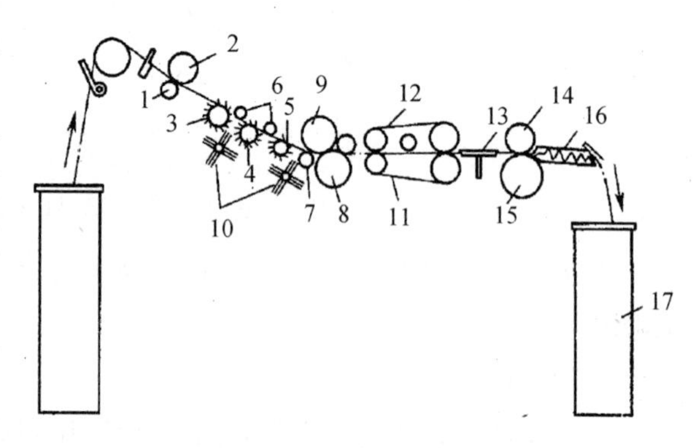

图 11-24 DJ431 型延绞机工艺简图

延绞条质量指标主要是条干不匀率(萨式条干一般控制在 20%～30%)和质量不匀率(一般控制在 2%以下)。

(二) 粗纺

粗纺机的主要工作是将延绞机的绵条牵伸，并加上适当的捻度。粗纺机的牵伸机构为针辊式，如图 11-25 所示。绵条从条筒 1 中引出，经托绵板 2，进入一对喂给罗拉和铁压辊 3、集合器 4、托持罗拉 5。三个回转针辊 6 表面细而密的钢针插入须条，控制、分梳纤维，前罗拉 8

输出的细纱卷绕到锭子 9 的筒管上。

(三) 粗纱

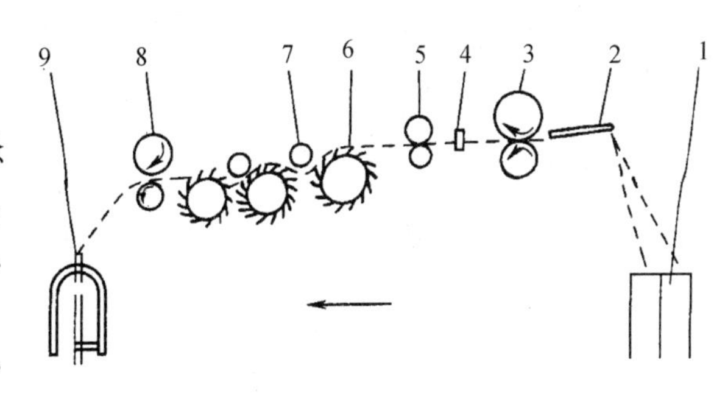

图 11-25　DJ441 型粗纺机工艺简图

新的单程粗纱机与毛纺 B465 型有捻粗纱机类似，为双胶圈三罗拉(滑溜)牵伸，因其牵伸能力大，所以替代了原来的延绞、粗纺两道工序。

绢纺的粗纱工艺参数主要是牵伸隔距、牵伸倍数、滑溜槽深度、捻系数等。

粗纱加捻的目的及捻系数选择的原则同精梳毛纺。圆梳制绵纺制的各种粗纱公制捻系数范围见表 11-13。

表 11-13　绢纺粗纱公制捻系数

粗纱品种		粗纱公制捻系数
桑蚕丝	高支绢丝用粗纱 中支绢丝用粗纱 低支绢丝用粗纱	12～15 14～17 16～19
柞蚕丝	中支绢丝用粗纱 低支绢丝用粗纱	15～19 17～21

当制绵采用精梳工艺时，其纤维长度一般和圆梳Ⅰ号精绵相近。精梳工艺的短纤维率低，但绵粒多，纤维伸直度差，故其细特绢丝的粗纱捻系数比圆梳粗纱稍微高一些，而中粗特绢丝比圆梳粗纱略低。

十、细纱

绢纺的细纱机与精梳毛纺细纱机类似，也是双皮圈三罗拉牵伸式，工艺参数也类似，但具体数值有所不同。

由于绢纺的纤维细长，且后道主要做股线，所以细纱捻系数较小，公制捻系数一般为 50～80。因桑蚕丝更细更柔软度，其捻系数比柞蚕丝小。

十一、后加工

绢纺的后加工与毛纺、棉纺类似，但绢纺在络筒工序后要进行烧毛处理，即：使绢丝高速通过火焰，通过燃烧和摩擦的方法，去除绢丝表面的毛羽和绵结；火焰温度一般控制在 500～650 ℃，火焰高度一般为 20～30 mm。

十二、䌷丝纺

䌷丝纺使用的原料是圆梳制绵工艺的末道(三道)圆梳落绵或精梳制绵工艺的精梳落绵。落绵的特点为纤维长度短、整齐度差、纤维细，绵结、蛹屑和杂质多。其中，末道圆梳落绵纤维平均长度为 35～40 mm，存在较多的超长纤维，绵结较大，纤维缠结较严重；精梳落绵纤维平均长度为 28 mm 左右，绵结小而多，原料较蓬松。䌷丝纺的线密度一般在 33.3 tex 以上(30 公支以下)。䌷丝纺可采用棉纺环锭或转杯纺纱工艺。

环锭纺紬丝的特点为外观丰满，手感柔软，纱身上绵结多而大，黑点较多，条干较差；转杯纺紬丝的特点正好相反。

习题

1. 简述毛型纤维纺纱与棉纺的主要异同点。
2. 洗净毛的质量要求是什么？
3. 简述炭化除杂原理。炭净毛的质量要求是什么？
4. 和毛加油的质量指标有哪两个？
5. 写出梳毛机的主要组成及工艺过程。简述梳毛机的主要工艺参数选择原则。控制梳毛条质量应采取哪些措施？
6. 粗梳毛纺的梳毛机与精梳毛纺主要有什么区别，为什么？
7. 毛精梳机与棉精梳机的主要区别是什么？
8. 毛精梳机的主要工艺参数有哪些？它们对纺纱质量有何影响？
9. 条染复精梳的特点和流程是怎样的？
10. 简述毛纺针梳机的组成、工作过程、工艺配置、品质控制措施。
11. 写出毛纺后加工的各种工艺流程。
12. 简述毛纺蒸纱的定捻原理和工艺参数选择及质量控制要点。

参 考 文 献

[1] 郁崇文. 纺纱学. 2 版. 北京:中国纺织出版社,2014.
[2] 上海纺织控股(集团)公司. 棉纺手册. 3 版. 北京:中国纺织出版社,2004.
[3] 郁崇文. 纺纱工艺设计与质量控制. 2 版. 北京:中国纺织出版社,2011.
[4] 刘国涛. 现代棉纺技术基础. 北京:中国纺织出版社,2004.
[5] 郁崇文. 纺纱系统与设备. 北京:中国纺织出版社,2005.
[6] 谢春萍,王建坤,徐伯俊. 纺纱工程. 北京:中国纺织出版社,2012.
[7] 周金冠. 现代精梳系统及相关工艺技术. 棉纺织技术,2004,33(7):444-445.
[8] 任家智. 国内外精梳机的现状及发展趋势. 纺织导报,2003(1):30-32.
[9] 任家智. 纺织工艺与设备(上). 北京:中国纺织出版社,2004.
[10] 杨锁廷. 纺纱学. 北京:中国纺织出版社,2004.
[11] 薛少林. 纺纱学. 西安:西北工业大学出版社,2004.
[12] 中国纺织大学棉纺教研室. 棉纺学. 北京:纺织工业出版社,1990.
[13] 陆再生. 棉纺设备. 北京:中国纺织出版社,1995.
[14] 陆再生. 棉纺工艺原理. 北京:中国纺织出版社,1995.
[15] 任家智. 纺纱原理. 北京:中国纺织出版社,2002.
[16] 朱友名. 棉纺新技术. 北京:纺织工业出版社,1992.
[17] 西北纺织工学院毛纺教研室. 毛纺学. 北京:纺织工业出版社,1981.
[18] 中国纺织大学绢纺教研室. 绢纺学. 北京:纺织工业出版社,1986.
[19] 郁崇文,张元明,姜繁昌,等. 苎麻纱线生产工艺与质量控制. 上海:中国纺织大学出版社,1997.
[20] 顾伯明. 亚麻纺纱. 北京:纺织工业出版社,1987.
[21] 余平德、张益霞、朱宝瑜. 毛纺生产技术 275 问. 北京:中国纺织出版社,2007.
[22] 钱鸿彬. 棉纺织工厂设计. 北京:中国纺织出版社,2007.
[23] 常涛. 纺纱工艺设计. 北京:中国劳动社会保障出版社,2010.
[24] 张冶,刘梅城,张曙光. 纺纱工艺设计与实施. 上海:东华大学出版社,2011.
[25] 刘荣清,孟进. 棉纺织计算. 北京:中国纺织出版社,2011.
[26] 汤其伟等. 清梳联合计使用手册. 北京:中国纺织出版社,2007.
[27] Riched. Furter. 纺织测试技术与质量控制. 上海:东华大学出版社,2012.